單晶片微電腦 8051/8951 原理與應用(C 語言)

(附範例、系統光碟)

蔡朝洋、蔡承佑　編著

全華圖書股份有限公司

國家圖書館出版品預行編目資料

單晶片微電腦 8051/8951 原理與應用(C 語言) / 蔡朝洋, 蔡承佑編著. -- 四版. – 新北市 : 全華圖書股份有限公司, 2022.03

面 ; 公分

ISBN 978-626-328-121-9(平裝)

1.CST: 微電腦 2.CST: C(電腦程式語言)

471.516 111003952

單晶片微電腦 8051/8951 原理與應用(C 語言)

(附多媒體光碟)

作者 / 蔡朝洋、蔡承佑

發行人 / 陳本源

執行編輯 / 李孟霞

出版者 / 全華圖書股份有限公司

郵政帳號 / 0100836-1 號

印刷者 / 宏懋打字印刷股份有限公司

圖書編號 / 06028037

四版二刷 / 2023 年 2 月

定價 / 新台幣 500 元

ISBN / 978-626-328-121-9

全華圖書 / www.chwa.com.tw

全華網路書店 Open Tech / www.opentech.com.tw

若您對書籍內容、排版印刷有任何問題，歡迎來信指導 book@chwa.com.tw

臺北總公司(北區營業處)
地址：23671 新北市土城區忠義路 21 號
電話：(02) 2262-5666
傳真：(02) 6637-3695、6637-3696

南區營業處
地址：80769 高雄市三民區應安街 12 號
電話：(07) 381-1377
傳真：(07) 862-5562

中區營業處
地址：40256 臺中市南區樹義一巷 26 號
電話：(04) 2261-8485
傳真：(04) 3600-9806(高中職)
(04) 3601-8600(大專)

▶ 道謝啓事

本書光碟內之視窗版KEIL C51編譯器是由KEIL公司提供給讀者們學習之用。沒有試用期限。非常感謝KEIL公司的熱情贊助。謝謝！

本書光碟內各種常用零件之完整資料手冊是由各名廠提供，謹此向各廠商致謝。其著作權爲各原公司所有。

▶ 商標聲明

▶ 注意事項

1. 本書光碟內所附之Keil C51是μVision 3。
   本書的所有說明及範例都適用於μVision 3及更新的版本。
2. 因爲Keil C51舊版的μVision **2**，並沒有爲每一個不同編號的單晶片微電腦準備定義檔，所以您使用的電腦所安裝的 Keil C51 假如是舊版的μVision **2**，請您把本書所有範例程式第一行的
   #include <AT89X51.H>
   改成　#include <REGX51.H>
   否則組譯時會產生錯誤訊息，而無法得到燒錄檔。

授 權 書

茲同意授權　全華圖書股份有限公司所出版的中文書

書名：「單晶片微電腦 8051/8951 原理與應用(C 語言)(附範例及試用版光碟片)」

作者：蔡朝洋、蔡承佑

得引用 Keil C 中之螢幕畫面、指令功能、專有名詞、使用方法及程式敘述，隨書附贈 Keil C 軟體的試用版光碟。

為保障消費者權益，Keil Software Inc.公司產品若有重大版本更新，本公司得通知全華圖書股份有限公司或作者更新中文書版本。

此致

全華圖書股份有限公司

授權人(公司)：祥寶科技股份有限公司

代表人簽名：王光潔

簽章：

聯絡電話：(02)2838-6826

聯絡地址：台北市士林區忠誠路一段 184 號 8 樓

備註：1.原廠網址：www.keil.com

2.台灣地區經銷商 祥寶科技股份有限公司

聯絡網址 www.micetek.com

中華民國　九十六　年　十一　月　十六　日

序　言

自從單晶片微電腦問世後，由於接線簡單、體積小巧，所以被廣泛應用於家電用品、事務機器及汽車中，舉凡電磁爐、微波爐、冷氣機、影印機、傳眞機、數據機、自動販賣機、PC 的鍵盤、滑鼠、汽車自動排檔、汽車電子點火……等，皆可看到單晶片微電腦的影子。

由於 Intel 公司的 MCS-51 系列單晶片微電腦，成熟穩定、功能齊全、易學好用，不但具有較多的 I/O 接腳、較大的記憶體空間、較快的運算速度，還提供全雙工的串列埠，尤其是強而有力的位元運算指令更使 MCS-51 成爲工業自動控制上的最佳利器。因此，AMD、Philips、Signetics、Siemens、Matra、Dallas、Atmel 等世界名廠均相繼投入 MCS-51 相容產品的研發製造，使 MCS-51 家族的產品不但速度更快、耗電更少、功能更強，而且售價急速下降。無論就未來產品功能日益提升的趨勢或由開發新產品所需的時間及效率來考量，學習MCS-51現在正是時候。

本書內容不但適用於 MCS-51 系列的 80C31、80C32、80C51、80C52、87C51、87C52、87C54、87C58 等單晶片微電腦，也適用於相容產品 89 系列的 89C51、89S51、89C52、89S52、89S53、89C55、89C1051、89C2051、89S2051、89C4051、89S4051 等單晶片微電腦。

本書共分爲四篇，第一篇爲相關知識，第二篇爲基礎實習，第三篇爲基礎電機控制實習，第四篇爲專題製作。第一篇將單晶片微電腦MCS-51及C語言做了深入淺出的說明，第二篇至第四篇都是單晶片微電腦的應用實例，是一本理論與實務並重的實用書籍。本書中的每個實例均經作者精心規劃，並且每個程式範例均經作者親自上機實驗過，讀者們若能一面研讀本書一面依序實習，定可收到事半功倍之效而獲得單晶片微電腦控制之整體知能。

本書是使用**C語言**來學習單晶片微電腦的書籍。使用C語言，很多細節都可由編譯器代爲處理，所以比使用組合語言更容易學習，您一定可以在較短的時間內學會。工欲善其事必先利其器，感謝KEIL公司授權，將沒有試用期限的高功能視窗版編譯器**KEIL C51試用版**附於本書光碟內，讓讀者們可學習原版軟體的所有功能。

本書之編校雖力求完美，但疏漏之處在所難免，尚祈各位先進及讀者諸君惠予指正是幸。

蔡朝洋、蔡承佑　謹識

編輯部序

「系統編輯」是我們的編輯方針，我們所提供給您的，絕不只是一本書，而是關於這門學問的所有知識，它們由淺入深，循序漸進。

本書使用目前最熱門的KEIL C來學習單晶片微電腦，本書共分為四篇，第一篇將單晶片微電腦MCS-51及C語言的相關知識做了深入淺出的說明，第二篇至第四篇為C語言程式所撰寫控制單晶片微電腦的應用實例，是一本理論與實務並重的書籍。本書中每個實例均經由作者精心規劃，且每個程式範例均經由作者上機實驗過。讀者們若能一面研讀本書一面依序實習，定可收到事半功倍之效果，進而獲得單晶片微電腦控制之整體知識。本書適合大學、科大電子、電機、資工系「單晶片微電腦實務」課程使用。

同時，為了使您能有系統且循序漸進研習相關方面的叢書，我們以流程圖方式列出相關圖書的閱讀順序，以減少您研習此門學問的摸索時間，並能對這門學問有完整的知識。若您在這方面有任何問題，歡迎來函連繫，我們將竭誠為您服務。

相關叢書介紹

書號：0542009
書名：電子學實驗(上)(第十版)
編著：陳瓊興
16K/360 頁/400 元

書號：0542107
書名：電子學實驗(下)(第八版)
編著：陳瓊興
16K/312 頁/400 元

書號：05684777
書名：最新 C 程式語言教學範本(第八版)(精裝本)(附範例光碟)
編著：蔡明志
20K/472 頁/490 元

書號：05419037
書名：Raspberry Pi 最佳入門與應用(Python)(第四版)(附範例光碟)
編著：王玉樹
16K/448 頁/480 元

書號：06467007
書名：Raspberry Pi 物聯網應用(Python)(附範例光碟)
編著：王玉樹
16K/344 頁/380 元

書號：10443
書名：嵌入式微控制器開發 - ARM Cortex-M4F 架構及實作演練
編著：郭宗勝.曲建仲.謝瑛之
16K/352 頁/360 元

書號：10521
書名：單晶片 ARM MG32x02z 控制實習
編著：董勝源
20K/586 頁/600 元

◎上列書價若有變動，請以最新定價為準。

流程圖

書號：0526304
書名：數位邏輯設計(第五版)
編著：黃慶璋

書號：0545873
書名：微算機原理與應用－x86/x64 微處理器軟體、硬體、界面與系統(第六版)(精裝本)
編著：林銘波

書號：0618471
書名：8051 微算機原理與應用(精裝本)
編著：林銘波.林姝廷

書號：05212077
書名：單晶片微電腦 8051/8951 原理與應用(第八版)(附多媒體光碟)
編著：蔡朝洋

書號：06028037
書名：單晶片微電腦 8051/8951 原理與應用(C 語言)(第四版)(附多媒體光碟)
編著：蔡朝洋.蔡承佑

書號：10382007
書名：單晶片 8051 與 C 語言實習(附試用版與範例光碟)
編著：董勝源

書號：06236000
書名：USB 介面設計與應用入門(技藝競賽及乙級電腦硬體裝修)(附範例光碟及 PCB 板)
編著：許永和

書號：05419037
書名：Raspberry Pi 最佳入門與應用(Python)(第四版)(附範例光碟)
編著：王玉樹

書號：10521
書名：單晶片 ARM MG32x02z 控制實習
編著：董勝源

目　錄

第 1 篇　相關知識　1-1

第 1 章　單晶片微電腦的認識 1-3

1-1　微電腦的基本結構 1-4
1-2　何謂單晶片微電腦 1-5
1-3　使用單晶片微電腦的好處 1-6
1-4　適用的電腦才是好電腦 1-7
1-5　MCS-51 系列單晶片微電腦的認識 1-7

第 2 章　MCS-51 系列單晶片微電腦 2-1

2-1　我應選用哪個編號的單晶片微電腦 2-2
2-2　MCS-51 系列之方塊圖 2-2
2-3　MCS-51 系列的接腳 2-4
2-3-1　MCS-51 系列的接腳圖 2-4
2-3-2　MCS-51 系列之接腳功能說明 2-4

第 3 章　MCS-51 系列的內部結構 3-1

3-1　指令解碼器及控制單元 3-3
3-2　算術邏輯單元 3-3
3-3　程式計數器 3-3
3-4　程式記憶體 3-3
3-5　資料記憶體 3-4
3-6　特殊功能暫存器 3-5

3-7 輸入／輸出埠 3-9
3-8 計時／計數器之基本認識 3-12
3-9 計時／計數器 0 及計時／計數器 1 3-12
3-9-1 工作模式之設定 3-12
3-9-2 模式 0 (Mode 0) 分析 3-14
3-9-3 模式 1 (Mode 1) 分析 3-16
3-9-4 模式 2 (Mode 2) 分析 3-16
3-9-5 模式 3 (Mode 3) 分析 3-18
3-10 計時／計數器 2 3-19
3-10-1 工作模式之設定 3-19
3-10-2 捕取模式 (Capture Mode) 分析 3-19
3-10-3 自動再載入模式 (Auto-Reload Mode) 分析 3-21
3-10-4 鮑率產生器 (Baud Rate Generator) 分析 3-22
3-11 串列埠 3-23
3-11-1 串列埠之模式 0 3-25
3-11-2 串列埠之模式 1 3-27
3-11-3 串列埠之模式 2 3-29
3-11-4 串列埠之模式 3 3-32
3-11-5 串列埠的鮑率 3-33
3-11-6 多處理機通訊 3-35
3-12 中斷 3-38
3-12-1 中斷之致能 3-38
3-12-2 中斷之優先權 3-40
3-13 省電模式 3-43
3-13-1 閒置模式 (Idle Mode) 3-44
3-13-2 功率下降模式 (Power Down Mode) 3-45
第 4 章 C 語言入門 4-1
4-1 C 語言的程式架構 4-2

4-2 C 語言的變數與常數 4-5
4-2-1 變數的名稱 4-5
4-2-2 KEIL C51 的保留字 4-5
4-2-3 資料型態 4-6
4-2-4 資料表示法 4-9
4-2-5 記憶體類型 4-10
4-2-6 變數的格式 4-10
4-2-7 應該在哪裡宣告變數 4-11
4-2-8 常數的宣告與使用 4-12
4-3 C 語言的運算子 4-12
4-3-1 運算子是什麼 4-12
4-3-2 指定運算子 4-13
4-3-3 算術運算子 4-13
4-3-4 關係運算子 4-14
4-3-5 邏輯運算子 4-15
4-3-6 位元運算子 4-16
4-3-7 複合型指定運算子 4-18
4-3-8 運算子的優先順序 4-19
4-3-9 空白與括號 4-19
4-4 程式流程的控制 4-20
4-4-1 條件判斷指令 if 4-21
4-4-2 分支指令 if-else 4-22
4-4-3 階梯分支指令 if-else if-else 4-23
4-4-4 多重分支指令 switch-case-break-default 4-25
4-4-5 迴圈指令 for 4-27
4-4-6 迴圈指令 while 4-28
4-4-7 迴圈指令 do-while 4-30
4-4-8 跳躍指令 goto 4-31

4-5 陣列..4-33
4-5-1 一維陣列..4-33
4-5-2 字串與陣列..4-34
4-6 函數..4-35
4-6-1 函數的格式..4-36
4-6-2 沒有引數也沒有返回值的函數..4-36
4-6-3 有引數沒有返回值的函數..4-37
4-6-4 有引數也有返回值的函數..4-38
4-6-5 沒有引數有返回值的函數..4-39
4-6-6 用陣列做為引數..4-40
4-7 KEIL C51 的中斷函數..4-42
4-8 KEIL C51 的特殊指令..4-43
4-8-1 向左旋轉指令..4-43
4-8-2 向右旋轉指令..4-44
4-8-3 極短時間的延時指令..4-46
4-9 到 KEIL 公司去挖寶..4-46
第 5 章 MCS-51 之基本電路..5-1
5-1 80C51、87C51、89C51、89S51 之基本電路..5-2
5-2 介面電路..5-3
5-2-1 輸入電路..5-3
5-2-2 輸出電路..5-5
第 6 章 如何編譯程式..6-1
6-1 如何獲得程式的執行檔..6-2
6-2 8051 的常用 C 語言編譯器..6-2
6-3 下載 KEIL C51 (請見本書附贈光碟)..6-2
6-4 安裝 KEIL C51 (請見本書附贈光碟)..6-3

6-5 KEIL C51 之操作實例 6-3
6-6 KEIL C51 的偵錯能力 6-17

第 7 章 如何執行、測試程式 7-1

7-1 用燒錄器將程式燒錄在 89S51 或 89C51 測試 7-2
7-2 利用電路實體模擬器 ICE 執行程式 7-3
7-3 如何防止程式被別人複製 7-4

第 8 章 AT89 系列單晶片微電腦的認識 8-1

8-1 快閃記憶體 — Flash Memory 8-2
8-2 AT89C51、AT89S51 8-2
8-3 AT89C52、AT89S52 8-3
8-4 AT89C55 8-3
8-5 AT89C2051、AT89S2051 8-3
8-6 AT89C4051、AT89S4051 8-5
8-7 AT89C1051U 8-6
8-8 KEIL C51 試用版的限制 8-6

第 2 篇 基礎實習 9-1

第 9 章 輸出埠之基礎實習 9-3

實習 9-1 閃爍燈 9-4
實習 9-2 霹靂燈 9-10
實習 9-3 廣告燈 9-14

第 10 章 輸入埠之基礎實習 10-1

實習 10-1 用開關選擇動作狀態 10-2
實習 10-2 用按鈕控制動作狀態 10-8
實習 10-3 矩陣鍵盤(掃描式鍵盤) 10-11

第 11 章　計時器之基礎實習 11-1
實習 11-1　使用計時器做閃爍燈 11-2
實習 11-2　使用計時中斷做閃爍燈 11-6
第 12 章　計數器之基礎實習 12-1
實習 12-1　用計數器改變輸出狀態 12-2
實習 12-2　用計數中斷改變輸出狀態 12-7
第 13 章　外部中斷之基礎實習 13-1
實習 13-1　接到外部中斷信號時改變輸出狀態 13-2
第 14 章　串列埠之基礎實習 14-1
實習 14-1　用串列埠來擴充輸出埠 14-2
實習 14-2　用串列埠單向傳送資料 14-7
實習 14-3　兩個 MCS-51 互相傳送資料 14-16
實習 14-4　多個 MCS-51 互相傳送資料 14-27
第 3 篇　基礎電機控制實習　15-1
第 15 章　電動機之起動與停止 15-3
第 16 章　電動機之正逆轉控制 16-1
第 17 章　三相感應電動機之 Y-△自動起動 17-1
第 18 章　順序控制 18-1
第 19 章　電動門 19-1
第 20 章　單按鈕控制電動機之起動與停止 20-1

第 4 篇 專題製作 21-1

第 21 章 用七段 LED 顯示器顯示數字 21-3

第 22 章 多位數字之掃描顯示 22-1

實習 22-1 五位數之掃描顯示 22-2

實習 22-2 閃爍顯示 22-11

實習 22-3 移動顯示 22-14

第 23 章 五位數計數器 23-1

第 24 章 電子琴 24-1

第 25 章 聲音產生器 25-1

實習 25-1 忙音產生器 25-2

實習 25-2 鈴聲產生器 25-7

實習 25-3 警告聲產生器 25-11

實習 25-4 音樂盒 25-14

第 26 章 用點矩陣 LED 顯示器顯示字元 26-1

第 27 章 用點矩陣 LED 顯示器做活動字幕 27-1

第 28 章 文字型 LCD 模組之應用 28-1

實習 28-1 用文字型 LCD 模組顯示字串 28-2

實習 28-2 用文字型 LCD 模組顯示自創之字元或圖形 28-26

實習 28-3 用一個文字型 LCD 模組製作四個計數器 28-34

第 29 章 步進馬達 29-1

實習 29-1 步進馬達的基本認識 29-2

實習 29-2 2 相步進馬達的 1 相激磁 29-15

實習 29-3　2 相步進馬達的 2 相激磁 29-22
實習 29-4　2 相步進馬達的 1-2 相激磁 29-26

第 30 章　數位式直流電壓表 30-1

第 31 章　數位溫度控制器 31-1

第 32 章　紅外線遙控開關 32-1

附錄　常用資料 (請見本書附贈光碟) 附-1

附錄 1　本書附贈之光碟內容 附-2
附錄 2　AT89X51.H 的內容 附-6
附錄 3　本書所需之器材 附-13
附錄 4　常用零件的接腳圖 附-16
附錄 5　各廠牌 MCS-51 相容產品互換指引 附-21
附錄 6　固態電驛 SSR 附-21
附錄 7　如何提高抗干擾的能力 附-23
附錄 8　加強功能型 51 系列產品 附-26
附錄 9　認識 HEX 檔 附-26

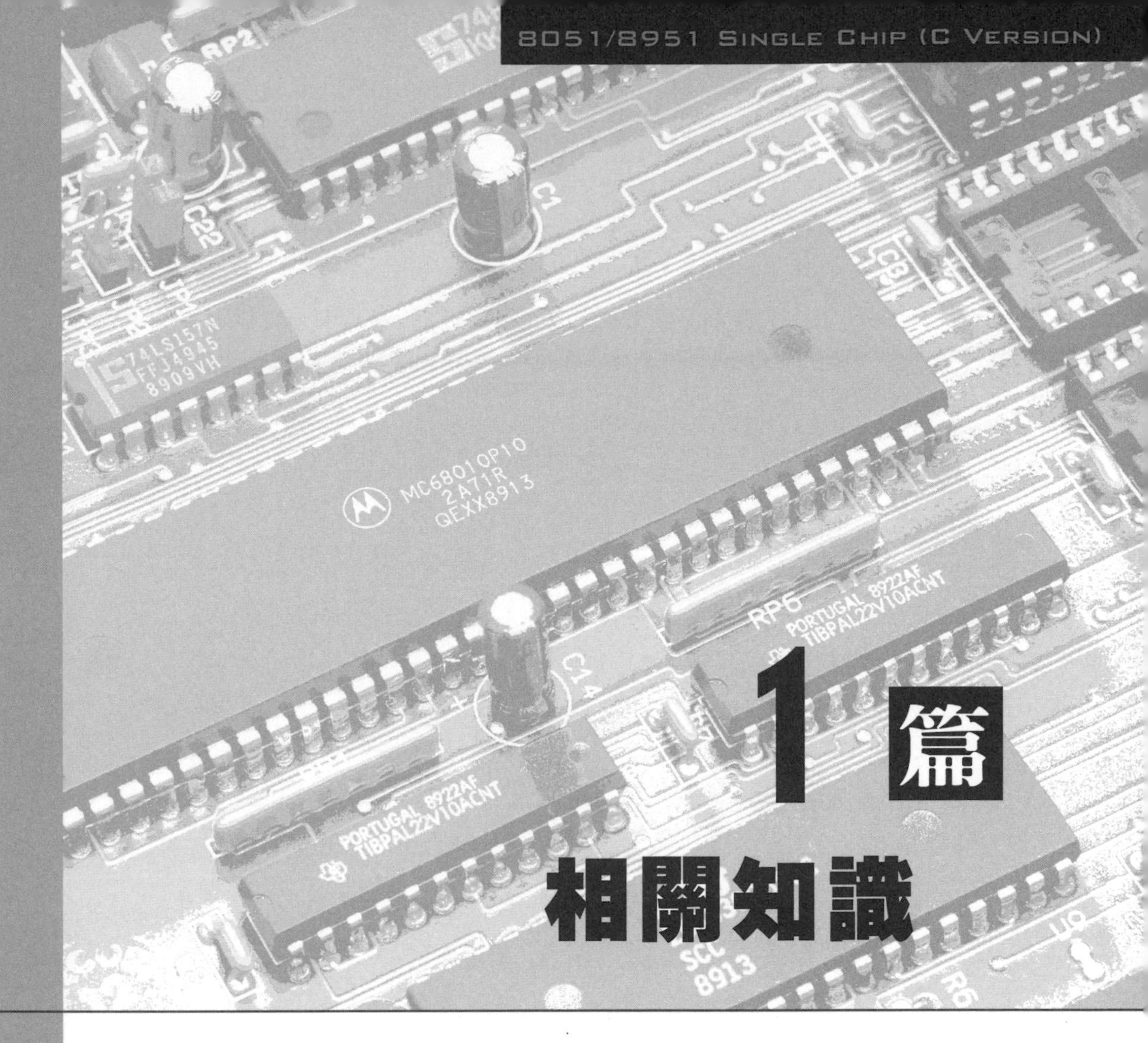

1 篇 相關知識

第 1 章　單晶片微電腦的認識

第 2 章　MCS-51 系列單晶片微電腦

第 3 章　MCS-51 系列的內部結構

第 4 章　C 語言入門

第 5 章　MCS-51 之基本電路

第 6 章　如何編譯程式

第 7 章　如何執行、測試程式

第 8 章　AT89 系列單晶片微電腦的認識

Chapter 1

單晶片微電腦的認識

1-1 微電腦的基本結構
1-2 何謂單晶片微電腦
1-3 使用單晶片微電腦的好處
1-4 適用的電腦才是好電腦
1-5 MCS-51 系列單晶片微電腦的認識

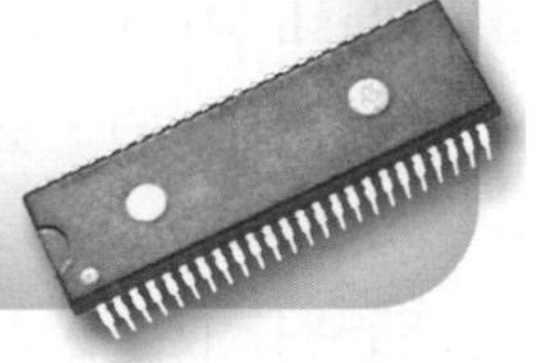

1-1 微電腦的基本結構

目前的微電腦(microcomputer)雖有4位元、8位元、16位元、32位元等多種，但其基本結構都如圖1-1-1所示，包含有下述三大部份：

1. **中央處理單元(CPU)**

　　中央處理單元central processing unit簡稱為CPU，負責從記憶體讀入指令，加以分析，並執行指令。負責整個微電腦的運作。CPU依其每次處理資料的位元數(bit)而有4位元、8位元、16位元、32位元、64位元等不同的規格可供選用。

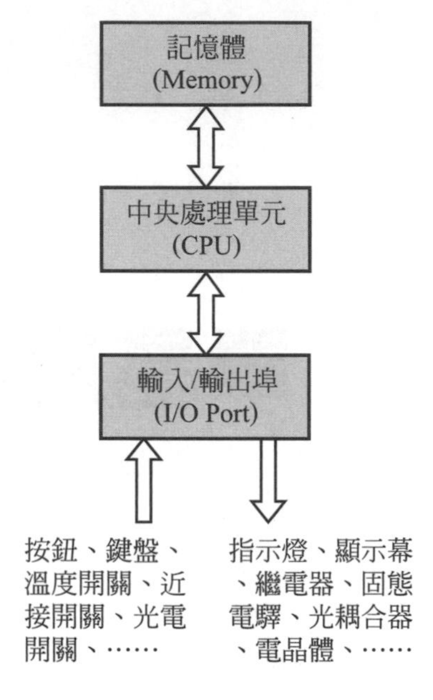

圖 1-1-1　微電腦的基本結構

2. **記憶體(Memory)**

　　記憶體是用來儲存程式及資料。常用的記憶體有：

(1) ROM(read only memory；只可讀記憶體)。ROM的內容是記憶體的製造廠在生產過程中製造進去的。適宜大量生產。缺點是我們無法自己變更其內容。ROM又稱為Mask ROM或MROM。

(2) EPROM(erasable programable read only memory；可清除再重新燒錄的ROM)。EPROM的內容是我們自己用燒錄器燒錄進去的，必要時可用紫外線燈照射將內容清除掉(俗稱“洗掉”)，並可再重新用燒錄器燒錄新的內容。

(3) Flash Memory(快閃記憶體)。Flash Memory的內容是我們自己用燒錄器燒錄進去的，必要時可用燒錄器立即將其內容清除掉並燒錄新的內容。

(4) RAM(random access memory；隨意存取記憶體)。RAM的內容可由CPU隨時存取，因此常被用來儲存需要變更的資料。

儲存在ROM、EPROM及Flash Memory的內容並不會因電源切斷而消失，因此常被用來儲存程式及固定不變的資料。RAM的內容會隨電源的切斷而消失，所以一般只用來存放需要變更的資料。

3. **輸入／輸出埠(I/O Port)**

輸入埠(input port)負責將外界的命令、資料取入微電腦中。一般微電腦的輸入埠只能夠輸入0與1兩種狀態，但有些微電腦的輸入埠具有類比輸入端(即內含類比／數位轉換器，A/D converter)因此可輸入類比電壓。

輸出埠(output port)負責將CPU處理之結果送至外界。一般微電腦的輸出埠只能輸出0與1兩種狀態，但有些微電腦的輸出埠具有類比輸出端(即內含數位／類比轉換器，D/A converter)因此可輸出類比電壓。

由於很多微電腦所用之元件既可當輸入埠用亦可當輸出埠用，因此人們常將輸入埠與輸出埠合稱爲I/O Port。

1-2 何謂單晶片微電腦

單晶片微電腦(single chip microcomputer)主要用於控制方面，所以亦被稱爲微控制器(microcontroller)。單晶片微電腦就是將微電腦的結構安置於同一個晶片而成的微電腦，換句話說，**單晶片微電腦就是把微電腦的結構製造在同一個IC內而形成的微電腦**。

功能較強的單晶片微電腦，內部除了CPU、記憶體、I/O等基本結構外，更將計時器、計數器、串列傳輸介面、A/D轉換器、D/A轉換器……等都製作在內部，眞可謂麻雀雖小，五臟俱全，已足可滿足大部份應用上的需求。

各大IC製造廠爲適合不同用途而設計出來的單晶片微電腦非常多，但目前市面上以Intel公司的MCS系列(micro computer system)及與其相容之產品最爲普遍。本書要介紹的MCS-51系列單晶片微電腦是目前的主流，具有下列特點：

1. 是高性能的8位元單晶片微電腦。
2. 內部含有8位元CPU、記憶體、I/O、串列傳輸介面、16位元的計時／計數器。
3. 指令簡單易學，不但有乘除指令，還有單一位元的邏輯運算指令(即具有布林代數之處理能力)，是自動控制上的利器。

4. 具有上鎖功能，可防止辛苦設計的程式被他人複製(COPY；拷貝)。
5. 有80C51、87C51、80C52、87C52、87C54、80C31、80C32、89S51、89S52、89S53、89C51、89C52、89C55等常見編號可供選用。內部記憶體的容量隨編號而異，但各編號都使用相同的指令。
6. 由於製造MCS-51系列相容產品的廠商愈來愈多，使MCS-51系列的產品不但速度更快、耗電更少、功能更強，而且售價急速下降，已成爲8位元單晶片微電腦的主流。

1-3 使用單晶片微電腦的好處

單晶片微電腦不但適用於工業自動控制方面的應用，而且在價格低廉體積小巧的優勢下被廣泛應用於電視機、微波爐、電磁爐、冷氣機、洗衣機、電子鍋、電扇、電子秤、自動販賣機、影印機、傳眞機、印表機、繪圖機、機器手臂、防盜器、汽車、可程式控制器、鍵盤、滑鼠等產品內。採用單晶片微電腦有下列好處：

1. **體積小**

   由於單晶片微電腦已將微電腦的所有結構濃縮於單一晶片內，因此可使產品符合輕薄短小的要求。

2. **接線簡單**

   單晶片微電腦的外部只要接上少許零件即可動作，所以接線簡單、可靠性高，不論裝配或檢修皆容易。

3. **價格低廉**

   由於各製造商展開市場爭奪戰，因此單晶片微電腦的價格不斷下降，若大量採購，則價格已足可和一般傳統的邏輯(數位)電路較量。

4. **簡單易學**

   由於單晶片微電腦所需的外部零件甚少，因此初學者只需花費極少的時間學習硬體電路的設計，而把大部份的時間放在軟體(設計程式)的學習，可縮短學會微電腦應用所需之時間。

1-4 適用的電腦才是好電腦

有的人認爲32位元的電腦一定比16位元的好用，16位元的電腦一定比8位元的好用，8位元的電腦一定比4位元的好用。越多位元的電腦越好用嗎？其實不然，合用的電腦才是好電腦。

假如一個人爲了自己的上下班，而去買一輛50人座的大客車，然後白天一面開車一面抱怨大客車不但不容易駕駛而且體積太大找不到停車位，晚上又爲了花那麼多錢卻買了一部不適用的車子而心疼得睡不著覺，這就是暴殄天物又虐待自己。反之，若要載送50位員工上下班，該公司卻只買了一輛5人座的小客車當交通車，司機一天到晚疲於奔命，員工卻還是難以準時上班，則該公司的董事長一定是一位不會精打細算的吝嗇鬼。微電腦的選用亦如是，欲快速處理大量的資料(例如：學生成績處理、員工薪資處理、庫存管理、電腦輔助設計……)，卻選用4位元的微電腦，是不合理的選擇，欲作簡單的工作(例如：廣告燈控制)卻去購買32位元的微電腦，就是浪費。

選用微電腦不但要考慮價格的高低，還要兼顧其工作能力及是否容易駕馭，使一部微電腦的功能完全發揮，才能獲得最經濟有效的應用。微電腦的應用漸漸的走出兩條主要的路線，一爲**自動控制**，一爲**資料處理**。作自動控制的微電腦朝小型化發展，目前以8位元爲主。作資料處理的微電腦則朝高容量快速度發展，目前以32位元爲主。總之，大而不當或小而無能的電腦都不是好電腦，工作能力符合您的需求，而且價格合理的電腦才是好電腦。**適用的電腦才是好電腦**。

1-5 MCS-51系列單晶片微電腦的認識

本書是以特別適於從事自動控制的MCS-51系列單晶片微電腦爲學習對象，因此先將MCS-51系列的常用編號之特性簡單的介紹於表1-5-1。這些編號有如下之特點：

1. 各編號皆爲40隻腳的包裝，接腳相同。
2. 各編號所用之指令相同。

3. 各編號之用途可概分如下：

(1) 80C31、80C32等編號，內部既不含ROM亦不含EPROM或Flash Memory，需外接程式記憶體(ROM或EPROM)才能工作，多只用來作線路實體模擬器(ICE)或微電腦學習機等開發工具。

(2) 87C51、87C52、89C51、89C52、89S51、89S52、89S53、87C54、89C55、87C58等編號，內部具有EPROM或Flash Memory，非常適於程式開發中使用或生產少量多樣化的產品。當燒錄於內部之程式需修改時，87C51、87C52、87C54、87C58可用紫外線燈照射其正上方之透明窗口15～30分鐘而將內部之程式清除掉(俗稱"洗掉")再重新燒錄新程式。89C51、89C52、89S51、89S52、89S53、89C55則可直接用燒錄器立即將內部之程式清除掉並重新燒錄新程式。

可重複清除、燒錄的特性是作實驗或開發新產品的利器，**本書的所有實作項目均可用89S51或89C51來作實習，以節省費用**。

(3) 80C51、80C52等編號之內部為ROM，當產品的功能已定型，需大量生產時，將程式送至IC製造廠，即可在單晶片微電腦的製造過程中將程式製作在內部的ROM內，適於產品量產時使用，不適合一般人採用。

(4) 總而言之，您設計完成的程式可先燒錄在89S51、89S52、89S53、89C51、89C52等單晶片微電腦做實驗。若實驗成功需大量生產時，才改用較便宜的80C51、80C52等單晶片微電腦。

4. **由於表1-5-1中各編號之單晶片微電腦都具有相同的接腳並使用相同的指令，所以本書的內容適用於表1-5-1中所有編號之單晶片微電腦。**

表 1-5-1 MCS-51 系列常用編號之內部結構

內部結構 / 編號	內部記憶體				輸入／輸出	計時／計數器
	RAM	ROM	EPROM	Flash Memory	I/O	16 位元
80C31	128byte	0	0	0	32 腳	2 個
80C51	128byte	4K byte	0	0	32 腳	2 個
87C51	128byte	0	4K byte	0	32 腳	2 個
89C51	128byte	0	0	4K byte	32 腳	2 個
89S51	128byte	0	0	4K byte	32 腳	2 個
80C32	256byte	0	0	0	32 腳	3 個
80C52	256byte	8K byte	0	0	32 腳	3 個
87C52	256byte	0	8K byte	0	32 腳	3 個
89C52	256byte	0	0	8K byte	32 腳	3 個
89S52	256byte	0	0	8K byte	32 腳	3 個
89S53	256byte	0	0	12K byte	32 腳	3 個
87C54	256byte	0	16K byte	0	32 腳	3 個
89C55	256byte	0	0	20K byte	32 腳	3 個
87C58	256byte	0	32K byte	0	32 腳	3 個
P89C51RD2	1024byte	0	0	64K byte	32 腳	3 個
AT89C51ED2	2048byte	0	0	64K byte	32 腳	3 個

Chapter 2

MCS-51 系列單晶片微電腦

2-1 我應選用哪個編號的單晶片微電腦
2-2 MCS-51 系列之方塊圖
2-3 MCS-51 系列的接腳

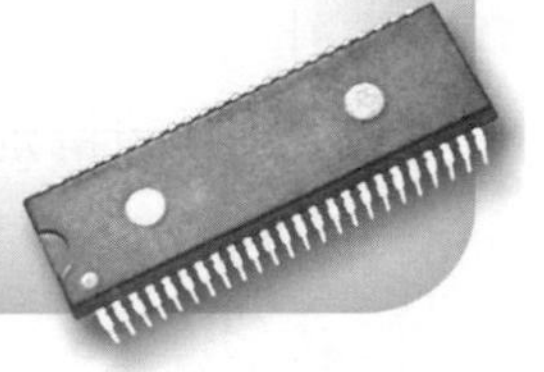

2-1 我應選用哪個編號的單晶片微電腦

在第1章的表1-5-1中已介紹了MCS-51系列單晶片微電腦的常用編號，它們在結構上最大的差異是**內部記憶體的容量**不同，所以根據您所設計程式的長短即可很快找到最適用的編號。選用的原則如下：

1. 所需程式記憶體的容量小於4K byte時
   (1) 做實驗或少量生產時選用89S51或89C51。
   (2) 產品已定型，需大量生產時，採用80C51。
2. 所需程式記憶體的容量超過4K byte而不大於8K byte時
   (1) 做實驗或少量生產時選用89S52或89C52。
   (2) 產品已定型，需大量生產時，採用80C52。
3. 所需程式記憶體的容量超過8K byte而不大於20K byte時，可採用89C55。
4. 所需程式記憶體的容量超過20K byte而不大於32K byte時，可採用87C58。
5. 當所需程式記憶體的容量超過32K byte時，可採用P89C51RD2或AT89C51ED2。
6. 假如您需要用具有特殊功能的51系列單晶片微電腦，則本書光碟裡的**51系列選用指引**可讓您很快找到最適用的編號。詳細資料則請參考本書光碟裡的**各廠牌51系列資料手冊**。
7. 本書的內容適用於表1-5-1中所有編號之單晶片微電腦。

2-2 MCS-51 系列之方塊圖

MCS-51系列單晶片微電腦內部之方塊圖如圖2-2-1所示。茲說明如下：

1. **振盪器**

   MCS-51系列單晶片微電腦的內部有一個振盪器，只要外接一個石英晶體(crystal)即可產生整個系統所需之時序脈波(clock)。

2. **CPU**

   這是一個特別適用於從事自動控制的高性能8位元CPU，用來執行指令、控制整個微電腦的運作。

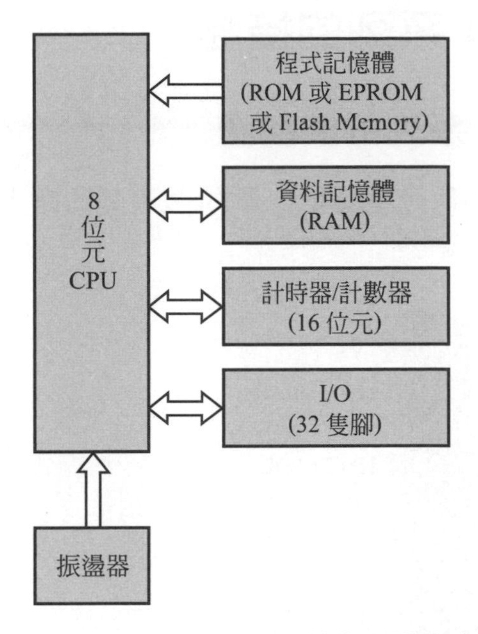

圖 2-2-1 MCS-51 系列單晶片微電腦之方塊圖

3. **程式記憶體**

ROM或EPROM或Flash Memory，用來儲存**程式**及固定不變的**常數**。容量隨編號而異，請參考第1-9頁的表1-5-1。

ROM及EPROM及Flash Memory的最大特點是內容並不會因電源切斷而消失。但是CPU僅能「讀取」程式記憶體的內容，而無法改變程式記憶體的內容。

4. **資料記憶體**

RAM，用來儲存程式執行中需要改變資料的**變數**。容量隨編號而異，請參考第1-9頁的表1-5-1。

RAM是一種隨時可以由CPU「存取」資料的記憶體，但存於內部的資料會隨電源的消失而消失。

5. **計時器／計數器**

可用指令設定為16位元的計時器或作為16位元的計數器用。

6. **I/O 接腳**

一共有32隻輸入／輸出接腳可供應用。

2-3 MCS-51 系列的接腳

▶ 2-3-1 MCS-51 系列的接腳圖

MCS-51 系列之單晶片微電腦是一個 40 隻接腳的超大型積體電路(VLSI)，接腳的排列如圖 2-3-1 所示。

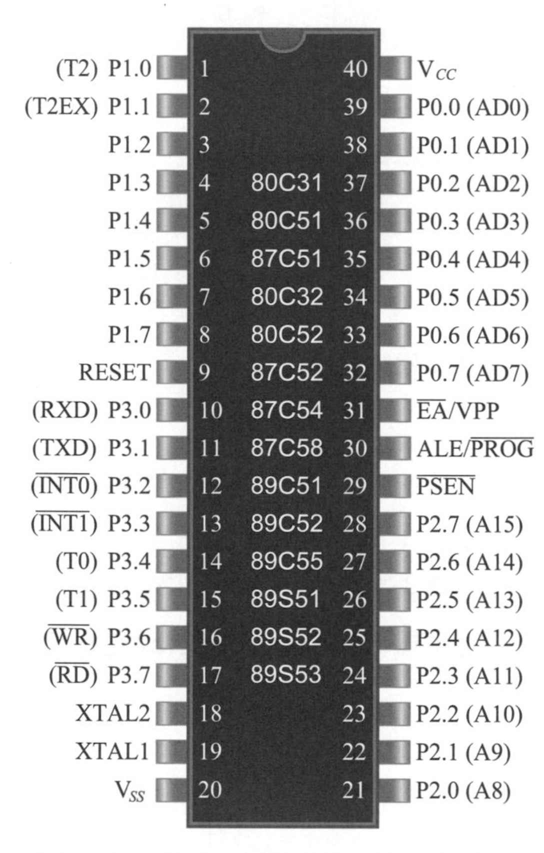

註：T2 及 T2EX 功能只在 80C32、80C52、87C52、89C52、89S52、89S53、87C54、87C58、89C55 等編號中才有。

圖 2-3-1 MCS-51 系列常用編號之接腳圖

▶ 2-3-2 MCS-51 系列之接腳功能說明

MCS-51 系列之接腳如圖 2-3-1 所示，茲詳細說明於下：

V_{SS} ：⑴第 20 腳。
⑵電路之地電位。必須接直流電源的負極。

V_{CC} ：⑴第 40 腳。
⑵電源接腳，必須接＋5V 電源。

XTAL1 及 XTAL2：

⑴第 19 腳及第 18 腳。

⑵兩腳之間需接一個 3.5MHz～12MHz 之石英晶體(crystal)。

⑶請參考圖 2-3-2。

⑷常用之石英晶體有 3.58MHz、6MHz、11.059MHz、12MHz。

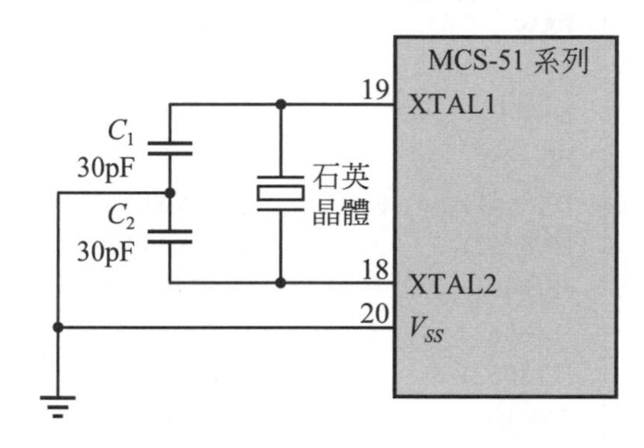

註：$C_1 = C_2 =$ 30pF±10pF

圖 2-3-2 振盪電路

RESET ：⑴第 9 腳。重置輸入腳。

⑵此腳內部已有一個 50kΩ～300kΩ的電阻器接地，所以只需接一個電容器至＋V_{CC}即可在電源ON時產生開機重置的功能。但是，我們常會在RESET腳用一個 8.2kΩ至 10kΩ的電阻器接地，以縮短開機重置的時間。

⑶若有需要，亦可在電容器兩端並聯一個常開按鈕，以便壓此按鈕時可強迫系統重置。

⑷請參考圖 2-3-3。

⑸當重置信號發生後會產生下列作用：

①重置特殊功能暫存器的值。請參考表 2-3-1。

②在 Port 0～Port 3 的每一隻接腳都寫入 1。

③令 CPU 從位址 0000H 開始執行程式。

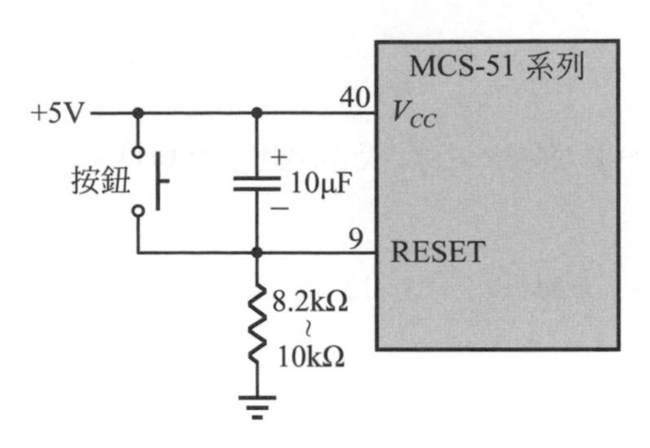

圖 2-3-3 開機重置電路

表 2-3-1 特殊功能暫存器重置後之預設值

暫存器名稱	重置值
PC	0000H
ACC	00H
B	00H
PSW	00H
SP	07H
DPTR	0000H
P0～P3	FFH
IP(8051)	XXX00000B
IP(8052)	XX000000B
IE(8051)	0XX00000B
IE(8052)	0X000000B
IE(8052)	00H
TMOD	00H
TCON	00H
T2CON(8052)	00H
TH0	00H
TH1	00H
TL1	00H
TH2(8052)	00H
TL2(8052)	00H
RCAP2H(8052)	00H
RCAP2L(8052)	00H
SCON	00H
SBUF	不一定
PCON(HMOS)	0XXXXXXXB
PCON(CMOS)	0XXX0000B

註：(8051)代表 80C31、8051、80C51、87C51、89C51、89S51 等編號
(8052)代表 80C32、80C52、87C52、89C52、89S52、89S53、87C54、89C55、87C58 等編號
(HMOS)代表 HMOS 版本
(CMOS)代表 CMOS 版本

$\overline{\text{EA}}$ ：(1)第 31 腳。輸入腳。

(2)當 $\overline{\text{EA}}$ 腳接地時，內部程式記憶體失效，CPU 被迫只讀取外部的程式記憶體(external access enable)。

⑶ 80C51、80C52、87C51、87C52、89C51、89C52、89S51、89S52、89S53、87C54、89C55、87C58 等編號，此腳必須接至＋ V_{CC}。
⑷ 80C31、80C32 等編號，此腳必須接地。

P0.0～P0.7：

⑴第 32～39 腳。
⑵ 8 位元之輸入／輸出埠。稱為 Port 0，簡稱為 P0。
⑶每隻腳均可當成輸入腳或輸出腳用。
⑷接腳 P0.0～P0.7 均為**開汲極**(open drain)結構，**沒有內部提升電阻器**。若欲輸出 Hi 或 Low 之電壓，則必須自己在接腳接上外部提升電阻器(external pullup)，請參考圖 2-3-4。

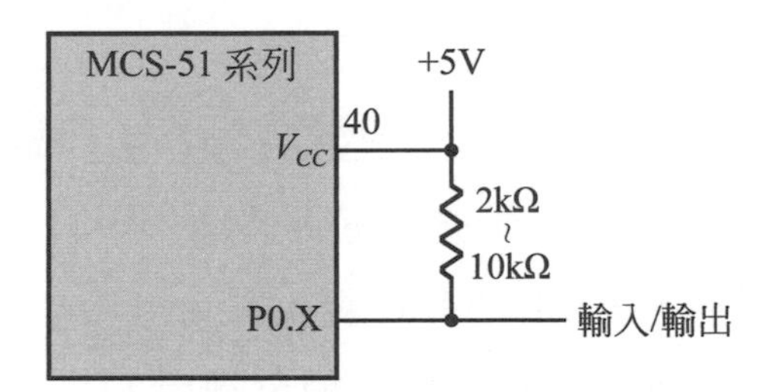

圖 2-3-4　P0.0～P0.7 任一腳接上外部提升電阻器的方法

⑸當外接記憶體或外接 I/O 時，必須利用 P0.0～P0.7 作為位址匯流排(A0～A7)及資料匯流排(D0～D7)。
⑹ Port 0 做輸出埠用時，每隻接腳均可沉入(sink) 8 個 LS TTL 負載。
⑺若某接腳欲當做**輸入腳**用，則必須先將 **1** 寫入這隻接腳。

P1.0～P1.7：

⑴第 1～第 8 腳。
⑵ 8 位元之輸入／輸出埠。稱為 Port 1，簡稱為 P1。
⑶ Port 1 為具有內部提升電阻器(約 30kΩ)的雙向輸入／輸出埠。可以驅動 4 個 LS TTL 負載。
⑷每隻腳均可當成輸入腳或輸出腳用。
⑸若某接腳欲當做**輸入腳**用，則必須先將 **1** 寫入這隻接腳。

(6)在 80C32、80C52、87C52、89S52、89S53、89C52、87C54、89C55、87C58 等編號中，P1.0 及 P1.1 這兩隻接腳同時具有表 2-3-2 所述之特殊功能：

表 2-3-2 接腳 P1.0～P1.1 的特殊功能

接腳名稱	特殊功能
P1.0	T2 (計時／計數器 2 的外部輸入腳)
P1.1	T2EX (計時／計數器 2 處於捕取或再載入模式下的觸發輸入腳)

P2.0～P2.7：

(1)第 21～第 28 腳。

(2) 8 位元之輸入／輸出埠。稱爲 Port 2，簡稱爲 P2。

(3) Port 2 是具有內部提升電阻器(約 30kΩ)的雙向輸入／輸出埠。可以驅動 4 個 LS TTL 負載。

(4)每隻腳均可當成輸入腳或輸出腳用。

(5)若某接腳欲當作**輸入腳**用，則必須先將 **1** 寫入這隻接腳。

(6)當 CPU 使用 16 位元的位址對外部記憶體進行存取時，Port 2 被用來輸出位址的高位元組(A8～A15)。

P3.0～P3.7：

(1)第 10～第 17 腳。

(2) 8 位元之輸入／輸出埠。稱爲 Port 3，簡稱爲 P3。

(3)Port 3 也是具有內部提升電阻器(約 30kΩ)的雙向輸入／輸出埠。可以驅動 4 個 LS TTL 負載。

(4)每隻腳都可當成輸入腳或輸出腳用。

(5)若某接腳欲當作**輸入腳**用，則必須先將 **1** 寫入這隻接腳。

(6) Port 3 的接腳可以作爲表 2-3-3 所述之特殊用途：

表 2-3-3 接腳 P3.0～P3.7 的特殊功能

接腳名稱	特 殊 功 能
P3.0	RXD (串列埠的輸入腳)
P3.1	TXD (串列埠的輸出腳)
P3.2	$\overline{\text{INT0}}$ (外部中斷 0 的輸入腳)
P3.3	$\overline{\text{INT1}}$ (外部中斷 1 的輸入腳)
P3.4	T0 (計數器 0 的輸入腳)
P3.5	T1 (計數器 1 的輸入腳)
P3.6	$\overline{\text{WR}}$ (當 CPU 欲將資料送至外部 RAM 或外部 I/O 裝置時，此腳會產生負脈波。稱爲寫入脈波輸出腳。)
P3.7	$\overline{\text{RD}}$ (當 CPU 欲從外部 RAM 或外部 I/O 讀取資料時，此腳會產生負脈波。稱爲讀取脈波輸出腳。)

ALE： ⑴第 30 腳。位址閂鎖致能(address latch enable)輸出腳。

⑵當 CPU 對外部裝置存取資料時，此腳輸出脈波之負緣可用來鎖住(latch)由 Port 0 送出之低位元組位址(A0～A7)。

$\overline{\text{PSEN}}$： ⑴第 29 腳。外部程式記憶體致能(program store enable)輸出腳。

⑵當CPU欲讀取外部程式記憶體的內容時，此腳會自動產生負脈波。

Chapter 3

MCS-51 系列的內部結構

3-1 指令解碼器及控制單元
3-2 算術邏輯單元
3-3 程式計數器
3-4 程式記憶體
3-5 資料記憶體
3-6 特殊功能暫存器
3-7 輸入／輸出埠
3-8 計時／計數器之基本認識
3-9 計時／計數器 0 及計時／計數器 1
3-10 計時／計數器 2
3-11 串列埠
3-12 中斷
3-13 省電模式

MCS-51 系列單晶片微電腦的內部結構如圖 3-1 所示。

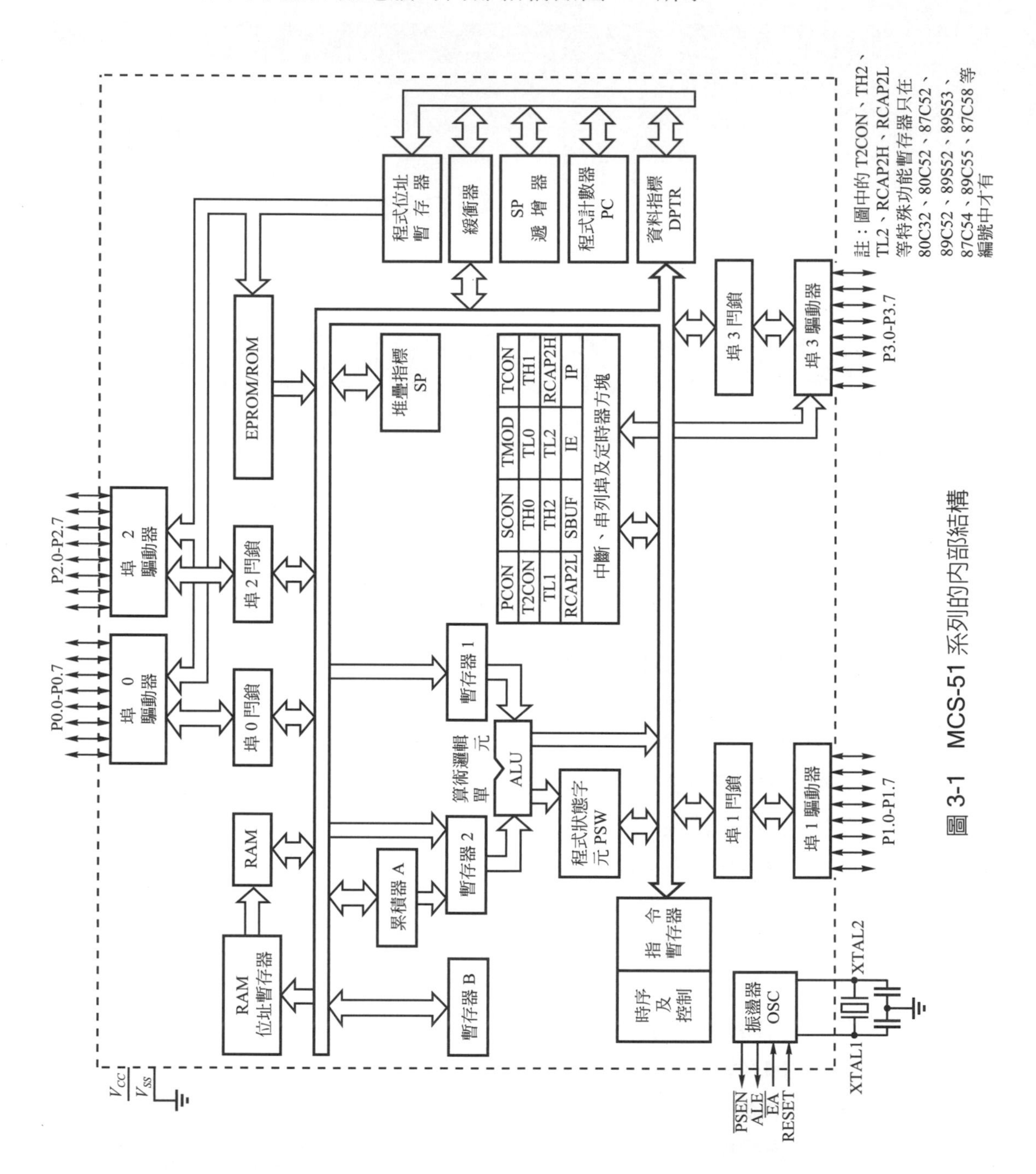

圖 3-1 MCS-51 系列的內部結構

3-1 指令解碼器及控制單元

任何程式指令的運算碼(OP code)都是先從記憶體讀入指令暫存器(instruction register)中，然後加以解碼分析，再透過控制單元(control unit)發出各種時序信號，使微電腦系統各部門間能互相協調而將資料作適當的傳送與運算。

3-2 算術邏輯單元

算術邏輯單元(arithmatic and logic unit)簡稱爲**ALU**，是負責執行算術運算及邏輯運算的部門。通常ALU的輸入是累積器(accumulator；簡稱爲ACC或A)及臨時暫存器(temp register；簡稱爲TMP)，運算的結果則送回累積器中或透過匯流排送至資料記憶體或輸入／輸出埠。

3-3 程式計數器

程式計數器(program counter)簡稱爲**PC**，會自動指出存放於記憶體中下一個待執行指令存放的位址，以便CPU去讀取。由於MCS-51系列的程式計數器PC是16位元的，$2^{16} = 65536$，所以程式記憶體的總容量最大爲64K byte。

註：記憶體的位址，$1K = 2^{10} = 1024$。

3-4 程式記憶體

在微電腦中，ROM及EPROM及Flash Memory的主要用途是儲存**程式**(program)所以ROM及EPROM及Flash Memory也被稱爲程式記憶體(program memory)。ROM及EPROM及Flash Memory的最大特點是**電源關掉後，內部所儲存之內容並不會消失**。

MCS-51系列的程式記憶體如圖3-4-1所示。內部程式記憶體及外部程式記憶體的總容量有64K byte。

在C語言，程式記憶體稱爲**code**區。在設計程式時，若陣列的資料是**常數**(例如資料表或字串)，建議您在宣告陣列時，指定記憶型態爲**code**，將陣列存放在程式記憶體內，以免資料記憶體被陣列用光了，造成程式錯誤。

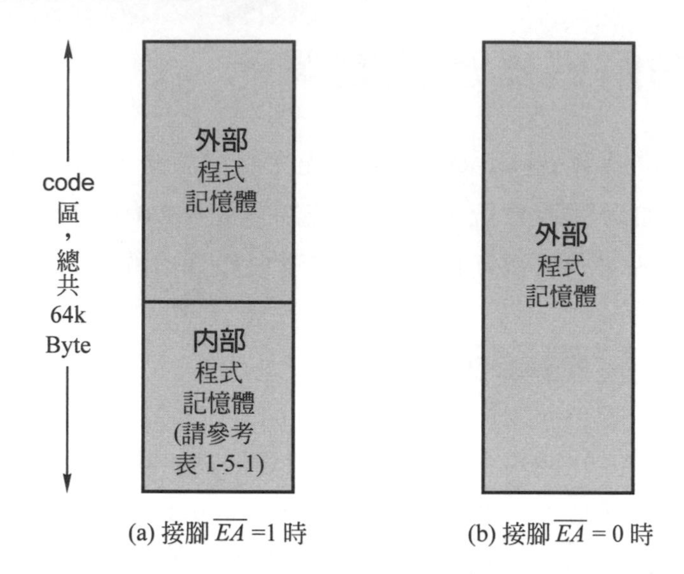

圖 3-4-1 MCS-51 系列的程式記憶體

【例 1】 **code** char table [ ]={1，2，3，4，5};

會把陣列 table 的內容儲存在程式記憶體內。

【例 2】 char table [ ]={1，2，3，4，5};

因為在宣告陣列table時沒有指定記憶型態，所以C語言編譯器會把陣列table的內容安排放在資料記憶體內。

3-5 資料記憶體

在微電腦中 RAM 的主要用途是擔任程式運作中暫時存放資料(變數)的地方，因此也被稱為資料記憶體。RAM 的**內容會隨電源的消失而消失**。

MCS-51 系列的資料記憶體如圖 3-5-1 所示。程式內之變數在宣告時若沒有指定記憶型態，會被自動配置在 data 區。茲將各區說明如下：

1. **data 區**

   這是內部RAM，總共有 128byte，可以直接存取，所以存取速度最快。沒有特別指定時，變數會被自動配置在 data 區。

2. **bdata 區(bit data)**

   bdata區共有 16Byte＝128bit，這 128 個位元，每一個位元都可以直接存取，是自動控制上的最佳利器。位元變數的宣告方法如下所示：

```
bdata  char  K;      /* 宣告變數K放在位元定址區 */
sbit  K0 = K^0;      /* 宣告K0是變數K的第0位元 */
sbit  K1 = K^1;      /* 宣告K1是變數K的第1位元 */
```

經過上述宣告後，您即可自由存取K0或K1。

3. **idata 區(indirectly addressable data)**

idata區共有128Byte，在表1-5-1中，RAM有256Byte的編號才有idata區。idata區內之資料只能用間接定址(indirectly addressable)的方式存取，所以存取速度較慢。

4. **pdata 區、xdata 區**

若您的程式，變數太多，以致內部RAM不夠用，可外接RAM。

外接RAM稱爲**xdata**(external data)，可擴充64k Byte的RAM。位址最低的256Byte稱爲**pdata**(page mode data)。

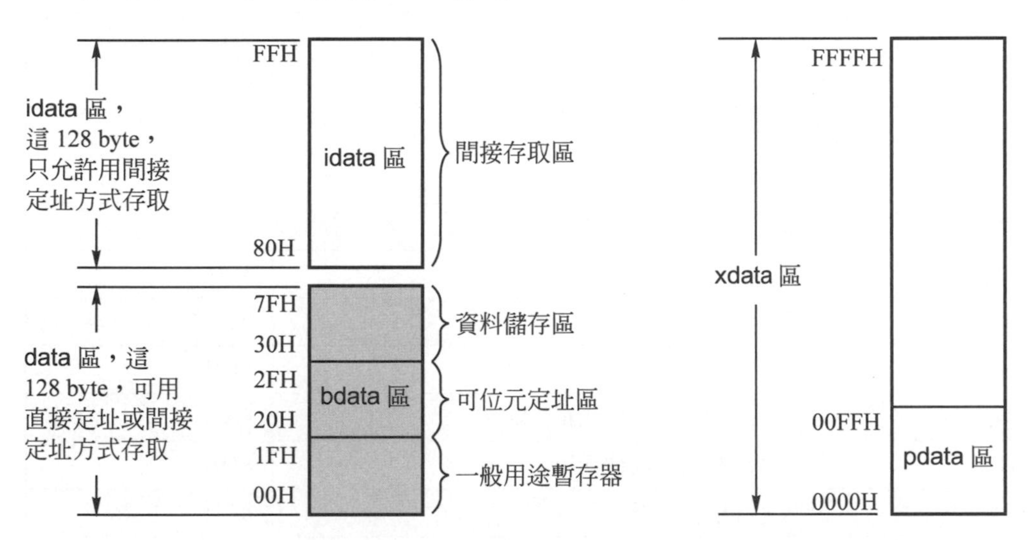

(a) 內部 RAM (b) 外部 RAM，可達 64k Byte(需外接)

圖 3-5-1 MCS-51 系列之資料記憶體

3-6 特殊功能暫存器

1. 特殊功能暫存器(special function registers)簡稱爲**SFR**，在MCS-51系列單晶片微電腦中扮演著非常重要的角色，凡是要使用計時／計數器、串列埠、中斷……等等功能，都必須先設定特殊功能暫存器中的各相關控制暫存器才能工作。

2. 所有特殊功能暫存器的符號、名稱及位址全部列於表 3-6-1 中。

表 3-6-1 MCS-51 系列之特殊功能暫存器

符號	名稱	位址
*ACC	累積器	0E0H
*B	B 暫存器	0F0H
*PSW	程式狀態字元	0D0H
SP	堆疊指標	81H
DPTR	資料指標(包括 DPH 及 DPL)	83H 及 82H
DPL	資料指標的低位元組	82H
DPH	資料指標的高位元組	83H
*P0	埠 0	80H
*P1	埠 1	90H
*P2	埠 2	0A0H
*P3	埠 3	0B0H
*IP	中斷優先次序控制	0B8H
*IE	中斷致能控制	0A8H
TMOD	計時／計數器模式控制	89H
*TCON	計時／計數器控制	88H
*+T2CON	計時／計數器 2 控制	0C8H
TH0	計時／計數器 0 高位元組	8CH
TL0	計時／計數器 0 低位元組	8AH
TH1	計時／計數器 1 高位元組	8DH
TL1	計時／計數器 1 低位元組	8BH
+TH2	計時／計數器 2 高位元組	0CDH
+TL2	計時／計數器 2 低位元組	0CCH
+RCAP2H	計時／計數器 2 捕取暫存器高位元組	0CBH
+RCAP2L	計時／計數器 2 捕取暫存器低位元組	0CAH
*SCON	串列埠控制	98H
SBUF	串列資料緩衝器	99H
PCON	電源控制	87H

註：*號表示可位元定址。
+號表示在表 1-5-1 中，計時／計數器有 3 個的才有。

3. 特殊功能暫存器在使用前必須宣告位址，Keil C51 在 **C:\Keil\C51\INC** 的資料夾內提供了各種編號的**暫存器名稱定義檔**，我們只要根據所用單晶片之編號而選用相對應的暫存器名稱定義檔來用即可。例如，我們使用 89S51 或 89C51 時，只要在程式的開頭下達

```
# include <AT89X51.H>
```

即可把暫存器名稱定義檔 AT89X51.H 載入，一起編譯。

4. 注意！因爲 Keil C51 的暫存器名稱定義檔內，暫存器的名稱都是大寫，所以您**在程式中暫存器的名稱都要大寫**。

【例 1】 P2 = 15 → 正確。(P 爲大寫，正確)
【例 2】 p2 = 15 → 錯誤。(p 爲小寫，錯誤)
各暫存器在定義檔中的名稱，請參考本書附贈光碟的附錄 2。

5. 有一些特殊功能暫存器可以用位元定址法(bit addressing)予以定址，請見圖 3-6-1。圖中未定義的幾個位元(即畫“－”的部份)，不要對其做存取動作，否則可能得到無法預料的結果。

注意！在程式中，可位元定址之暫存器名稱需與定義檔(請參考本書附贈光碟的附錄 2)相同。例如接腳 **P0.0 要寫成 P0_0**，接腳 **P3.7 要寫成 P3_7**。

位元組位址	位元位址								名稱
0F0H	F7	F6	F5	F4	F3	F2	F1	F0	B
0E0H	E7	E6	E5	E4	E3	E2	E1	E0	ACC
	CY	AC	F0	RS1	RS0	0V		P	
0D0H	D7	D6	D5	D4	D3	D2	D1	D0	PSW
	TF2	EXF2	RCLX	TCLX	EXEN2	TR2	C/$\overline{T2}$	CP/$\overline{RL2}$	
0C8H	CF	CE	CD	CC	CB	CA	C9	C8	T2CON
			PT2	PS	PT1	PX1	PT0	PX0	
0B8H	–	–	BD	BC	BB	BA	B9	B8	IP
	P3.7	P3.6	P3.5	P3.4	P3.3	P3.2	P3.1	P3.0	
0B0H	B7	B6	B5	B4	B3	B2	B1	B0	P3
	EA		ET2	ES	ET1	EX1	ET0	EX0	
0A8H	AF	–	AD	AC	AB	AA	A9	A8	IE
	P2.7	P2.6	P2.5	P2.4	P2.3	P2.2	P2.1	P2.0	
0A0H	A7	A6	A5	A4	A3	A2	A1	A0	P2
	SM0	SM1	SM2	REN	TB8	RB8	TI	RI	
98H	9F	9E	9D	9C	9B	9A	99	98	SCON
	P1.7	P1.6	P1.5	P1.4	P1.3	P1.2	P1.1	P1.0	
90H	97	96	95	94	93	92	91	90	P1
	TF1	TR1	TF0	TR0	IE1	IT1	IE0	IT0	
88H	8F	8E	8D	8C	8B	8A	89	88	TCON
	P0.7	P0.6	P0.5	P0.4	P0.3	P0.2	P0.1	P0.0	
80H	87	86	85	84	83	82	81	80	P0

圖 3-6-1　可位元定址的特殊功能暫存器之位元位址

註：圖中的位元位址均爲十六進制

3-7 輸入／輸出埠

1. 所有MCS-51的埠腳都是雙向性的，既可當輸入腳用，亦可當輸出腳用。在特殊功能暫存器中分別被稱爲P0、P1、P2、P3。每一隻埠腳皆由閂鎖(D型正反器；latch)、輸出驅動電路及輸入緩衝器所組成，結構如圖 3-7-1 至圖 3-7-4 所示。
2. **P1、P2、P3 的內部均有提升電阻器。P0 則為開汲極(open drain)輸出，沒有內部提升電阻器。每一隻埠腳都能獨立做為輸入腳或輸出腳用，但是欲做為輸入腳用時必須先在該埠腳寫入“1”，令輸出驅動 FET 截止。**
3. MCS-51 的**所有埠腳在重置(RESET)之後都會自動被寫入“1”**。
4. 輸入功能時，接腳的輸入信號是經由三態(Tri-state)緩衝器到達內部系統匯流排。
5. 輸出功能時，輸出之資料會被閂鎖(Latch)在 D 型正反器，直到下一筆資料輸出時 D 型正反器的內容才會改變。
6. 當存取外部記憶體的資料時，P0 會先輸出外部記憶體的低位址(low byte address)，並利用時間多工(time multiplexed)方式讀入或寫出位元組資料。若外部記憶體的位址爲 16 位元時，則高位址(high byte address)會由 P2 輸出。在存取外部記憶體的資料時，P0 及 P2 已被當作位址／資料匯流排(address/data BUS)使用，不能再兼做一般用途的輸入／輸出埠用。

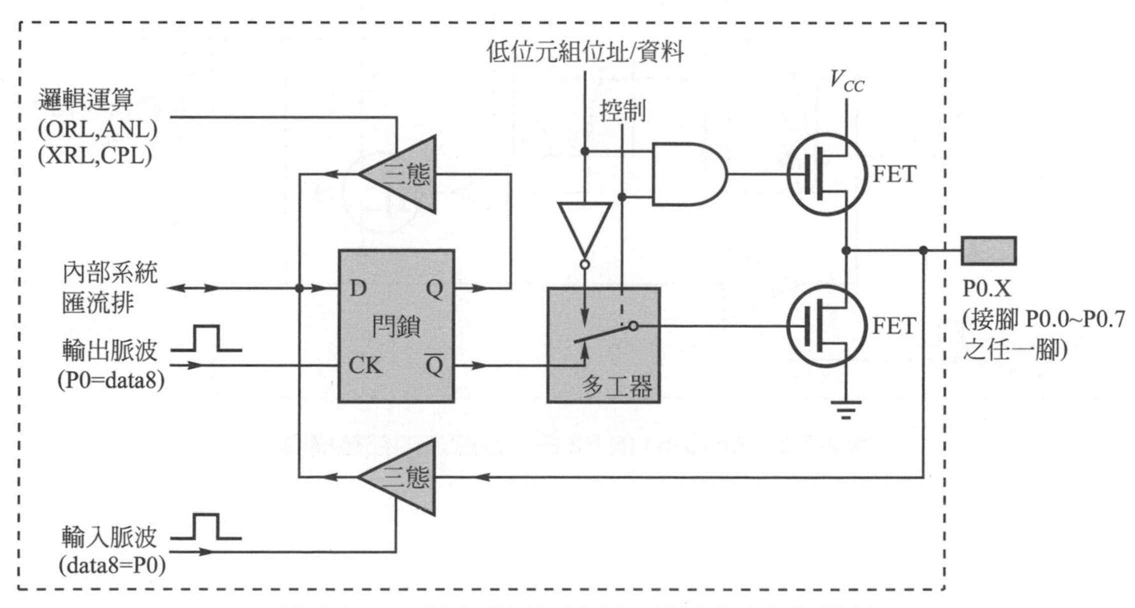

圖 3-7-1 MCS-51 的 P0 任一接腳之內部結構圖

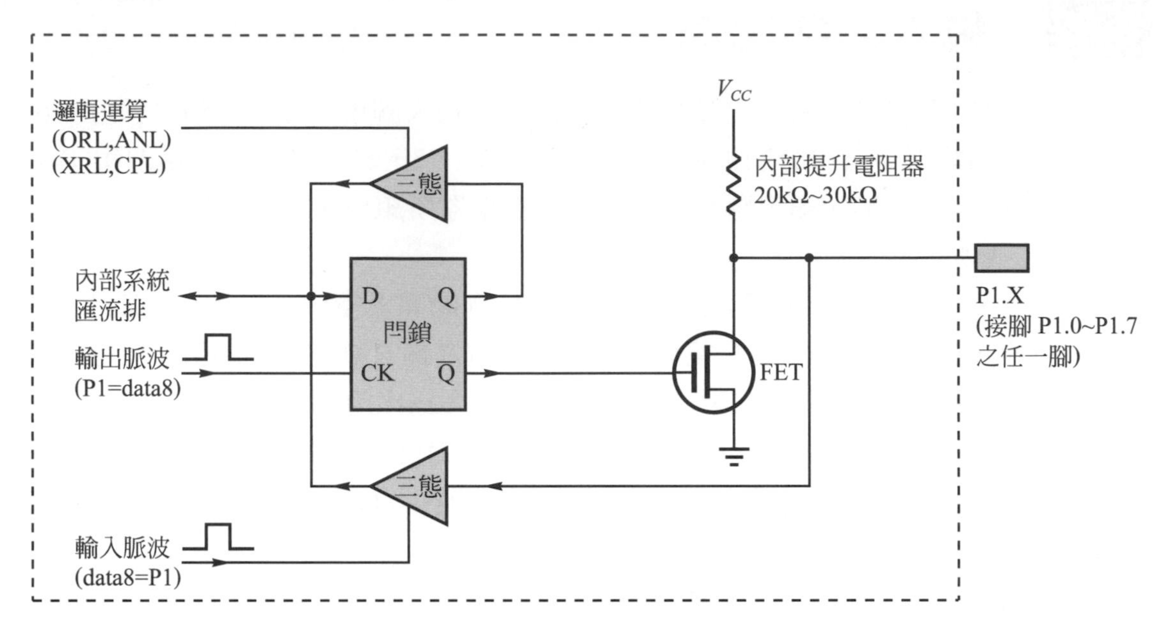

圖 3-7-2　MCS-51 的 P1 任一接腳之內部結構圖

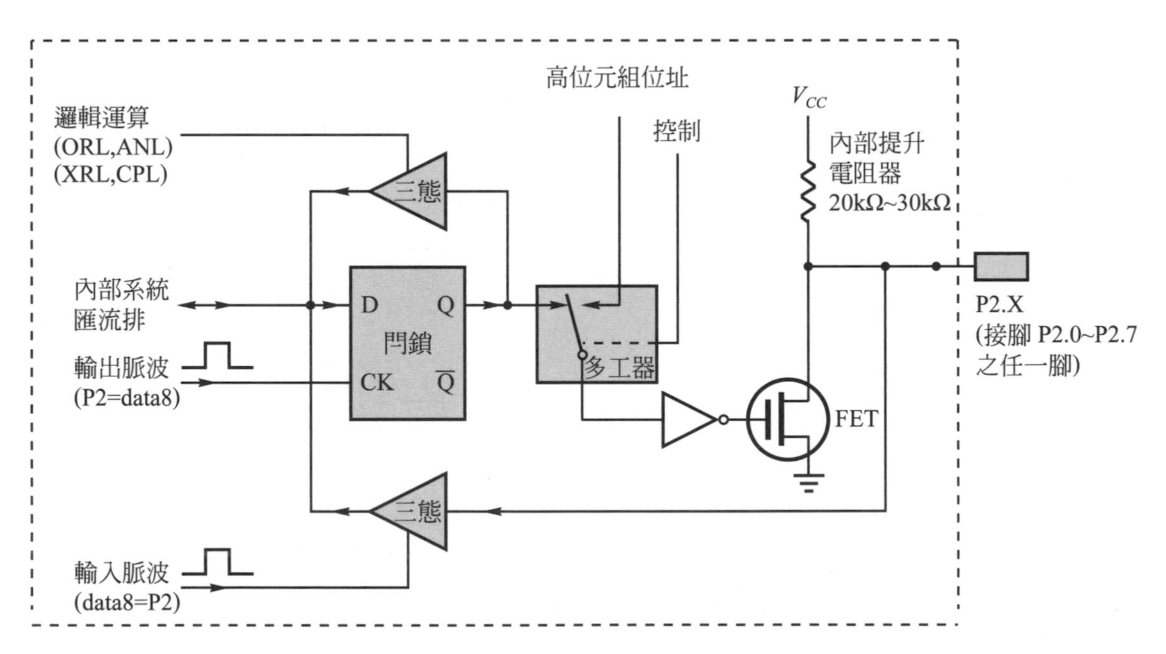

圖 3-7-3　MCS-51 的 P2 任一接腳之內部結構圖

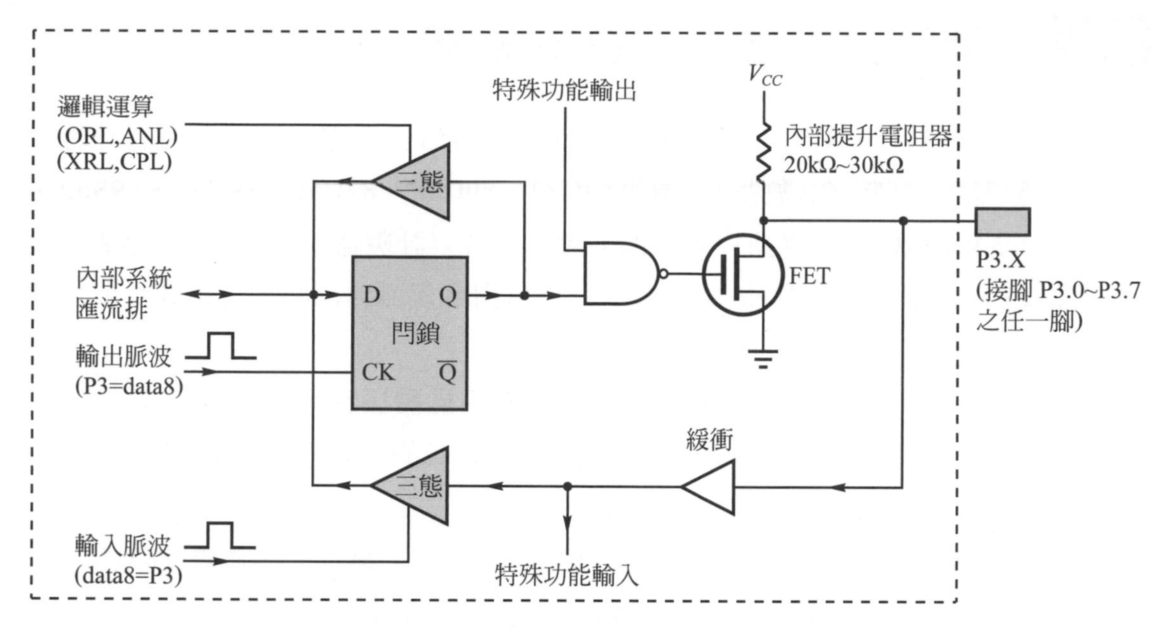

圖 3-7-4 MCS-51 的 P3 任一接腳之內部結構圖

7. P3 的所有接腳及 P1.0～P1.1 是多功能的，不僅可當做一般的輸入／輸出腳使用，也可工作在特殊功能之下，請見表 3-7-1。

表 3-7-1 各埠腳之特殊功能

接腳名稱	特殊功能
P1.0	T2 (計時／計數器 2 的外部輸入腳)
P1.1	T2EX (計時／計數器 2 的捕取／再載入觸發輸入腳)
P3.0	RXD (串列通訊埠的輸入腳)
P3.1	TXD (串列通訊埠的輸出腳)
P3.2	$\overline{\text{INT0}}$ (外部中斷 0 的輸入腳)
P3.3	$\overline{\text{INT1}}$ (外部中斷 1 的輸入腳)
P3.4	T0 (計時／計數器 0 的輸入腳)
P3.5	T1 (計時／計數器 1 的輸入腳)
P3.6	$\overline{\text{WR}}$ (外部 RAM 之“寫入”致能信號；write)
P3.7	$\overline{\text{RD}}$ (外部 RAM 之“讀取”致能信號；read)

註：P1.0 及 P1.1 只在編號 80C32、80C52、87C52、89C52、89S52、87C54、89C55 等單晶片微電腦中才具有特殊功能。

3-8 計時／計數器之基本認識

1. 編號 80C31、80C51、87C51、89C51、89S51 之單晶片微電腦擁有計時／計數器 0、計時／計數器 1。編號 80C32、80C52、87C52、89C52、89S52、87C54、89C55 之單晶片微電腦則擁有計時／計數器 0、計時／計數器 1、計時／計數器 2。這些計時／計數器可用指令規劃為計時器使用或當做計數器用。
2. 被規劃成**計時**功能時，**計時單位是外接石英晶體振盪頻率除以 12 後之週期值**。例如：第 18 腳與第 19 腳之間接上 12MHz的石英晶體，則 12MHz÷12 ＝ 1MHz，所以計時單位等於 1 微秒(1μs)。
3. 被規劃成**計數**功能時，每當接腳 T0(或 T1 或 T2)輸入一個**負緣**(即電位由 1 變成 0)就會令計數器 0(或計數器 1 或計數器 2)加 1。

   注意：MCS-51 系列的最高計數頻率是石英晶體振盪頻率的$\frac{1}{24}$，例如第 18 腳與第 19 腳之間所接之石英晶體為 12MHz時，所允許之最高計數頻率為 12MHz÷24 ＝ 0.5MHz ＝ 500kHz。
4. 計時／計數器 0 及計時／計數器 1 都有Mode0～Mode3 四種工作模式可供選用。計時／計數器 2 則有捕取、自動再載入、鮑率產生器等三種工作模式可供選用。

3-9 計時／計數器 0 及計時／計數器 1

▶ 3-9-1 工作模式之設定

MCS-51 系列的所有編號均擁有計時／計數器 0 及計時／計數器 1。我們可利用特殊功能暫存器 TMOD 中的 C/$\overline{T}$ 控制位元來選擇“計時”或“計數”功能，並由 TMOD 中的位元 M1 及 M0 來選擇四種不同的工作模式。TMOD 的用法請見圖 3-9-1 之說明。

計時／計數器模式控制暫存器 TMOD，不可位元定址

TMOD：

GATE	C/$\overline{T}$	M1	M0	GATE	C/$\overline{T}$	M1	M0
計時／計數器 1				計時／計數器 0			

符號	說　　明
GATE	GATE＝1 時：①當特殊功能暫存器 TCON 裡的 TR0 被指令設定為 1，而且接腳 $\overline{INT0}$ 為高電位時，計時／計數器 0 才會動作。 ②當特殊功能暫存器 TCON 裡的 TR1 被指令設定為 1，而且接腳 $\overline{INT1}$ 為高電位時，計時／計數器 1 才會動作。 GATE＝0 時：①當特殊功能暫存器 TCON 裡的 TR0 被指令設定為 1 時，計時／計數器 0 就會動作。 ②當特殊功能暫存器 TCON 裡的 TR1 被指令設定為 1 時，計時／計數器 1 就會動作。
C/$\overline{T}$	C/$\overline{T}$＝1 時：工作於計數器模式。計數脈波由接腳 T0 或 T1 輸入。 C/$\overline{T}$＝0 時：工作於計時器模式。計時脈波為石英晶體頻率的 1/12。
M1 M0	模式選擇位元 1。 模式選擇位元 0。 說明：

M1	M0	模式	說　　明
0	0	0	13 位元的計時計數器。詳見 3-9-2 節之說明。
0	1	1	16 位元的計時計數器。詳見 3-9-3 節之說明。
1	0	2	8 位元自動再載入型計時計數器。詳見 3-9-4 節之說明。
1	1	3	計時／計數器 0 ：TL0 為 8 位元的計時／計數器。 TH0 為 8 位元的計時器。 計時／計數器 1 ：停止計時／計數器功能。 詳見 3-9-5 節之說明。

圖 3-9-1　計時／計數器模式控制暫存器 TMOD

▶ 3-9-2 模式 0 (Mode 0) 分析

當計時／計數器 0 及計時／計數器 1 工作於模式 0 時，兩者的動作情形完全相同，如圖 3-9-2 及圖 3-9-3 所示。

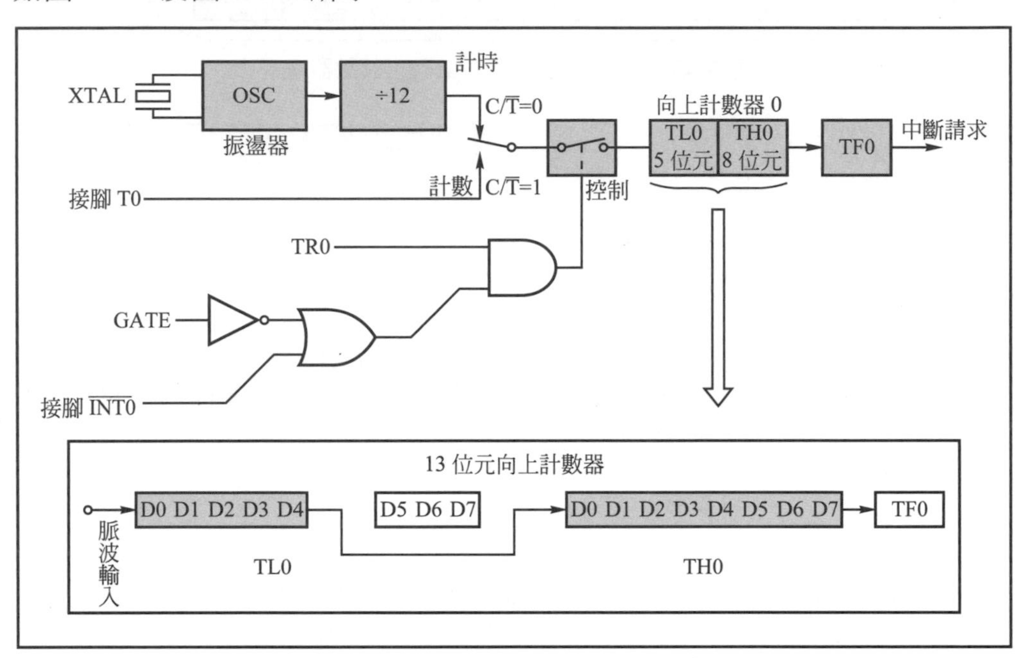

圖 3-9-2 計時／計數器 0 工作於模式 0 之方塊圖

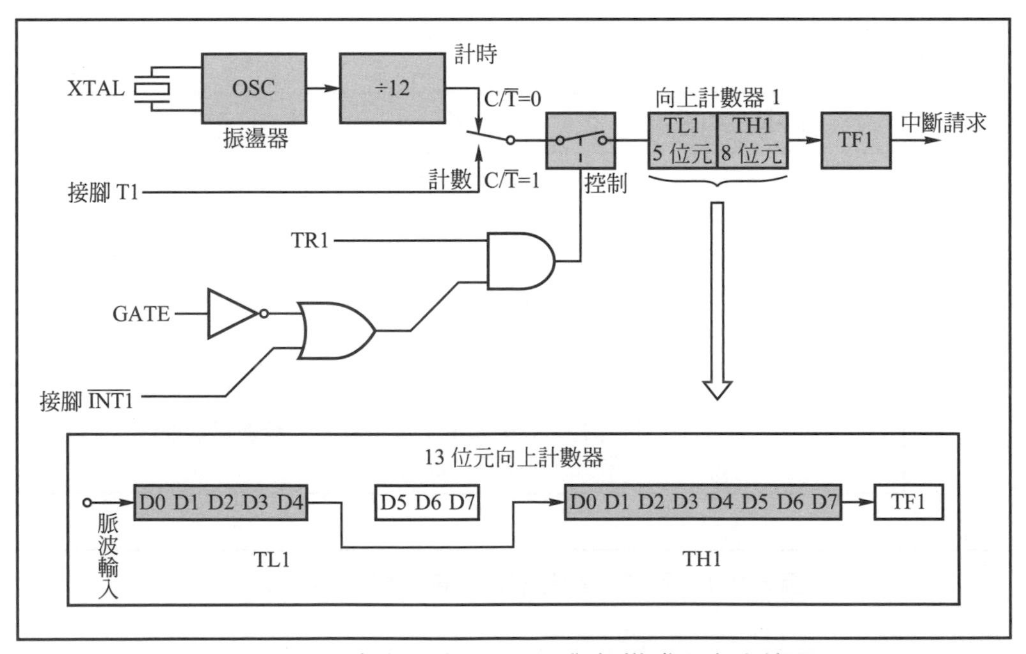

圖 3-9-3 計時／計數器 1 工作於模式 0 之方塊圖

在模式0時，特殊功能暫存器TL和TH組成13位元之向上計數器，其初始值必須用指令設定之，當往上計數至13個位元都變成1時，若再輸入一個脈波而使13個位元都變成0，則會令計時／計數溢位旗標TF＝1。

圖3-9-2及圖3-9-3中之TR0、TF0、TR1、TF1皆為特殊功能暫存器TCON內之位元，詳見圖3-9-4之說明。

計時／計數器控制暫存器TCON，可位元定址

TCON：

TF1	TR1	TF0	TR0	IE1	IT1	IE0	IT0

符號	位址	說明
TF1	TCON.7	計時／計數器1的溢位旗標。 當計時或計數完成時，CPU會自動令TF1＝1。而當CPU跳去位址001BH執行相對應的中斷副程式時，會自動令TF1＝0。
TR1	TCON.6	計時／計數器1的起動控制位元。 TR1＝1時，計時／計數器1工作。TR1＝0時，計時／計數器1停止工作。 TR1設定為1或清除為0，完全由指令控制之。
TF0	TCON.5	計時／計數器0的溢位旗標。 當計時或計數完成時，CPU會自動令TF0＝1。而當CPU跳去位址000BH執行相對應的中斷副程式時，會自動令TF0＝0。
TR0	TCON.4	計時／計數器0的起動控制位元。 TR0＝1時，計時／計數器0工作。TR0＝0時，計時／計數器0停止工作。 TR0設定為1或清除為0，完全由指令控制之。
IE1	TCON.3	外部中斷1的負緣旗標。 接腳 $\overline{INT1}$ 的負緣信號會令IE1＝1。而當CPU跳去位址0013H執行相對應的中斷副程式時，會自動令IE1＝0。
IT1	TCON.2	外部中斷1的觸發型式控制位元。 當IT1＝1時，$\overline{INT1}$ 為負緣觸發。當IT1＝0時，$\overline{INT1}$ 為低位準觸發。 IT1設定為1或清除為0，完全由指令控制之。
IE0	TCON.1	外部中斷0的負緣旗標。 接腳 $\overline{INT0}$ 的負緣信號會令IE0＝1。而當CPU跳去位址0003H執行相對應的中斷副程式時，會自動令IE0＝0。
IT0	TCON.0	外部中斷0的觸發型式控制位元。 當IT0＝1時，$\overline{INT0}$ 為負緣觸發。當IT0＝0時，$\overline{INT0}$ 為低位準觸發。 IT0設定為1或清除為0，完全由指令控制之。

圖3-9-4　計時／計數器控制暫存器TCON

▶ 3-9-3 模式 1 (Mode 1) 分析

當計時／計數器 0 及計時／計數器 1 工作於模式 1 時，特殊功能暫存器 TL 和 TH 是組成 16 位元之向上計數器，如圖 3-9-5 及圖 3-9-6 所示。TL 和 TH 的初始值必須用指令設定之，當往上計數至 16 個位元都變成 1 時，若再輸入一個脈波而使 16 個位元都變成 0，則會令計時／計數溢位旗標 TF ＝ 1。

▶ 3-9-4 模式 2 (Mode 2) 分析

計時／計數器 0 及計時／計數器 1 工作於模式 2 時，兩者的動作情形完全相同，如圖 3-9-7 及圖 3-9-8 所示。

在模式 2 時，計時／計數器成爲具有**自動再載入**(auto reload)功能的 8 位元計時／計數器。每當特殊功能暫存器 TL 溢位時，不但會令 TF ＝ 1，而且會發出再載入信號使 TH 的內容載入 TL 中，以便重覆計數下去。TH 的值可用指令來預先設定，而再載入工作並不會改變 TH 的內容。

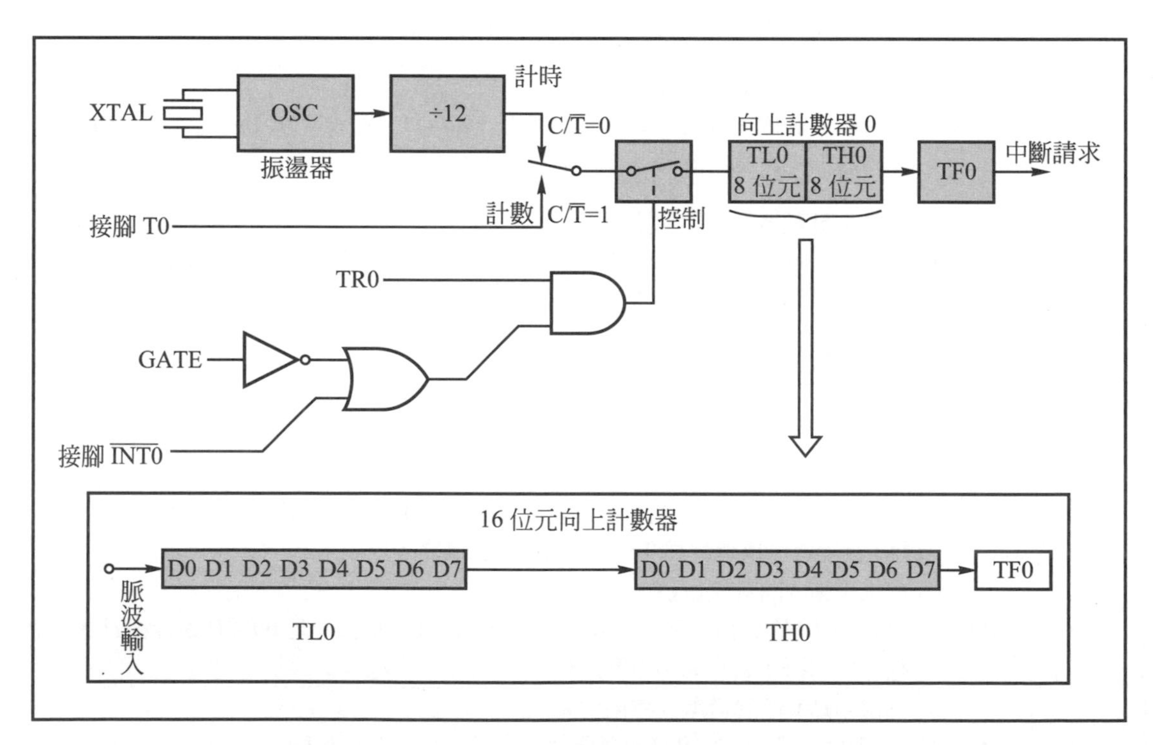

圖 3-9-5 計時／計數器 0 工作於模式 1 之方塊圖

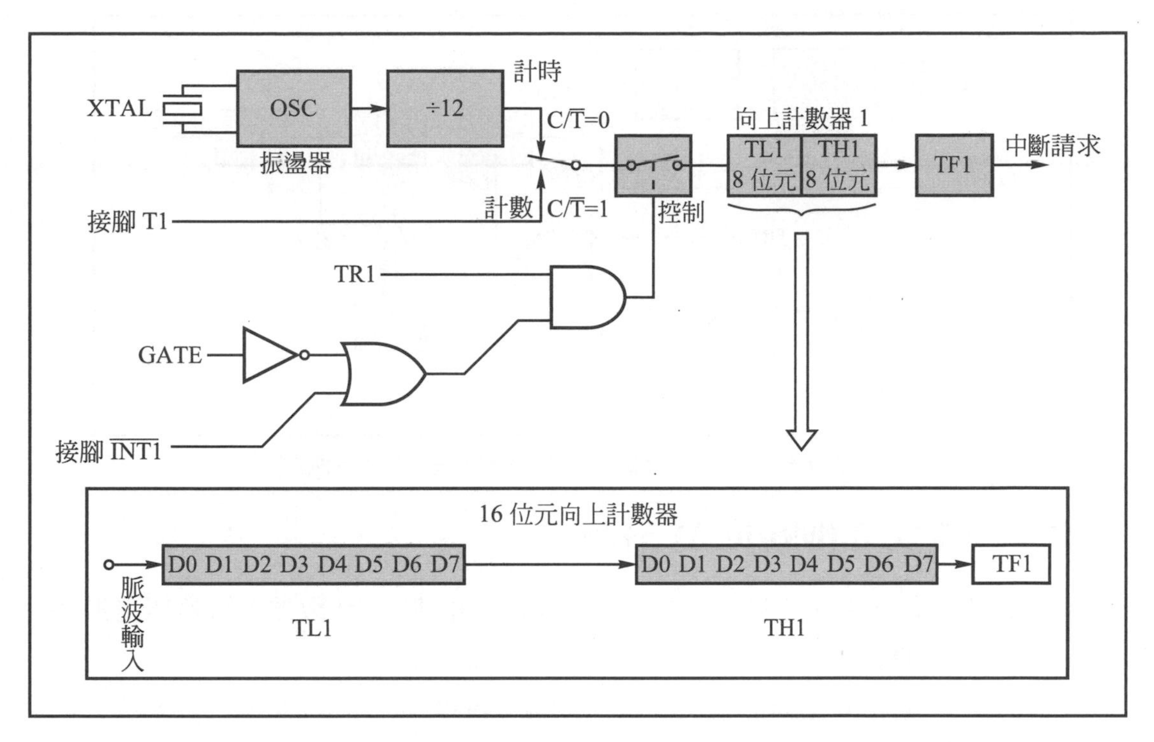

圖 3-9-6 計時／計數器 1 工作於模式 1 之方塊圖

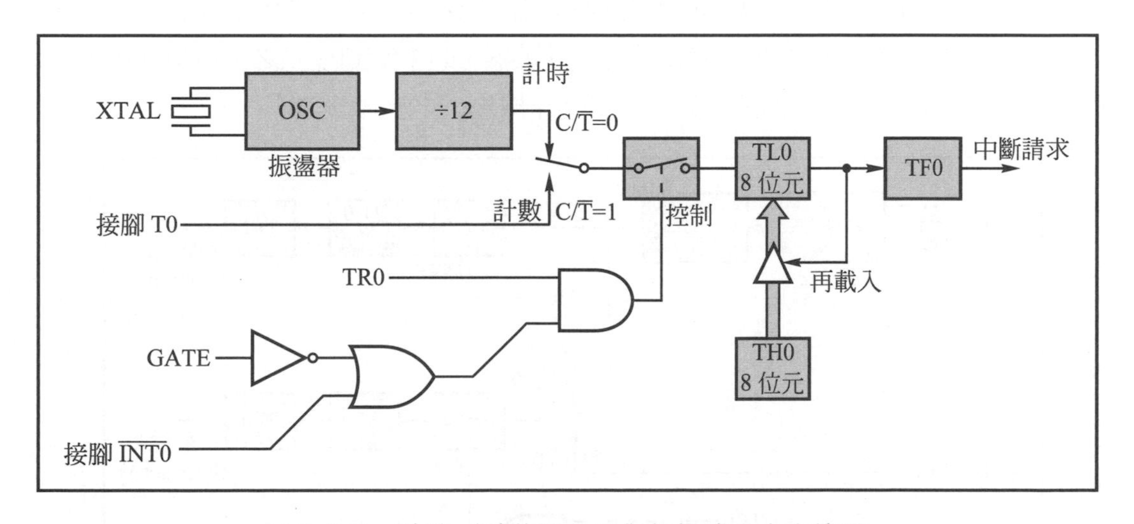

圖 3-9-7 計時／計數器 0 工作於模式 2 之方塊圖

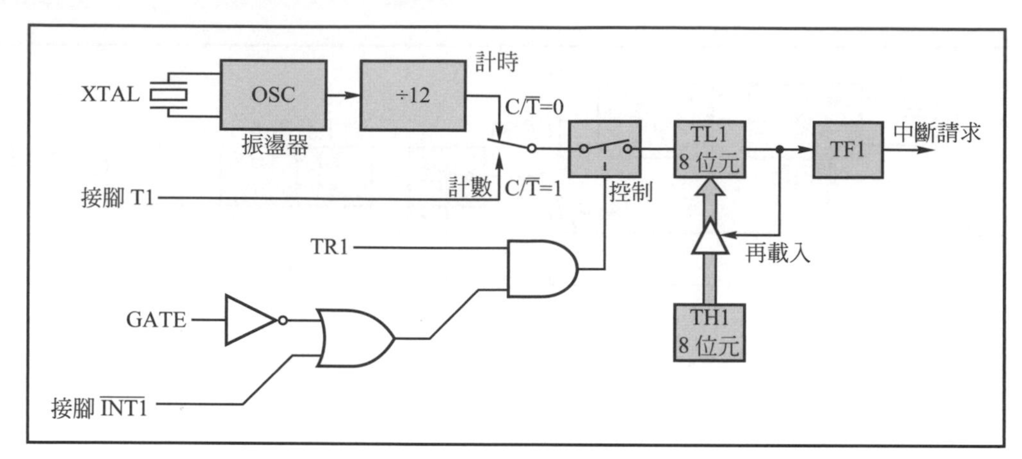

圖 3-9-8　計時／計數器 1 工作於模式 2 之方塊圖

▶ 3-9-5　模式 3 (Mode 3) 分析

請注意！工作於模式 3 時，計時／計數器 0 和計時／計數器 1 的動作情形將完全不一樣。茲分別說明於下：

1. 計時／計數器 0 工作於模式 3 時，如圖 3-9-9 所示，TL0 是一個 8 位元的計時／計數器，TH0 則成爲受 TR1 控制的 8 位元計時器。

   要特別注意的是 TH0 借用計時／計數器 1 的 TF1 做溢位旗標，所以與其相對應的中斷副程式應該寫在計時／計數器 1 的中斷副程式之位置(interrupt 3)。
2. 計時／計數器 1 在模式 3 時，將停止計時／計數。

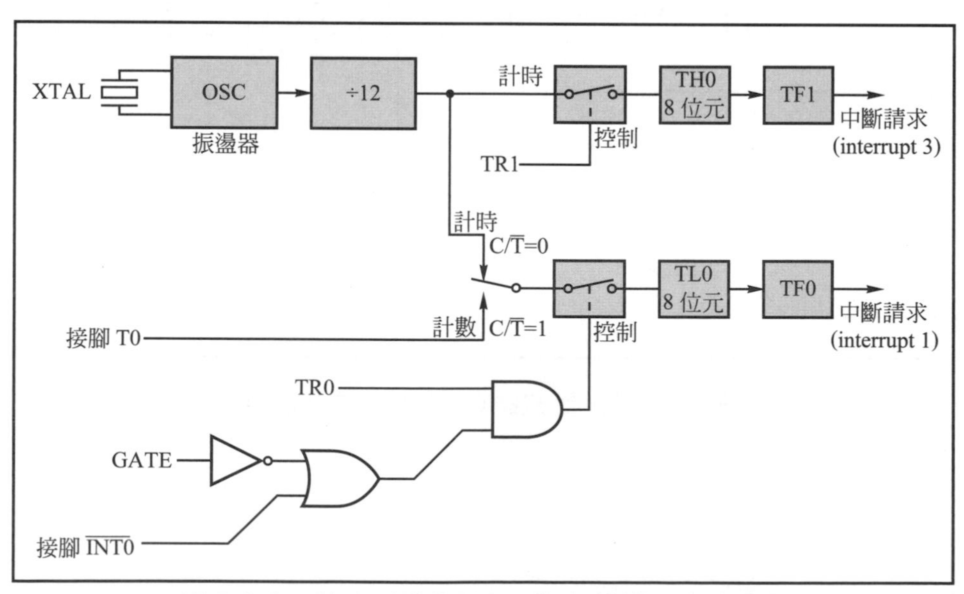

圖 3-9-9　計時／計數器 0 工作於模式 3 之方塊圖

3-10 計時／計數器 2

▶ 3-10-1　工作模式之設定

計時／計數器 2 是 16 位元的計時／計數器。編號 80C32、80C52、87C52、89C52、89S52、87C54、89C55、87C58 之單晶片微電腦中才有計時／計數器 2。

計時／計數器 2 可由圖 3-10-1 所示之特殊功能暫存器 T2CON 的 $C/\overline{T2}$ 位元來設定為計時器或計數器使用。並可由T2CON的RCLK、TCLK、$CP/\overline{RL2}$、TR2 等位元決定其工作模式，詳見表 3-10-1。

表 3-10-1　計時／計數器 2 操作模式之設定

<table>
<tr><th>RCLK</th><th>TCLK</th><th>CP/RL2</th><th>TR2</th><th>模　　式</th></tr>
<tr><td>0</td><td>0</td><td>0</td><td>1</td><td>16 位元自動再載入</td></tr>
<tr><td>0</td><td>0</td><td>1</td><td>1</td><td>16 位元捕取</td></tr>
<tr><td>1</td><td>×</td><td rowspan="2">×</td><td rowspan="2">1</td><td rowspan="2">鮑率產生器</td></tr>
<tr><td>×</td><td>1</td></tr>
<tr><td>×</td><td>×</td><td>×</td><td>0</td><td>不動作</td></tr>
</table>

▶ 3-10-2　捕取模式 (Capture Mode) 分析

計時／計數器 2 工作於捕取模式時，如圖 3-10-2 所示。茲說明如下：

1. 若 EXEN2 = 0，則計時／計數器 2 是一個 16 位元的向上計時／計數器，當發生溢位時會令旗標 TF2 = 1，以產生中斷處理。
2. 若 EXEN2 = 1，則不但具有上述第 1 項之功能，而且在外部輸入腳 T2EX (即 P1.1)發生負緣信號時，會：
   (1) 把特殊功能暫存器 TL2 及 TH2 的內容捕取，而存入RCAP2L 及 RCAP2H 內。
   (2) 令旗標 EXF2 = 1，以產生中斷處理。

計時／計數器 2 的控制暫存器 T2CON，可位元定址		
T2CON：	TF2 | EXF2 | RCLK | TCLK | EXEN2 | TR2 | C/$\overline{T2}$ | CP/$\overline{RL2}$	
符號	位址	說明
TF2	T2CON.7	計時／計數器 2 的溢位旗標。 當計時／計數器 2 產生溢位時會令 TF2 = 1，用指令才能將 TF2 清除為 0。 另外，當 RCLK = 1 或 TCLK = 1 時，TF2 不會被設定為 1。
EXF2	T2CON.6	計時／計數器 2 的負緣旗標。 當 EXEN2 = 1 而且接腳 T2EX(即 P1.1)輸入負緣脈波時，會令 EXF2 = 1，用指令才能將 EXF2 清除為 0。
RCLK	T2CON.5	串列埠的接收時脈選擇位元。 當 RCLK = 1 時，串列埠的模式 1 及模式 3 會以計時器 2 的溢位率作為接收的時脈基準。 當 RCLK = 0 時，串列埠的模式 1 及模式 3 會以計時器 1 的溢位率作為接收的時脈基準。
TCLK	T2CON.4	串列埠的發射時脈選擇位元。 當 TCLK = 1 時，串列埠的模式 1 及模式 3 會以計時器 2 的溢位率作為發射的時脈基準。 當 TCLK = 0 時，串列埠的模式 1 及模式 3 會以計時器 1 的溢位率作為發射的時脈基準。
EXEN2	T2CON.3	計時／計數器 2 的外部觸發信號致能位元。 當 EXEN2 = 1 時，若接腳 T2EX(即 P1.1)有負緣信號輸入則捕取及自動再載入的動作會產生。 當 EXEN2 = 0 時，接腳 T2EX 上的任何信號都會被忽略。
TR2	T2CON.2	計時／計數器 2 的起動／停止控制位元。 TR2 = 1，則執行計時／計數功能。 TR2 = 0，則停止計時／計數。
C/$\overline{T2}$	T2CON.1	計數器或計時器之功能選擇位元。 C/$\overline{T2}$ = 1 時，為計數器。計數脈波由接腳 T2(即 P1.0)輸入。 C/$\overline{T2}$ = 0 時，為計時器。計時脈波為石英晶體頻率的 1/12。
CP/$\overline{RL2}$	T2CON.0	捕取／自動再載入的選擇位元。 當 CP/$\overline{RL2}$ = 1 而且 EXEN2 = 1 時，接腳 T2EX(即 P1.1)的負緣信號，會產生捕取(capture)的動作。 當 CP/$\overline{RL2}$ = 0 而且 EXEN2 = 1 時，接腳 T2EX(即 P1.1)的負緣信號，會產生自動再載入(auto reload)的動作。 另外，當 RCLK = 1 或 TCLK = 1 時，則不管 CP/$\overline{RL2}$ 為 1 或 0，只要計時器 2 產生溢位時，計時器 2 都會執行自動再載入的動作。

圖 3-10-1 計時／計數器 2 的控制暫存器 T2CON

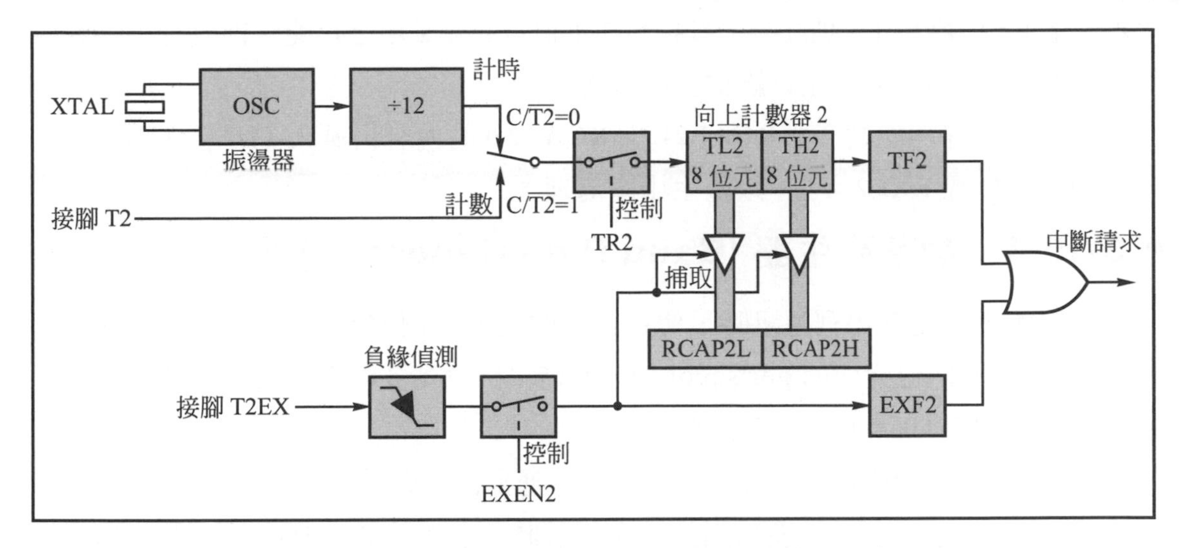

圖 3-10-2 計時／計數器 2 工作於捕取模式之方塊圖

▶ 3-10-3 自動再載入模式 (Auto-Reload Mode) 分析

計時／計數器 2 工作於**自動再載入**模式時，如圖 3-10-3 所示。茲說明於下：

1. 若 EXEN2 = 0，則計時／計數器 2 是一個 16 位元的自動再載入型向上計數器，當發生溢位時，不但會令 TF2 = 1，而且會把特殊功能暫存器 RCAP2L 和 RCAP2H 內的數值再載入 TL2 與 TH2 內。RCAP2L 與 RCAP2H 的內容可用指令設定之。

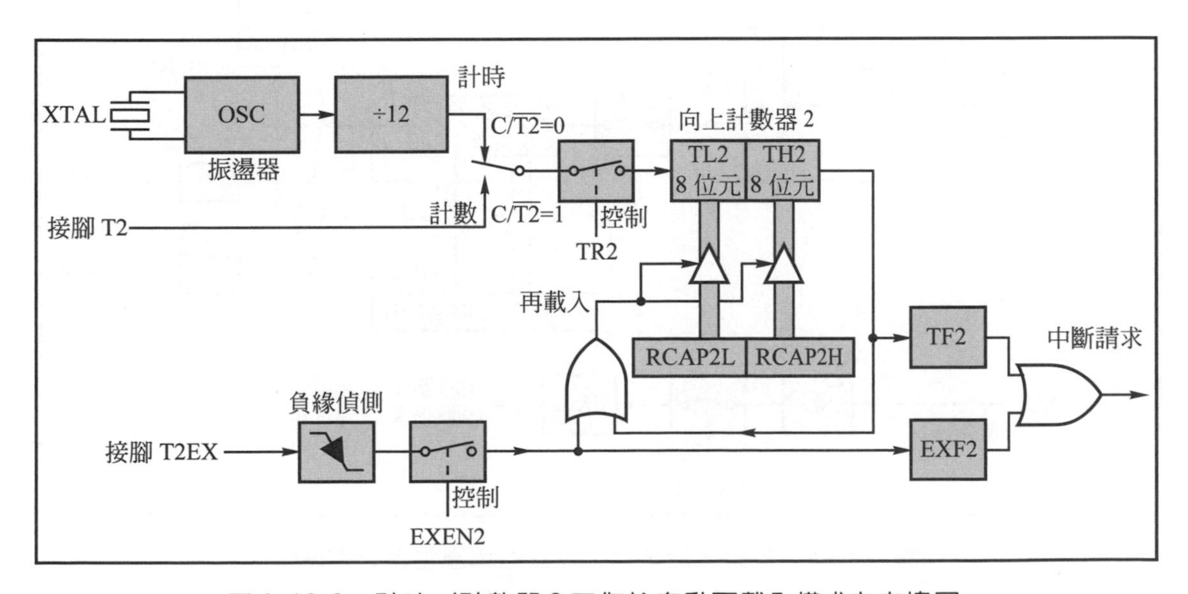

圖 3-10-3 計時／計數器 2 工作於自動再載入模式之方塊圖

2. 若EXEN2 = 1，則計時／計數器 2 不但具有第 1 項之功能，而且在外部接腳 T2EX(即 P1.1)發生負緣信號時，會：

(1) 把特殊功能暫存器 RCAP2L 與 RCAP2H 的內容再載入 TL2 與 TH2 內。

(2) 令旗標 EXF2 = 1，以產生中斷處理。

▶ 3-10-4 鮑率產生器 (Baud Rate Generator) 分析

所謂鮑率就是在串列通訊時，傳送位元的速率。例如鮑率 2400BPS 就代表每秒能傳送 2400 個位元(bits per second)。計時／計數器 2 用來擔任鮑率產生器時，動作情形如圖 3-10-4 所示，茲說明如下：

1. 用計時／計數器 2 擔任鮑率產生器時，通常都令 $C/\overline{T2} = 0$，TR2 = 1，RCLK = 1，TCLK = 1。換句話說，是把計時／計數器 2 規劃成計時器的功能，並且讓接收鮑率等於發射鮑率。

   當計時器 2 規劃成鮑率產生器時，其計時的時脈是石英晶體振盪頻率的 1/2。

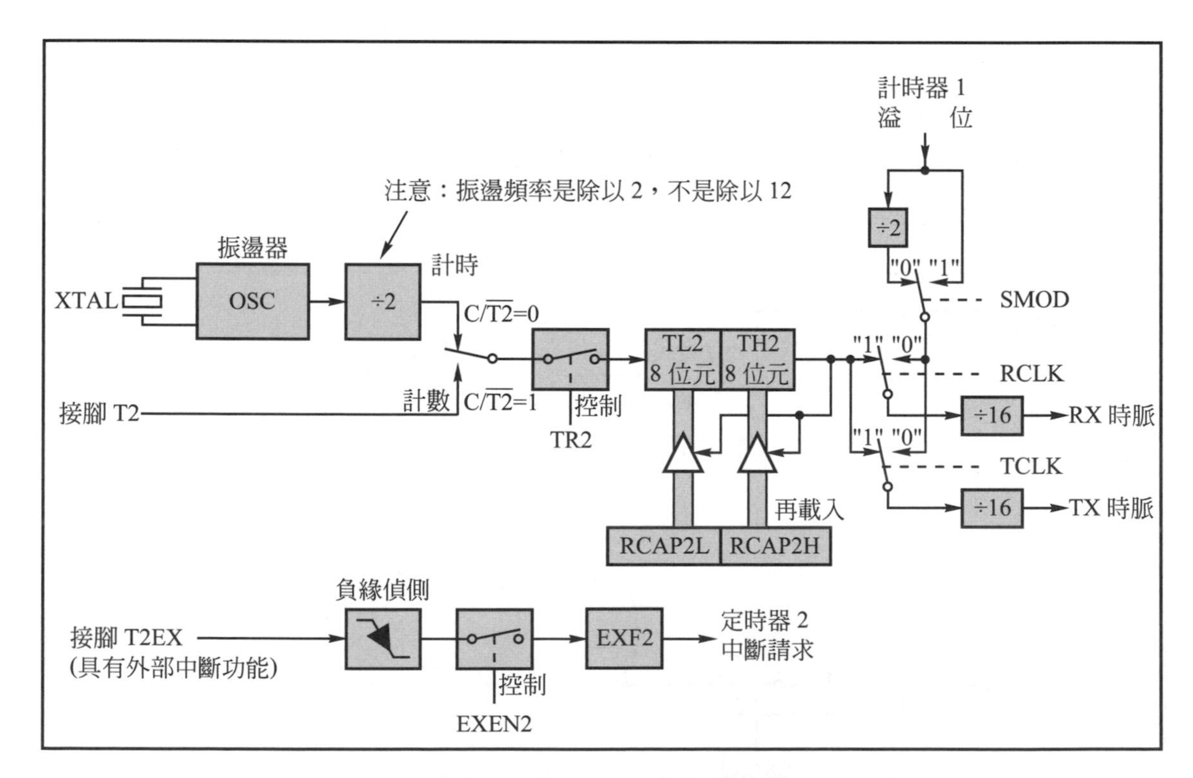

圖 3-10-4 計時／計數器 2 作為鮑率產生器之方塊圖

2. 當 TH2 產生溢位時，只會將 RCAP2L 與 RCAP2H 的內容再載入 TL2 與 TH2 內，並不會令 TF2 = 1。
3. 當 RCLK = 1 時，接收時脈的鮑率爲：

$$\text{RX 時脈} = \frac{f_{osc}}{32 \times [65536 - (\text{RCAP2H,RCAP2L})]}$$

註：f_{osc}是石英晶體的振盪頻率。

4. 當 TCLK = 1 時，發射時脈的鮑率爲：

$$\text{TX 時脈} = \frac{f_{osc}}{32 \times [65536 - (\text{RCAP2H,RCAP2L})]}$$

5. 看圖 3-10-4 的下半部，可知當 EXEN2 = 1 時，若接腳 T2EX(即 P1.1)加入負緣脈波，將會令旗標 EXF2 = 1，而產生中斷請求。因此當計時／計數器 2 做鮑率產生器用時，接腳 T2EX(即 P1.1)可做額外的外部中斷使用。
6. 若令 RCLK = 0 或 TCLK = 0，則計時／計數器 1 就必須拿來做鮑率產生器用了。有關串列埠鮑率的產生方法，3-11 節有更詳細的說明。

3-11 串列埠

MCS-51 系列的所有編號都提供了串列通訊埠的功能。串列通訊埠的優點是使用較少的傳輸線就可傳送資料，在做遠距離的通訊時可大量節省材料。

由於 MCS-51 的串列埠是**全雙工**(full duplex)的通訊埠，所以**擁有同時發射與接收的能力**。而且，MCS-51 的串列埠具有緩衝器，所以欲發射資料或接收資料只要對特殊功能暫存器 SBUF 進行存取即可，使用上甚爲方便。

MCS-51 系列的串列埠一共有 4 種工作模式，分別稱爲模式 0、模式 1、模式 2、模式 3，我們可用特殊功能暫存器 SCON 的 SM0 和 SM1 位元選擇其工作模式，也可用 REN 位元控制接收功能是否動作。SCON 的用法請見圖 3-11-1 之說明。

串列埠控制暫存器 **SCON**，可位元定址

SCON：

SM0	SM1	SM2	REN	TB8	RB8	TI	RI

符號	位址	說明
SM0 SM1	SCON.7 SCON.6	串列埠之模式選擇位元 0。 串列埠之模式選擇位元 1。 說明：
SM2	SCON.5	在模式 0，需令 SM2 = 0。 在模式 1，若 SM2 = 1，則在接收到正確的停止位元時，才會令 RI = 1。 在模式 2 或模式 3，若SM2 = 1，則必須所接收的第 9 個位元RB8 = 1，才會令 RI = 1。
REN	SCON.4	串列埠接收致能位元。 令 REN = 1 則允許接收，令 REN = 0 則停止接收。 此位元用指令設定或清除之。
TB8	SCON.3	在模式 2 或模式 3，此位元被當做第 9 個資料位元發射出去。 此位元用指令設定或清除之。
RB8	SCON.2	在模式 0，此位元未被使用。 在模式 1，若 SM2 = 0，接收到的停止位元會自動存入 RB8。 在模式 2 或模式 3，接收到的第 9 個資料位元會自動存入 RB8。
TI	SCON.1	發射中斷旗標。 在模式 0，當發射出第 8 個位元後，會自動令 TI = 1。 在其他模式，當停止位元發射出去後，會自動令 TI = 1。 此位元必須藉指令清除為 0。
RI	SCON.0	接收中斷旗標。 在模式 0，接收到最後一個位元(即 bit 7)後，會自動令 RI = 1。 在其他模式，當接收到停止位元時，會自動令 RI = 1。 此位元必須藉指令清除為 0。

SM0/SM1 說明表：

SM0	SM1	模式	功 能	鮑 率
0	0	0	8 位元之移位暫存器	f_{osc} /12
0	1	1	8 位元之 UART	可用軟體規劃
1	0	2	9 位元之 UART	f_{osc} /32 或 f_{osc} /64
1	1	3	9 位元之 UART	可用軟體規劃

註： f_{osc} ：石英晶體之振盪頻率。
UART：非同步之接收/發射器。Universal Asynchronous Receiver/Transmitter 之縮寫。

圖 3-11-1 串列埠控制暫存器 SCON

▶ 3-11-1 串列埠之模式 0

1. 特點

(1) 資料由接腳RXD(即P3.0)發射或接收。移位時脈由接腳TXD(即P3.1)發射。

(2) 資料的發射或接收都以**8 個位元**爲一個單位。

(3) 鮑率＝石英晶體的振盪頻率÷12。

(4) 說明：

① 串列埠工作於模式 0 時，串列資料由接腳 RXD 進出，移位時脈則由接腳 TXD 輸出。每一個移位時脈，接收或發射一個位元的資料。

② 資料是依 **bit 0→bit 1→bit 2→bit 3→bit 4→bit 5→bit 6→bit 7** 之順序發射或接收。

2. 用法

(1) 發射

① 由特殊功能暫存器 SCON 設定串列埠爲模式 0。

② 令 TI＝0。

③ 下達SBUF＝data8 指令(註：data8 表示欲發射之 8 位元資料)把欲發射之資料存入 SBUF 內，即可開始自動由 RXD 腳發射 SBUF 內之資料，並自動由 TXD 腳發射移位時脈。

④ 當第 8 個位元發射完畢時，會自動令發射中斷旗標TI＝1，以產生串列埠中斷請求，告訴我們可以再重複第②～第④步驟了。

⑤ 請參考圖 3-11-2。

(2) 接收

① 由特殊功能暫存器 SCON 設定串列埠爲模式 0。

② 令 REN＝1，RI＝1。

③ 令 RI＝0 即可開始自動由 RXD 腳接收資料，並自動由 TXD 腳發射移位時脈。

④ 接收完 8 個位元的資料後，會自動令接收中斷旗標RI＝1，以產生串列埠中斷請求，通知我們用data8＝SBUF指令(註：data8 表示變數)把資料取走。

⑤ 請參考圖 3-11-3。

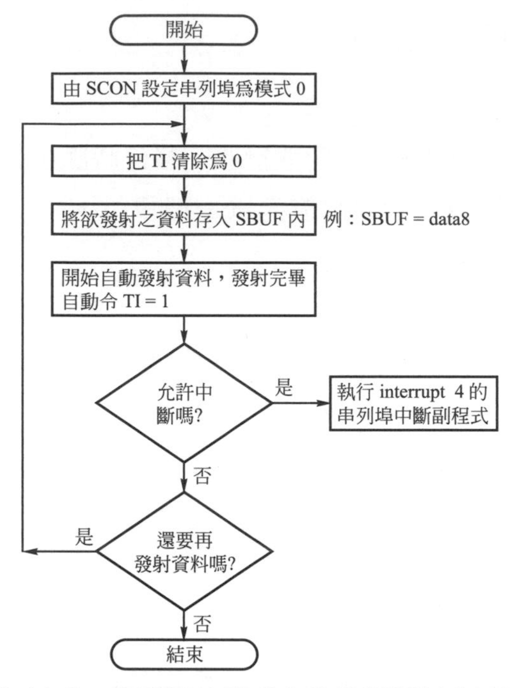

圖 3-11-2 串列埠於模式 0 時發射資料之流程圖

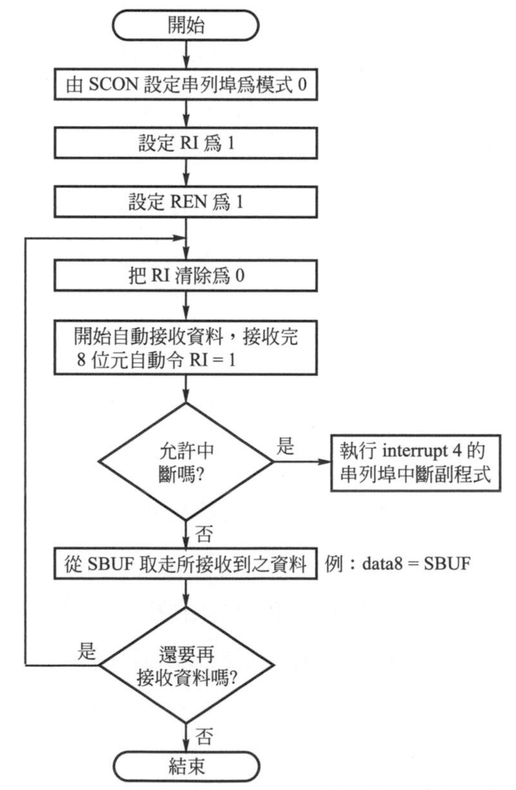

圖 3-11-3 串列埠於模式 0 時接收資料之流程圖

3. **應用例**

請見實習 14-1。

▶ 3-11-2 串列埠之模式 1

1. **特點**

⑴ 由接腳TXD發射資料，由接腳RXD接收資料。由於發射和接收資料是用不同的接腳負責，所以可以同時進行發射和接收的動作。

⑵ 資料的發射或接收都以 10 個位元為一個單位。包含一個起始位元，8 個資料位元，一個停止位元。

說明：①起始位元(等於 0)及停止位元(等於 1)是串列埠在發射資料時自動加上去的。

②進行接收動作時，收到的停止位元會自動存入特殊功能暫存器 SCON 的 RB8 中。

⑶ 鮑率可用軟體規劃，規劃的方法請見 3-11-5 節之說明。

2. **用法**

⑴ 發射

① 先規劃鮑率的大小。詳見 3-11-5 節。

② 由特殊功能暫存器 SCON 設定串列埠為模式 1。

③ 令 TI ＝ 0。

④ 下達 SBUF ＝ data8 指令(註：data8 表示欲發射之 8 位元資料)把資料存入 SBUF 內，即可開始由 TXD 腳發射資料。首先自動發射一個等於 0 的起始位元，然後自動發射 SBUF 的內容，最後再自動發射一個等於 1 的停止位元。

⑤ 發射完畢，會自動令發射中斷旗標 TI ＝ 1，以產生串列埠中斷請求，告訴我們可以再重複第③～第⑤步驟了。

⑥ 請參考圖 3-11-4。

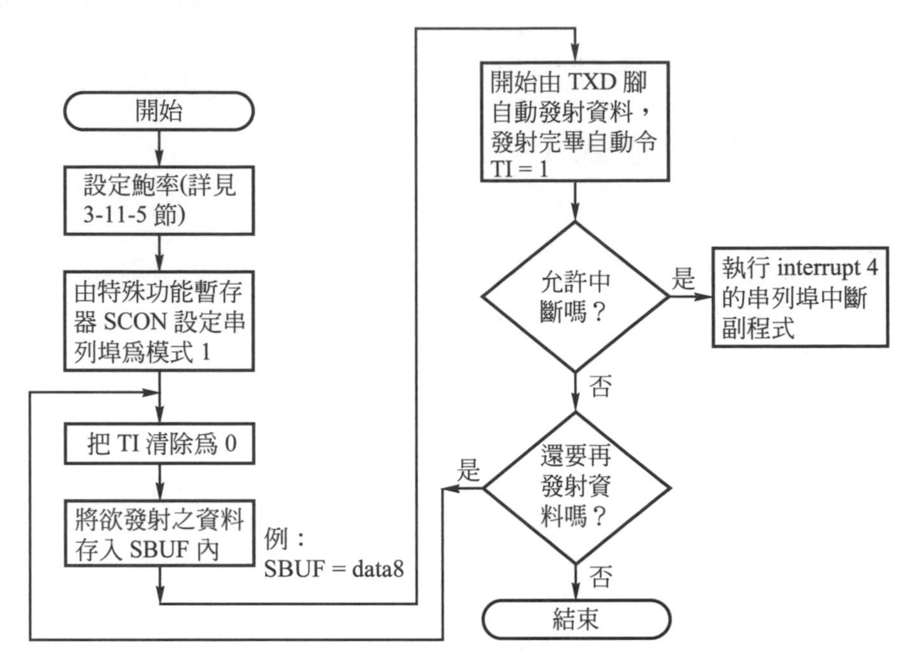

圖 3-11-4　串列埠於模式 1 時發射資料之流程圖

⑵　接收

① 先規劃鮑率。必須與外界發射過來的鮑率相等。規劃方法詳見3-11-5節。

② 由特殊功能暫存器 SCON 設定串列埠為模式 1，並令 REN = 1。

③ 令 RI = 0。

④ 自動接收完資料後，假如「RI = 0」而且「SM2 = 0 或接收到停止位元」，則會自動把所接收到的 8 位元資料存入SBUF內等您來拿，而且會自動把停止位元(等於 1)存入RB8 內。然後自動令接收中斷旗標RI＝1，以產生串列埠中斷請求，通知我們用data8 ＝SBUF指令(註：data8 表示變數)把資料取走。

⑤ 自動接收完資料後，若「RI＝0」及「SM2 = 0 或接收到停止位元」兩個條件無法同時成立，則串列埠會將所接收到的資料放棄而自動再開始接收下一筆資料。

⑥ 請參考圖 3-11-5。

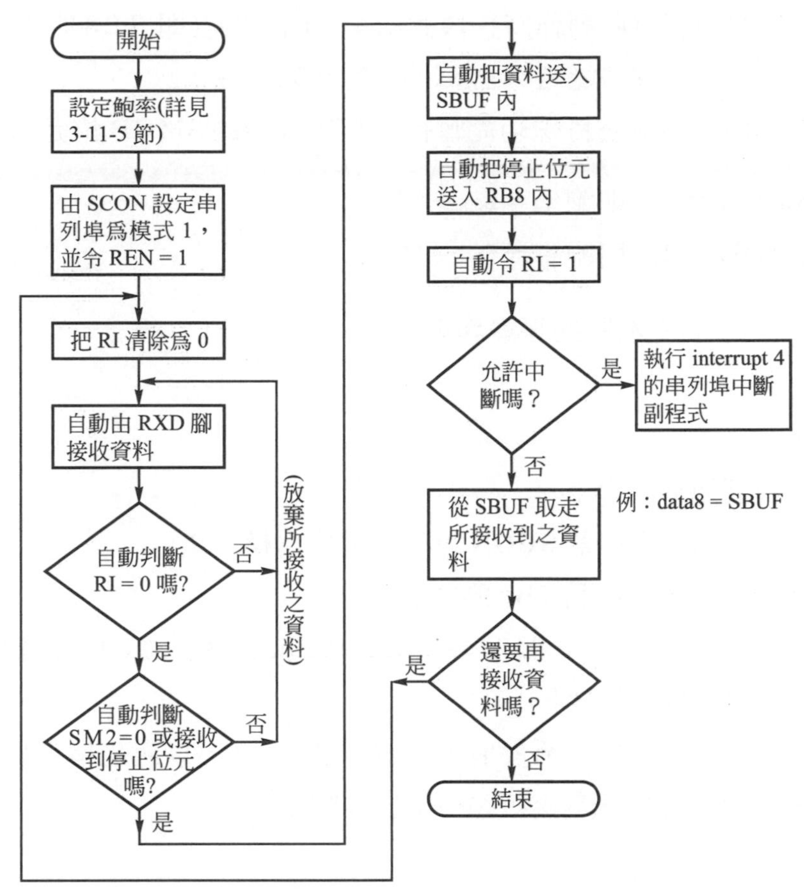

圖 3-11-5 串列埠於模式 1 時接收資料之流程圖

3. **應用例**

請見實習 14-2 及實習 14-3。

▶ 3-11-3 串列埠之模式 2

1. **特點**

⑴ 由接腳TXD發射資料，由接腳RXD接收資料。由於發射和接收資料是用不同的接腳負責，所以可以同時進行發射和接收的動作。

⑵ 資料的發射或接收都以 11 個位元爲一個單位。包含一個必爲 0 的起始位元，8 個資料位元，一個 TB8(特殊功能暫存器 SCON 的 bit 3)，及一個必爲 1 的停止位元。

說明：①起始位元及停止位元是串列埠在發射時自動加上去的。

②進行接收動作時，收到的第 10 個位元(即 TB8 的內容)會自動存入特殊功能暫存器 SCON 的 RB8 內。

⑶ 飽率是由指令改變特殊功能暫存器 PCON 中的 SMOD 位元而決定：

若 SMOD ＝ 0，則飽率＝f_{osc} ÷ 64

若 SMOD ＝ 1，則飽率＝f_{osc} ÷ 32

註：f_{osc}＝石英晶體的振盪頻率

2. 用法

⑴ 發射

① 先規劃飽率的大小。

② 由特殊功能暫存器 SCON 設定串列埠爲模式 2。

③ 令 TI ＝ 0。並規劃 TB8 的內容。

④ 下達 SBUF ＝ data8 指令(註：data8 表示欲發射之 8 位元資料)即可開始由 TXD 腳發射資料。

⑤ 發射完畢，會自動令發射中斷旗標 TI ＝ 1，以產生串列埠中斷請求，告訴我們可以再重複第③～第⑤步驟了。

⑥ 請參考圖 3-11-6。

⑵ 接收

① 先規劃飽率的大小。(接收的飽率必須等於發射的飽率)

② 由特殊功能暫存器 SCON 設定串列埠爲模式 2，並令 REN ＝ 1。

③ 令 RI ＝ 0，即可由 RXD 腳開始自動接收資料。

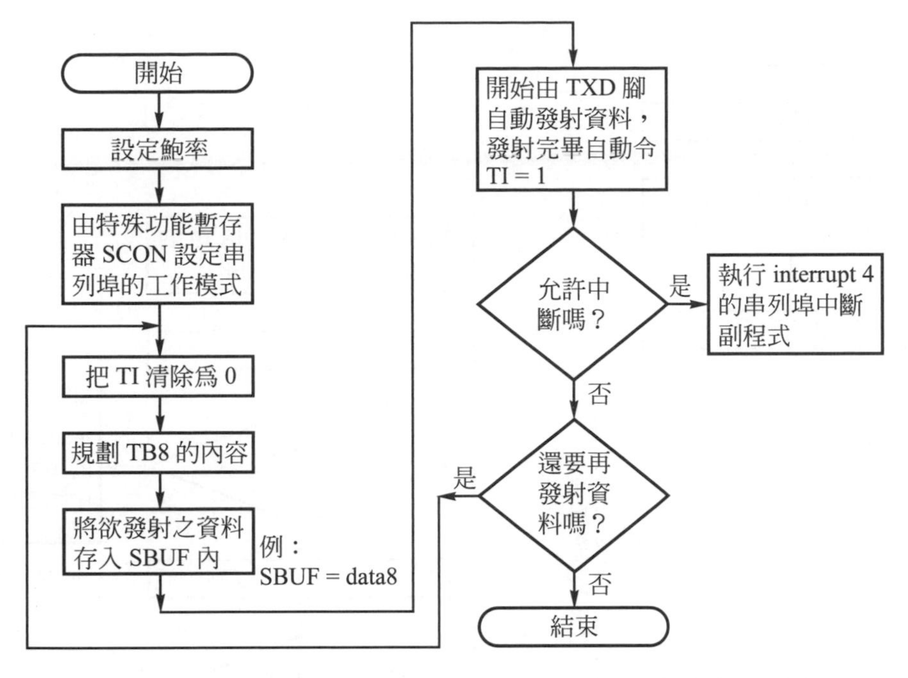

圖 3-11-6 串列埠工作於模式 2 及模式 3 時，發射資料之流程圖

④ 若符合「RI＝0」及「SM2 ＝ 0 或所接收到的第 10 個位元爲 1」兩個條件，則會自動把所接收到的 8 個資料位元存入 SBUF 內，並把第 10 個位元(即發射端的 TB8)存入 RB8 內，然後自動令接收中斷旗標 RI ＝ 1 以產生串列埠中斷請求，通知我們用 data8 ＝ SBUF 指令(註：data8 表示變數)把資料取走。

⑤ 若「RI＝0」及「SM2 ＝ 0 或所接收到的第 10 個位元爲 1」兩個條件無法同時成立，則串列埠會自動將所接收到的資料放棄而自動再開始接收下一筆資料。

⑥ 請參考圖 3-11-7。

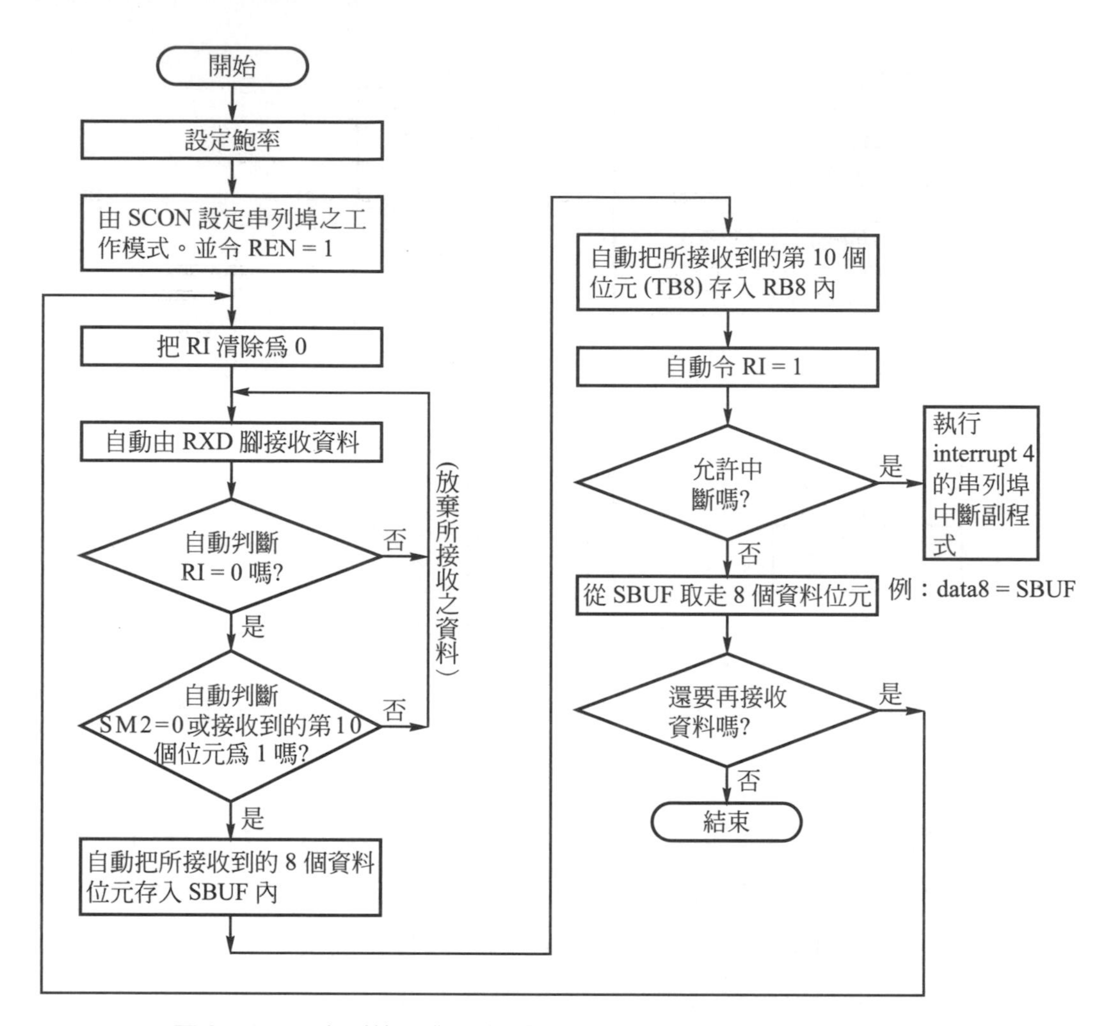

圖 3-11-7　串列埠工作於模式 2 及模式 3 時，接收資料之流程圖

▶ 3-11-4　串列埠之模式 3

1.　**特點**

(1)　由接腳TXD發射資料，由接腳RXD接收資料。可以同時進行發射和接收的動作。

(2)　資料的發射和接收都以 11 個位元爲一個單位。包含一個必爲 0 的起始位元，8 個資料位元，一個 TB8，及一個必爲 1 的停止位元。

(3)　鮑率可用軟體規劃，規劃的方法請見 3-11-5 節之說明。

2. **用法**

(1) 先規劃鮑率的大小。詳見3-11-5節之說明。

(2) 事實上，除了鮑率之外，串列埠工作於模式3和模式2的工作流程是相同的。發射時請見圖3-11-6，接收時請見圖3-11-7。

3. **應用例**

請見實習14-4。

▶ 3-11-5 串列埠的鮑率

1. **串列埠工作於模式0的鮑率**

(1) 串列埠工作於模式0時，其鮑率是固定值：

$$鮑率=\frac{石英晶體的振盪頻率}{12}$$

例如：當使用12MHz的石英晶體時，

$$鮑率=\frac{12MHz}{12}=1MHz=1000000BPS。$$

(2) 不需用任何計時／計數器擔任鮑率產生器。

2. **串列埠工作於模式1及模式3的鮑率**

(1) 串列埠工作於模式1及模式3時，鮑率的規劃方法完全一樣。

(2) 鮑率由計時器1產生時，通常令計時器1工作於模式2 (自動再載入功能)，此時

$$鮑率=\frac{2^{SMOD}}{32}\times 計時器1的溢位率$$

$$=\frac{2^{SMOD}}{32}\times\frac{石英晶體的振盪頻率}{12\times(256-TH1)}$$

(3) 您在設計程式以前應該早已決定好要使用多少的鮑率了，因此可用下式求TH1值：

$$TH1=256-\frac{2^{SMOD}\times 石英晶體的振盪頻率}{384\times 鮑率}$$

⑷ 上述SMOD是特殊功能暫存器PCON的位元7，可用指令設定為1或0。
註：開機(RESET)時，SMOD的機定值為0。

⑸ 各種常用鮑率的規劃值請參考表3-11-1。

表 3-11-1 以計時器 1 產生常用的鮑率的方法

串列埠		石英晶體的振盪頻率	SMOD	計時器 1		
工作模式	鮑率(BPS)			$C/\overline{T}$	工作模式	重載值(TH1)
模式 0	1000000	12MHz	×	×	×	×
模式 2	375000	12MHz	1	×	×	×
模式 1 及 模式 3	62500	12MHz	1	0	2	0FFH
	9600	12MHz	1	0	2	0F9H
	2400	12MHz	0	0	2	0F3H
	1200	12MHz	0	0	2	0E6H
	19200	11.059MHz	1	0	2	0FDH
	9600	11.059MHz	0	0	2	0FDH
	2400	11.059MHz	0	0	2	0F4H
	1200	11.059MHz	0	0	2	0E8H

⑹ 計時器2亦可擔任鮑率產生器，其規劃方法已詳述於3-10-4節。

3. 串列埠工作於模式2的鮑率

⑴ 串列埠工作於模式2時，鮑率由SMOD決定：

$$若\ SMOD = 1 \quad 則鮑率 = \frac{石英晶體的振盪頻率}{32}$$

$$若\ SMOD = 0 \quad 則鮑率 = \frac{石英晶體的振盪頻率}{64}$$

⑵ 不需用任何計時／計數器擔任鮑率產生器。

⑶ 上述SMOD是特殊功能暫存器PCON的位元7，可用指令設定為1或0。
註：開機(RESET)時，SMOD的機定值為0。

▶ 3-11-6 多處理機通訊

MCS-51的串列埠可以從事一種很重要的通訊模式——多處理機通訊(multiprocessor communication)。多處理機通訊如圖3-11-8所示，可使一群MCS-51互相傳送資料。在實際的應用中，我們可將主控制器安裝在工廠的主控制室內，而將各副控制器分別裝在各生產單位內，當主控制室需要存取某一個副控制器的資料時，只需由「主MCS-51」送出該副控制器的位址碼，就可與被呼叫到的「副MCS-51」互相通訊。

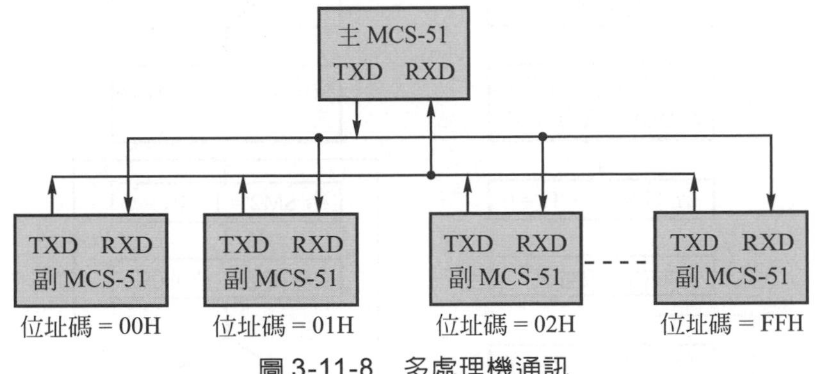

圖 3-11-8 多處理機通訊

由3-11-3節及3-11-4節的討論，已知串列埠工作於模式2及模式3時，發射端的MCS-51除了會發射8位元資料的內容之外，還會發射TB8的內容，接收端的MCS-51則會將對方發射過來的TB8之內容存入自己的RB8內。此發射端的TB8在多處理機通訊中扮演很重要的角色。欲通訊時，「主(master)MCS-51」先發射出「位址碼」然後才發射出「資料」，而「副(slave)MCS-51」則根據所接收到的位址碼而判斷接下來的資料是不是要送過來給它接收的。可是，不管是位址碼或資料，實際上都是由一串0和1組成的，「副MCS-51」要如何分辨現在「主MCS-51」發射出來的到底是位址碼還是資料呢？因爲當「主MCS-51」的**TB8 = 1時表示所發射的是位址碼，TB8 = 0時表示所發射的是資料**，所以各「副MCS-51」必須先令「RI = 0，SM2 = 1」，以便「主MCS-51」發射出位址碼時可利用TB8 = 1的信號使「副MCS-51」產生串列埠中斷而去interrupt 4執行中斷副程式。而各「副MCS-51」的中斷副程式必須有判斷位址碼的功能，以明瞭此次「主MCS-51」是要和哪一個「副MCS-51」通訊，而符合此次位址碼的「副MCS-51」則要在中斷副程式中令「RI = 0，SM2 = 0」以便接收資料。其餘位址碼不符的「副MCS-51」則仍然保持「RI = 0，SM2 = 1」的狀態，以便隨時接收「主MCS-51」所發射的位址碼。

接著，由於「主MCS-51」會先令TB8 = 0才發射資料，所以資料只會被SM2 = 0那個「副 MCS-51」所接收。其餘的「副 MCS-51」由於 SM2 = 1 而且「主 MCS-51」發射過來的 TB8 = 0，所以所接收之資料會被串列埠自動放棄。

多處理機通訊之動作流程請參考圖 3-11-9。

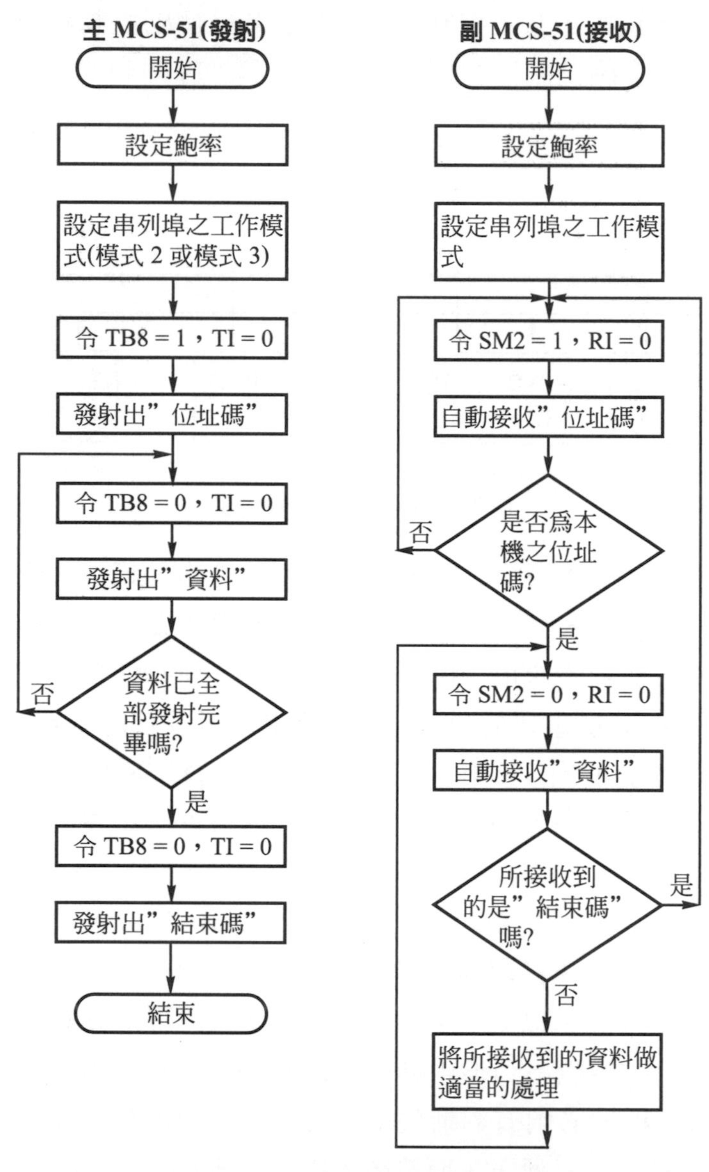

圖 3-11-9　多處理機通訊之流程圖

說明：(1)「副 MCS-51」的鮑率及工作模式需和「主 MCS-51」完全一樣。
(2) 結束碼由程式設計者自訂，給所有 MCS-51 共同遵守。

圖 3-11-10 是「主 MCS-51」把資料傳送給位址碼 02H 的「副 MCS-51」之詳細過程，請參考之。**應用例請參考實習 14-4**

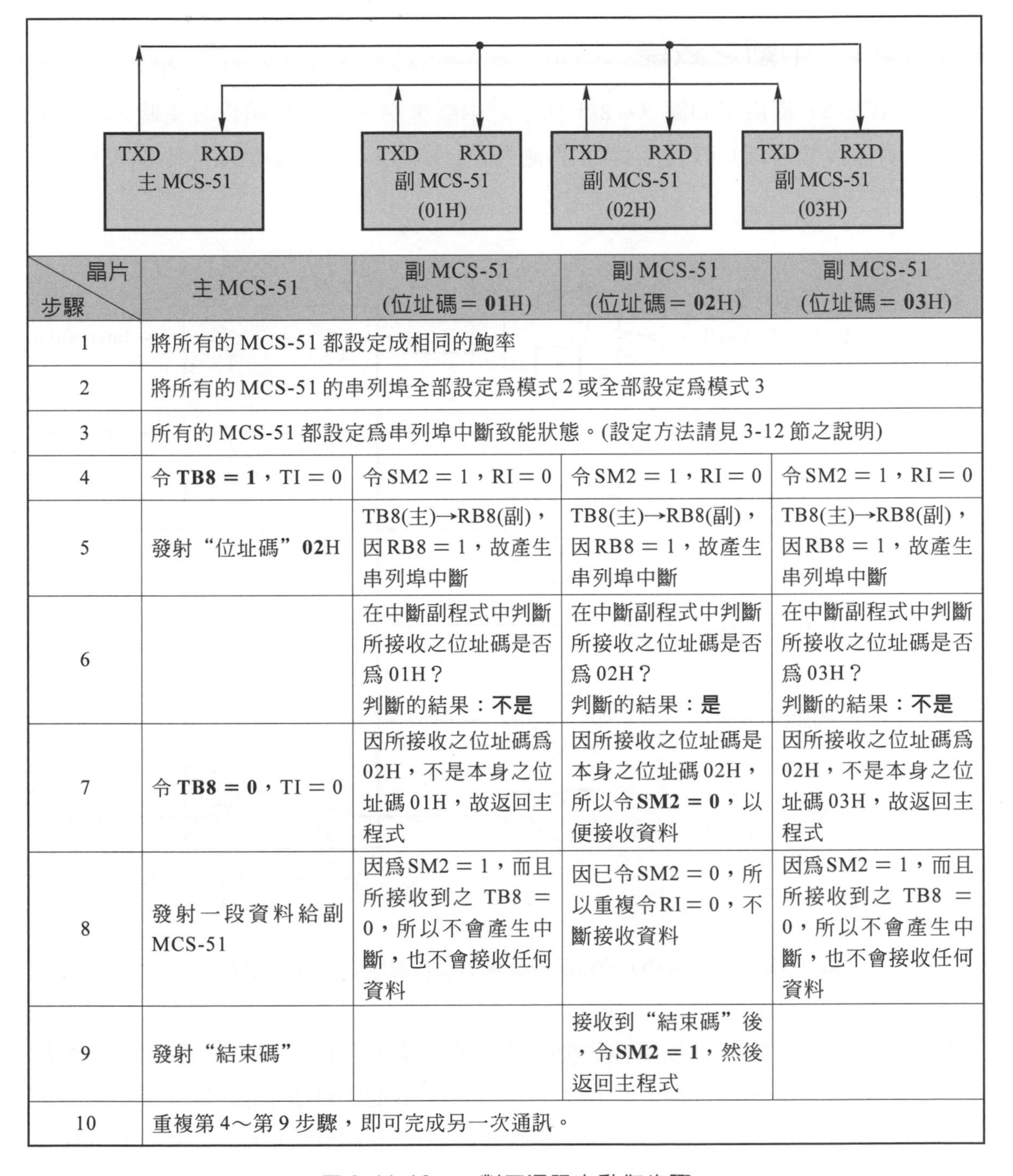

步驟 \ 晶片	主 MCS-51	副 MCS-51 (位址碼＝**01**H)	副 MCS-51 (位址碼＝**02**H)	副 MCS-51 (位址碼＝**03**H)
1	將所有的 MCS-51 都設定成相同的鮑率			
2	將所有的 MCS-51 的串列埠全部設定爲模式 2 或全部設定爲模式 3			
3	所有的 MCS-51 都設定爲串列埠中斷致能狀態。(設定方法請見 3-12 節之說明)			
4	令 **TB8 ＝ 1**，TI ＝ 0	令 SM2 ＝ 1，RI ＝ 0	令 SM2 ＝ 1，RI ＝ 0	令 SM2 ＝ 1，RI ＝ 0
5	發射“位址碼”**02**H	TB8(主)→RB8(副)，因 RB8 ＝ 1，故產生串列埠中斷	TB8(主)→RB8(副)，因 RB8 ＝ 1，故產生串列埠中斷	TB8(主)→RB8(副)，因 RB8 ＝ 1，故產生串列埠中斷
6		在中斷副程式中判斷所接收之位址碼是否爲 01H？ 判斷的結果：**不是**	在中斷副程式中判斷所接收之位址碼是否爲 02H？ 判斷的結果：**是**	在中斷副程式中判斷所接收之位址碼是否爲 03H？ 判斷的結果：**不是**
7	令 **TB8 ＝ 0**，TI ＝ 0	因所接收之位址碼爲 02H，不是本身之位址碼 01H，故返回主程式	因所接收之位址碼是本身之位址碼 02H，所以令 **SM2 ＝ 0**，以便接收資料	因所接收之位址碼爲 02H，不是本身之位址碼 03H，故返回主程式
8	發射一段資料給副 MCS-51	因爲 SM2 ＝ 1，而且所接收到之 TB8 ＝ 0，所以不會產生中斷，也不會接收任何資料	因已令 SM2 ＝ 0，所以重複令 RI ＝ 0，不斷接收資料	因爲 SM2 ＝ 1，而且所接收到之 TB8 ＝ 0，所以不會產生中斷，也不會接收任何資料
9	發射“結束碼”		接收到“結束碼”後，令 **SM2 ＝ 1**，然後返回主程式	
10	重複第 4～第 9 步驟，即可完成另一次通訊。			

圖 3-11-10 一對三通訊之動作步驟

(本圖爲「主 MCS-51」把資料傳送給位址碼 02H 的「副 MCS-51」之詳細過程)

3-12 中斷

▶ 3-12-1　中斷之致能

1. MCS-51 提供了如圖 3-12-1 所示之中斷來源。當中斷請求發生時，若該中斷被致能，則 CPU 會跳到相對應的位址去執行中斷副程式(中斷函數)。

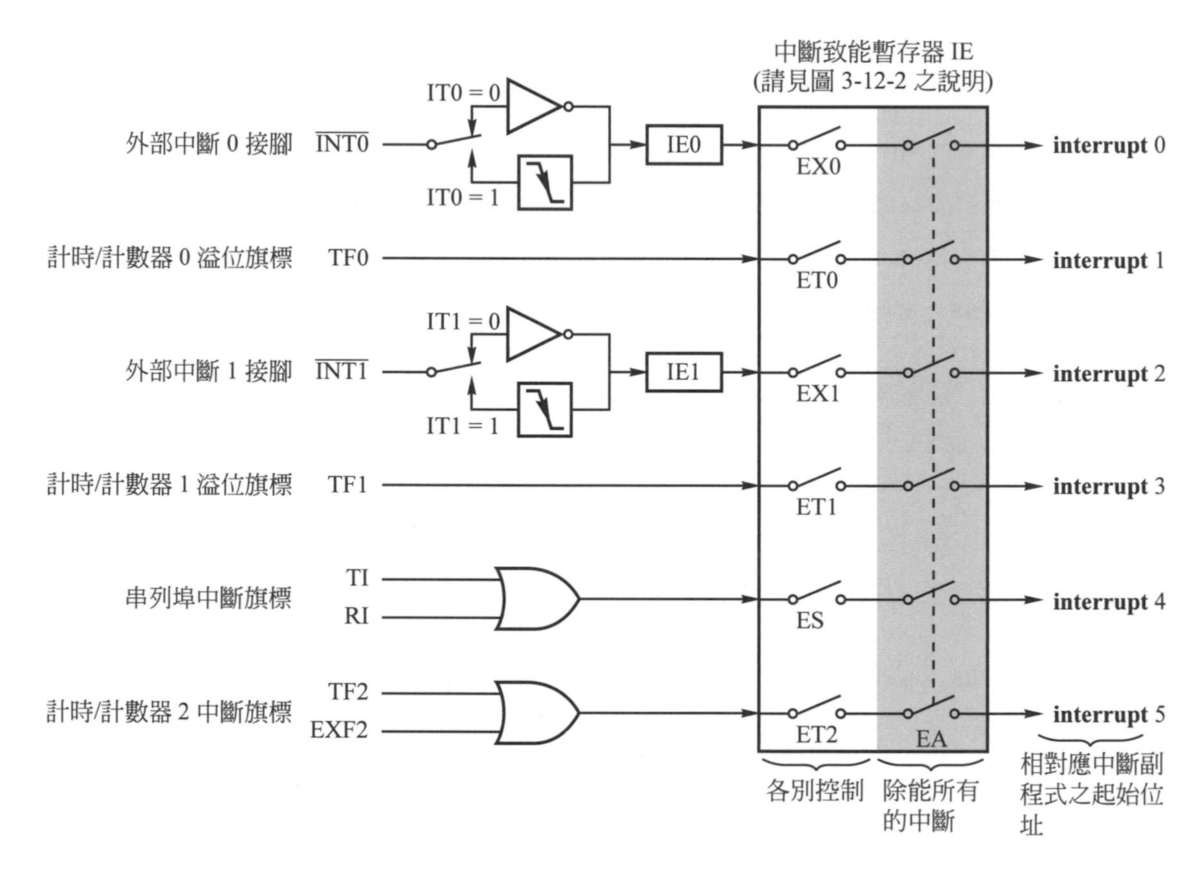

圖 3-12-1　MCS-51 系列之中斷來源及相對應之中斷副程式位址

2. 每一個中斷請求可以單獨的使其致能或除能。我們若將中斷致能暫存器 IE 內的相關位元設定爲 1 表示致能，若將其清除爲 0 則表示除能。在中斷致能暫存器 IE 中有一個 EA 位元，我們若將此位元清除爲 0，則會令所有的中斷請求都被除能。詳見圖 3-12-2 之說明。

中斷致能暫存器 IE，可位元定址		
IE： EA | —— | ET2 | ES | ET1 | EX1 | ET0 | EX0		
符號	位址	說明
EA	IE.7	當 EA ＝ 0 時，所有的中斷都被除能。CPU 不接受任何中斷請求。 當 EA ＝ 1 時，每個中斷由各別的致能位元所控制，各致能位元設定爲 1 時是致能，清除爲 0 時是除能。
—	IE.6	此位元保留未用。
ET2	IE.5	ET2 ＝ 1 時，計時／計數器 2 的中斷致能。 ET2 ＝ 0 時，計時／計數器 2 的中斷除能。
ES	IE.4	ES ＝ 1 時，串列埠中斷致能。 ES ＝ 0 時，串列埠中斷除能。
ET1	IE.3	ET1 ＝ 1 時，計時／計數器 1 的中斷致能。 ET1 ＝ 0 時，計時／計數器 1 的中斷除能。
EX1	IE.2	EX1 ＝ 1 時，外部中斷 1 (接腳 $\overline{INT1}$) 致能。 EX1 ＝ 0 時，外部中斷 1 (接腳 $\overline{INT1}$) 除能。
ET0	IE.1	ET0 ＝ 1 時，計時／計數器 0 的中斷致能。 ET0 ＝ 0 時，計時／計數器 0 的中斷除能。
EX0	IE.0	EX0 ＝ 1 時，外部中斷 0 (接腳 $\overline{INT0}$) 致能。 EX0 ＝ 0 時，外部中斷 0 (接腳 $\overline{INT0}$) 除能。

圖 3-12-2　中斷致能暫存器 IE

3. 外部中斷

外部中斷接腳$\overline{INT0}$及$\overline{INT1}$可用計時／計數器控制暫存器TCON (已於圖 3-9-4 加以說明) 內的 IT0 與 IT1 位元規劃爲負緣觸發或低準位動作。

如果我們令IT0 ＝ 1 (或令IT1 ＝ 1) 則爲負緣觸發型中斷，當接腳$\overline{INT0}$ (或 $\overline{INT1}$) 由高電位變成低電位時，會令 IE0 (或 IE1)自動保持於 1 (即具有閂鎖作用)，直到 CPU 跳去執行相對應的中斷副程式(中斷函數)後才會自動將 IE0 (或 IE1)清除爲 0。

若我們令IT0 = 0 (或令IT1 = 0) 則爲低準位動作，接腳$\overline{\text{INT0}}$(或$\overline{\text{INT1}}$)的低電位必須維持至 CPU 跳去執行相對應的中斷副程式(中斷函數)爲止，否則一旦接腳的低電位消失(即變成高電位)，中斷請求就會消失。

4. **計時／計數器中斷**

當計時／計數器 0 (或計時／計數器 1) 產生溢位時，溢位旗標 TF0 (或 TF1) 會自動被設定爲 1，直至 CPU 跳去執行相對應的中斷副程式(中斷函數)時才會自動將 TF0 (或 TF1)清除爲 0。

5. **串列埠中斷**

串列埠無論是發射中斷旗標 TI = 1 或接收中斷旗標 RI = 1，都會產生中斷請求，所以**在中斷副程式(中斷函數)中我們必須自己用指令去判斷到底產生中斷請求的是TI還是RI**，然後才執行相對應的發射服務程式或接收服務程式。

另外，在中斷副程式(中斷函數)中我們**必須自己用指令來清除TI或RI**。因爲硬體不會自動把這兩個位元清除爲0。

6. **計時／計數器 2 中斷**

計時／計數器 2 只在編號 80C32、80C52、87C52、89C52、89S52、87C54、89C55 等單晶片微電腦中才有。當 TF2 或 EXF2 (已於 3-10 節加以說明)其中一個爲“1”時，就會產生計時／計數器 2 之中斷請求，所以在中斷副程式(中斷函數)中我們必須自己用指令去判斷到底產生中斷請求的是 TF2 還是 EXF2，然後才執行相對應的服務程式。

另外，在中斷副程式(中斷函數)中我們**必須自己用指令來清除 TF2 或 EXF2**。因爲硬體不會自動把這兩個位元清除爲 0。

7. 所有可以產生中斷請求的旗標位元，都可以用指令加以偵測、設定或清除。

▶ 3-12-2 中斷之優先權

1. 所有的中斷請求，均可由圖 3-12-3 所示之中斷優先權暫存器的相對位元設定或清除來控制其處理的優先順序，如果對應位元設定爲 1 表示具有高優先權，如果清除爲 0 表示具有低優先權。

中斷優先權暫存器 IP，可位元定址

IP：

—	—	PT2	PS	PT1	PX1	PT0	PX0

符號	位址	說明
—	IP.7	保留未用。
—	IP.6	保留未用。
PT2	IP.5	定義計時／計數器 2 之中斷優先權。 PT2 = 1，具有高優先權。 PT2 = 0，具有低優先權。
PS	IP.4	定義串列埠之中斷優先權。 PS = 1，具有高優先權。 PS = 0，具有低優先權。
PT1	IP.3	定義計時／計數器 1 之中斷優先權。 PT1 = 1，具有高優先權。 PT1 = 0，具有低優先權。
PX1	IP.2	定義外部中斷 1 之中斷優先權。 PX1 = 1，具有高優先權。 PX1 = 0，具有低優先權。
PT0	IP.1	定義計時／計數器 0 之中斷優先權。 PT0 = 1，具有高優先權。 PT0 = 0，具有低優先權。
PX0	IP.0	定義外部中斷 0 之中斷優先權。 PX0 = 1，具有高優先權。 PX0 = 0，具有低優先權。

圖 3-12-3　中斷優先權暫存器 IP

2. 高優先權的中斷請求可以中斷正在執行中的低優先權的中斷副程式(中斷函數)。而低優先權的中斷請求無法中斷具有高優先權的中斷副程式(中斷函數)。
3. 若有兩個不同優先權的中斷請求同時產生，則 CPU 會先去執行具有高優先權的中斷副程式(中斷函數)。

4. 若有兩個具有相同優先權的中斷請求“同時”發生，則CPU會照表3-12之中斷優先順序來決定其執行中斷副程式(中斷函數)的順序。

表 3-12 中斷優先順序

中斷來源	優先順序
IE0	1 (最高優先)
TF0	2
IE1	3
TF1	4
RI 或 TI	5
TF2 或 EXF2	6 (最低優先)

5. 詳情請見圖 3-12-4。

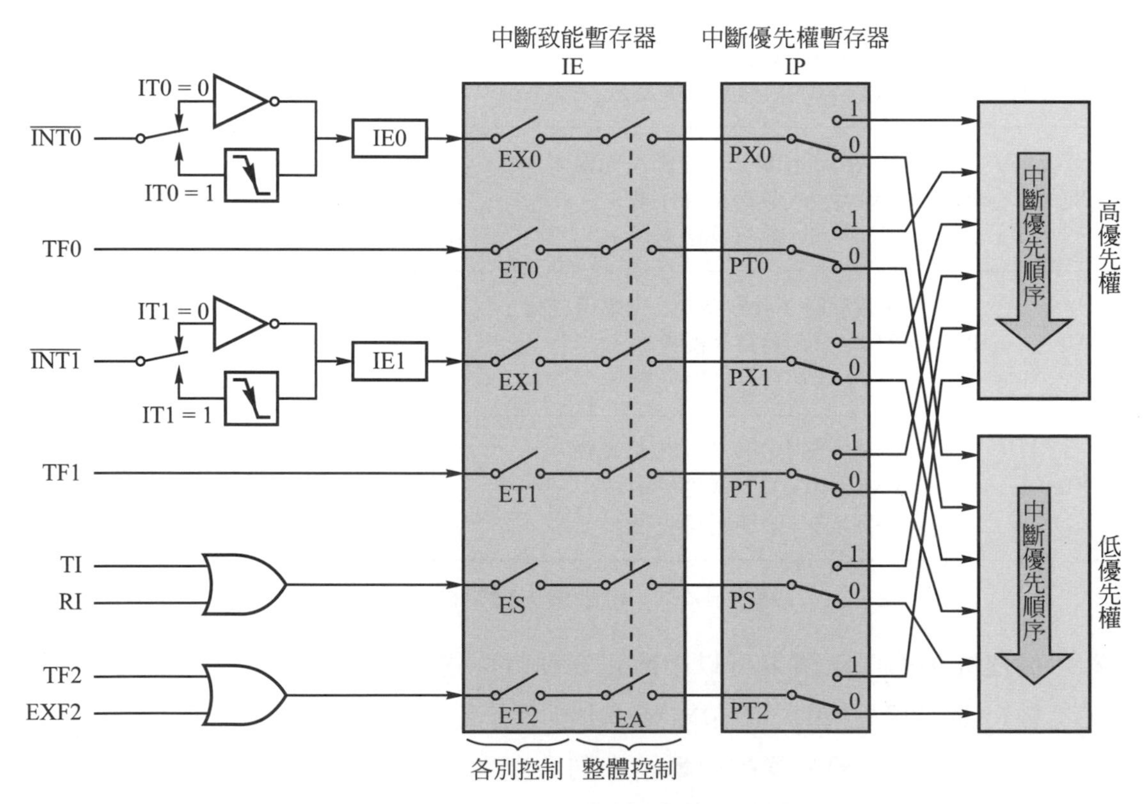

圖 3-12-4 中斷控制與中斷優先順序

3-13 省電模式

假如省電對您所製作的微電腦控制器非常重要(例如：停電時必須用充電電池把資料保存下來)時，建議您選用CMOS版本的MCS-51。CMOS版本和HMOS版本的MCS-51單晶片微電腦之消耗電流如表3-13所示，可供參考。

表3-13　各種不同編號之耗電情形

<table>
<tr><th>型式</th><th>編號</th><th>消耗電流</th><th>備註</th></tr>
<tr><td rowspan="5">HMOS版本
(早期產品)</td><td>8031</td><td>125mA</td><td rowspan="5"></td></tr>
<tr><td>8051</td><td>125mA</td></tr>
<tr><td>8751</td><td>250mA</td></tr>
<tr><td>8032</td><td>175mA</td></tr>
<tr><td>8052</td><td>175mA</td></tr>
<tr><td rowspan="5">CMOS版本
(目前產品)</td><td>80C31</td><td>20mA</td><td rowspan="5">①工作於閒置模式時，消耗電流只有5mA。
②工作於功率下降模式時，消耗電流只有 50 μA。</td></tr>
<tr><td>80C51</td><td>20mA</td></tr>
<tr><td>87C51</td><td>25mA</td></tr>
<tr><td>89C51</td><td>20mA</td></tr>
<tr><td>89S51</td><td>25mA</td></tr>
<tr><td colspan="4">測試條件：上述消耗電流是在所有的輸出腳都未接上負載，而且石英晶體採用12MHz下所做之測試。</td></tr>
</table>

CMOS版本的MCS-51，不但平時耗電較少，而且還提供了下列兩種省電模式：

(1) 閒置模式(IDLE MODE)——CPU停止工作，但其餘部份(例如計時／計數器、中斷……等)仍在工作。

(2) 功率下降模式(POWER DOWN MODE)——一切的功能都停止，但所有的資料保持不變。

要進入上述兩種省電模式，只須設定特殊功能暫存器 PCON 內的相對應位元即可，請參考圖 3-13-1 之說明。

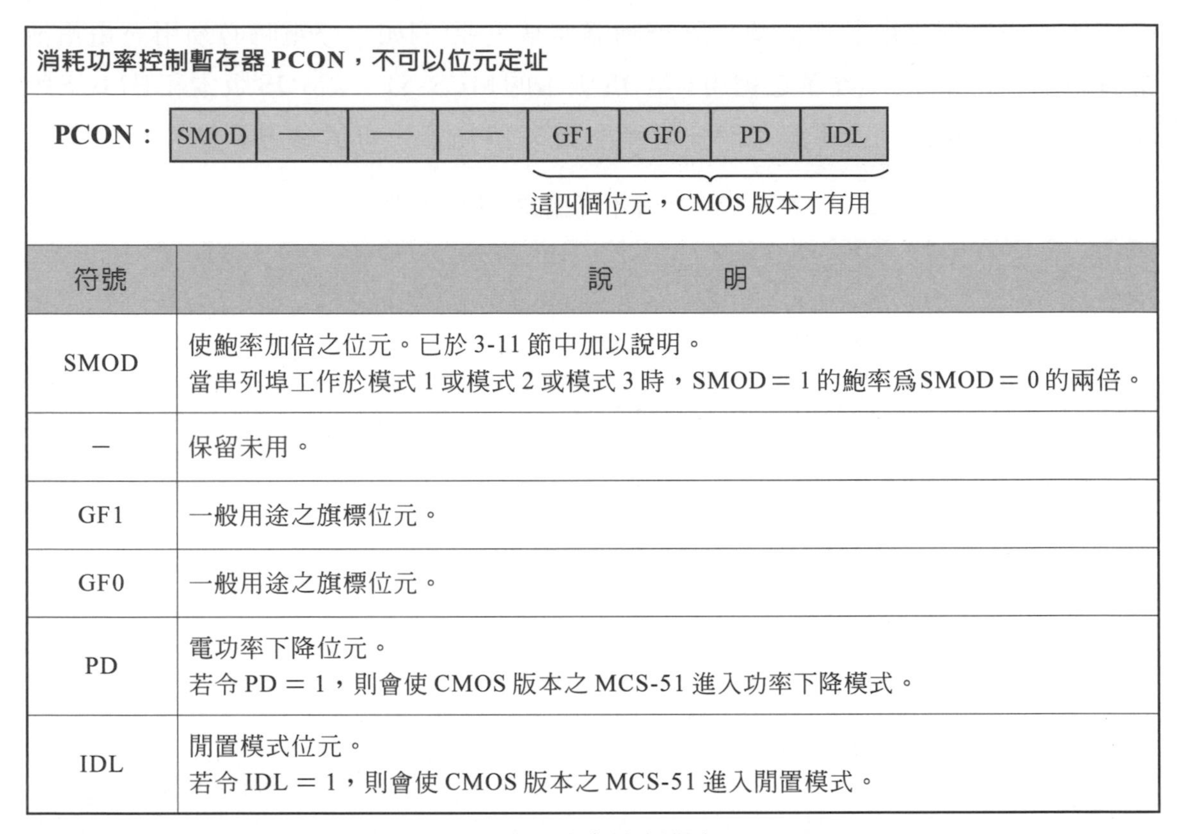

消耗功率控制暫存器 PCON，不可以位元定址

PCON：

SMOD	—	—	—	GF1	GF0	PD	IDL

符號	說　　明
SMOD	使鮑率加倍之位元。已於 3-11 節中加以說明。 當串列埠工作於模式 1 或模式 2 或模式 3 時，SMOD＝1 的鮑率為SMOD＝0 的兩倍。
—	保留未用。
GF1	一般用途之旗標位元。
GF0	一般用途之旗標位元。
PD	電功率下降位元。 若令 PD＝1，則會使 CMOS 版本之 MCS-51 進入功率下降模式。
IDL	閒置模式位元。 若令 IDL＝1，則會使 CMOS 版本之 MCS-51 進入閒置模式。

圖 3-13-1　消耗功率控制暫存器 PCON

▶ 3-13-1　閒置模式 (Idle Mode)

1. 若在程式中令位元IDL＝1，則CMOS版本的MCS-51 會立即進入閒置模式。
2. 在閒置模式時
   (1) CPU 停止工作。
   (2) 串列埠、計時／計數器、中斷控制系統等仍然正常工作。
   (3) CPU、內部 RAM、特殊功能暫存器的內容都保持原值不變。
   (4) 所有輸出埠的輸出狀態都保持原來的輸出狀態，不再改變。
   (5) 接腳 ALE 及 $\overline{\text{PSEN}}$ 保持於高電位。

3. 有兩種方法可脫離閒置模式，讓CPU恢復正常工作：
   (1) 任何已經致能的中斷產生中斷請求時，會令IDL位元自動清除爲0，而令CPU恢復正常工作。此時CPU會先跳去執行相對應的中斷副程式(中斷函數)，直至中斷副程式執行完畢才跳去主程式中執行令 IDL ＝ 1 的下一個指令。
   (2) 硬體重置(在RESET接腳加一個高電位)，也可令IDL位元自動清除爲0，而令 CPU 恢復正常工作。此時所有特殊功能暫存器的內容會被重置爲表2-3-1 所示之值，並令CPU從位址 0000H 開始執行程式。

▶ 3-13-2 功率下降模式 (Power Down Mode)

1. 若在程式中令PD＝1，則CMOS版本的MCS-51立即進入功率下降模式。
2. 在功率下降模式時，除了內部RAM的內容保持不變外，所有的功能都停止運作。接腳 ALE 及 $\overline{\text{PSEN}}$ 會保持於低電位。
3. 脫離功率下降模式，令整個MCS-51恢復正常工作的唯一方法是硬體重置。在 RESET 接腳加一個高電位後，會將所有特殊功能暫存器的內容重置爲表2-3-1 所示之值(此時 PD 位元亦被自動清除爲 0)，並令 CPU 從位址 0000H 開始執行程式。

Chapter 4

C 語言入門

4-1 C 語言的程式架構
4-2 C 語言的變數與常數
4-3 C 語言的運算子
4-4 程式流程的控制
4-5 陣列
4-6 函數
4-7 KEIL C51 的中斷函數
4-8 KEIL C51 的特殊指令
4-9 到 KEIL 公司去挖寶

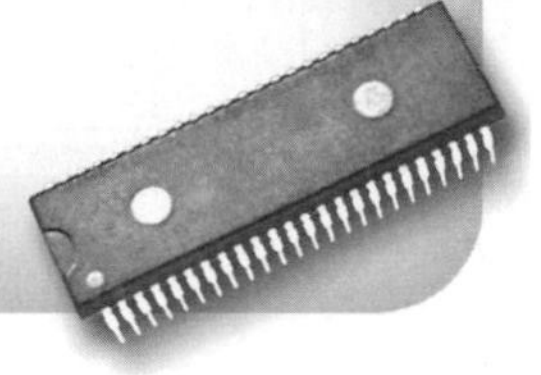

4-1 C 語言的程式架構

C語言的程式是由「主函數(主程式)、副函數(副程式)、註解、前置處理指令」構成，圖 4-1-1 就是一個典型的例子。茲說明如下：

```
#include  <AT89X51.H>               /* 載入特殊功能暫存器定義檔 */
void delayms(unsigned int time); /* 宣告會用到 delayms 副程式 */

/*  ===========================  */
/*  ==         主 程 式      ==  */
/*  ===========================  */
main( )
{
  while(1)                        /* 令以下的主程式重複執行 */
    {
      P1 = 0x00;                  /* 令所有的 LED 都亮 */
      delayms(200);               /* 延時 200 ms = 0.2 秒 */
      P1 = 0xff;                  /* 令所有的 LED 都熄 */
      delayms(200);               /* 延時 200 ms = 0.2 秒 */
    }
}

/*  =================================   */
/*  ==  延時 time × 1 ms 副程式    ==   */
/*  =================================   */
void delayms(unsigned int time)
{
  unsigned int n;                 /* 宣告變數 n   */
  while(time>0)                   /* 若 time>0，則重複執行以下的程式 */
    {
     n = 120;
     while(n>0)   n--;            /* 把 n 從 120 減至 0，約延時 1 ms */

     time--;                      /* 把 time 減 1 */
    }
}
```

圖 4-1-1 C 語言程式的典型寫法

1. **函數**(function)

⑴ C語言的程式，主要是由函數組合而成。即使是非常大的程式，也只不過是一連串函數的呼叫敘述而已。

⑵ 函數是由一群(1至 n 個)敘述為了完成某項任務(功能)而設計在一起的區塊結構。

⑶ 函數的格式如下所示：

```
返回值的資料型態    函數名稱(引數1, 引數2, …, 引數n)
{
    敘述1；
    敘述2；
      ⋮
    敘述n；
}
```

說明：①函數名稱後要接**左括號**和**右括號**，以便編譯器分辨。對編譯器而言，sum( )是函數名稱，sum是變數名稱。

②在函數宣告後的大括號，代表函數內容的開始與結束。左大括號 { 代表函數的開始，右大括號 } 則代表函數的結束。

③函數的內容是由1個以上的敘述組成。每個敘述要用**分號**做結束。

④函數不一定要有「返回值的資料型態」與「引數」。

⑤函數名稱不可以用圖4-2-1及圖4-2-2的保留字。

⑷ 程式一開始執行，馬上會被CPU執行的函數，稱為**主函數**或**主程式**，它的名稱一定是**main( )**。

⑸ 名稱不是main( )的函數，稱為**副函數**或**副程式**。寫C語言程式時，我們通常會把需要重複使用的功能寫成副函數，例如圖4-1-1中的delayms( )就是一個延時功能的副函數。每個副函數都有它自己的名字，不能重複。

⑹ C語言在執行時，CPU會先執行main( )，然後由main( )依據需要的功能而呼叫副函數，副函數內部的敘述執行完後，程式的控制權又會交回main( )。等到main( )內的全部敘述都執行完畢，整個程式就完成了。

⑺ 函數的更詳細說明，請見4-6節。

2. **註解**(comment)

⑴ 註解是以 /* 開頭，以 */ 結尾的字串。
範例：圖 4-1-1 中的 /*載入特殊功能暫存器定義檔*/ 即爲一例。

⑵ 註解是用來讓人瞭解程式的功能，編譯器不會加以處理(視若無睹)。

⑶ 註解在程式中可有可無，但是在程式中加上註解，會使程式的可讀性提高，日後要修改或應用都比較方便，可便利軟體的應用與維護。

⑷ 雖然 C 語言允許註解以 // 開頭，但是請注意，**以 // 開頭的註解，不可超過 1 行**。
範例：//這是一行註解

3. **前置處理指令**(preprocessor directives)

⑴ #include 是一個前置處理指令。通常我們會將一些常用的定義(例如：MCS-51 中，各暫存器的位址)存在一個獨立的檔案裡(例如：AT89X51.H)，然後再使用include指令將這個檔案叫進來一起編譯。這樣，就可以不用在每一個程式中都重複寫相同的定義了。
檔案載入的格式，如下所示：

```
#include <檔名>
```

⑵ 圖 4-1-1 中的#include <AT89X51.H>就是要先把 AT89X51.H 的內容載入，再編譯程式。如此一來，編譯器就看得懂程式中的 P1 是什麼了。
使用不同編號的單晶片時，必須叫用不同的定義檔，KEIL 公司把各種編號的定義檔都放在 C:\keil\C51\INC 資料夾內，請您自己參考。

⑶ 雖然有些人會使用 #include“檔名” 的格式載入定義檔(例如：#include "REGX51.H")，但是這種寫法，前置處理器只會在目前的檔案目錄中尋找定義檔，不會再去其他相關目錄尋找定義檔，所以有時會因爲找不到定義檔而在編譯時出現錯誤訊息。建議您不要採用這種格式。

4-2 C 語言的變數與常數

▶ 4-2-1 變數的名稱

C 語言對變數的名稱有如下規定：

1. 第一個字必須是英文字母或底線。
2. 第 2 個字起，可以是英文字母、數字、底線。
3. C 語言對大寫和小寫是有區別的，例如 TEST、test、Test 是代表三個不同的變數名稱，在使用上請特別注意。
4. 在 KEIL C51 中，變數名稱不可以用圖 4-2-1 及圖 4-2-2 的**保留字**，也不可以和**函數名稱**相同。

▶ 4-2-2 KEIL C51 的保留字

在KEIL C51 中，有一些保留字做特殊用途，**變數的名稱和函數的名稱不可以用下列保留字**：

1. 圖 4-2-1 的保留字。
   這是 ANSI C 語言的保留字。在 KEIL C51 中也是保留字。
2. 圖 4-2-2 的保留字。
   KEIL C51 爲能充分利用 8051 的特性，所以擴充了一些指令，因此多了圖 4-2-2 的保留字。

```
auto        enum        short
break       extern      sizeof
case        float       static
char        for         struct
continue    goto        switch
default     if          typedef
do          int         union
double      long        unsigned
else        register    void
entry       return      while
```

圖 4-2-1 ANSI C 語言的 30 個保留字

_at_	far	sbit
alien	idata	sfr
bdata	interrupt	sfr16
bit	large	small
code	pdata	_task_
compact	_priority_	using
data	reentrant	xdata

圖 4-2-2 KEIL C51 擴充的 21 個保留字

3. C 語言的保留字都是**小寫**字母。

▶ 4-2-3 資料型態

1. 變數是用來存放資料的。資料型態就是變數內所存放資料的種類。
2. **在使用變數之前，一定要先宣告變數，同時宣告資料型態**。資料型態可以讓 C 語言編譯器爲這個變數保留適當大小的記憶體，並加以管理。
3. 常用的資料型態如表 4-2-1 所示。
   實際上在C語言中，變數內所存放的都是**數值**，資料型態只用來表示此數值要佔用幾 byte 的記憶體、資料有沒有正負號，所以縱然「char」翻譯成中文是「字元」，但是變數內所存放的還是「數值」。
4. 一般 C 語言都有的資料型態，簡單說明於下：
   (1) 字元型態 **char**
   char 佔用 8 位元的記憶體，可存放的數值爲－ 128～＋ 127。
   (2) 無符號字元型態 **unsigned char**
   unsigned char 佔用 8 位元的記憶體，只能存放正數，可存放的數值爲 0～255。
   (3) 整數型態 **int**
   int 佔用 16 位元的記憶體，可存放不帶小數點的數值－ 32768～＋ 32767。
   (4) 無符號整數型態 **unsigned int**
   unsigned int 佔用 16 位元的記憶體，可存放不帶小數點的正整數 0～65535。
   (5) 長整數 **long**
   long 是長整數 long integer 的簡寫，可存放比 int 更大的整數，佔用 32 位元的記憶體，可存放－ 2147483648～＋ 2147483647 之整數。

表 4-2-1 KEIL C51 的常用資料型態

資料型態	佔用的記憶體		數值範圍
	Bits(位元)	Bytes(位元組)	
bit	1		0 ～ 1
char	8	1	−128 ～ +127
unsigned char	8	1	0～255
int	16	2	−32768 ～ +32767
unsigned int	16	2	0～65535
long	32	4	−2147483648 ～ +2147483647
unsigned long	32	4	0 ～ 4294967295
float	32	4	±1.175494E−38 ～ ±3.402823E+38
sbit	1		0 ～ 1
sfr	8	1	0 ～ 255
sfr16	16	2	0 ～ 65535
void	0		沒有值

(6) 無符號長整數 **unsigned long**

unsigned long 可存放比 unsigned int 更大的正整數，佔用 32 位元的記憶體，可存放 0～4294967295 之整數。

(7) 浮點型態 **float**

float佔用 32 位元的記憶體，可存放「帶有小數點的數值」及「非常大或非常小的數值」。

當數值非常大或非常小的時候，必須用**科學記號表示法**來表示，例如 6.23×10^{23}必須寫成 6.23e23 或 6.23E23，同樣的，1.234×10^{-23}必須寫成 1.234e−23 或 1.234E−23。

float 型態可存放的數值為±1.175494E−38～±3.402823E38。

5. KEIL C51 增加的資料型態說明於下：

(1) **bit** 資料型態

bit 用來宣告位元變數。最多可以宣告 128 個位元變數。

範例：

```
bit flag;        /* 宣告變數 flag 為位元變數 */
```

(2) **sfr** 資料型態

在 MCS-51 中提供了特殊功能暫存器(Special Function Registers)，內部含有計時器、計數器、I/O 埠、串列埠、外部中斷等，**sfr 就是用來宣告 8 位元的特殊功能暫存器之位址**。(請參考圖 3-6-1)

範例：

```
sfr P0 = 0x80;        /* 宣告 P0 之位址 */
sfr P1 = 0x90;        /* 宣告 P1 之位址 */
```

備註：KEIL C51 已經把特殊功能暫存器之宣告儲存在 C:\keil\C51\INC 資料夾內(例如 AT89X51.H)，我們寫程式時不必再自己宣告特殊功能暫存器之位址，只要用#include <AT89X51.H>把它載入即可。

(3) **sfr16** 資料型態

80X52、89X52 等單晶片，比 80X51、89X51 等單晶片多了 T2、RCAP2 等 16 位元特殊功能暫存器，**sfr16 就是用來宣告 16 位元的特殊功能暫存器之位址**。(請參考圖 3-6-1)

範例：

```
sfr16 T2 = 0xCC;          /* 宣告 T2 的位址 */
sfr16 RCAP2 = 0xCA;       /* 宣告 RCAP2 的位址 */
```

備註：KEIL C51 已經把各編號單晶片的特殊功能暫存器之宣告儲存在 C:\keil\C51\INC 資料夾內(例如：AT89X52.H)，我們寫程式時不必再自己宣告特殊功能暫存器的位址，只要用#include <AT89X52.H>把它載入即可。

(4) **sbit** 資料型態

sbit 是用來宣告可位元定址的**特殊功能暫存器之位元位址**(請參考圖 3-6-2)及宣告資料記憶體內 **bdata 區之位元變數**。

【例 1】

```
sbit P0_0 = 0x80;         /* 宣告接腳 P0.0 之位址 */
sbit P3_7 = 0xB7;         /* 宣告接腳 P3.7 之位址 */
```

註：上述宣告在 C:\keil\C51\INC 資料夾內有，只要用#include <AT89X51.H>把它載入即可，不必自己再宣告。

【例2】
```
bdata char k;      /* 先宣告變數K在位元定址區 */
sbit K0 = K^0;     /* 宣告K0是變數K的第0位元 */
sbit K1 = K^1;     /* 宣告K1是變數K的第1位元 */
```

6. 資料型態的 **void** 比較特殊，它不佔用記憶體，是用在函數中，宣告此函數不傳入引數或不傳回返回值。

▶ 4-2-4 資料表示法

要將數值存入變數內，有下述6種方法。要使用哪一種表示法，完全依個人的喜好和使用的方便而決定。

1. **字元表示法**

   把ASCII碼(美國標準資訊交換碼)裏的可見字元(例如A、B、C…、a、b、c…、1、2、3…等)使用**單引號**括起來，編譯器就會把與該字元相對應的ASCII值存入變數的記憶體位置內。

   範例： `score = "A";` 會在變數score存入字元A的ASCII值65。

   換句話說，`score = 'A';` 和 `score = 65;` 一樣。

2. **十進制表示法**

   不以數字0開頭的阿拉伯數字都被視爲十進制。

   範例： `x = 65;` 就是把陸拾伍存入變數x內。

3. **十六進位表示法**

   以**0x**或**0X**開頭的數字都被視爲十六進制。

   範例： `x = 0x41;` 就是把陸拾伍存入變數x內。

4. **八進位表示法**

   以數字0開頭的阿拉伯數字(0～7)都被視爲八進制。

   範例： `x = 0101;` 就是把陸拾伍存入變數x內。

5. **小數點表示法**

   直接以小數點表示小數。

   範例： `PI = 3.14159;` 就是把3.14159存入變數PI內。

6. **科學記號表示法**

   當數值非常大或非常小時，使用科學記號表示法(例如把6.789×10^{-27}寫成6.789E−27)會比較方便。

範例： `x = 1.234e27;` 就是把 1.234×10^{27} 存入變數 x 內。

▶ 4-2-5 記憶體類型

1. 在使用KEIL C51時，變數的宣告除了變數名稱、資料型態，還必須指定記憶體類型，如此KEIL C51才知道要把這個變數安排在哪一種記憶體內。
2. 假如您在宣告變數時沒有指定記憶體類型，KEIL C51會自動把變數安排到存取速度最快的data區。
3. KEIL C51的記憶體類型如表4-2-2所示。

表 4-2-2 KEIL C51 的記憶體類型

記憶體類型	說明	最大範圍
code	程式記憶體	64K Bytes
data	直接定址的內部資料記憶體	128 Bytes
idata	間接定址的內部資料記憶體	256 Bytes
bdata	可位元定址的內部資料記憶體	16 Bytes
xdata	外部資料記憶體	64K Bytes
pdata	外部資料記憶體	256 Bytes

4. 單晶片的內部資料記憶體，雖然存取速度較快，但是容量有限(只有 256 Bytes)，所以最好將常數資料表(例如廣告燈的燈光變化表、字型顯示的字型表)指定存放在code區，以免內部資料記憶體不夠用。

▶ 4-2-6 變數的格式

1. 在C語言中，每一個變數在使用前一定要先宣告。KEIL C51的變數，宣告的格式有下述兩種：

   格式一：

   `記憶體類型 資料型態 變數名稱1, …, 變數名稱n ;`

   格式二：

   `資料型態 記憶體類型 變數名稱1, …, 變數名稱n ;`

2. 範例

```
char K;              /* 宣告變數K為字元型態 */

char K = 2;          /* 宣告變數K為字元型態，並令初始值為2 */

int x,y,z;          /* 宣告變數x和y和z都是整數型態 */

code char text[ ] = {0xe7, 0xc3, 0x81, 0x00, 0x81, 0xc3};
  /* 宣告變數text[ ]，並將其內容配置在程式記憶體內 */

char code text[ ] = {0xe7, 0xc3, 0x81, 0x00, 0x81, 0xc3};
  /* 宣告變數text[ ]，並將其內容配置在程式記憶體內 */

float x = 12.345; /* 宣告變數x為浮點型態，並令初始值為12.345 */
```

▶ 4-2-7 應該在哪裡宣告變數

1. C語言，變數宣告的位置會決定變數可以使用的有效範圍。在C語言，有3個地方可以宣告變數：

   (1) 在所有函數的前面宣告變數

   在全部函數之前宣告的變數，稱為**全域變數**(global)。全域變數可以被所有的函數使用。

   (2) 在函數裡面宣告變數

   在函數的大括號內所宣告的變數，稱為**區域變數**(local)。區域變數只能在該函數內使用。

   (3) 在函數的引數宣告變數

   在函數的小括號內所宣告的變數，稱為**形式變數**(formal)，是用來接受呼叫者所傳送過來的參數。形式變數只能在該函數內使用。

2. 範例。圖4-2-3是一個簡短的程式，包含了全域變數、區域變數、形式變數。

```
#include <AT89X51.H>
void div(char y);
char ans;                        /* 變數 ans 是全域變數 */

main( )
{
   char x;                       /* 變數 x 是區域變數 */
   x = P1;
   div(x);
   P3 = ans;
   while(1);
}

void div(char y)                 /* 變數 y 是形式變數 */
{
   ans = y/2;
}
```

圖 4-2-3　全域變數、區域變數、形式變數之使用例

▶ 4-2-8　常數的宣告與使用

C 語言中，可以使用前置處理器來定義常數，宣告的方法如下例：

```
#define  TIME  100
```

此後，在程式中的 TIME 編譯器都會自動用 100 代替。

4-3 C 語言的運算子

▶ 4-3-1　運算子是什麼

1. 程式中，用來告訴電腦要執行哪一種運算的**符號**，稱為**運算子**(operator)。運算子也可以稱為運算符號。
2. 被處理的資料稱為運算元(operand)。
3. 例子：

```
a = b + 2;
```

這是正確的C語言敘述(敘述以分號結尾)，有兩個運算子(= 和 +)和三個運算元(a 、 b 和 2)。這個敘述的功能是把變數b的內容加2後存入變數a中。

▶ 4-3-2 指定運算子

1. 在程式中，= 稱爲**指定**運算子，電腦會把 = 號**右邊的運算結果**存入 = 號**左邊的變數**內。

   例如： a = 2 + 3; 會把5存入變數a內。

2. 所謂"指定"和代數的"相等(等於)"，意義完全不同。代數的 a = a + 1 是錯誤的式子，但是在電腦的程式裡 a = a + 1; 是正確的敘述，它會把變數a的內容加1以後存入變數a內。

3. 指定運算子 = 的**左邊**，一定是**變數**。

   例如：a = 5 − 3; ➡ 正確的敘述

   3 = 5 − a; ➡ 左邊的3是常數，所以是錯誤的敘述

   由上面的例子，可清楚看出程式中的運算式和代數的差異。

▶ 4-3-3 算術運算子

1. 算術運算子就是我們在數學所學的算術運算符號，有加、減、乘、除、求餘數、負號，如表4-3-1所示。

2. C語言提供了遞加運算子 ++ ，每執行一次就會把運算元的內容值加1。C語言也提供了遞減運算子 −− ，每執行一次就會把運算元的內容值減1。例如：

a++;	就是	a = a + 1;
a−−;	就是	a = a − 1;
++a;	就是	a = a + 1;
−−a;	就是	a = a − 1;

3. 但是在某些場合， ++ 或 −− 寫在變數之前與寫在變數之後，其意義並不相同。請注意下面的例子：

表 4-3-1 算術運算子

符號	功能	範例	說明
＋	加法	c ＝ a ＋ b	若 a ＝ 5，b ＝ 3，則 c ＝ 8
－	減法	c ＝ a － b	若 a ＝ 5，b ＝ 3，則 c ＝ 2
*	乘法	c ＝ a*b	若 a ＝ 5，b ＝ 3，則 c ＝ 15
/	除法	c ＝ a/b	若 a ＝ 5，b ＝ 3，則 c ＝ 1(商)
%	求餘數	c ＝ a % b	若 a ＝ 5，b ＝ 3，則 c ＝ 2(餘數)
＋＋	加 1	c ＋＋	c ＋＋就是 c ＝ c ＋ 1
－－	減 1	c －－	c －－就是 c ＝ c － 1
－	負號	c ＝－ a	若 a ＝ 5，則 c ＝－ 5

【例 1】

```
a ＝ 5;
b ＝ a ＋＋;
```

電腦執行時會先把a的內容指定給b，然後再將a加1，所以上面兩個敘述執行完後，b ＝ 5，a ＝ 6。

【例 2】

```
a ＝ 5;
b ＝＋＋ a;
```

電腦執行時會先把 a 加 1，然後才將加完的結果指定給 b，所以上面兩個敘述執行完後，a ＝ 6，b ＝ 6。

4. 餘數運算是執行運算後，求出其餘數值。
5. 負號是將原數值改變其正負號，如果原來是正數則變成負數，如果原來是負數則變成正數。

▶ 4-3-4 關係運算子

1. 關係運算子共有六種，如表 4-3-2 所示。
2. 關係運算子通常是用在程式中的流程控制，用來判斷某個條件是否爲眞，若條件成立則運算結果爲眞(1)，若條件不成立則運算結果爲假(0)。

表 4-3-2　關係運算子

符號	功能	範例	說明
＞	是否大於	a＞b	a 是否大於 b
＞＝	是否大於或等於	a＞＝b	a 是否大於或等於 b
＜	是否小於	a＜b	a 是否小於 b
＜＝	是否小於或等於	a＜＝b	a 是否小於或等於 b
＝＝	是否等於	a＝＝b	a 是否等於 b
！＝	是否不等於	a！＝b	a 是否不等於 b

3. 範例：

```
if(P1_0 == 0)    P3_0 = 0;
if(P1_1 == 0)    P3_0 = 1;
```

上面的程式，若接腳P1.0為0，則會令接腳P3.0輸出0，若接腳P1.1為0，則會令接腳P3.0輸出1。

▶ 4-3-5　邏輯運算子

1. 邏輯運算子是取變數的眞(true)或假(false)的值來加以運算。
   C 語言規定：變數的內容為 **0** 就是**假**。變數的內容**不是 0**，則該變數為**眞**。
2. 邏輯運算子有三種，如表 4-3-3 所示。
3. 邏輯運算子的運算結果只有眞或假兩種情況。若結果為眞，會得到1，若結果為假，會得到0。
   對 && 而言，兩數皆為眞時，結果才為眞。
   對 || 而言，有任一數為眞時，結果即為眞。
   對 ！ 而言，會把原來為眞的變為假，會把原來為假的變為眞。

表 4-3-3　邏輯運算子

符號	功能	範例	說明
&&	AND(而且)	if(a<60　&&　a>40)　a＝60;	假如 a＜60 **而且** a＞40，則令 a＝60
||	OR(或)	if(a＝＝0　||　b＝＝0)　c＝0;	若 a 為 0 **或** b 為 0，則令 c 為 0
!	NOT(反相)	P3_2＝！P3_2;	把接腳 P3.2 輸出的值**反相**

▶ 4-3-6 位元運算子

1. 位元運算子是用來把變數內含值的**每個位元做二進位運算**。
2. 位元運算子有六種，如表 4-3-4 所示。

表 4-3-4 位元運算子

符號	功能
&	把相對應的**每個位元**做 **AND** 運算
¦	把相對應的**每個位元**做 **OR** 運算
∧	把相對應的**每個位元**做 **XOR** 運算
～	把**每個位元反相**
>>	把變數的內容值**右移**若干位元，**左邊補 0**
<<	把變數的內容值**左移**若干位元，**右邊補 0**

3. & 會把相對應的每個位元做 AND 運算。通常用來強迫某些位元變成 0。

例子：
```
a = 0x56;
b = 0x0F;
c = a&b;
```
則程式執行後 c ＝ 0x06

說明：

	0101	0110	B	→ 56H
AND)	**0000**	**1111**	B	→ 0FH
	0000	0110	B	→ 06H
	這四位元被強迫成爲 0	這四位元保持不變		

註：B 表示二進位

H 表示十六進位

4. ¦ 會把相對應的每個位元做 OR 運算。通常用來強迫某些位元變成 1。

例子：
```
a = 0x56;
b = 0x0F;
c = a|b;
```

則程式執行後 c = 0x5F

說明：

	0101	0110	B	→ 56H
OR)	**0000**	**1111**	B	→ 0FH
	0101	1111	B	→ 5FH
	這四位元保持不變	這四位元被強迫成為 1		

註：B 表示二進位
H 表示十六進位

5. ∧ 會把相對應的每個位元做 XOR 運算。通常用來把某些位元的值變成反相(即把 1 變成 0；把 0 變成 1)。

例子：

```
a = 0x6A;
b = 0x0F;
c = a∧b;
```

則程式執行後 c = 0x65

說明：

	0110	1010	B	→ 6AH
XOR)	**0000**	**1111**	B	→ 0FH
	0110	0101	B	→ 65H
	這四位元的內容保持不變	這四位元的內容與原來的相反		

註：B 表示二進位
H 表示十六進位

6. ～ 會把變數內容的每個位元都反相(即把 1 變成 0，把 0 變成 1)。

例子：

```
a = 0x6A;
b = ~a;
```

則程式執行後 b = 0x95

說明：0 1 1 0　1 0 1 0 B → 6AH
⬇
1 0 0 1　0 1 0 1 B → 95H

註：B 表示二進位
H 表示十六進位

7. `>>` 會把變數的內容值向右移若干位元，左邊補 0。

例子：
```
a = 0xB5;
b = a >> 2;
```
則程式執行後，b 是 a 右移 2 個位元後的值，所以 b = 0x2D。

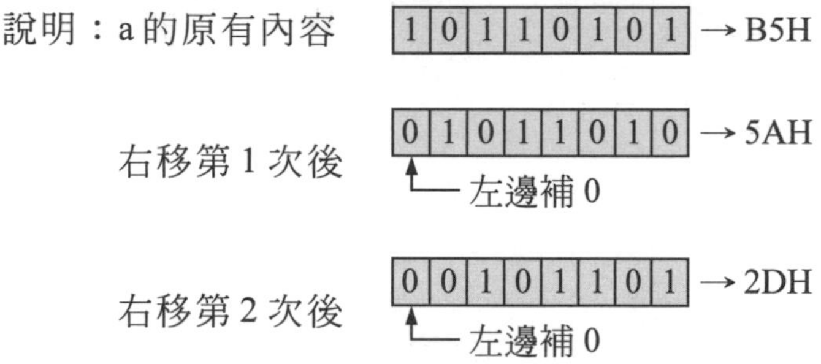

說明：a 的原有內容 | 1 | 0 | 1 | 1 | 0 | 1 | 0 | 1 | → B5H

右移第 1 次後 | 0 | 1 | 0 | 1 | 1 | 0 | 1 | 0 | → 5AH（左邊補 0）

右移第 2 次後 | 0 | 0 | 1 | 0 | 1 | 1 | 0 | 1 | → 2DH（左邊補 0）

8. `<<` 會把變數的內容值向左移若干位元，右邊補 0。

例子：
```
a = 0xB5;
b = a << 2;
```
則程式執行後，b 是 a 左移 2 個位元後的值，所以 b = 0xD4。

說明：a 的原有內容 | 1 | 0 | 1 | 1 | 0 | 1 | 0 | 1 | → B5H

左移第 1 次後 | 0 | 1 | 1 | 0 | 1 | 0 | 1 | 0 | → 6AH（右邊補 0）

左移第 2 次後 | 1 | 1 | 0 | 1 | 0 | 1 | 0 | 0 | → D4H（右邊補 0）

▶ 4-3-7 複合型指定運算子

1. C 語言允許把指定運算子 `=` 和其他的運算子組成複合型指定運算子。複合型指定運算子有十種，如表 4-3-5 所示。
2. 複合型指定運算子之可讀性較差，筆者建議您在程式中盡量不要使用複合型指定運算子。例如：

```
            a*= b + 1;
應該等於     a = a*(b + 1);
卻易被誤解爲  a = a*b + 1;
```

表 4-3-5 複合型指定運算子

符號	範例	相同功能的運算式
+=	a += b	a = a + b
−=	a −= b	a = a − b
*=	a*= b	a = a*b
/=	a/= b	a = a/b
%=	a%= b	a = a%b
&=	a&= b	a = a&b
¦=	a ¦= b	a = a ¦ b
∧=	a∧= b	a = a∧b
<<=	a<<= 2	a = a<<2
>>=	a>>= 2	a = a>>2

▶ 4-3-8 運算子的優先順序

1. 常見運算子的優先順序如表4-3-6。同一欄的運算子，優先順序相同。
2. C語言沒有在複雜的運算式中一眼就看出運算子的優先順序的方法，也沒有辦法知道兩個相同優先順序的運算子何者會先執行，**當運算式很複雜或有疑問時，最好使用括號**。
3. 使用括號 ( ) 是解決優先順序混亂的最好方法。括號的使用很簡單，**最內層的括號先處理**，由內而外依次執行。

▶ 4-3-9 空白與括號

1. 爲了讓每個人都可以很容易就看懂您的程式，您可在運算式中加入適量的空白與括號，以提高程式的可讀性。例如：

```
      x = k/3 - c*8;
可寫成 x = (k/3) - (c*8);
```

2. 在運算式中加入空白與括號，並不會降低運算式的執行速度。

表 4-3-6　C 語言常見運算子的優先順序

運算子					優先順序
( )	[ ]				最高優先
!	～	++	−−	−(負號)	↓
*	/	%			↓
+	−				↓
≪	≫				↓
<	<=	>	>=		↓
==	!=				↓
&					↓
∧					↓
¦					↓
&&					↓
‖					↓
=	+=	−=	*=	/=	最低優先

4-4 程式流程的控制

程式只有下列三種執行方式：

1. 循序(sequential)

   以一個接一個的方式，按照敘述的順序執行。

2. 條件(conditional)

   如果…則…否則…。

   如果條件符合，就執行“則”之後的敘述。若條件不符合，就進行“否則”之後的敘述。

3. 迴圈(looping)

   如果條件符合(條件爲眞)，則重複執行某一工作。

上述三種控制結構決定了程式流程的控制(flow of control)。循序是一般程式的最簡單執行方式，不需多作說明，在本節裡，我們將討論C語言中有關條件執行和迴圈的指令。

▶ 4-4-1 條件判斷指令 if

1. 功能：若條件符合，則執行相對應的敘述。
2. 語法：

```
if(條件)
  {
   敘述 1;
   敘述 2;
      ⋮
   敘述 n;
  }
```

說明：⑴若條件為眞，則會執行大括號裡的敘述。
⑵若敘述只有一個，則可以省略大括號。

3. 流程圖：請見圖 4-4-1。

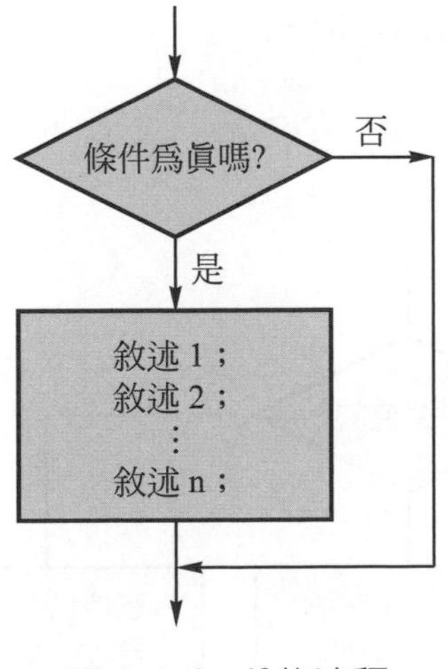

圖 4-4-1 if 的流程

4. 範例：

【例 1】

```
if(P1_1 == 0)
  {
   P2_1 = 1;
   P3_7 = 0;
  }
```

【例 2】

```
if(P1_3 == 0)     P3_2 = 0;
```

▶ 4-4-2 分支指令 if-else

1. 功能：

   若條件符合，則執行相對應的敘述，若條件不符則執行另外的敘述。

2. 語法：

```
if(條件)
  {
   條件爲真時要執行的敘述；
  }
else
  {
   條件爲假時要執行的敘述；
  }
```

3. 流程圖：請見圖 4-4-2。

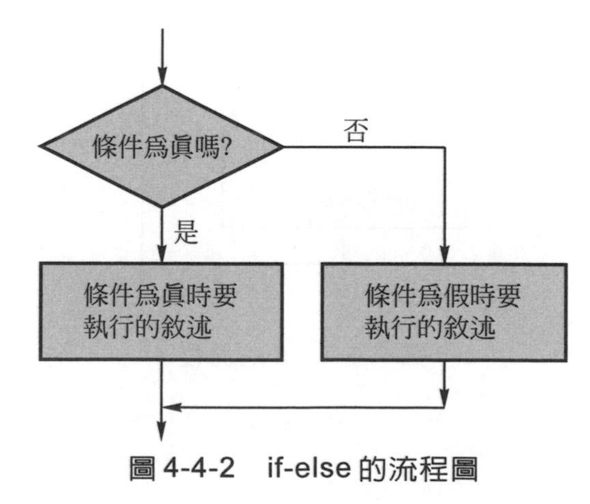

圖 4-4-2 if-else 的流程圖

4. 範例：

```
if(P1_0 == 0)
  {
   P3_2 = 0;
  }
else
  {
   P3_7 = 0;
  }
```

5. 備註：

當敘述只有1個時，可省略大括號。但是加上大括號，可使程式的結構更清楚。

▶ 4-4-3 階梯分支指令 if-else if-else

1. 功能：

當您在程式中**有很多個條件需作判斷**時，可以使用階梯分支(ladder branch)指令 if-else if-else。

2. 語法：

```
if(條件 1)
  {
   條件 1 爲眞時要執行的敘述；
  }
else if(條件 2)
  {
   條件 2 爲眞時要執行的敘述；
  }
else if(條件 n)
  {
```

```
    條件 n 為真時要執行的敘述；
  }
else
  {
    條件 1 至條件 n 都不成立時要執行之敘述；
  }
```

註：⑴當敘述只有 1 個時，可省略大括號。但是加上大括號，可使程式的結構更清楚。

⑵假如條件 1 至條件 n 都不成立時不需要執行任何敘述，則最後的 else 可以省略。

3. 流程圖：請見圖 4-4-3。

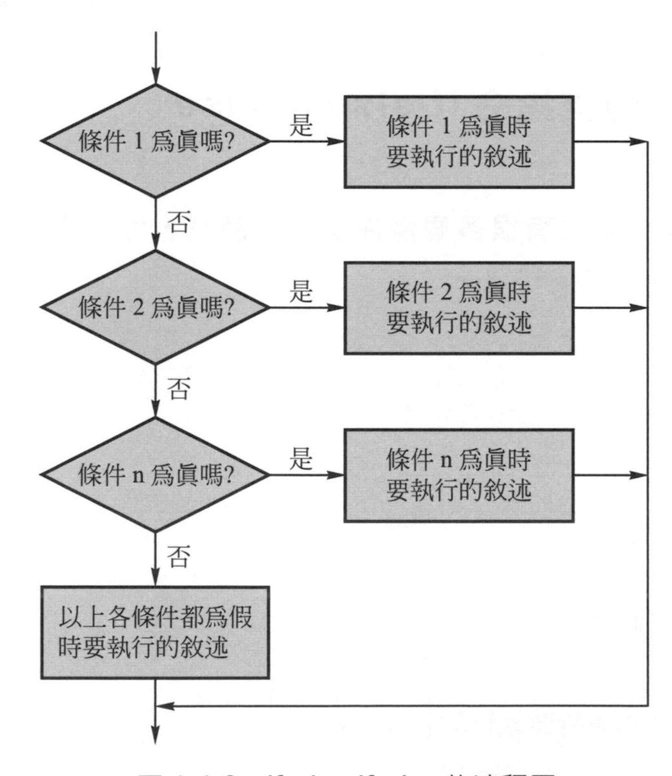

圖 4-4-3 if-else if-else 的流程圖

4. 範例：

```
if(P1_0 == 0)
  {
   P1_6 = 1;
   P3_7 = 0;
  }
else if(P1_1 == 0)
  {
   P1_6 = 0;
   P3_7 = 1;
  }
else if(P1_2 == 0)
  {
   P1_6 = 1;
   P3_7 = 1;
  }
```

▶ 4-4-4 多重分支指令 switch-case-break-default

1. 功能：

   當程式必須依照**某一個變數的內容值(數值)**而執行不同的敘述時，多重分支(multiple branch)指令 switch 可以使程式更精簡。

2. 語法：

```
switch(變數)
  {
   case 常數 1:
                敘述 1;
                break;
   case 常數 2:
```

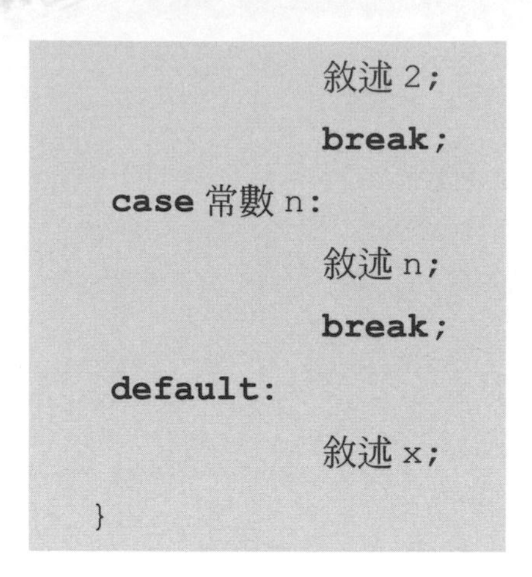

```
            敘述 2;
            break;
    case 常數 n:
            敘述 n;
            break;
    default:
            敘述 x;
}
```

註：**指令 break; 可跳出大括號**，避免程式的執行進入下一個 case。

3. 假如沒有對應的case值時不需要執行任何敘述，則 default：敘述x； 可以省略。
4. 流程圖：請見圖 4-4-4。

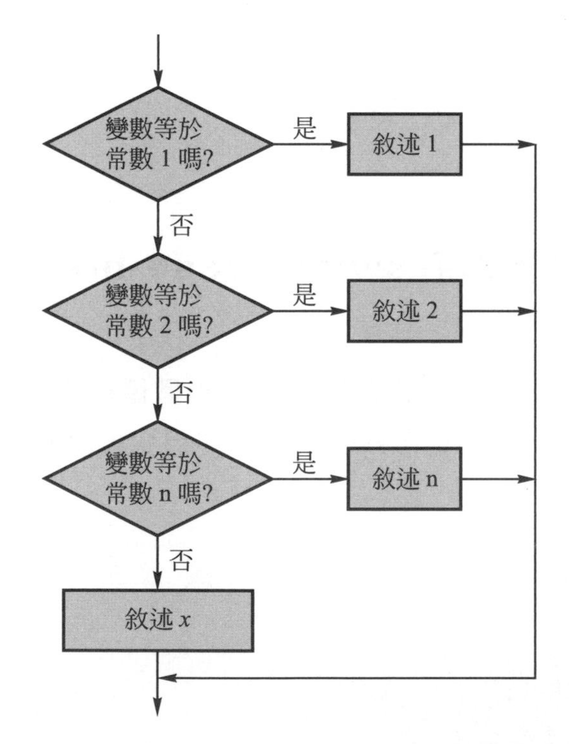

圖 4-4-4　switch-case-break-default 的流程圖

5. 範例

```
switch(P3)
  {
   case 254:                /* 若P3_0 == 0則 */
            P1_7 = 0;       /* 令P1_7 = 0 */
            break;
   case 127:                /* 若P3_7 == 0則 */
            P1_6 = 0;       /* 令P1_6 = 0 */
            break;
   default:                 /* 若P3的值不是254也不是127則 */
            P1 = 255;       /* 令P1的所有接腳都輸出1 */
  }
```

▶ 4-4-5 迴圈指令 for

1. 功能：

   迴圈指令可以**重複執行**一群敘述，直到條件不符合之後才跳出迴圈。

   程式設計師最常用的迴圈指令是 for。

2. 語法：

```
for(初值；條件；運算式)
  {
   條件爲眞時要執行的敘述；
  }
```

註：⑴若條件爲眞(符合)，則執行大括號內之敘述，然後執行運算式，再判斷條件，直到條件爲假(不符合)才跳出迴圈。

⑵無窮迴圈：若小括號內之初值、條件、運算式都空白，變成 for(;;) ，則因爲沒有條件可做判斷，迴圈無法終止，所以大括號內之敘述將不斷的被重複執行。

3. 流程圖：請見圖 4-4-5。

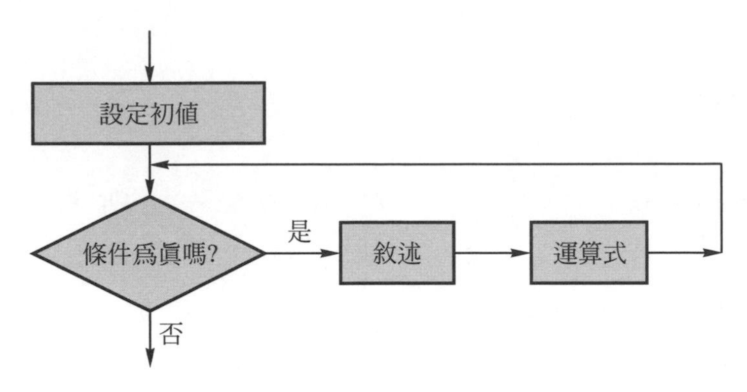

圖 4-4-5　for 之流程圖

4. 範例：

【例 1】
```
for(K = 1;K < 8;K++)   /* 欲重複執行 7 次 */
  {
   P1 = P1 << 1;       /* 把 P1 的內容左移 1 個位元 */
  }
```

【例 2】
```
for( ; ; )           /* 欲永遠重複執行 */
  {
   P1 = ~P1;         /* 把 P1 的內容反相 */
  }
```

【例 3】
```
for( ; ; );          /* 永遠停留於此，不執行其他敘述 */
```

▶ 4-4-6　迴圈指令 while

1. 功能：

　　指令 while 會先測試條件是否爲眞(條件是否符合)，若條件爲眞才執行大括號內的敘述，直到條件爲假時才結束 while 迴圈。

2. 語法：

```
while(條件)
  {
   條件爲眞時要執行的敘述；
  }
```

註：指令 **while(1);** 因為小括號內之值永遠為真，所以大括號內之敘述會不斷的被重複執行。

3. 流程圖：請見圖 4-4-6。

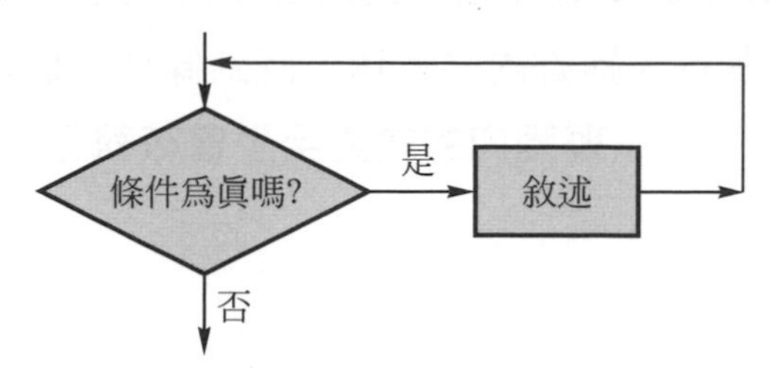

圖 4-4-6 while 的流程圖

4. 範例

【例 1】

```
while(P3_2 == 0)      /* 假如接腳 P3.2 為 0 則執行大括號內的
                         敘述 */
  {
   if(P3_3 == 0) P1_1 = 1;
   if(P3_4 == 0) P1_1 = 0;
  }
```

【例 2】

```
while(1)              /* 永遠重複執行大括號內的敘述 */
  {
   if(P3_3 == 0) P1_1 = 1;
   if(P3_4 == 0) P1_1 = 0;
  }
```

【例 3】

```
while(1) ;             /* 永遠停留於此，不執行其他敘述 */
```

【例 4】

```
while(P3_7 != 0) ;     /* 等待接腳 P3.7 變成低電位，才往下
                          執行程式 */
```

【例 5】

```
while(P3_7) ;          /* 等待接腳 P3.7 變成低電位，才往下
                          執行程式 */
```

▶ 4-4-7　迴圈指令 do-while

1. 功能：

   迴圈指令 do-while 會先執行大括號內的敘述一次，然後才作判斷，若條件為真則繼續執行大括號內之敘述，直到條件為假才結束do-while迴圈。換句話說，在 do-while **迴圈內的敘述至少會被執行一次**。

2. 語法：

```
do
  {
   敘述 1;
   敘述 2;
      ⋮
   敘述 n;
  }
while(條件);
```

   註：為提高可讀性，假如敘述只有一個，也建議您保留大括號。

3. 流程圖：請見圖 4-4-7。

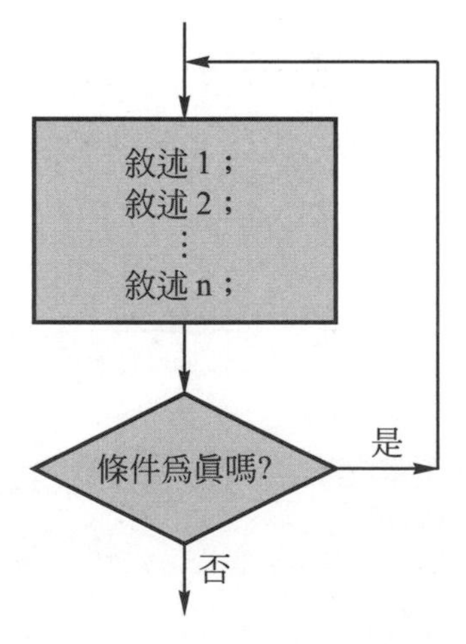

圖 4-4-7　do-while 的流程圖

4. 範例：

```
do
  {
   if(P3_3 == 0) P1_1 = 1;
   if(P3_4 == 0) P1_1 = 0;
  }
while(P3_2 == 0);
```

▶ 4-4-8 跳躍指令 goto

1. 在一個函數內，指令 goto 可以強制改變程式執行的步驟，直接跳至標記處執行敘述。
2. goto 指令必須配合一個標記(lable)使用。**標記是在一個名稱**(不可以使用保留字或函數的名稱)**的尾端加上一個冒號**(例如 LOOP:)。標記習慣上都使用大寫。
3. goto 和相對應的標記**必須在同一個函數內**。
4. **指令break只能跳出一層迴圈。如果要跳出多層迴圈，指令goto就非常好用。**
5. 語法一：往後跳

```
goto 標記;
     敘述 1;
     敘述 2;
     敘述 n;
標記:
     敘述 x;
```

6. 語法二：往前跳

```
標記:
     敘述 1;
     敘述 2;
     敘述 n;
goto 標記;
```

7. 範例：

【例 1】

```
#include <AT89X51.H>

main( )
{
  char J, K;
  for(J = 0; J < 250; J++)
    {
      for(K = 1; K < 10; K++)
        {
         P3 = K;
         if(P1_3 == 0) goto EXIT;
        }
    }
EXIT:                                   /* 標記 */
        P3 = 0;
        while(1);
}
```

【例 2】

```
#include <AT89X51.H>

main( )
{
  LOOP:                                 /* 標記 */
       P3 = P3+1;
  goto LOOP;
}
```

4-5 陣列

陣列等於是一堆相同資料型態的變數整合在一起，用相同的變數名稱而用序號來管理資料，對於大量資料的處理較方便。

▶ 4-5-1 一維陣列

1. 宣告一個陣列等於同時宣告了多個同樣資料型態的變數。
2. 宣告一維陣列的語法如下所示：

```
記憶體類型　　資料型態　　陣列名稱[元素的數量]
```

注意！宣告陣列時，元素的數量必須是**常數**。

3. 範例：

```
char  array[5];
```

⑴ 宣告了一個名稱爲array的字元型陣列，它具有array[0]、array[1]、array[2]、array[3]、array[4]等5個元素(每一個元素就是一個變數)。

⑵ 請注意，在C語言中陣列的**第一個元素之序號(index)為0**，所以上例的元素是array[0]至array[4]而不是array[1]至array[5]。

4. 陣列元素的內含値除了可以一個一個分別指定之外，也可以使用大括號一起存入，下面的兩個例子功能是一樣的。

```
char K[5];
K[0] = 11;
K[1] = 22;
K[2] = 33;
K[3] = 44;
K[4] = 55;
```

```
char K[5]={11, 22, 33, 44, 55};
```

5. 當陣列的元素很多，而且其內容在程式執行中並不需加以變更(例如廣告燈的燈光變化表)，則可指定將其存放在程式記憶體(**code**)中，以免資料記憶體被用光了。
例如：

```
code char K[10] = {0, 1, 2, 3, 4, 5, 6, 7, 8, 9};
```

6. 當宣告一維陣列 array[m]時，其佔用的記憶體是連續的，如下所示：

array[0]	array[1]	array[2]	…	array[m-1]

▶ 4-5-2 字串與陣列

1. 在C語言，字串必須用陣列來存放。字串需置於**雙引號**之中。
2. C 語言在將字串存入記憶體時，**編譯器會自動在字串後面加上一個空字元 '\0' (即數值 0x00)做為結束碼**，因此宣告陣列時元素的數量要比字串的長度多 1。例如：

```
char string[6] = "HELLO";
```

HELLO 只有 5 個字元，但陣列的元素數量必須是 6。
3. C語言提供了較簡便的宣告方式，就是不要自己算元素的數量，而由編譯器自動計算，例如：

```
char string[ ] = "HELLO";
```

4. 上述例子，字串 HELLO 是如下圖所示存放在記憶體內：

string [0]	string [1]	string [2]	string [3]	string [4]	string [5]
'H'	'E'	'L'	'L'	'O'	'\0'

註：⑴置於**單引號**之間的是**字元**。
⑵置於**雙引號**之間的是**字串**，在記憶體中會多一個**結束碼'\0'**(即數值 **0x00**)。

5. 在程式中處理字串時，可用 '\0' 或 0x00 來判斷字串是否已結束。例如：

```
#include <AT89X51.H>
char string[ ] = "HELLO";

main( )
{
    char K = 0;
    while(string[K] != '\0')
        {
         P3 = string[K];
         K++;
        }
    while(1);
}
```

4-6 函數

1. 任何複雜的問題都是由數個較小且較簡單的問題組合起來的，同樣的，C語言的程式也是由一些功能較小的程式組合起來的。C語言就是以建立程式方塊的觀念爲基礎，而**程式方塊就稱為函數**(Function)。一個C程式就是由一個或多個函數組合而成。
2. 一個函數包含了一個以上的敘述，來完成所需之任務，爲了使程式更容易閱讀，習慣上一個函數只用來完成一種任務。
3. **在C語言，CPU開始執行的第一個函數，名稱一定是 main( ) ，通常稱為主函數**。

   其他函數通常稱為副函數，副函數都是直接或間接被主函數呼叫後才會被執行。CPU 執行完副函數後會再跳回主函數 main( )內繼續執行程式。

   當然，副函數甲也可以呼叫副函數乙，CPU 在執行完副函數乙後就會跳回副函數甲內繼續執行程式。

▶ 4-6-1 函數的格式

1. 函數的格式如下所示：

```
返回值的資料型態　　函數名稱(引數 1, 引數 2, …, 引數 n)
{
    敘述 1;
    敘述 2;
      ⋮
    敘述 n;
}
```

2. 主函數的名稱一定是 main。
3. 副函數的名稱：
   (1) 第 1 個字必須是英文字母。
   (2) 第 2 個字起，可以是英文字母、數字、底線。
   (3) 不可以用圖 4-2-1 與圖 4-2-2 的保留字。也不可以和其他函數同名稱。
4. 引數就是傳送給函數的值。當函數定義時，接受引數值的變數也必須被宣告。
5. 當一個函數不需要呼叫它的函數傳來資料時，小括號內的**引數**需以 **void** 表示無值。
6. 當一個函數不需要把資料(例如運算的結果)傳回給呼叫它的函數時，**返回值的資料型態**需以 **void** 表示無值。

▶ 4-6-2 沒有引數也沒有返回值的函數

1. 有些時候，函數是沒有引數也沒有返回值的，此時會以 void 表示無值。
2. 範例：

```
#include <AT89X51.H>
void delay(void);        /* 宣告會用到 delay 函數 */

main( )                  /* 主函數 main */
{
```

```
  while(1)
     {
        P3 = ~P3;
        delay( );
     }
}

void delay(void)      /* 副函數 delay */
{
  int K;
  for(K = 0; K < 1000; K++);
}
```

說明：(1)因為副函數delay是寫在主函數的後面，所以必須先在主函數main的前面以 `void delay(void);` 告訴編譯器說會用到delay函數。假如把主函數 main 放在副函數 delay 的後面，則第2行的 `void delay(void);` 就可以省略。

(2) void表示沒有資料要傳遞。

(3)本例的delay副函數是一種無入無回的函數。

▶ 4-6-3 有引數沒有返回值的函數

1. 有的函數需要接受別的函數傳資料給它，此時就必須宣告用來接受引數值的變數(引數)。
2. 範例：

```
#include <AT89X51.H>
void delay(int K);      /* 宣告會用到delay函數 */

main( )                 /* 主函數 main */
{
  while(1)
```

```
    {
     P3 = ~P3;
     delay(1000);
    }
}

void delay(int K)      /* 副函數 delay */
{
  while(K > 0)
    {
     K--;
    }
}
```

說明：⑴當主函數 main( )執行到 delay(1000); 時，就會把 1000 傳入副函數的 K，所以 K 就是用來接受資料的。

⑵本例中，副函數不需傳送任何資料回去給主函數，所以返回值的資料型態爲 void。

⑶本例的 delay 副函數是一種有入無回的函數。

▶ 4-6-4 有引數也有返回值的函數

1. 在 C 語言裡，要把資料傳回給原呼叫者，必須使用 **return** 指令。例如：

   【例 1】**return** (x); /* 把變數 x 的內容值傳回給原呼叫者 */

   【例 2】**return** (x + y); /* 把 x + y 的運算結果傳回給原呼叫者*/

   【例 3】**return** (45); /* 把數值 45 傳回給原呼叫者 */

   註：小括號可以省略。

2. 執行完return指令後，副函數即結束，把程式的控制權又交回給原呼叫的函數。

3. 範例：

```
#include <AT89X51.H>
int sum(int x, int y);      /* 宣告會用到 sum 函數 */
main( )
{
  int answer;
  answer = sum(25,33);      /* ④ answer＝58 */
  while(1);
}

int sum(int x, int y)       /* ① x＝25, y＝33 */
{
  int z;
  z = x + y;                /* ② z = 25 + 33 = 58 */
  return (z);               /* ③ 把 58 傳回主函數 */
}
```

說明：本例的執行步驟是

⑴主函數的 sum(25, 33) 會把25傳給副函數的x，把33傳給y。

⑵副函數的 return (z); 會把z的值(即58)傳回給主函數，所以

answer＝sum(25, 33);

就是 answer＝58;

⑶本例的sum副函數是一種有入有回的函數。

▶ 4-6-5 沒有引數有返回值的函數

```
#include <AT89X51.H>
#include <STDLIB.H>
unsigned char random(void);      /* 宣告會用到 random 函數 */

main( )                          /* 主函數 main */
```

```
{
 while(1)
   {
      P1 = random();
   }
}
unsigned char random(void);      /* 副函數 random */
{
  unsigned int m;
  unsigned char n;
  m = rand();                    /* m = 隨機亂數 */
  n = m%6+1;                    /* n = 1 至 6 之隨機亂數 */
  return (n);                  /* 把 n 的值傳回主函數 */
}
```

說明：(1)本例中，副函數不需要主函數傳來資料，所以引數爲 void。
(2)副函數會把 n 的值(即 1 至 6 之隨機亂數)傳回主函數。
(3)本例的 random 副函數是一種無入有回的函數。

▶ 4-6-6 用陣列做為引數

1. 陣列是記憶體中一塊連續的位置，所以陣列的元素可以經由**陣列的開始位址**和**元素的序號**來取得。
2. 陣列的名稱就相當於陣列的開始位址，也是陣列第一個元素(序號爲 0，例如 array[0])的位址。
3. 任何陣列都可以做爲函數的引數。當您用陣列呼叫副函數時，C語言並沒有把整個陣列的內容複製到副函數的引數內，**C語言只把陣列第一個元素的位址傳遞給副函數**，所以在副函數，引數必須以指標(Pointer)宣告。
4. 指標變數是用來存放另一個變數的**位址**。只要在變數名稱的前面加一個*號，該變數即爲指標變數。
   指標變數的宣告方法爲：

```
資料型態  *變數名稱;
```

例如：**int** *K; /* 變數K即為指標型整數變數 */

5. 備註：

把*號放在兩個運算元之間(例如x*y)是表示**乘**法運算，但是把*號放在變數名稱的前面(例如*K)則表示該變數為**指標型變數**是用來存放另一個變數的**位址**。

6. 範例：

```
#include <AT89X51.H>
void display(char *K);

main( )                              /* 主函數 */
{
  char s[5] = {0, 1, 2, 3, 4};
  display(s);
  while(1);
}

void display(char *K)                /* 副函數 */
{
  int n;
  for(n = 0; n < 5; n++)
    {
     P3 = K[n];
    }
}
```

說明：本例是將陣列s[ ]的5個元素逐一送至P3。

注意：**引數的資料型態必須和陣列的資料型態相同**。

例如本例的第4行若改為

```
int s[5] = {0, 1, 2, 3, 4};
```

則副函數就需改為

```
void display(int *K)
```

4-7 KEIL C51 的中斷函數

1. 中斷是單晶片微電腦的重要功能，在第三章(3-12 節)我們已經知道MCS-51提供了外部中斷、計時／計數中斷、串列埠中斷，善用這些中斷可以使程式更有效率。
2. 當被致能的中斷請求產生時，CPU 會放下目前的工作，而先去執行中斷函數(中斷副程式)，等中斷函數執行完畢才回去繼續執行原來的工作。
   例如：您正在吃飯，家人回來在按門鈴，您會停止吃飯，先去開門，然後再回餐桌繼續吃飯。門鈴聲就是中斷請求，開門就是中斷函數的內容(中斷服務程式)。
3. 中斷函數的宣告格式如下所示：

```
void 中斷函數名稱(void) interrupt 中斷編號
{
        中斷服務程式；
}
```

   註：中斷編號，請見表 4-7-1。
4. 中斷函數在使用上有如下的限制：
   (1) 中斷函數**沒有引數**也**沒有返回值**，所以在宣告的格式中，引數及返回值的資料型態都是 **void**。
   (2) 中斷函數是在中斷請求產生時由 CPU 自動去執行，其他函數不可以呼叫中斷函數。
5. 範例：請見實習 11-2、實習 12-2、實習 13-1、實習 14-3 之範例。

表 4-7-1　各種中斷源的中斷編號

中斷編號	中斷源名稱	中斷向量位址
0	外部中斷 0	0003H
1	計時／計數器 0	000BH
2	外部中斷 1	0013H
3	計時／計數器 1	001BH
4	串列埠	0023H
5	計時／計數器 2	002BH

說明：(1) H 表示 16 進位。
(2)中斷編號＝(中斷向量位址－3)÷8。

4-8 KEIL C51 的特殊指令

爲了善用MCS-51的特性，KEIL C51在C:\KEIL\C51\INC資料夾內建了一個**INTRINS.H檔，裡面是標準C語言所沒有的指令**，您只要用前置處理指令

```
#include <INTRINS.H>
```

就可將其載入使用，善用這些特殊指令可使程式更簡潔。茲將其說明於下：

▶ 4-8-1 向左旋轉指令

功　　能：把變數的內容向左旋轉n個位元。

動作情形：

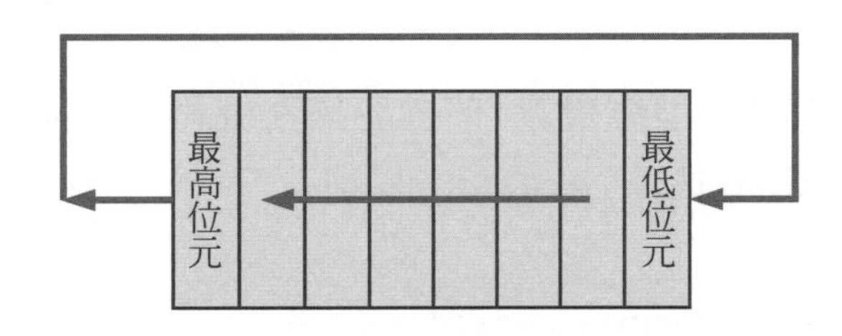

語法一：`_crol_ (c,n)`

說明：把字元型態變數C的內容向左旋轉n個位元。

例子：

```
#include <INTRINS.H>
void example(void)
{
  char a;
  char b;
  a = 0x81;
  b = _crol_(a,2);      /* b = 0x06 */
}
```

語法二：`_irol_ (i, n)`

說明：把整數型態變數i的內容向左旋轉n個位元。

例子：

```
#include <INTRINS.H>

void example(void)
{
  int a;
  int b;
  a = 0x8181;
  b = _irol_(a, 2);     /* b = 0x0606 */
}
```

語法三：**_lrol_** (l, n)

說明：把長整數型態變數 l 的內容向左旋轉 n 個位元。

例子：

```
#include <INTRINS.H>

void example(void)
{
  long a;
  long b;
  a = 0x81818181;
  b = _lrol_(a, 2);     /* b = 0x06060606 */
}
```

▶ 4-8-2 向右旋轉指令

功　　能：把變數的內容向右旋轉 n 個位元。

動作情形：

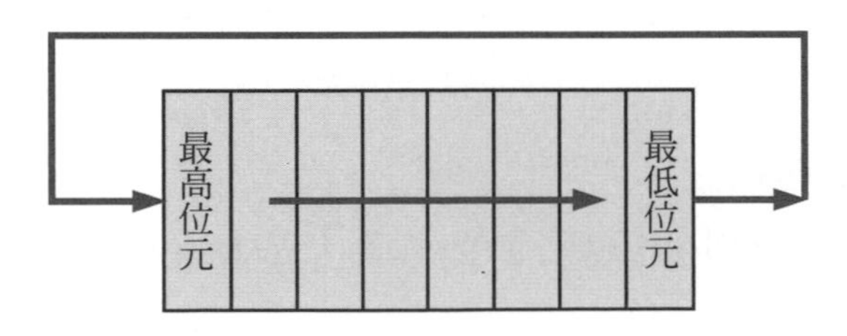

語法一： **_cror_** (c, n)

說明：把字元型態變數c的內容向右旋轉n個位元。

例子：
```
#include <INTRINS.H>

void example(void)
{
  char a;
  char b;
  a = 0x81;
  b = _cror_(a, 2);     /* b = 0x60 */
```

語法二： **_iror_** (i, n)

說明：把整數型態變數i的內容向右旋轉n個位元。

例子：
```
#include <INTRINS.H>

void example(void)
{
  int a;
  int b;
  a = 0x8181;
  b = _iror_(a, 2);     /* b = 0x6060 */
```

語法三： **_lror_** (l, n)

說明：把長整數型態變數l的內容向右旋轉n個位元。

例子：
```
#include <INTRINS.H>

void example(void)
{
  long a;
  long b;
  a = 0x81818181;
  b = _lror_(a, 2);     /* b = 0x60606060 */
}
```

▶ 4-8-3 極短時間的延時指令

功　能：極短時間的延時。

語　法：**_nop_ ( )**

說　明：(1)本指令會在程式中插入一個組合語言的NOP指令(no operation)，使CPU 暫停**一個機械週期**的時間不做任何工作，因此可用來做極短時間的延時。

(2)機械週期＝$\frac{1}{\text{所用石英晶體的頻率}\div 12}$

(3)若採用 12MHz 的石英晶體，則機械週期＝$\frac{1}{12M \div 12} = 1\mu s$。

(4)若採用 6MHz 的石英晶體，則機械週期＝$\frac{1}{6M \div 12} = 2\mu s$。

依此類推。

例　子：

```
#include <AT89X51.H>
#include < INTRINS.H >

void example(void)
{
  P3_7 = 0;
  _nop_( );      /* 延時一個機械週期 */
  _nop_( );      /* 延時一個機械週期 */
  P3_7 = 1;
}
```

4-9 到 KEIL 公司去挖寶

在 http://www.keil.com/support/man/docs/c51 的網址有一個 Cx51 User's Guide，KEIL公司對**特殊指令**和**庫存函數**做了詳細的說明(總共超過400頁)，請您自己去挖寶。

Chapter 5

MCS-51 之基本電路

5-1 80C51、87C51、89C51、89S51 之基本電路
5-2 介面電路

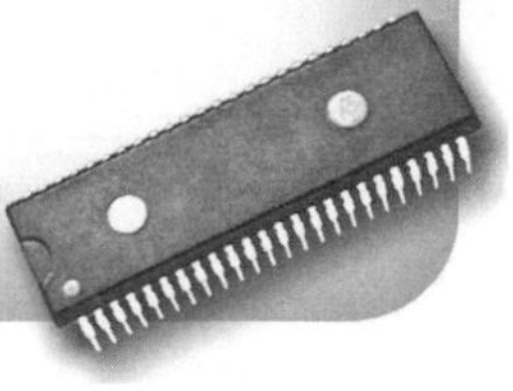

5-1 80C51、87C51、89C51、89S51 之基本電路

在從事一般的微電腦自動控制時，由於 80C51、80C52、87C51、87C52、87C54、87C58、89C51、89C52、89C55、89S51、89S52、89S53 等單晶片微電腦內部所具備的程式記憶體、資料記憶體、計時／計數器、輸入／輸出埠已足夠用，所以不需要其他擴充 IC，只要如圖 5-1-1 所示加上 5V 電源及石英晶體即可正常工作。價廉易購的石英晶體有 12MHz、11.059MHz、6MHz、3.58MHz 可供選用。

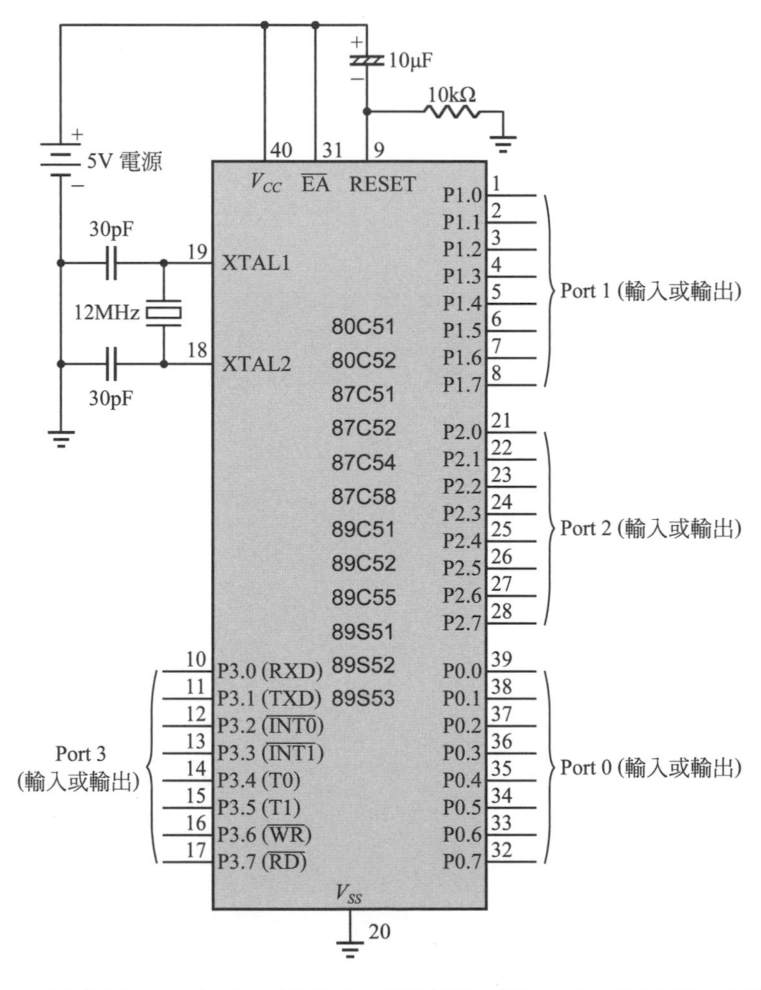

圖 5-1-1 80C51、80C52、87C51、87C52、87C54、87C58、89C51、89C52、89C55、89S51、89S52、89S53 的基本電路

假如有一天，您覺得 MCS-51 的 32 隻輸入／輸出腳還不夠用時，您可採用加強功能型 51 系列產品(各廠牌之詳細資料，收錄在本書光碟的**各廠牌 51 系列資料手冊**資料夾內)，例如 Atmel 公司的 AT89C51RD2 有 P0～P5 一共 48 隻 I/O 腳可用，Dallas 公司的 DS80C400 有 P0～P7 一共 64 隻 I/O 腳可用，但是這些多接腳的單晶片是無法用簡易型燒錄器來燒錄的，您必須購買多功能型燒錄器才能燒錄。

5-2 介面電路

▶ 5-2-1 輸入電路

微電腦必須與按鈕、微動開關、磁簧開關、光電開關、溫度開關、近接開關、……等相連接，才能得知外界的現況而做適當的處理。其接法有二，一爲以低態動作(active Low)，一爲以高態動作(active Hi)，茲說明如下：

1. **以低態動作的輸入介面**

   MCS-51 單晶片微電腦以採用“低態動作”較佳。以低態動作就是當外界所連接的開關動作時，會送**邏輯 0** 給微電腦。最簡單的連接方法如圖 5-2-1 所示，平時微電腦的輸入腳經電阻器 *R* 接至＋5V，因此是“邏輯 1”，當所連接之開關 SW 閉合(導電)時，輸入腳被接地，所以變成“邏輯 0”。平時做實驗時我們可以採用這種簡單的接法比較方便。

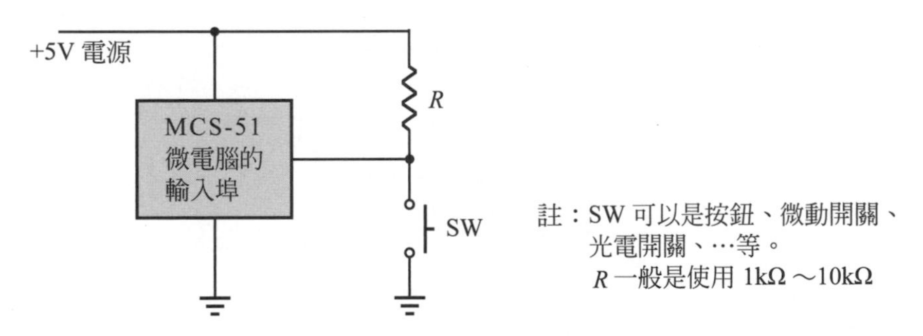

圖 5-2-1　最簡單的輸入接法 (active Low)

   圖 5-2-2 是採用光耦合器做外界與微電腦間的絕緣，平時微電腦的輸入腳經電阻器 *R* 接至＋5V，故爲“邏輯 1”，當所連接的開關 SW 閉合(導電)時，光耦合器內部的LED發亮而使光電晶體TR導電，因此微電腦的輸入腳成爲“邏輯 0”。此種接法的優點是萬一外界電路接錯(例如應接至開關SW

的電線被誤接至110V或220V之電壓)也不會燒燬微電腦，目前工廠用的產業機器與微電腦間多採用此種接法。必須注意的是V_{CC2}必須另外採用一組獨立的直流電源，不可和微電腦的直流電源V_{CC1}共用。

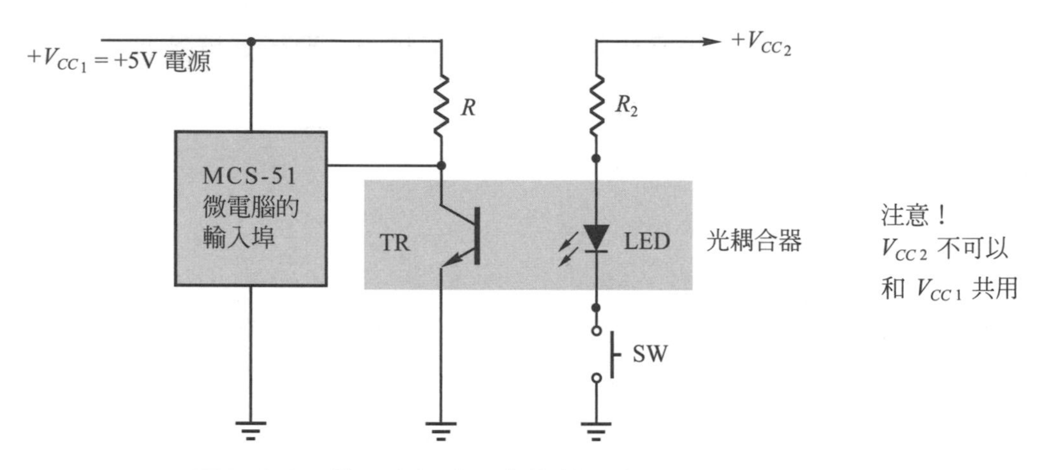

圖 5-2-2 使用光耦合器作為輸入介面 (active Low)

2. 以高態動作的輸入介面

以高態動作就是當外界所連接的開關動作時，會送**邏輯 1** 給微電腦。最簡單的連接方法如圖 5-2-3 所示，平時微電腦的輸入腳經電阻器 R 接地，因此是“邏輯 0”，當所連接之開關 SW 閉合(導電)時，輸入腳被接上＋5V 所以變成“邏輯 1”。平常做實驗時可以採用這種簡單的接法。

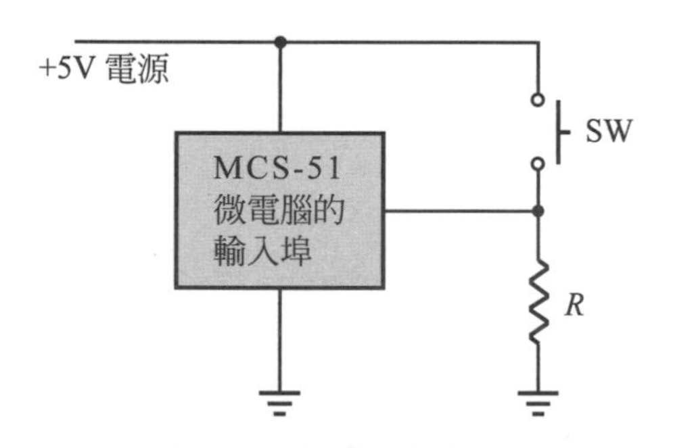

圖 5-2-3 最簡單的輸入接法 (active Hi)

圖 5-2-4 是採用光耦合器做外界與微電腦間的絕緣，平時微電腦的輸入腳經電阻器R接地，故為“邏輯 0”，當所連接的開關SW閉合(導電)時，光耦合器內部的LED發亮而使光電晶體TR導電，因此令微電腦的輸入腳成為

“邏輯 1”。請注意！V_{CC2}必須另外採用一組獨立的電源，不可和微電腦的直流電源V_{CC1}共用。

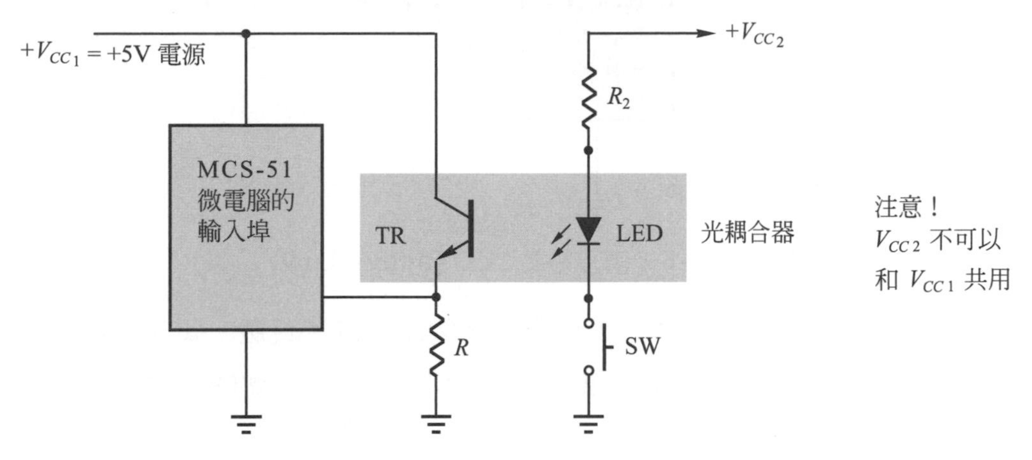

圖 5-2-4 使用光耦合器做為輸入介面 (active Hi)

▶ 5-2-2 輸出電路

微電腦的輸出埠沒有能力直接去驅動馬達、電磁閥、電燈泡、電熱器、……等負載，因此必須在微電腦與負載間加入“輸出介面電路”諸如電晶體、繼電器、固態電驛(SSR，請參考本書附贈光碟的附錄6有詳細的說明)、電磁接觸器、……等。其接法有二，一爲以低態動作(active Low)，一爲以高態動作(active Hi)，玆分別說明於下：

1. **以低態動作之輸出介面**

   以低態動作的微電腦，其輸出腳平常爲“邏輯 1”，負載不通電；**當輸出為“邏輯 0”時，負載即被通電。MCS-51 單晶片微電腦特別適宜以低態驅動負載。**

   圖 5-2-5 是以微電腦的輸出腳直接驅動LED之使用例。平時輸出“1”，LED 熄滅，當輸出爲“0”時 LED 即發亮。

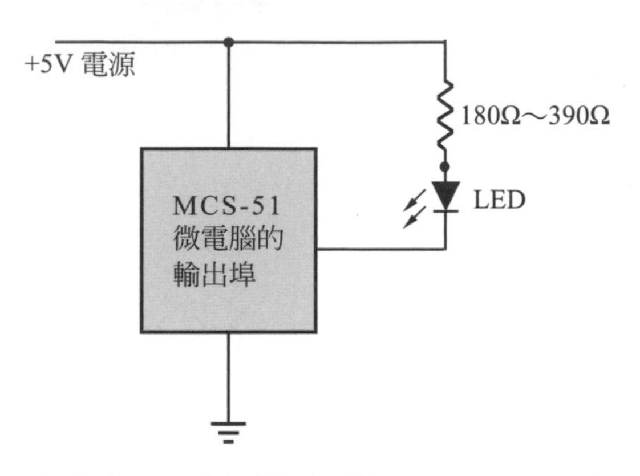

圖 5-2-5 直接驅動 LED (active Low)

圖 5-2-6 是以電晶體放大而驅動大電流的直流負載，電源V_{CC2}的大小是視負載的需求而決定。當微電腦輸出“0”時，電晶體TR_1及TR_2均進入導電的狀態，負載通電。

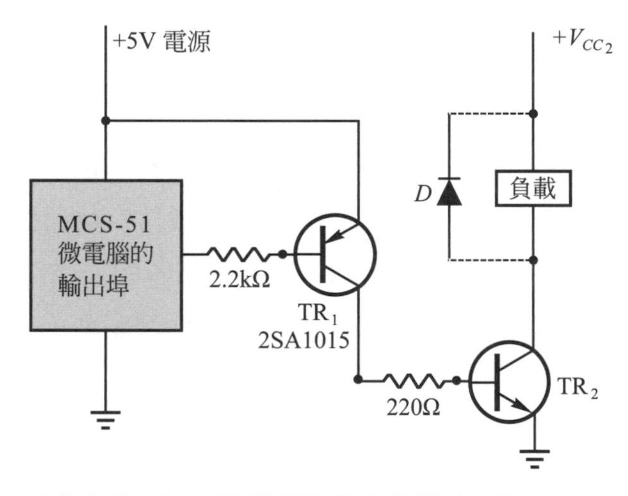

圖 5-2-6 以電晶體驅動直流負載 (active Low)

說明：(1)電感性負載才需反向並聯一個二極體 D。
(2)TR_2的規格需視負載的大小而決定。

圖 5-2-7 是以繼電器驅動負載。當微電腦輸出“0”時，電晶體即導電而令繼電器工作，繼電器的接點閉合負載即被通電。由於負載的通電與否是由繼電器接點的啓閉控制，所以縱然負載故障，也不會損壞微電腦。圖中的電源＋V_{CC2}之大小必須與繼電器的規格相符(例如採用線圈爲DC12V的繼電器，則＋V_{CC2}需等於＋12 伏特)。

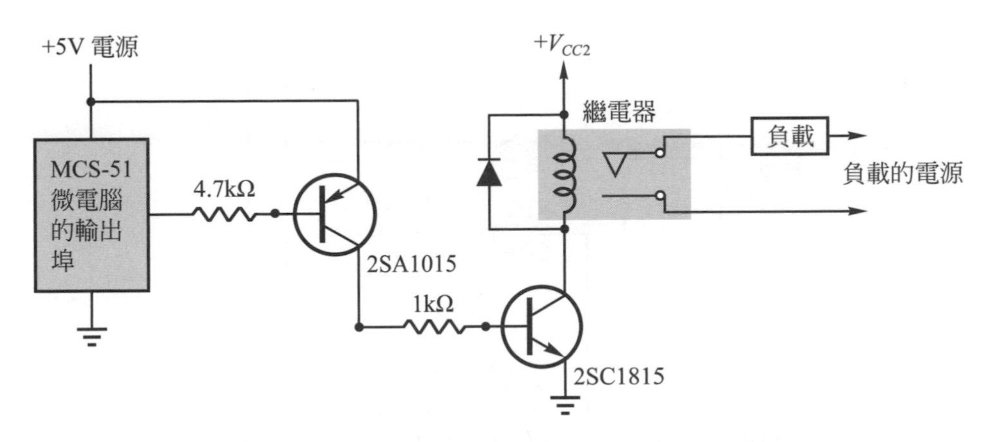

圖 5-2-7　以繼電器驅動負載 (active Low)

圖 5-2-8 是以固態電驛(SSR)驅動負載。當微電腦輸出"0"時，SSR 的⊕⊖端子間即被加上 5V 的電壓而令 SSR 中標有 **LOAD**(有的產品是標爲 **OUTPUT**，詳見本書附贈光碟的附錄 6 之說明)的兩個端子間導通，令負載通電。由於固態電驛的內部有光耦合器做微電腦與負載間的絕緣，因此萬一負載電路故障，也不會燒燬微電腦。

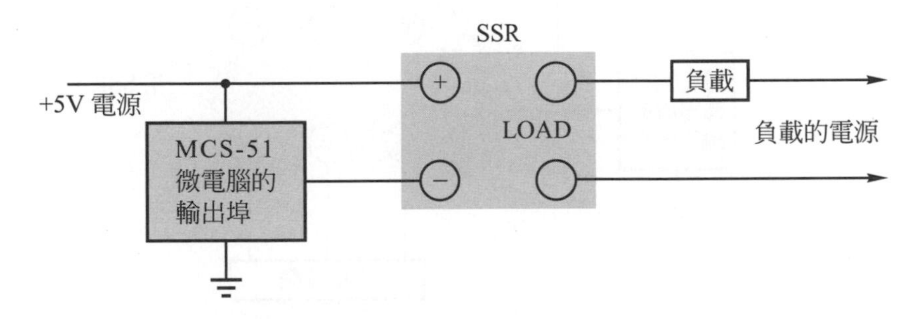

圖 5-2-8　以固態電驛(SSR)驅動負載 (active Low)
註：有些 SSR，輸出端是標示 OUTPUT，而不是標示 LOAD

假如您要用 SSR 驅動三相負載，則可如圖 5-2-9 所示用兩個 SSR 組合起來驅動三相負載，或如圖 5-2-10 所示採用一個三相SSR來驅動三相負載。

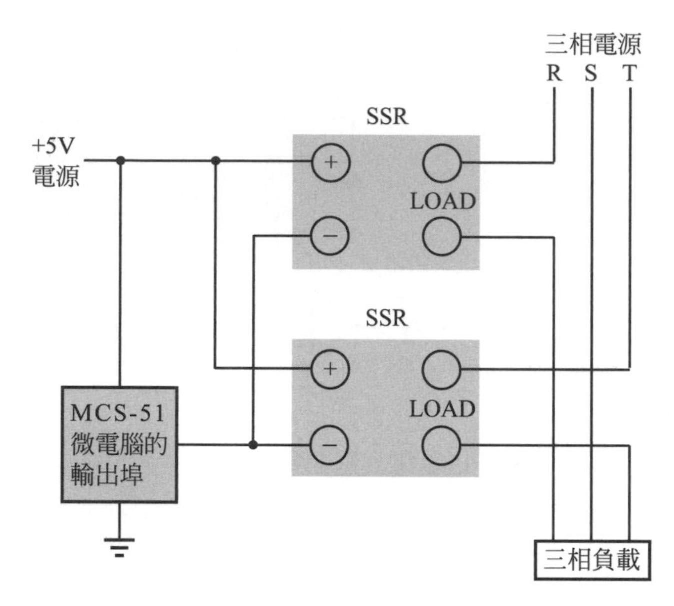

圖 5-2-9　用兩個 SSR 驅動三相負載(active Low)

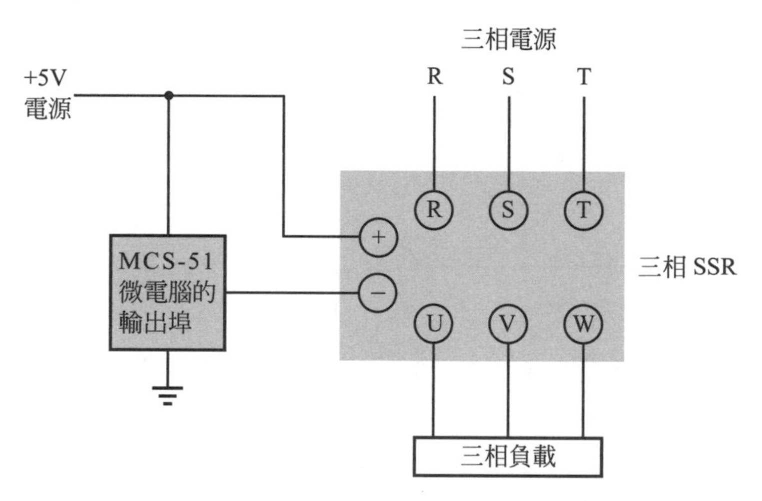

圖 5-2-10　用一個三相 SSR 驅動三相負載(active Low)

2. **以高態動作之輸出介面**

以高態動作的微電腦，其輸出腳平常爲“邏輯 0”，負載不通電；**當輸出為“邏輯 1”時，負載即被通電而動作**。由於MCS-51 單晶片微電腦的各輸出腳，在輸出高態時，內阻都極高，所以 **MCS-51 單晶片微電腦較不宜以高態動作的方式驅動負載**。

圖 5-2-11 是 LED 的驅動方法，由於 MCS-51 各腳在輸出高態時，輸出電流都很小，所以必須用電晶體或反相器放大後才能點亮 LED。

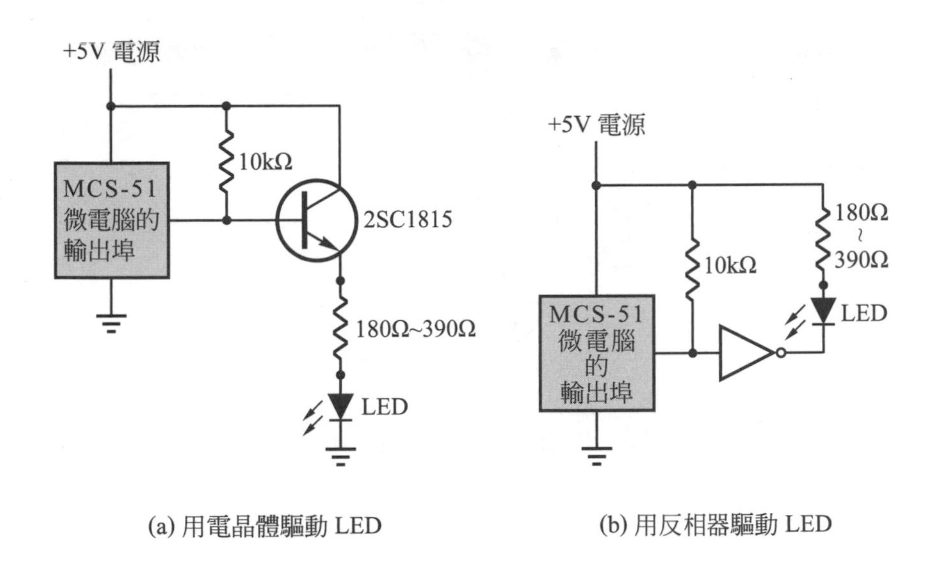

(a) 用電晶體驅動 LED (b) 用反相器驅動 LED

圖 5-2-11 以高態驅動 LED 的方法

圖 5-2-12 是以兩個電晶體組成放大率極高的達靈頓電路，而驅動直流負載。圖 5-2-13 則是以繼電器去驅動負載。圖 5-2-14 是用固態電驛 SSR 驅動負載之電路圖。

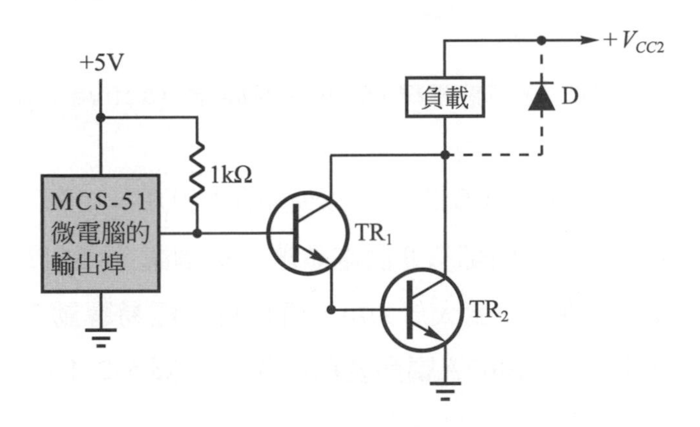

圖 5-2-12 以達靈頓電路驅動直流負載 (active Hi)
註：電感性負載才需反向並聯二極體 D。

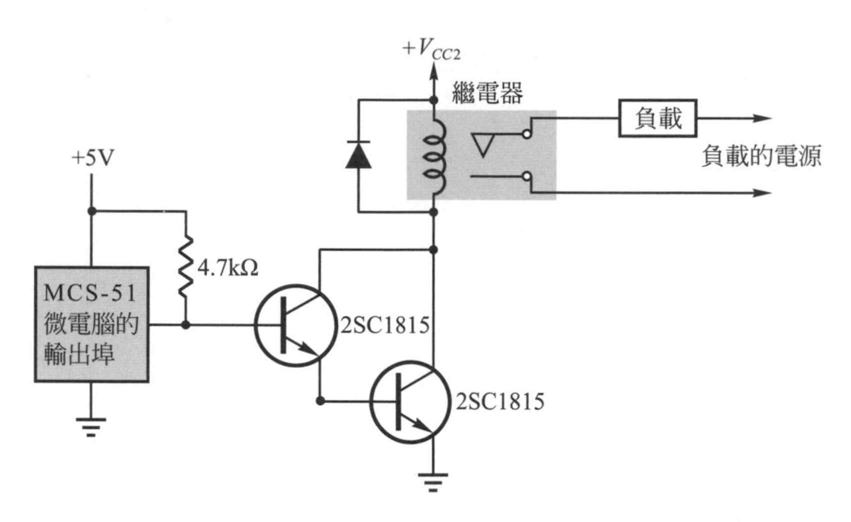

圖 5-2-13　以繼電器驅動負載 (active Hi)

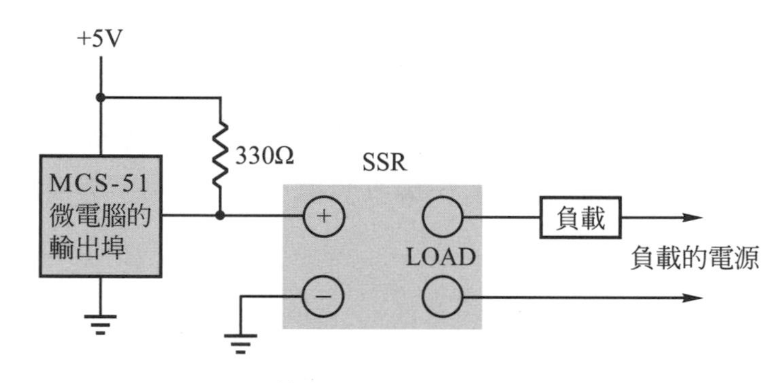

圖 5-2-14　用固態電驛 (SSR) 驅動負載 (active Hi)

當您要驅動很多個負載時，可以使用編號 ULN2003A(內部有 7 個電晶體)或編號ULN2803A(內部有 8 個電晶體，接腳請參考附錄 4)之電晶體陣列IC。由於內部電晶體的β值大於 400，所以可以輕易驅動 0.5A 以下的負載。圖 5-2-15 是使用ULN2003A驅動負載的接法。圖 5-2-16 是使用ULN2803A驅動負載的接法。

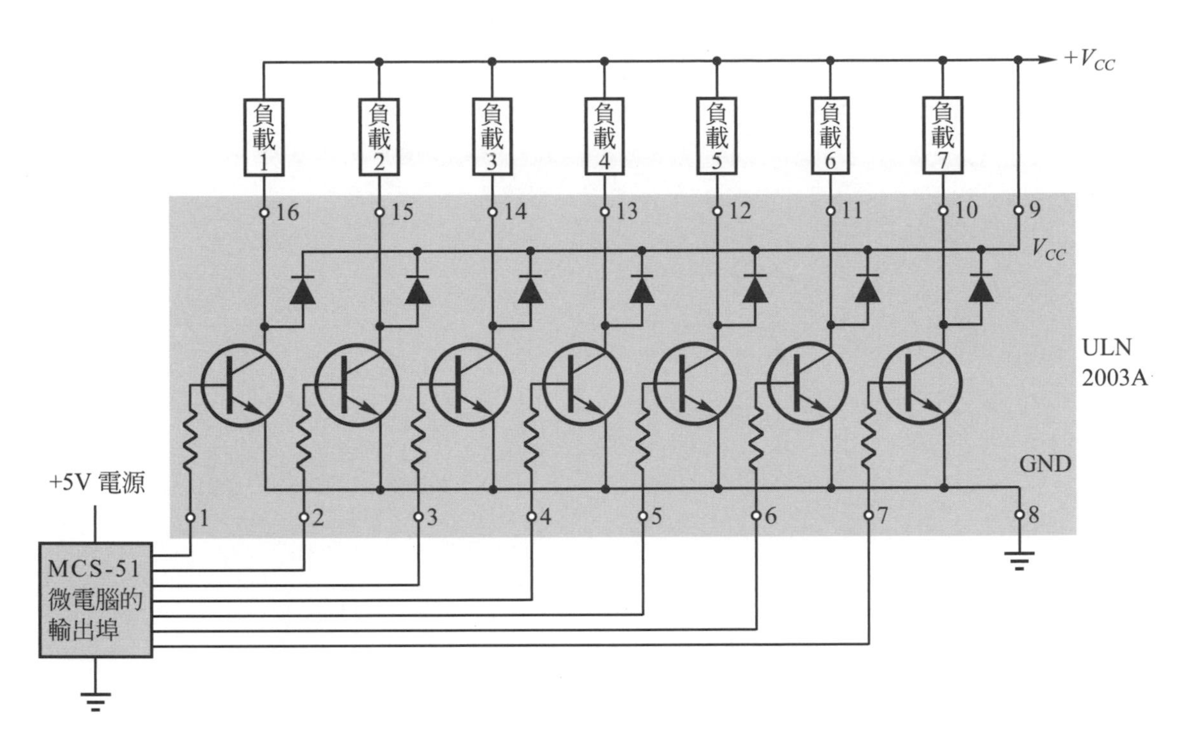

圖 5-2-15　用 ULN2003A 驅動負載 (active Hi)

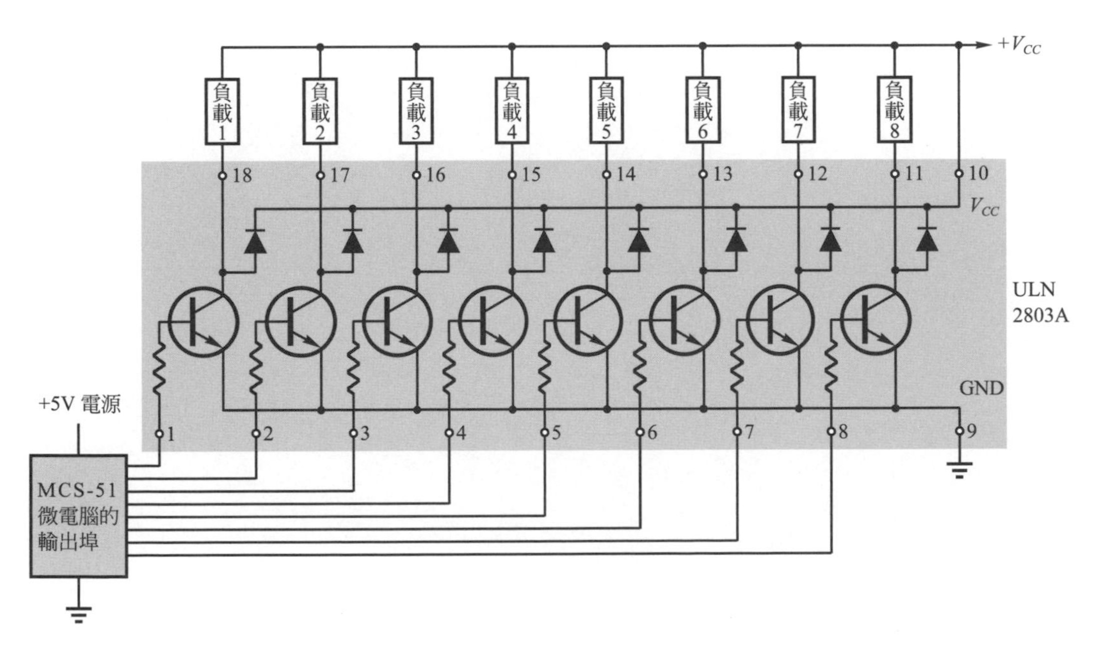

圖 5-2-16　用 ULN2803A 驅動負載 (active Hi)

Chapter 6

如何編譯程式

6-1 如何獲得程式的執行檔
6-2 8051 的常用 C 語言編譯器
6-3 下載 KEIL C51(請見本書附贈光碟)
6-4 安裝 KEIL C51(請見本書附贈光碟)
6-5 KEIL C51 之操作實例
6-6 KEIL C51 的偵錯能力

6-1 如何獲得程式的執行檔

在微電腦裡，每一個指令都有一個與它對應的**機械碼**(machine code)，機械碼是由一串 0 與 1 所構成，用來指揮 CPU 運作。因爲 CPU 只認識機械碼，根本就不認識用C語言寫成的程式，所以我們必須使用**編譯器**(compiler)把程式編譯成由機械碼組成的**執行檔**。

由於執行檔所佔的記憶體容量最小，執行的速度最快，所以在自動控制的應用上，儲存(燒錄)在程式記憶體(ROM 或 EPROM 或 Flash Memory)內的程式都是執行檔。

編譯完成的執行檔(副檔名爲 HEX，例如 test.hex)可直接由個人電腦 PC 傳送至電路實體模擬器(ICE；in circuit emulator)執行，也可用燒錄器燒錄至 89S51 或 89C51 等單晶片微電腦加以執行，所以執行檔(HEX 檔)也有人稱爲**燒錄檔**。

6-2 8051 的常用 C 語言編譯器

隨著時代的進步，世界各大軟體公司所推出的C語言編譯器，已經不是只有編譯功能。目前功能較強的編譯軟體已經把編輯(edit)、編譯(compiler)、組譯(assembler)、連結(link)、除錯(debugger)整合在一起，稱爲 **IDE**(Integrated Development Environment；整合發展環境)。IDE 環境可讓我們從編輯原始程式至獲得執行檔輕輕鬆鬆的完成。

目前 8051 較常用的C語言編譯器是KEIL C51。**本書的所有例子都是使用KEIL C51 加以說明**。已附在本書的隨書光碟內之KEIL C51 試用版，擁有全功能，沒有試用期限，雖然編譯完成的執行檔有 2k Byte的限制，但已夠大部份讀者的應用。日後當您需要編譯很大的程式時，才購買正式版的 KEIL C51 來用吧。

在網站http://www.keil.com/有很多KEIL C51 的相關說明，值得讀者去逛一逛。

6-3 下載 KEIL C51 (請見本書附贈光碟)

6-4 安裝 KEIL C51 (請見本書附贈光碟)

6-5 KEIL C51 之操作實例

由於KEIL C51是視窗版的，所以使用起來很方便。現在筆者將引導您先編輯一個程式。並將其編譯，請您跟著下面的步驟一步一步的做：

1. **新增一個資料夾**

   爲能將以後每個實習的專案都集合在同一個資料夾內，以方便管理，請在電腦中(例如在桌面或我的文件內)新增一個資料夾，名稱爲**範例**，以便儲存專案。

   說明：爲某一個目的而設計的程式，稱爲專案。例如霹靂燈是一個專案，電子琴是一個專案，電動機之正逆轉也是一個專案。在專案裡，包含有您所設計的原始程式，以及經過編譯後所產生的各種檔案。

2. **執行 Keil μVision3**

   如圖 6-5-1 所示，在桌面的 Keil μVision3 圖示按滑鼠的左鍵二下，即可執行μVision3。

   註：因爲軟體不斷更新，所以您如果有依照第 6-3 節所述之步驟自己下載最新版的KEIL C51試用版來用，則安裝完後在桌面看到的圖示可能已經不是 Keil uVision3 而是 Keil uVision4 或 Keil uVision5 了。

3. **建立新專案**

   (1) 欲建立新專案，請如圖 6-5-2 所示選 Project → New Project 。

   註：將來您若要開啓舊專案，以查看或修改其內容，則需選 Project → Open Project 。

   (2) 選擇專案要儲存的位置。在圖 6-5-3 中，我們是要把專案放在資料夾**範例**的裡面。

   (3) 如圖 6-5-4 新增一個 E0901 的專案資料夾。

   說明：稍後要編輯的原始程式E0901.C與編譯完成的執行檔E0901.hex都要存放在現在新增的這個專案資料夾內。

   (4) 如圖 6-5-5 所示，輸入專案的名稱，然後按 儲存 鈕。

4. **選擇所用之單晶片**

(1) 如圖 6-5-6 所示，選擇所用單晶片的廠牌。

註：我們實習時要用Atmel公司的AT89S51或AT89C51，所以選擇Atmel。

(2) 如圖 6-5-7 所示，選擇所用單晶片的編號。

註：於此，您可選擇實習時要用的 AT89S51 或 AT89C51。

(3) 當出現圖 6-5-8 的畫面，問您是否要將 8051 的啓動檔STARTUP.A51 複製到專案內時，請按 是 鈕。

說明：在KEIL C51 內有一個STARTUP.A51 的檔案，單晶片微電腦在被RESET後，會先執行 STARTUP.A51，然後才開始執行main( )。STARTUP.A51 的功能爲：

①定義 RAM 的起始位址及 RAM 的大小。

②清除資料記憶體。

③設定堆疊指標。

使用 C 語言寫程式，才需要 STARTUP.A51 檔，若使用組合語言寫程式就不需要 STARTUP.A51 檔。

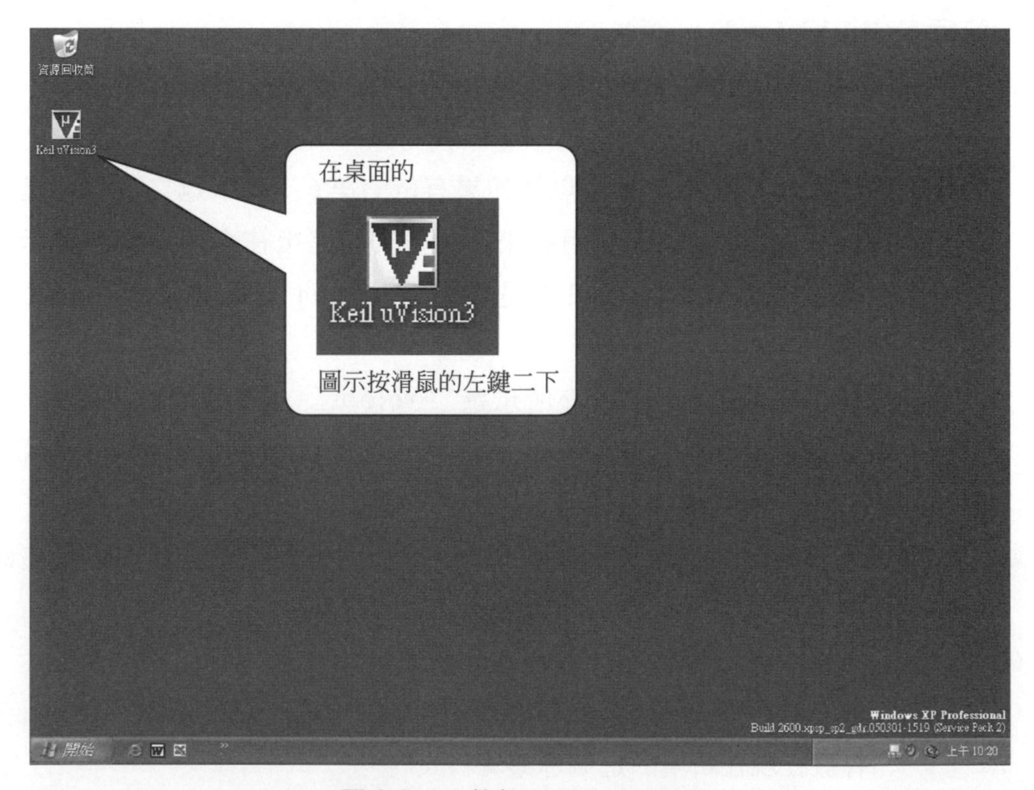

圖 6-5-1 執行 Keil μVision3

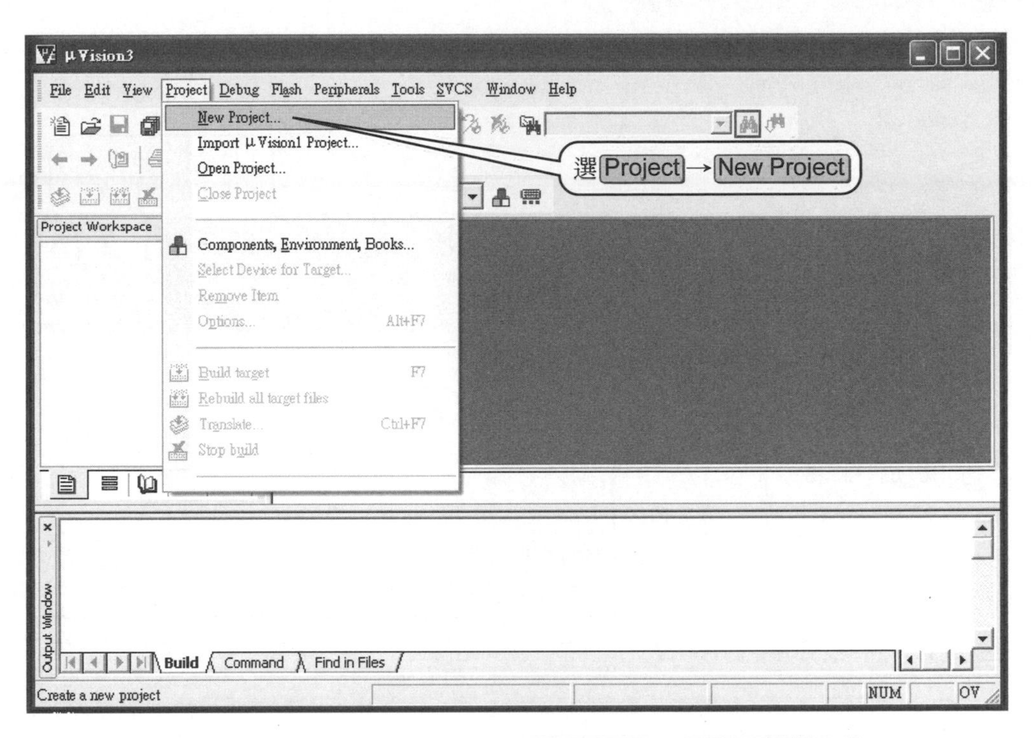

圖 6-5-2　欲建立新專案，選 Project → New Project

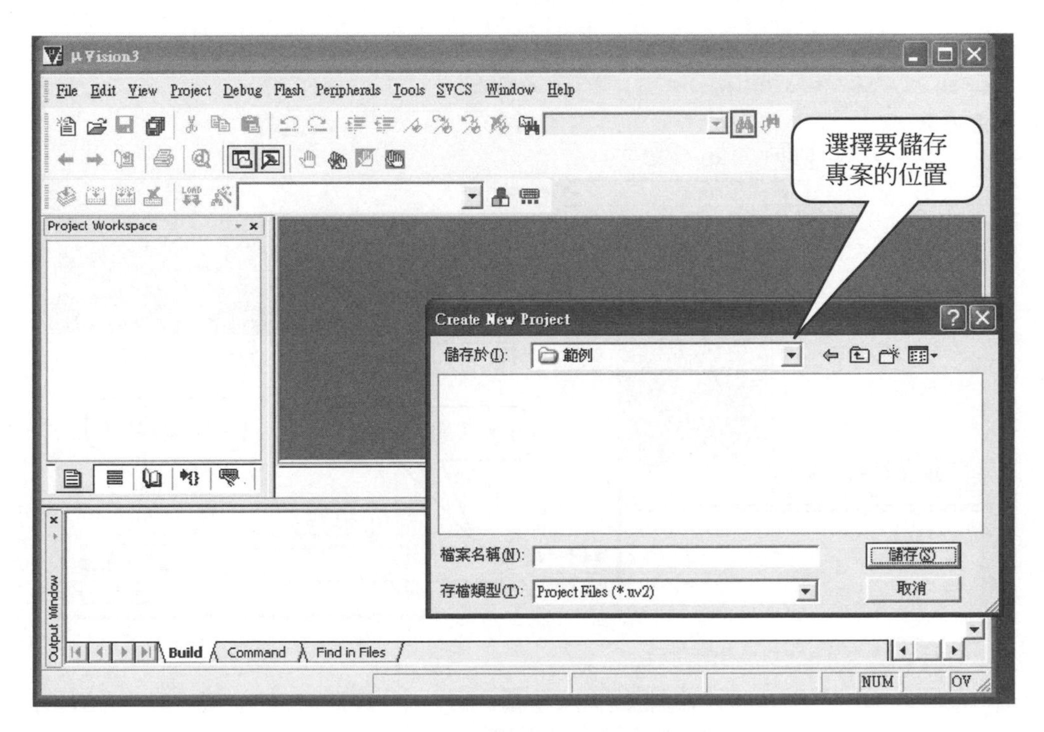

圖 6-5-3　選擇要儲存專案的位置

圖 6-5-4　欲新增一個專案的資料夾

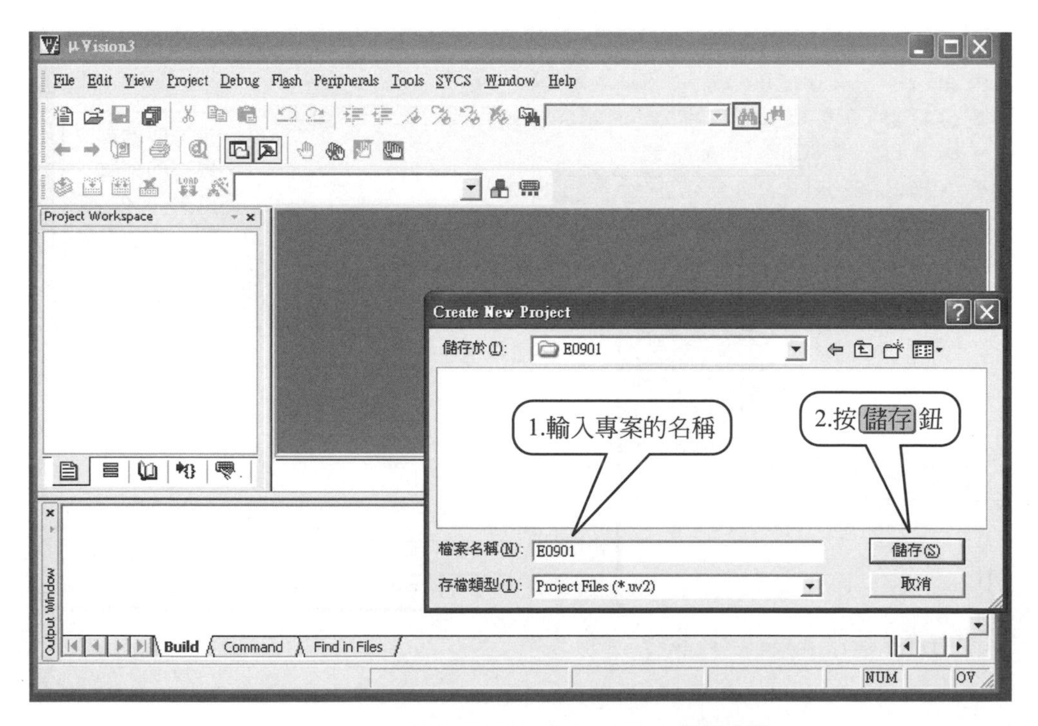

圖 6-5-5　輸入專案的名稱，然後按 儲存 鈕

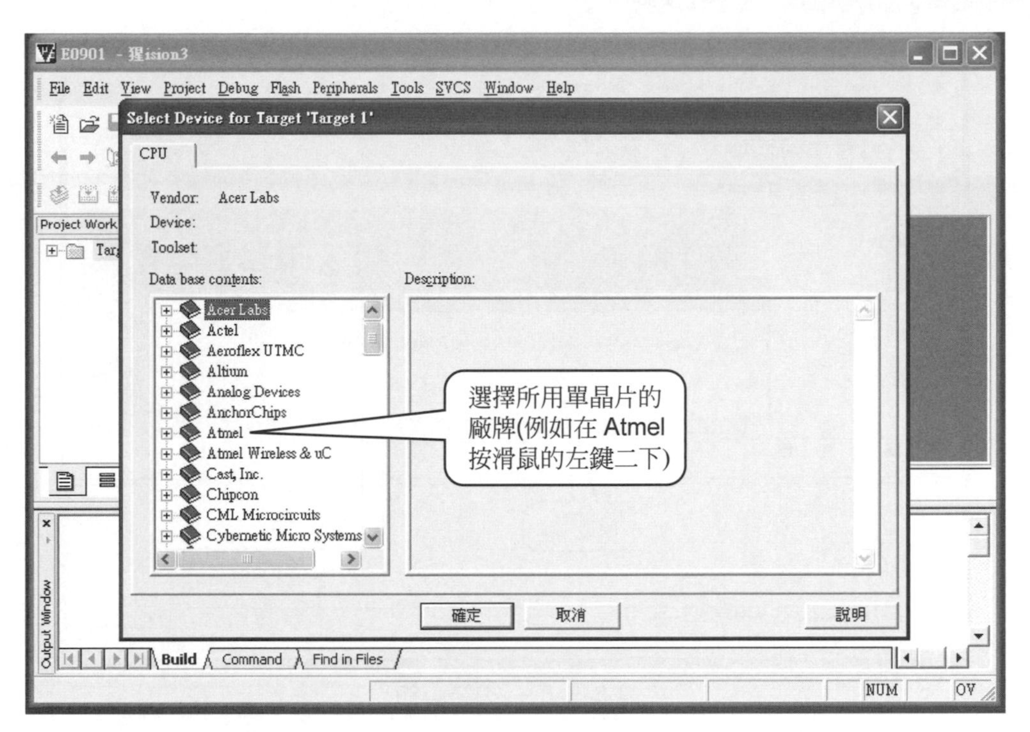

圖 6-5-6 選擇所用單晶片的廠牌(例如 Atmel)

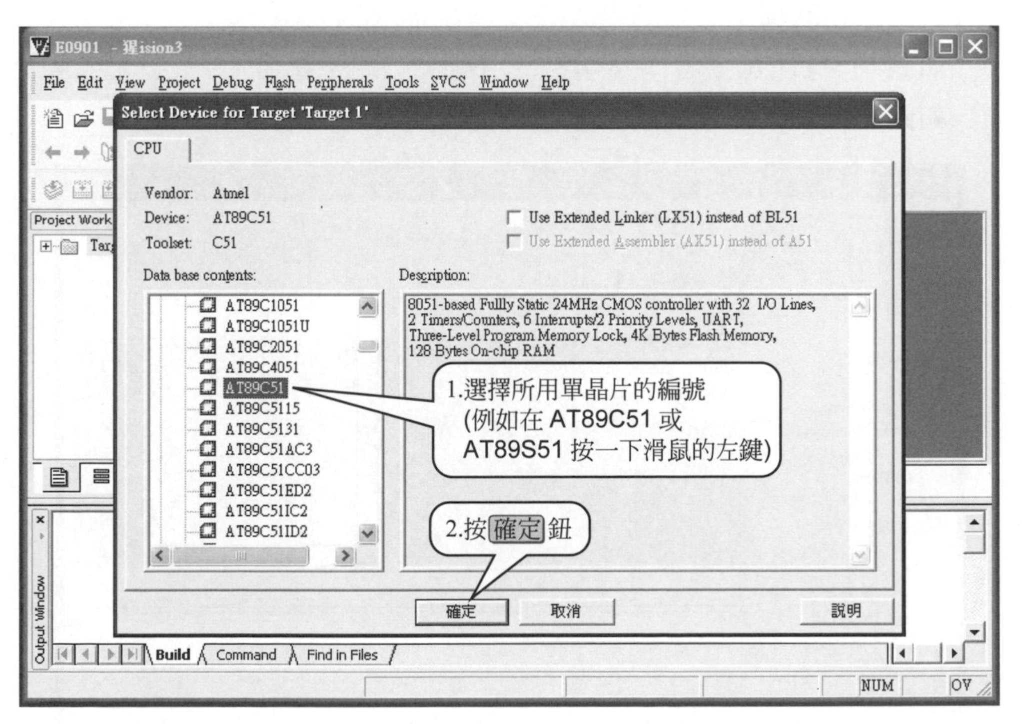

圖 6-5-7 選擇所用單晶片的編號(例如 AT89C51 或 AT89S51)

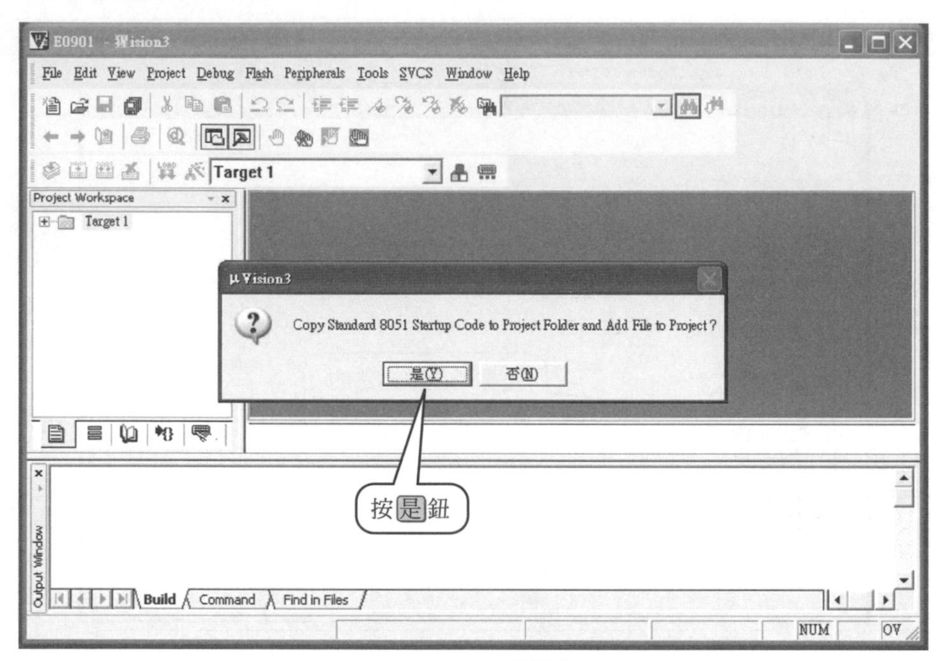

圖 6-5-8 按 是 鈕

5. 建立新的程式檔

(1) 如圖 6-5-9 所示，選擇 File → New ，開啓新檔。

(2) 如圖 6-5-10，按放大鈕，把編輯視窗放大。

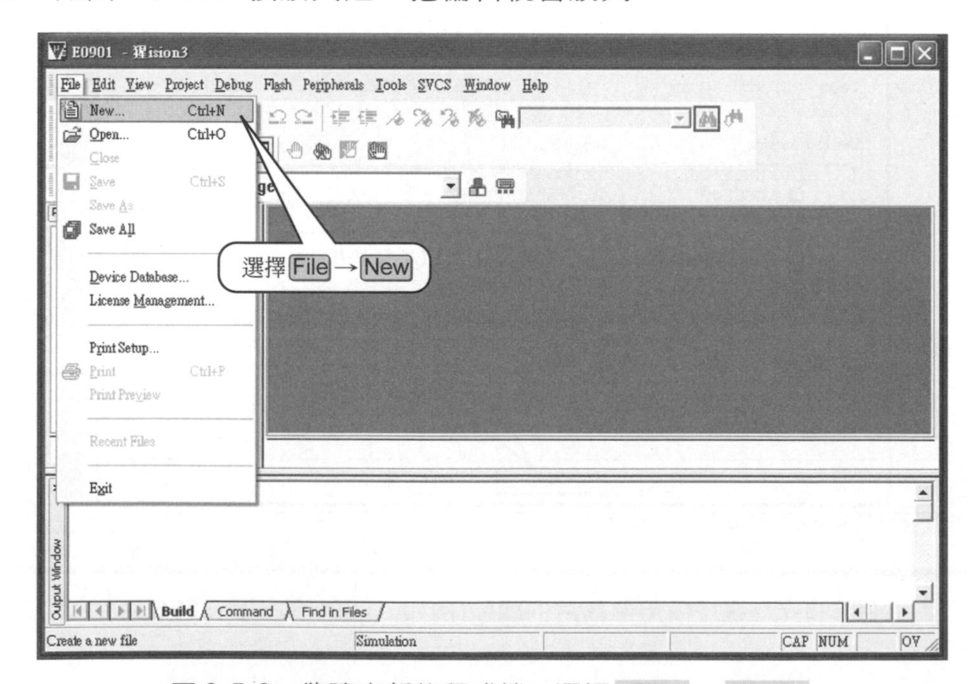

圖 6-5-9 欲建立新的程式檔，選擇 File → New

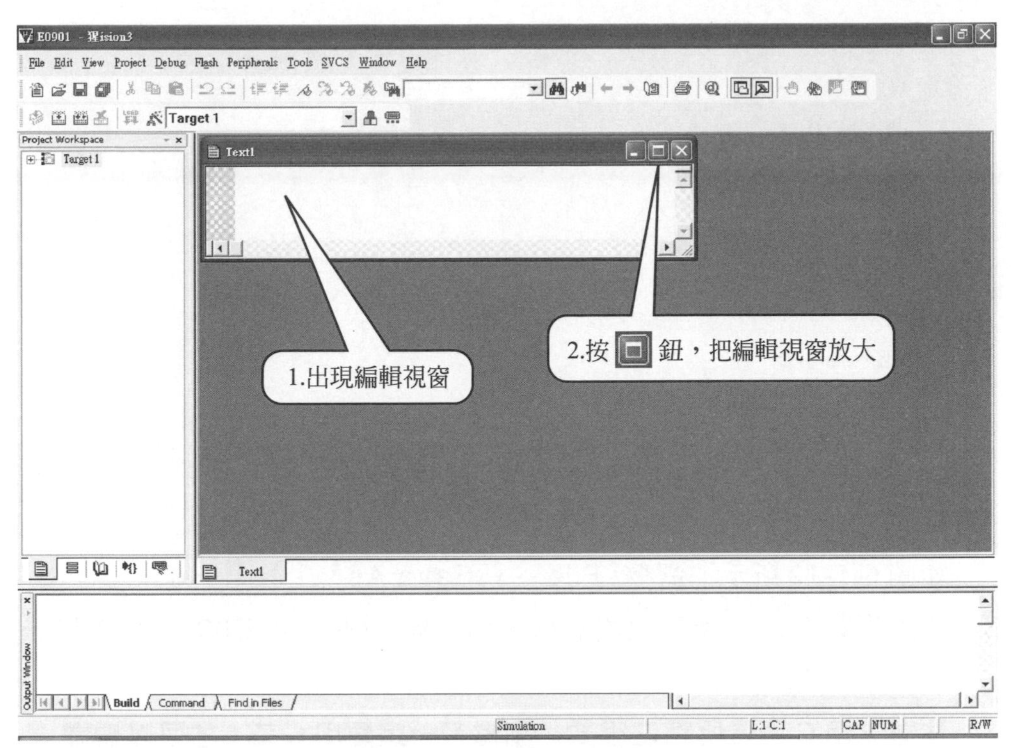

圖 6-5-10　把編輯視窗放大

6. 輸入原始程式

請如圖 6-5-11 所示，輸入下列程式：

```
#include <AT89X51.H>
void  delayms(unsigned  int  time);

main( )
{
  while(1)
  {
   P1=0x00;
   delayms(200);
   P1=0xff;
   delayms(200);
  }
}
```

```
void  delayms(unsigned  int  time)
{
  unsigned  int  n;
  while(time>0)
  {
   n=120;
   while(n>0)  n--;
   time--;
  }
}
```

7. **存檔**

(1) 如圖 6-5-12 所示，選擇 File → Save As 。

(2) 會出現圖 6-5-13 所示之對話框，輸入檔名(此處以 E0901.C 為例)，然後按 儲存 鈕。

注意！用 C 語言所寫之程式，副檔名一定要用 C 或 c 才可以編譯。

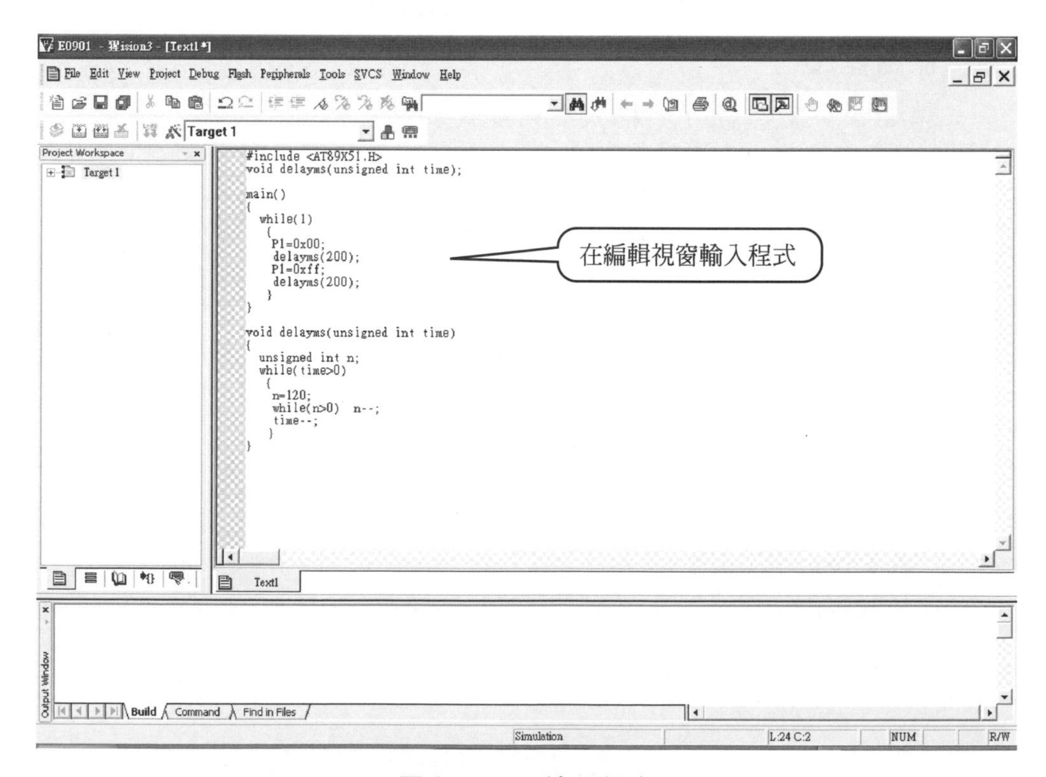

圖 6-5-11 輸入程式

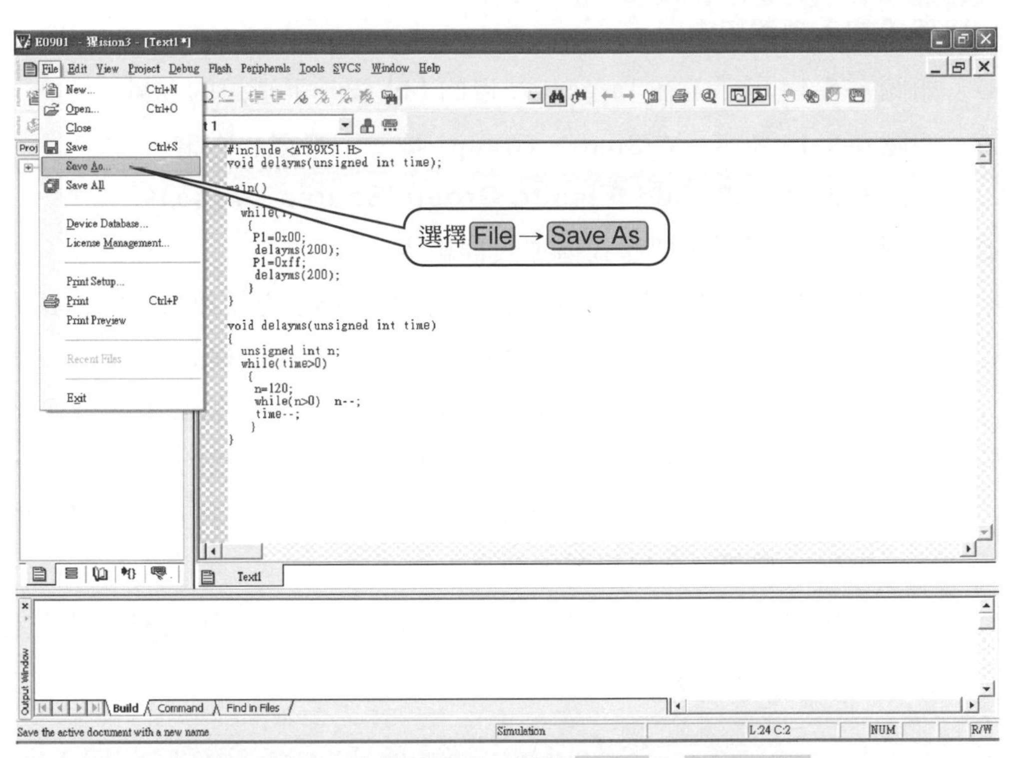

圖 6-5-12 欲儲存程式，選擇 File → Save As

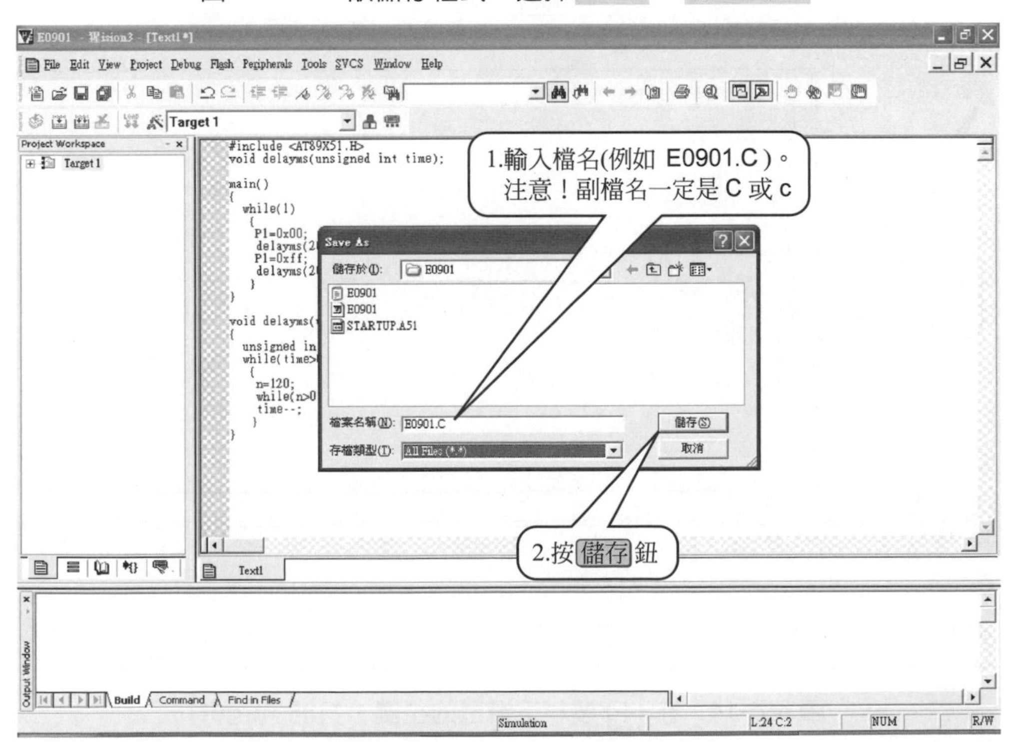

圖 6-5-13 存檔

8. **把程式加入到群組內**

(1) 如圖 6-5-14 所示，在 Target1 左邊的 ⊞ 按一下滑鼠的左鍵。

(2) 如圖 6-5-15 所示，在 Source Group1 按一下滑鼠的**右鍵**。

(3) 如圖 6-5-16，選 Add Files to Group 'Source Group1' 。

(4) 如圖 6-5-17 所示，把程式檔加入群組內。

註：假如將來您要開發一個比較大的專案，爲了方便而將原始程式分成好幾個小程式，例如主程式爲 main.c，鍵盤掃描程式爲 key.c，液晶顯示程式爲 lcd.c，大門的啓閉程式爲 door.c，則您必須逐一把 main.c 及 key.c 及 lcd.c 及 door.c 都 Add 加入群組，然後才 Close ，否則您縱然在 main.c 內有用 extern 宣告，還是叫不到其他程式內的函數來用。編譯時會出現錯誤訊息。

(5) 您可以如圖 6-5-18 所示，按一下 Source Group1 左邊的 ⊞，以確定原始程式都已經加到群組內。

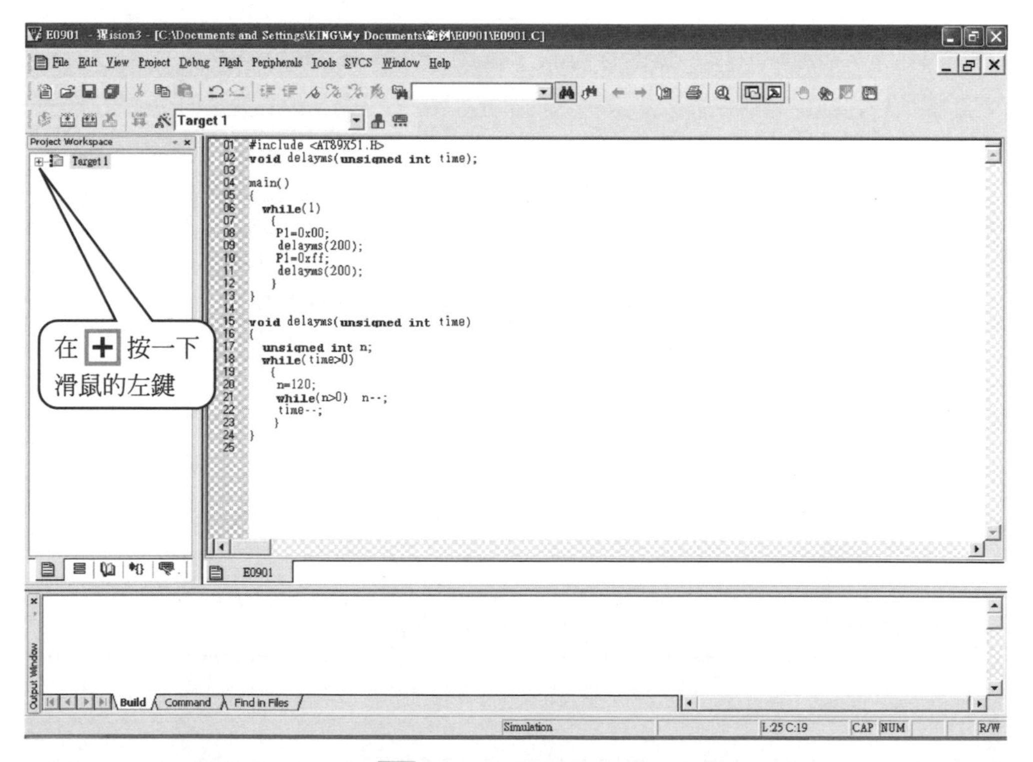

圖 6-5-14 在 ⊞ 按一下滑鼠的左鍵，打開 Target1

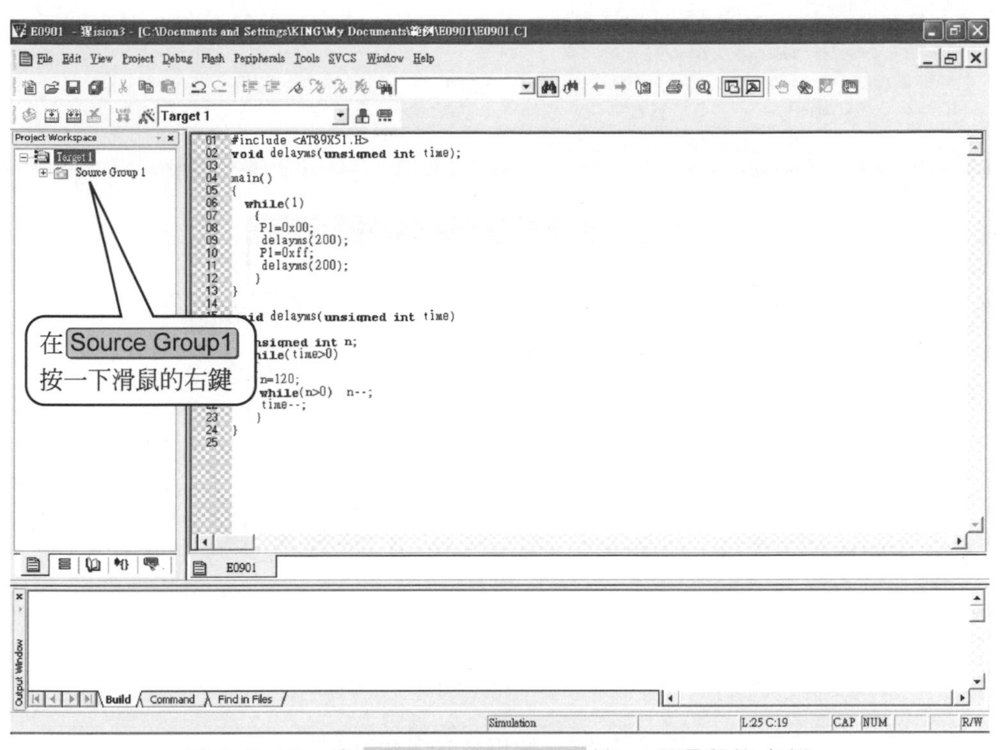

圖 6-5-15 在 Source Group1 按一下滑鼠的右鍵

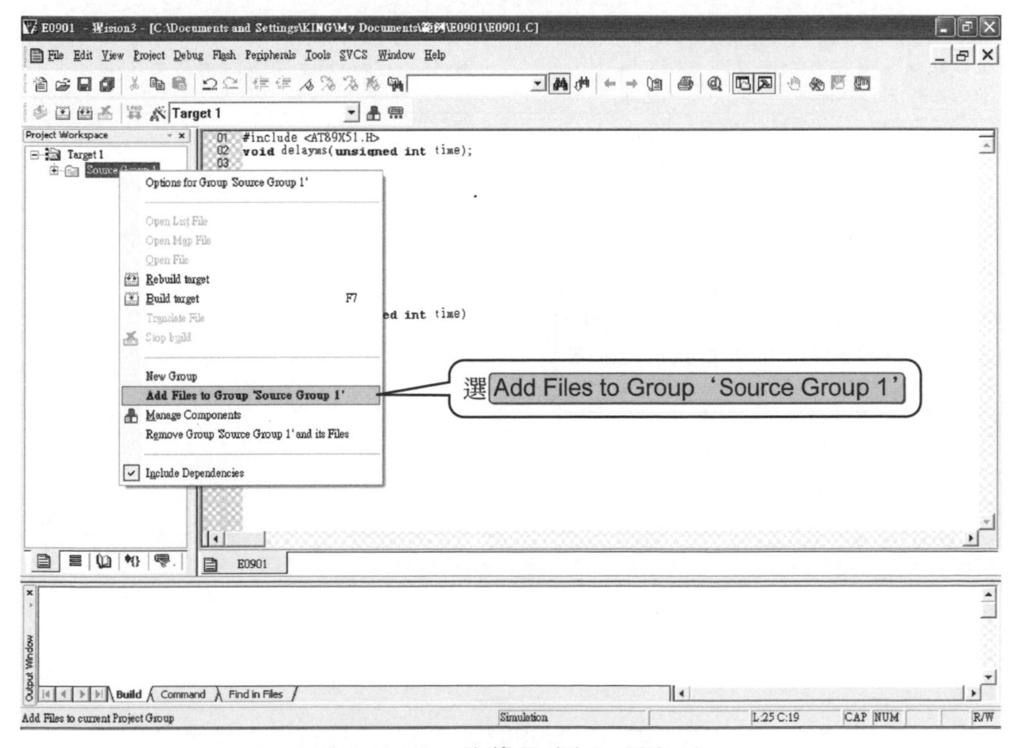

圖 6-5-16 欲將程式加入群組內

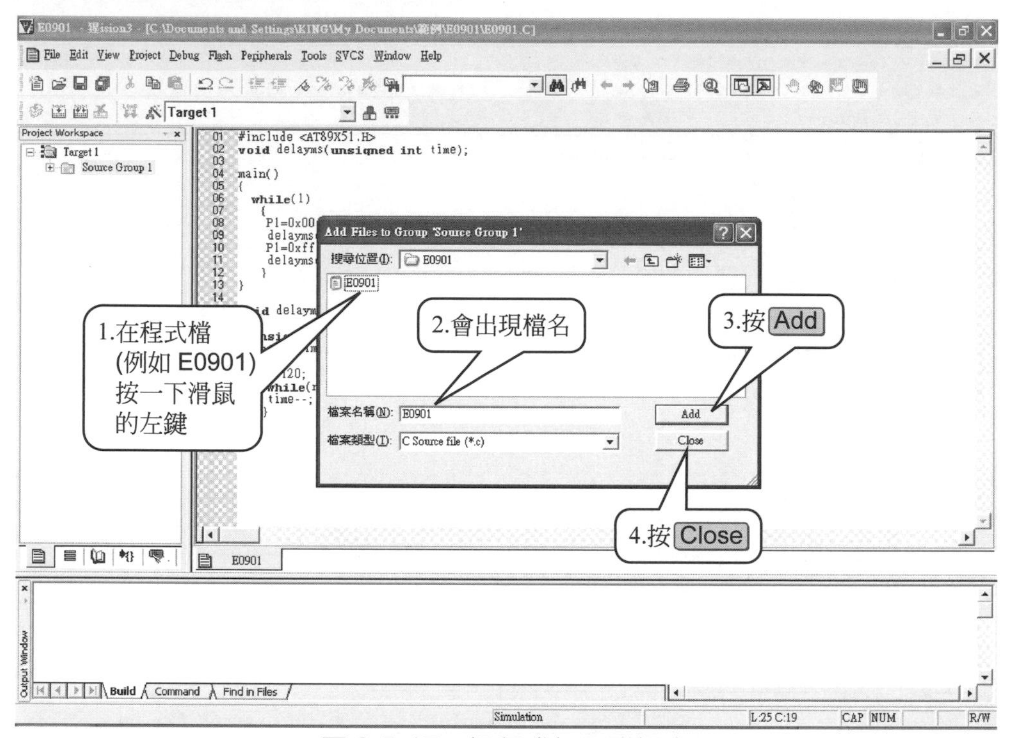

圖 6-5-17 把程式加入群組內

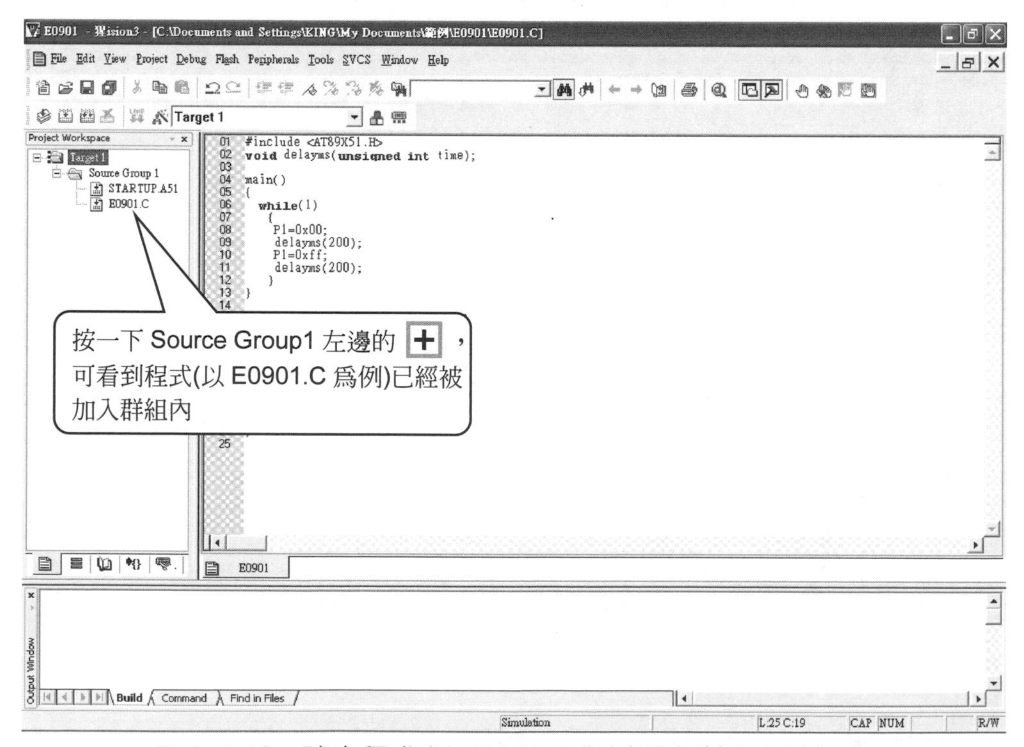

圖 6-5-18 確定程式(以 E0901.C 為例)已經被加入群組內

9. 設定執行檔的格式

要令程式在組譯後產生HEX檔，以便燒錄或偵錯，必須如下做設定：

(1) 如圖6-5-19所示，選 Project → Options for Target 'Target1' 。

(2) 如圖6-5-20所示，在Create HEX File按一下滑鼠的左鍵，使其打勾。

10. 編譯

(1) 如圖 6-5-21 所示，按一下編譯的圖示(或選 Project → Rebuild all target files) 即可進行編譯。

(2) 若原始程式沒有語法上的錯誤，會如圖 6-5-22 所示，在訊息視窗顯示 0 Error(s)，0 Warning(s)，並告訴我們已經產生HEX檔。

註：在專案(範例/E0901)內之HEX檔(本例爲E0901.hex)可用燒錄器燒錄至89S51或89C51等單晶片微電腦內執行，也可用模擬器做除錯的工作。

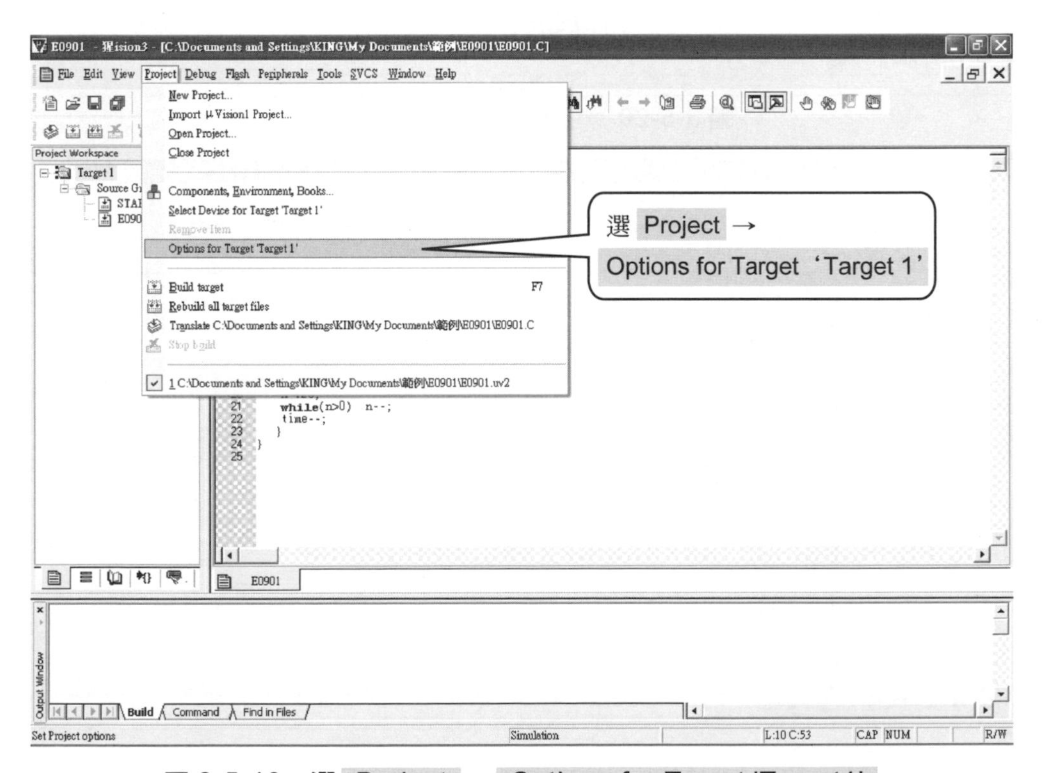

圖6-5-19 選 Project → Options for Target 'Target1'

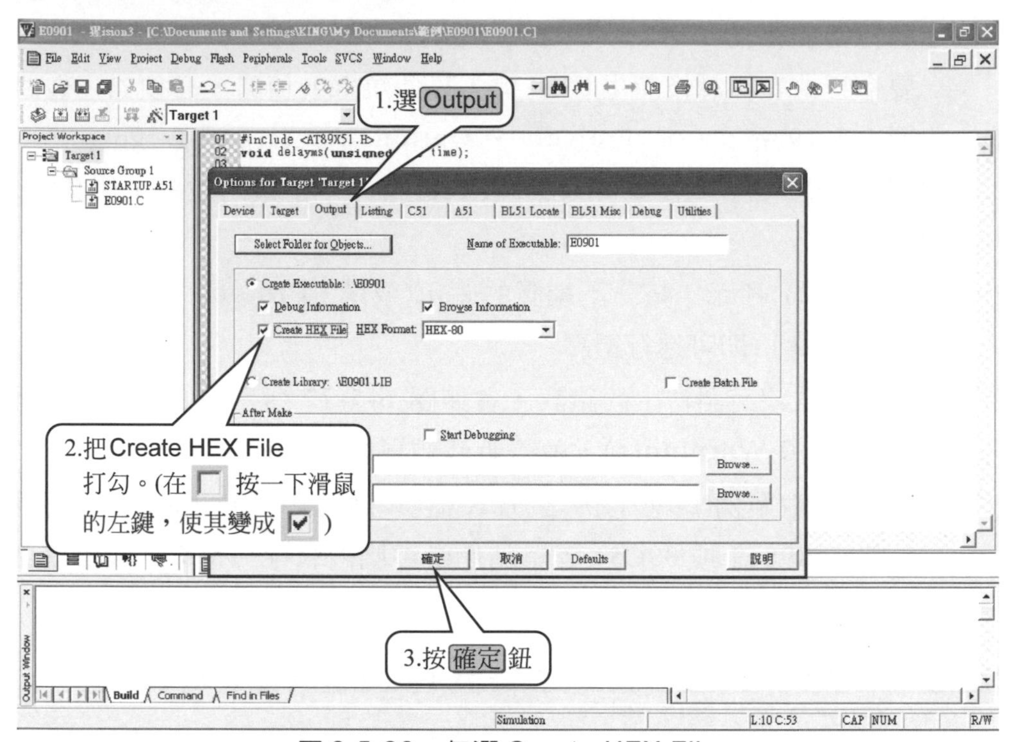

圖 6-5-20 勾選 Create HEX File

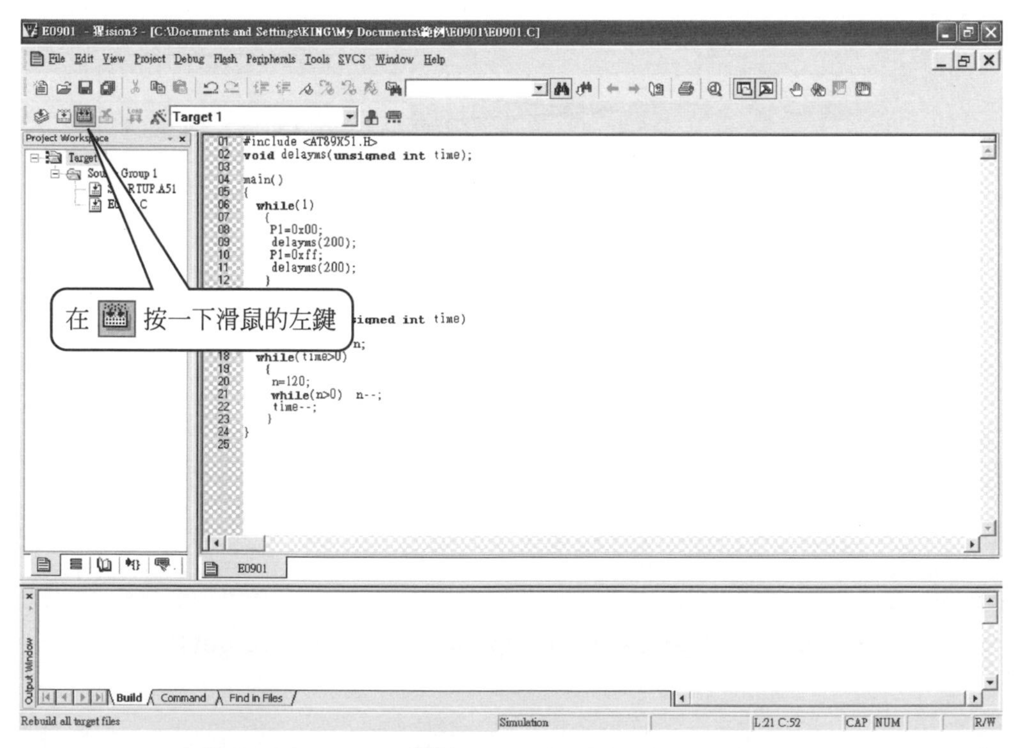

圖 6-5-21 欲編譯程式，按一下 ，或選 Project → Rebuild all target files

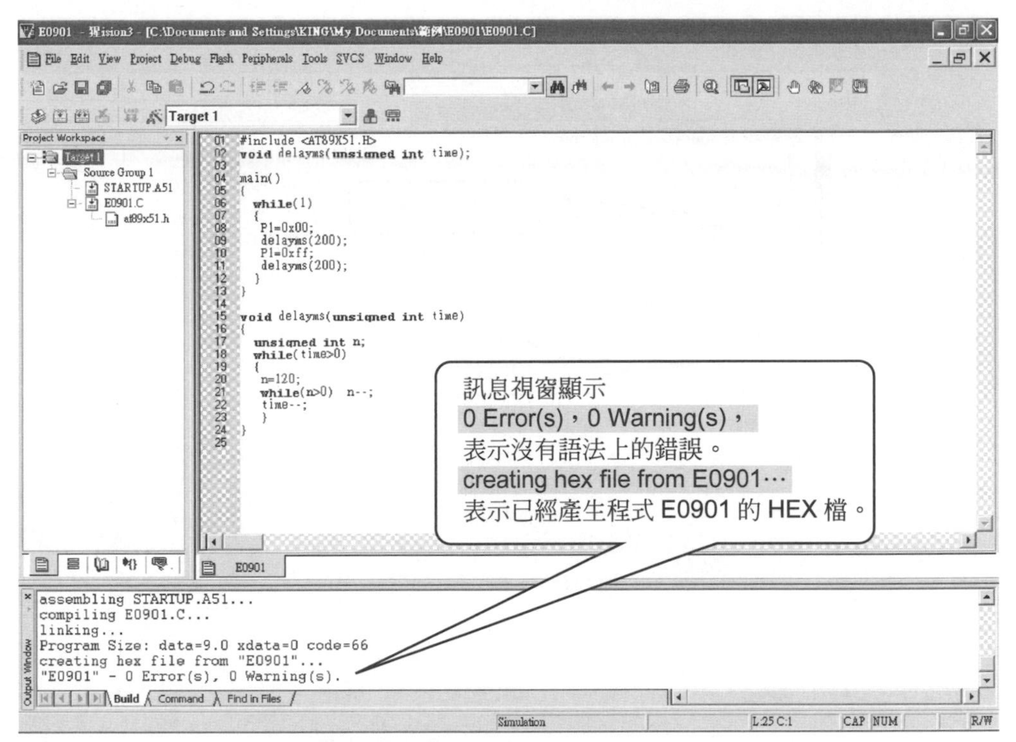

圖 6-5-22　訊息視窗顯示程式 E0901.C 沒有語法上的錯誤

6-6 KEIL C51 的偵錯能力

KEIL C51 在編譯時，可以幫我們找出原始程式在語法上的錯誤，例如變數沒有定義、數值超出範圍、使用位元陣列、函數的呼叫超過 10 層、除以 0……等。

現在我們要故意把程式改為錯誤，將其存檔，然後編譯，來看看KEIL C51 如何告訴我們哪裡有錯誤。

1. 先如圖 6-6-1 所示，故意改為錯誤的程式。
2. 如圖 6-6-2 所示，將其存檔。
3. 如圖 6-6-3 所示，將其編譯，則會如圖 6-6-4 所示顯示錯誤訊息，告訴我們哪一行有錯誤。
4. **當我們得知程式錯誤的地方後，必須將其更正，然後再存檔、再編譯，直到程式沒有錯誤為止**。整個過程請參考圖 6-6-5 至圖 6-6-8，當程式沒有語法上的錯誤時，會如圖 6-6-8 所示在訊息視窗顯示 0 Error(s)，0 Warning(s)。

E0901 - µVision3 - [D:\Documents and Settings\E0901\E0901.C*]

File Edit View Project Debug Flash Peripherals Tools SVCS Window Help

Target 1

Project Workspace

Target 1
Source Group 1
STARTUP.A51
E0901.C

```
01 #include <AT89X51.H>
02 void delayms(unsigned int time);
03
04 main()
05 {
06   while(1)
07    {
08     p1=0x00;
09     delayms(200);
10     P1=0xff;
11     delayms(200);
12    }
13 }
14
15 void delayms(unsigned int time)
16 {
17   unsigned int n;
18   while(time>0)
19    {
20     m=120;
21     while(n>0)  n--;
22     time--;
23    }
24 }
25
```

P1 故意打爲 p1

n 故意打爲 m

STARTUP E0901

Output Window

Build Command Find in Files

Simulation L:20 C:5 NUM R/W

圖 6-6-1 故意改為錯誤的程式

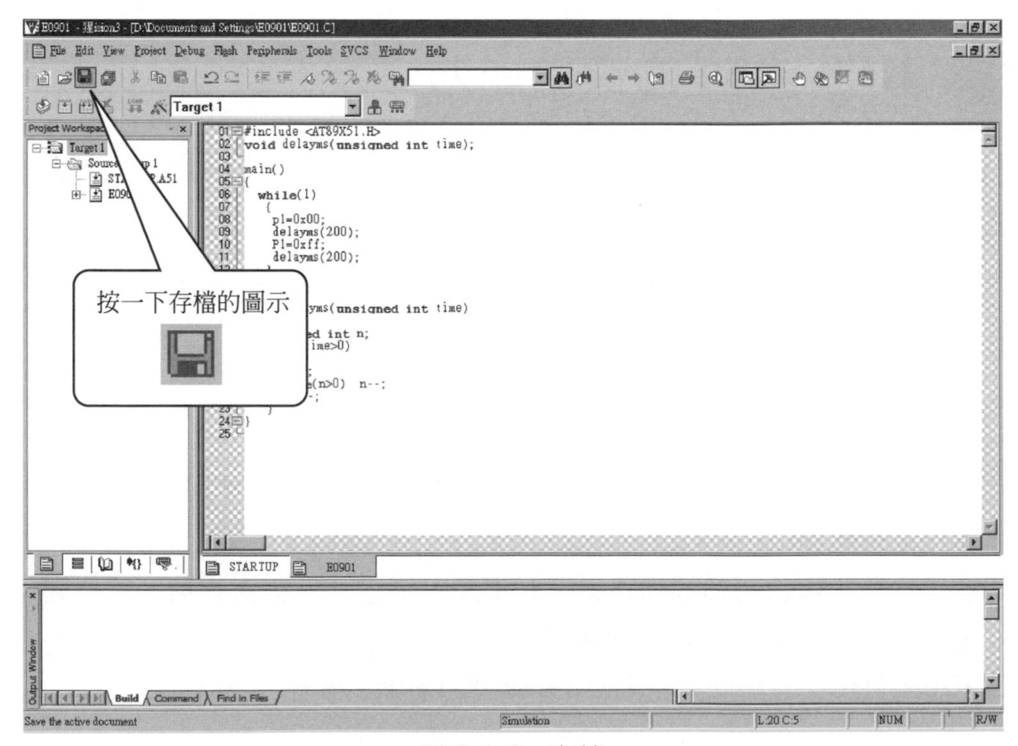

圖 6-6-2 存檔

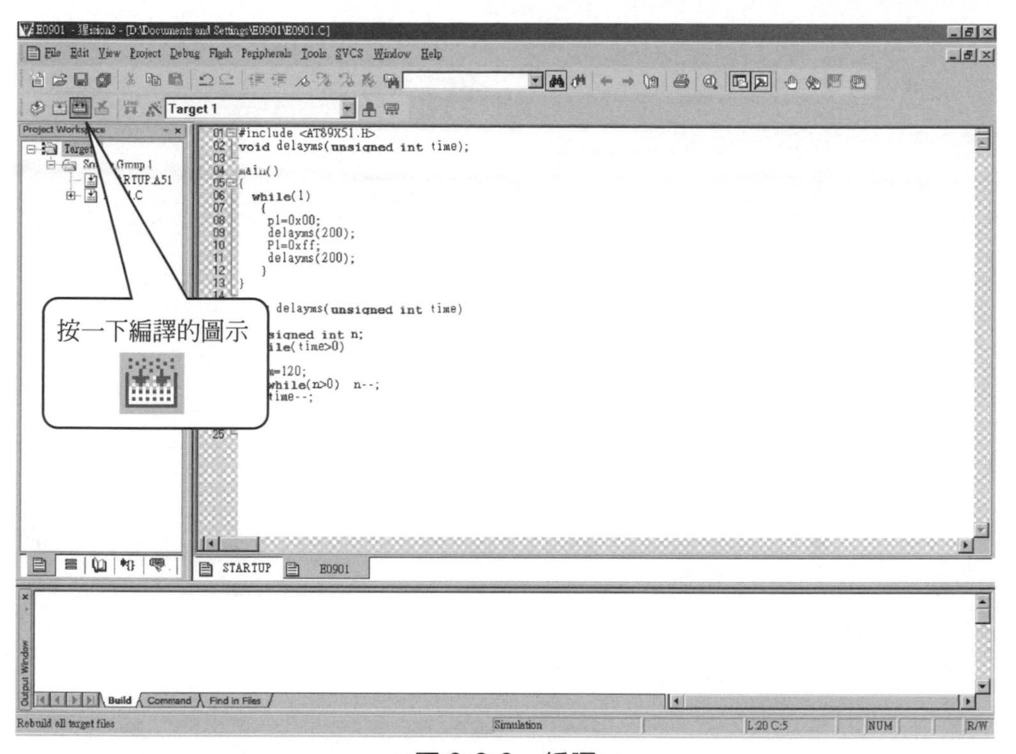

圖 6-6-3　編譯

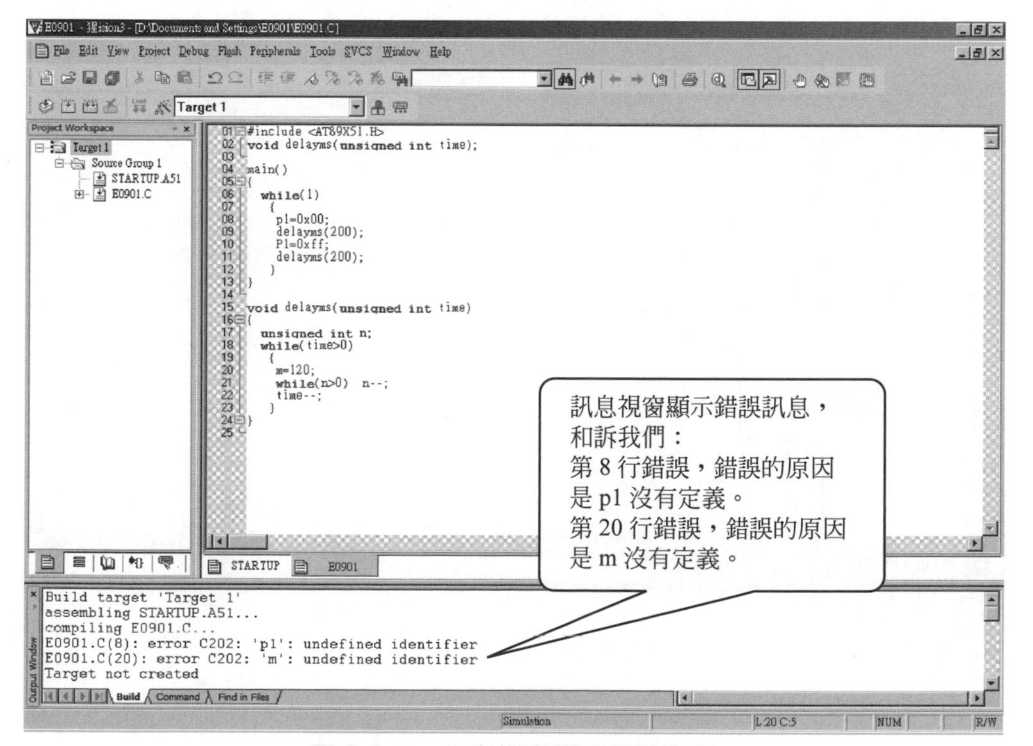

圖 6-6-4　訊息視窗顯示錯誤訊息

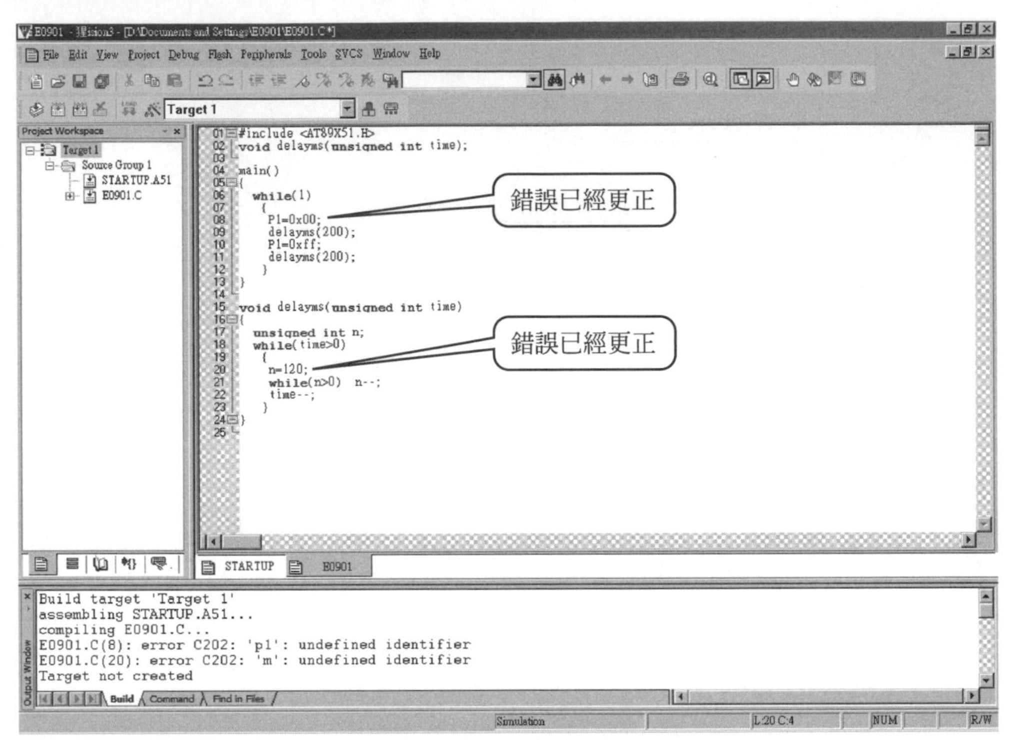

圖 6-6-5　把錯誤更正

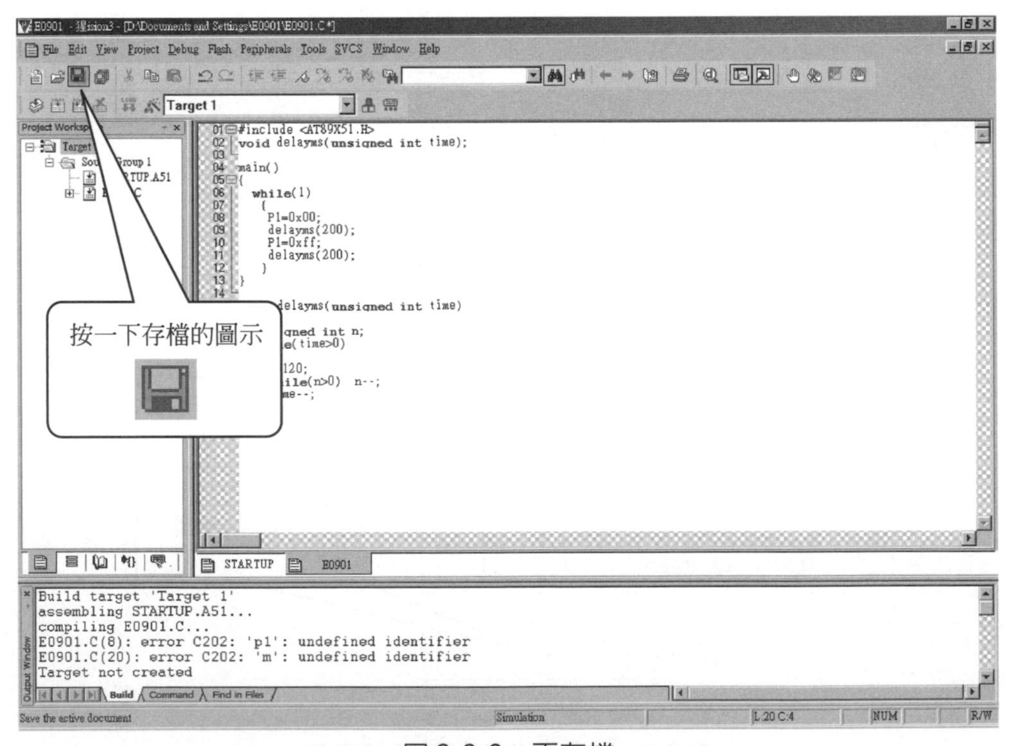

圖 6-6-6　再存檔

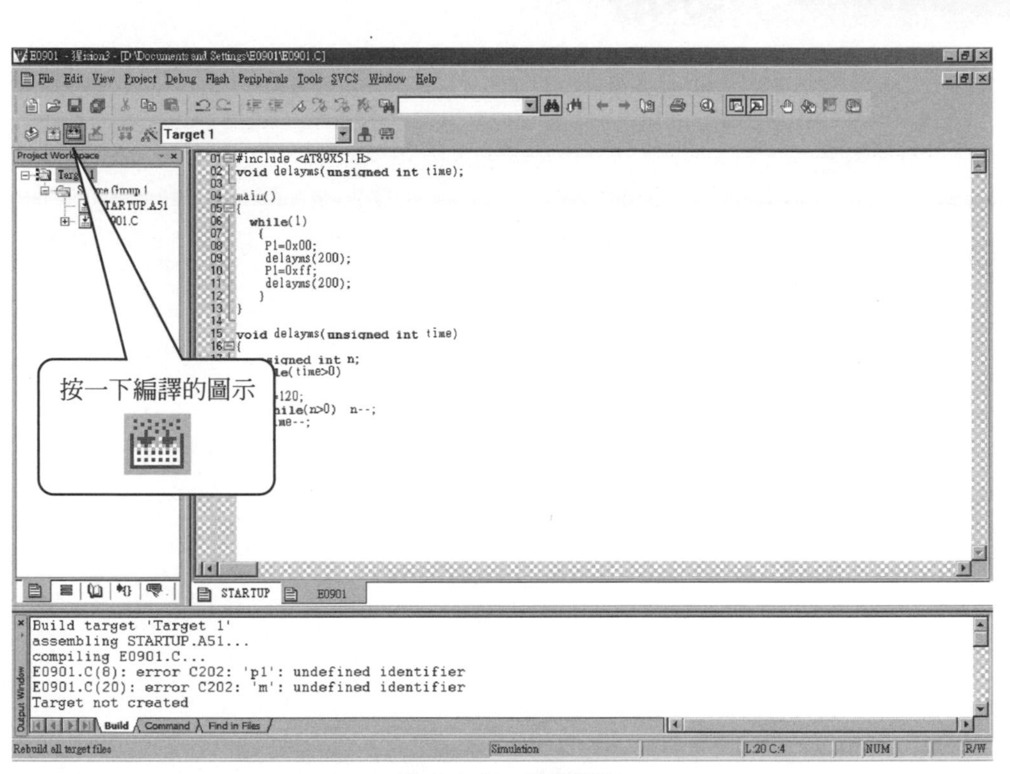

圖 6-6-7　再編譯

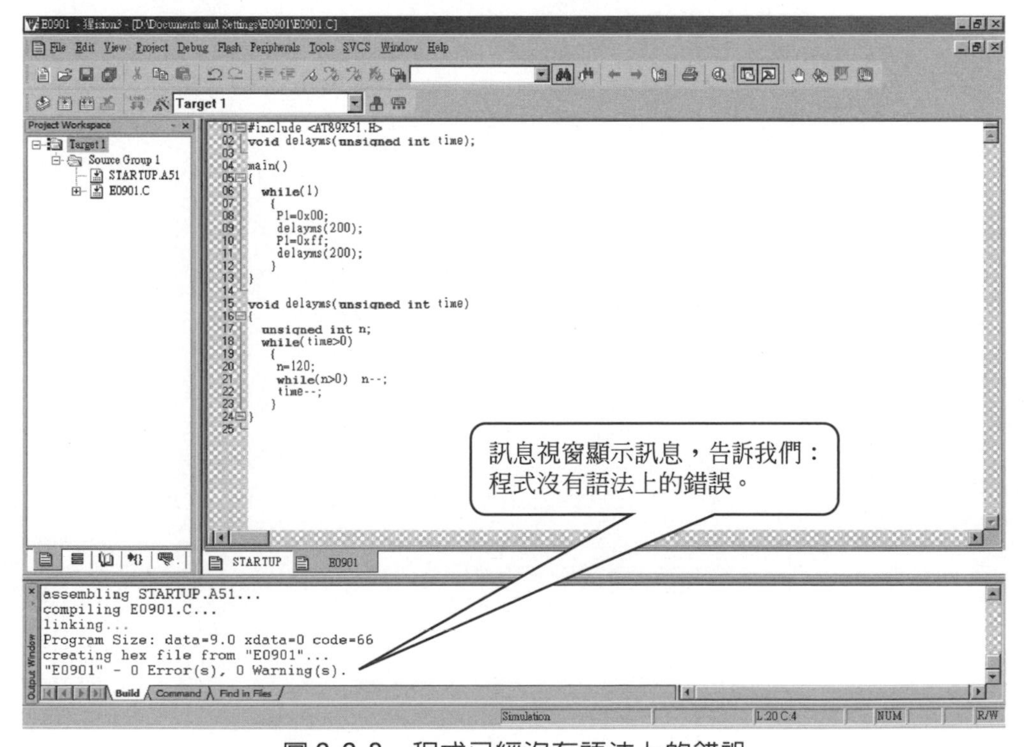

圖 6-6-8　程式已經沒有語法上的錯誤

Chapter

如何執行、測試程式

7-1　用燒錄器將程式燒錄在 89S51 或 89C51 測試
7-2　利用電路實體模擬器 ICE 執行程式
7-3　如何防止程式被別人複製

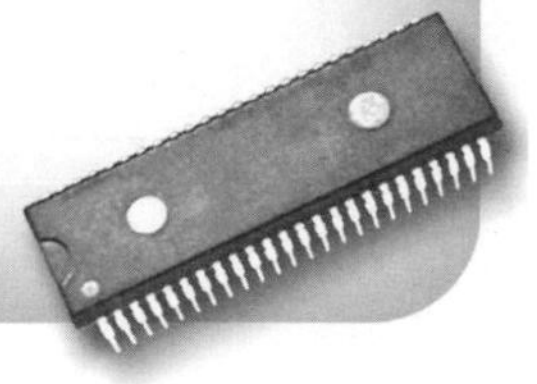

7-1 用燒錄器將程式燒錄在 89S51 或 89C51 測試

欲測試所設計之程式是否能正常動作，最基本的方法如圖 7-1-1 所示，將編譯完成的.HEX檔用燒錄器燒錄至 89S51 或 89C51，再把 89S51 或 89C51 插入免銲萬用電路板(solderless breadboard；俗稱麵包板)中測試，若動作不正常則重新檢討程式，再重新編譯、燒錄，直至程式正確為止。

採用這種測試方法只需擁有一片燒錄卡即可，是最省錢的方法。

註：具有 USB 介面的燒錄器，才可同時適用於桌上型電腦和筆記型電腦。選購時請注意，不要買舊型的燒錄器。

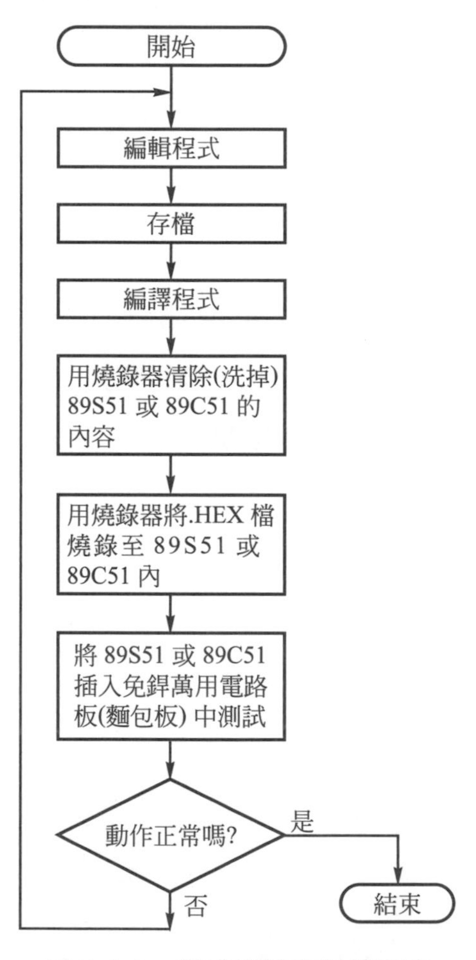

圖 7-1-1　程式的基本測試方法

7-2 利用電路實體模擬器 ICE 執行程式

程式設計師(您)從「分析問題的要求與性質」到「程式完美的達成任務」往往都需經過程式的編輯→編譯→測試→偵錯→修改程式→再編譯→再測試→再偵錯→……等返覆程序，除非問題非常簡單，否則程式在初次設計完成時，或多或少會有某種程度的缺點或錯誤，因此偵錯的工作非常重要。

ICE 是電路實體模擬器 in circuit emulator 的簡寫，它是一種高效率的除錯工具，各廠牌之 ICE 基本上都具有下列功能：

1. 在個人電腦 PC 上編譯完成的程式可直接傳送至 ICE 執行。
2. 程式不但可分段執行，而且可單步執行(每次只執行一個指令)或N步執行(每次執行數個指令)，以便利程式的追蹤、偵錯。
3. 可隨時將CPU中各暫存器及輸入／輸出埠之變化情形顯示在個人電腦PC的螢幕上，讓您對 CPU 的運作情形一目了然完全掌握。
4. 可隨時顯示暫存器或記憶體的內容。
5. 可隨意更改暫存器或記憶體的內容。

從事微電腦自動控制，無論是教學、維修、測試或開發較複雜的程式，擁有ICE才能事半功倍。但市面上的ICE，廠牌甚多，有的功能雖很強售價卻太高了，有的雖然便宜些，卻因ICE本身佔用了一部份的接腳而不好用，讀者們可依自己需要的功能及預算而選購之。

使用微電腦發展工具測試程式的工作流程如圖 7-2-1 所示，編譯完成的程式可直接由個人電腦PC傳送(down load)至ICE等微電腦發展工具執行。若發現程式無法達成預期的功能，則重新編譯後再傳送至微電腦發展工具測試，直至動作正常爲止。若需製作成品，才用燒錄器把.HEX檔燒錄至 89S51、89C51 等單晶片微電腦。

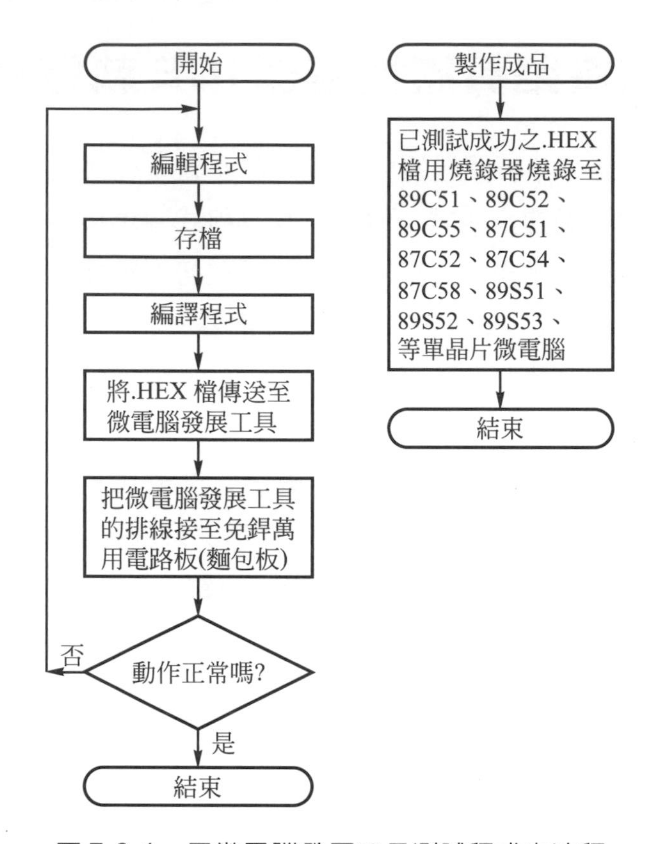

圖 7-2-1 用微電腦發展工具測試程式之流程

7-3 如何防止程式被別人複製

自己辛辛苦苦設計完成的程式，如果馬上被別人複製(COPY)，豈不冤枉。爲了防止內部程式記憶體的內容被讀出，89S51、89S52、89S53、87C51、87C52、87C54、87C58、89C51、89C52、89C55、89C1051、89C2051、89C4051、89S2051、89S4051 等單晶片微電腦在內部提供了上鎖位元(Lock Bit)，假如我們選用燒錄器功能中的 LOCK(有的燒錄器爲 SECURITY BIT PROGRAMMING)，燒錄上鎖位元，即可防止 89S51、89S52、89S53、87C51、87C52、87C54、87C58、89C51、89C52、89C55、89C1051、89C2051、89C4051、89S2051、89S4051 等單晶片微電腦的內部程式被讀出，而達到保密的目的。保護您的智慧財產權。

Chapter 8

AT89 系列單晶片微電腦的認識

8-1 快閃記憶體 — Flash Memory
8-2 AT89C51、AT89S51
8-3 AT89C52、AT89S52
8-4 AT89C55
8-5 AT89C2051、AT89S2051
8-6 AT89C4051、AT89S4051
8-7 AT89C1051U
8-8 KEIL C51 試用版的限制

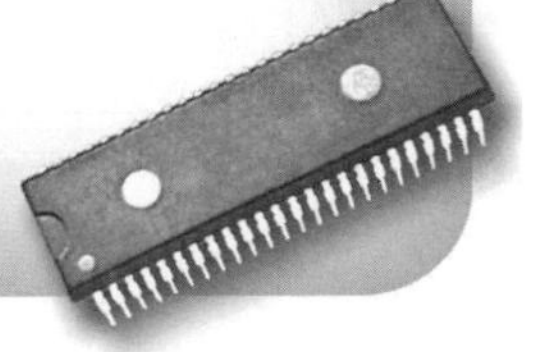

8-1 快閃記憶體 — Flash Memory

一般微電腦所使用的EPROM，當使用燒錄器將程式或資料燒錄進去後，若想將其內容清除掉(俗稱“洗掉”)，必須使用紫外線(Ultraviolet rays，簡稱 UV)照射其上方之透明窗口 15～30 分鐘，所以一般的EPROM詳細的名稱是UV EPROM。

Atmel公司所製造的新型EPROM稱爲Flash programmable and Erasable Read Only Memory，簡稱爲**Flash Memory**，中文名稱爲**快閃記憶體**，是一種電力清除式EPROM。使用燒錄器，只需一瞬間(大約 10ms)即可將內容清除乾淨，既省時又方便，而且 Atmel 公司保證 Flash Memory 可以重覆清除和燒錄 1000 次以上。這麼好用又便宜的產品，怎不令人心動呢？

註：市面上另有一種「電力清除式EPROM」稱爲EEPROM(是Electrically Erasable Programmable Read Only Memory的簡稱)。由於製造方法的不同，EEPROM的密度低、容量小、燒錄速度慢。

8-2 AT89C51、AT89S51

AT89C51、AT89S51 推出後，已成爲產品開發人員的最愛，茲將其特點介紹於下：

1. 接腳及指令完全與 87C51 相容。可以直接代替 87C51 使用。
2. 採用 Flash Memory 做內部的程式記憶體
   (1) 使用燒錄器，可立即將內部程式清除完畢。
   (2) 可重覆清洗、燒錄 1000 次以上。
3. AT89C51、AT89S51 的售價比 87C51 便宜。

8-3 AT89C52、AT89S52

AT89C52、AT89S52 具有下列特點：

1. 接腳及指令完全與 87C52 相容。可以直接代替 87C52 使用。
2. 內部的程式記憶體爲 Flash Memory，使用上比 87C52 更方便。
3. 售價比 87C52 便宜。

8-4 AT89C55

AT89C55 具有下列特點：

1. 接腳及指令完全與 87C52 相容。但內部程式記憶體高達 **20K** byte，適合複雜控制系統的需求。
2. 內部的程式記憶體爲 Flash Memory，使用上非常方便。

8-5 AT89C2051、AT89S2051

小型的控制系統，並不需要用到很多I/O腳，所以體積小巧價格便宜的單晶片微電腦會被優先考慮。Atmel 公司推出的 AT89C2051、AT89S2051，具備了體積小巧、省電、價格低廉等優點，茲將其特點介紹於下：

1. 指令及接腳的名稱完全與 87C51 相容，只是 I/O 接腳較少。

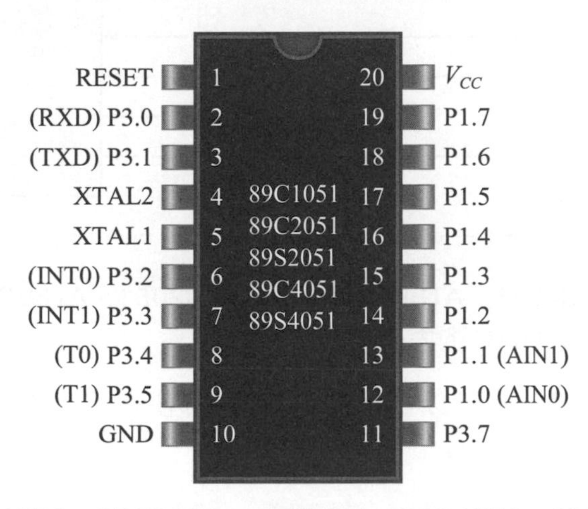

圖 8-5-1 89C1051、89C2051、89S2051、89C4051、89S4051 之接腳圖

2. 只有 20 隻接腳，如圖 8-5-1 所示。體積小，不佔空間，節省電路板的面積。
3. 採用 Flash Memory 做內部的程式記憶體。容量爲 2K byte，所以可以使用的位址爲 0000H～07FFH。
4. P1 和 P3 接腳的低態驅動能力(sink)爲 20mA。
5. 內含類比比較器，如圖 8-5-2 所示。

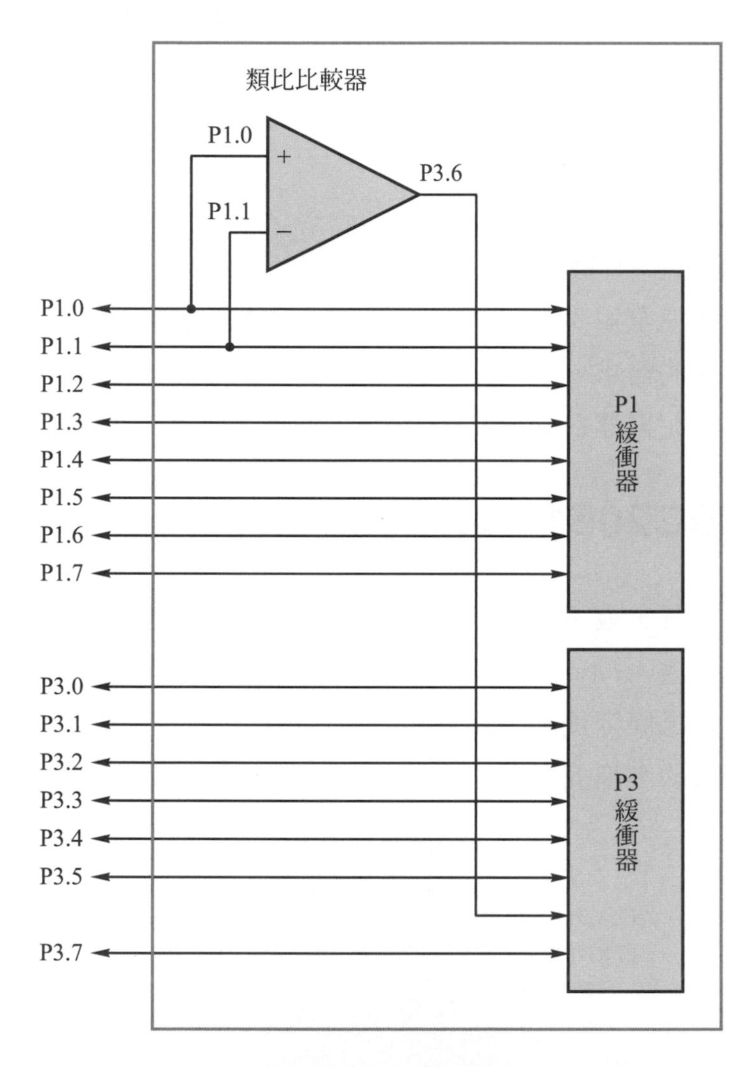

圖 8-5-2 AT89C4051、AT89S4051、AT89C2051、AT89S2051 和 AT89C1051U 的內部有類比比較器

(1) 接腳 P1.0 和 P1.1 可以做一般的 I/O 腳使用。此時必須外接“提升電阻器”，請參考圖 8-5-3。

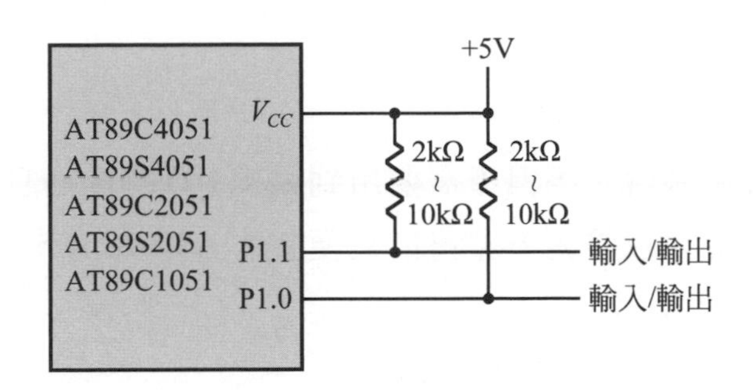

圖 8-5-3 AT89C4051、AT89S4051、AT89C2051、AT89S2051 和 AT89C1051U 外接提升電阻器的方法

(2) 接腳 P1.0 和 P1.1 也可以做爲內部類比比較器的輸入腳。此時這兩腳不要外接提升電阻器。

(3) 類比比較器的輸出結果可用指令 if(P3_6==0) 或 if(P3_6==1) 或 while(P3_6==0) 或 while(P3_6==1) 加以應用。

6. 電源電壓 V_{CC} 可以使用 2.7V～6V。

7. 注意事項：市售燒錄器依其燒錄 89 系列的能力，可分爲下列四種，選購時請特別留意是否可燒錄您所用單晶片之編號。

(1) 只可以燒錄 89C51 和 89C52。

(2) 只可以燒錄 89C2051 和 89C1051U。

(3) 只可以燒錄 89S51 和 89S52。

(4) 89C51、89C52、89S51、89S52、89C1051U、89C2051、89C4051、89S2051、89S4051 都可以燒錄。

8-6 AT89C4051、AT89S4051

AT89C4051、AT89S4051 具有下列特點：

1. 特性及接腳與 AT89C2051 完全一樣。

(1) 只有 20 隻接腳。接腳圖與圖 8-5-1 完全一樣。

(2) 內含類比比較器，與圖 8-5-2 完全一樣。使用方法與 AT89C2051 完全一樣。

2. 採用 Flash Memory 做內部的程式記憶體。容量爲 4K byte，所以可以使用的位址爲 0000H～0FFFH。

8-7 AT89C1051U

假如您的小型控制系統，不但不需要用到很多 I/O 腳，而且只需 1K byte 以下的程式記憶體，那麼您可以優先考慮售價最便宜的 AT89C1051U。

AT89C1051U 的特點爲：

1. 特性及接腳與 AT89C2051 全一樣。
   (1) 只有 20 隻接腳。接腳圖與圖 8-5-1 完全一樣。
   (2) 內含類比比較器，與圖 8-5-2 完全一樣。使用方法與AT89C2051 完全一樣。
2. 採用 Flash Memory 做內部的程式記憶體。容量爲 1K byte，所以可以使用的位址爲 0000H～03FFH。

8-8 KEIL C51 試用版的限制

KEIL C51 **試用版**編譯完成的HEX檔(燒錄檔)，機械碼是配置在位址 0800H以後，所以無法在程式記憶體不大於 2K byte 的 89C1051U、89C2051、89S2051 等單晶片微電腦執行。非常遺憾。

KEIL C51 **正式版**編譯完成的 HEX 檔，機械碼是配置在位址 0000H 開始，所以可燒錄在所有編號的單晶片微電腦執行。如果您想使用 89C1051U、89C2051、89S2051 等單晶片製作成品，請購買正式版的 KEIL C51 來用。

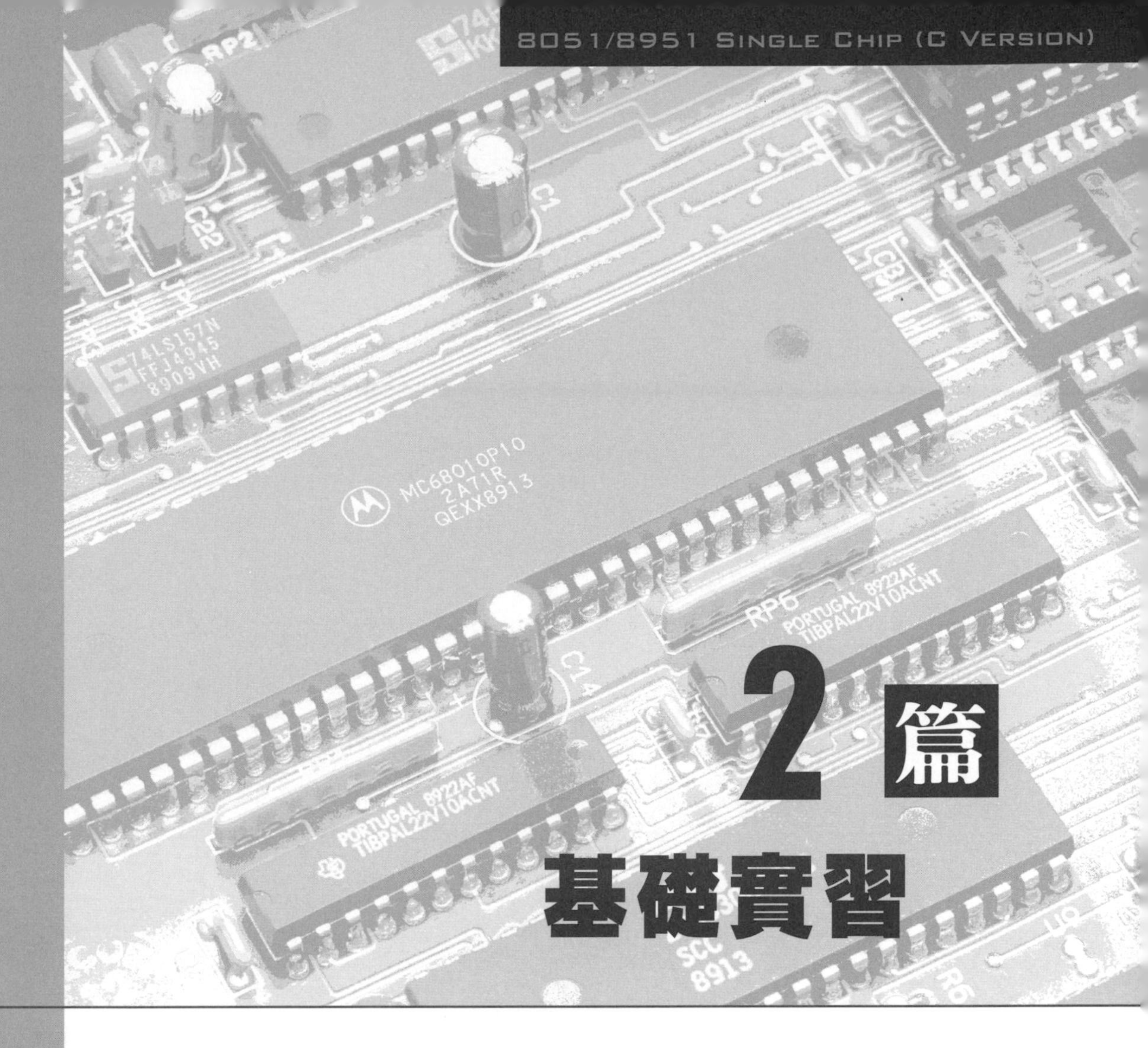

2篇 基礎實習

第 9 章　輸出埠之基礎實習

第 10 章　輸入埠之基礎實習

第 11 章　計時器之基礎實習

第 12 章　計數器之基礎實習

第 13 章　外部中斷之基礎實習

第 14 章　串列埠之基礎實習

SINGLE CHIP (C Version)

8051/8951

Chapter 9

輸出埠之基礎實習

實習 9-1　閃爍燈

實習 9-2　霹靂燈

實習 9-3　廣告燈

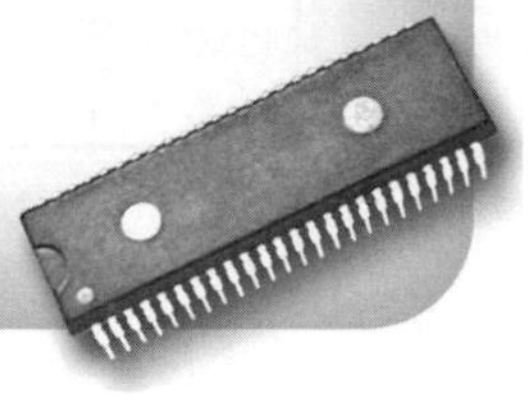

實習 9-1 閃爍燈

一、實習目的

1. 練習用指令將資料送至輸出埠。
2. 了解延時的方法。
3. 練習從主程式傳資料給副程式。
4. 熟練程式的執行、測試方法。

二、動作情形

本實習，燈光的變化情形如下圖所示：

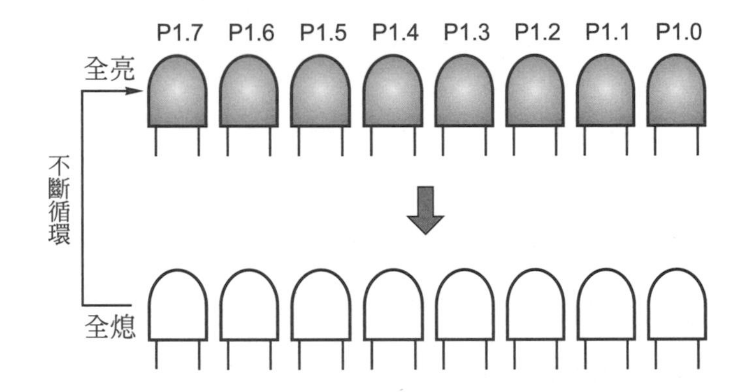

三、電路圖

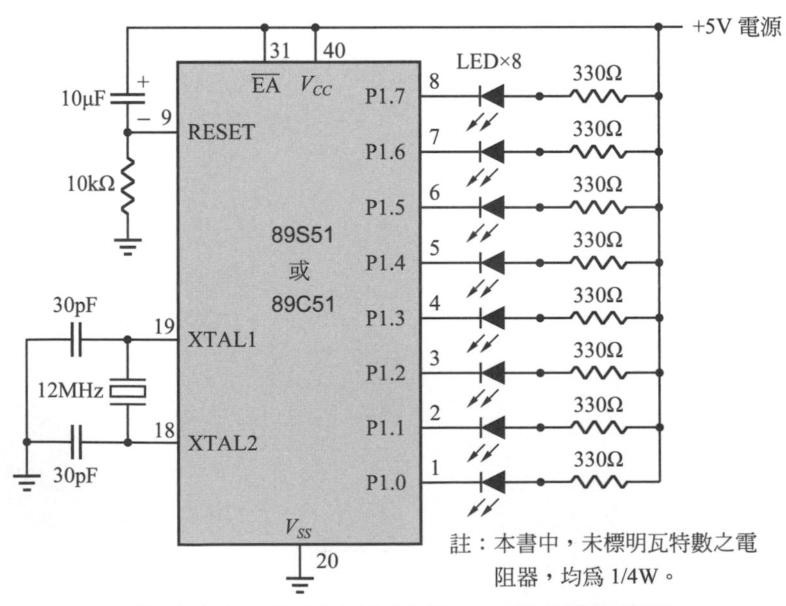

圖 9-1-1 89S51 及 89C51 之基本輸出電路

四、相關知識

1. 圖 9-1-1 之電路，LED 的接法爲低態動作。換句話說，當 P1 的接腳輸出 **0** 時，LED**亮**，當P1的接腳輸出 **1** 時，LED**熄**。因此，若要令LED全部亮，必須令接腳 P1.7 至 P1.0 全部都輸出 0，若要令 LED 全部熄，則需令接腳 P1.7 至 P1.0 全部輸出 1。
2. 由於CPU執行指令的速度非常快，所以要讓人的眼睛可以看到LED有在亮 → 熄 → 亮 → 熄的變化，必須降低顯示的速度，所以必須在程式中加入**延時副程式**。
3. 延時的基本方法就是讓 CPU 去執行一些與輸出無關的指令，以達到拖延時間的目的。
4. 凡是要用到**特殊功能暫存器**(請參考圖 3-6-1)，就必須載入特殊功能暫存器的定義檔。因爲我們要用到P1，所以程式的開頭爲

```
# include  <AT89X51.H>
```

5. 二進位的 00000000 寫成十六進位爲 0x00 或 0X00，所以P1 = 0x00 時，LED 全部亮。
   二進位的 11111111 寫成十六進位爲 0xFF 或 0XFF，所以 P1 = 0xFF 時，LED 全熄。
   注意！這裡的 0 是數字的 0，不是英文的 O。
6. 在特殊功能暫存器的定義檔 AT89X51.H 內，**特殊功能暫存器的名稱**都是英文**大寫**，所以在程式內 P1 不可以寫成 p1。

五、流程圖

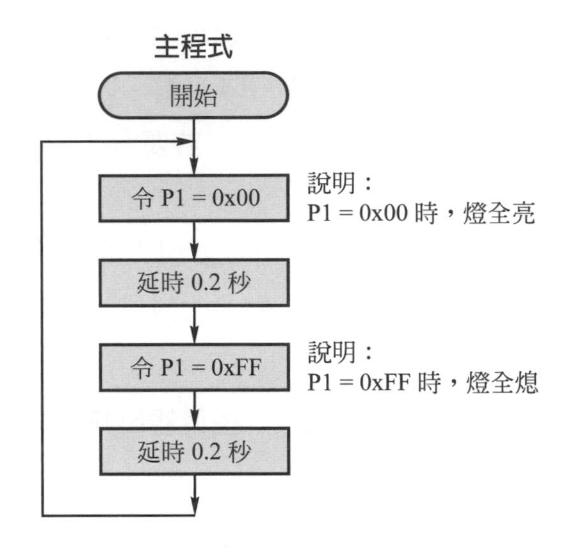

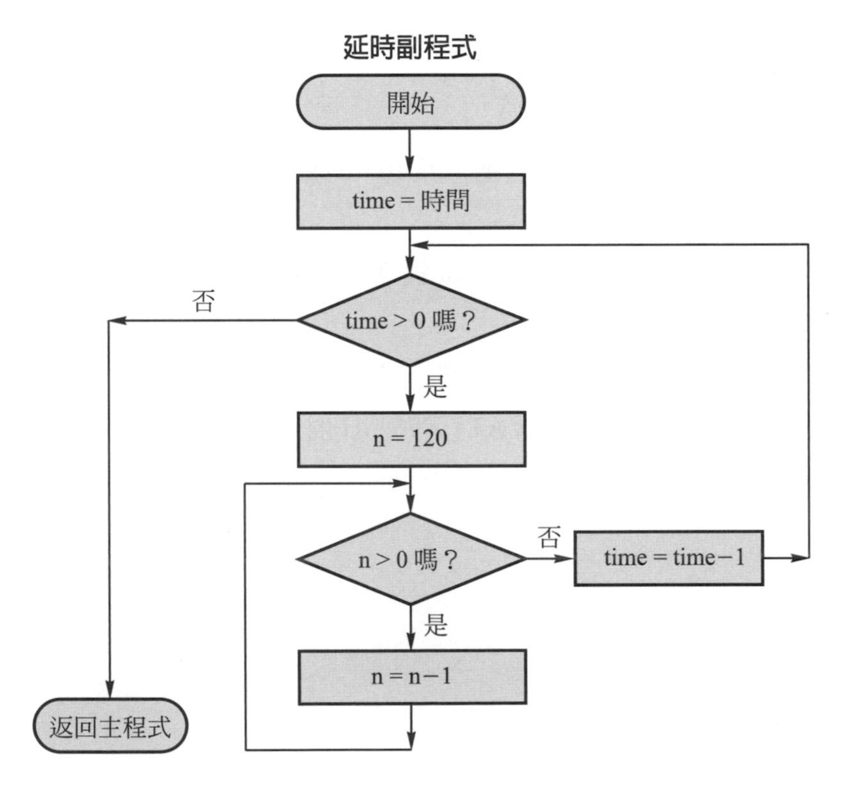

備註：因爲 C 語言在寫程式時，無法預知指令的執行時間，所以 n = 120 **是試出來的。當您使用不同版本的 C 語言編譯器或使用不同頻率的石英晶體時，此值必須修改。**

六、程式

【範例 E0901】

```
#include   <AT89X51.H>                         /* 載入特殊功能暫存器定義檔 */
void  delayms(unsigned int time);              /* 宣告會用到 delayms 副程式 */

/*  ========================== */
/*  ==        主 程 式      == */
/*  ========================== */
main( )
{
  while(1)                                     /* 重複執行以下的敘述 */
   {
    P1 = 0x00;                                 /* 令所有的 LED 都亮 */
    delayms(200);                              /* 延時 200 ms = 0.2 秒 */
    P1 = 0xff;                                 /* 令所有的 LED 都熄 */
    delayms(200);                              /* 延時 200 ms = 0.2 秒 */
   }
}

/*  ================================  */
/*  ==  延時 time × 1 ms 副程式   ==  */
/*  ================================  */
void delayms(unsigned int time)
{
  unsigned  int  n;                            /* 宣告變數 n  */
  while( time>0 )                              /* 若 time>0，則重複執行以下的敘述*/
   {
    n = 120;
    while( n>0 )  n--;                         /* 把 n 從 120 減至 0，約延時 1ms*/

    time--;                                    /* 把 time 減 1 */
   }
}
```

七、實習步驟

1. 請依圖 6-5-1 至圖 6-5-22 之方法編譯範例**E0901**，然後把**E0901.hex**檔用燒錄器燒錄至 **89S51** 或 **89C51**。

   註：①因爲註解並非程式之必需部份，所以您輸入原始程式時，只需輸入圖 9-1-2 所示之部份。

   ②燒錄器的用法，請參考隨燒錄器附贈的使用手冊。

   ③**請注意**！假如您的電腦中安裝的 Keil C51 是舊版的μVision **2**，請您把本書所有範例程式第一行的

   #include <AT89X51.H>

   改成 #include <REGX51.H>

   否則組譯時會產生錯誤訊息，而無法得到燒錄檔。

2. 請您在免銲萬用電路板(麵包板)上接妥圖 9-1-1 之電路。
   請留意 LED 的方向及 10μF 電容器的極性。

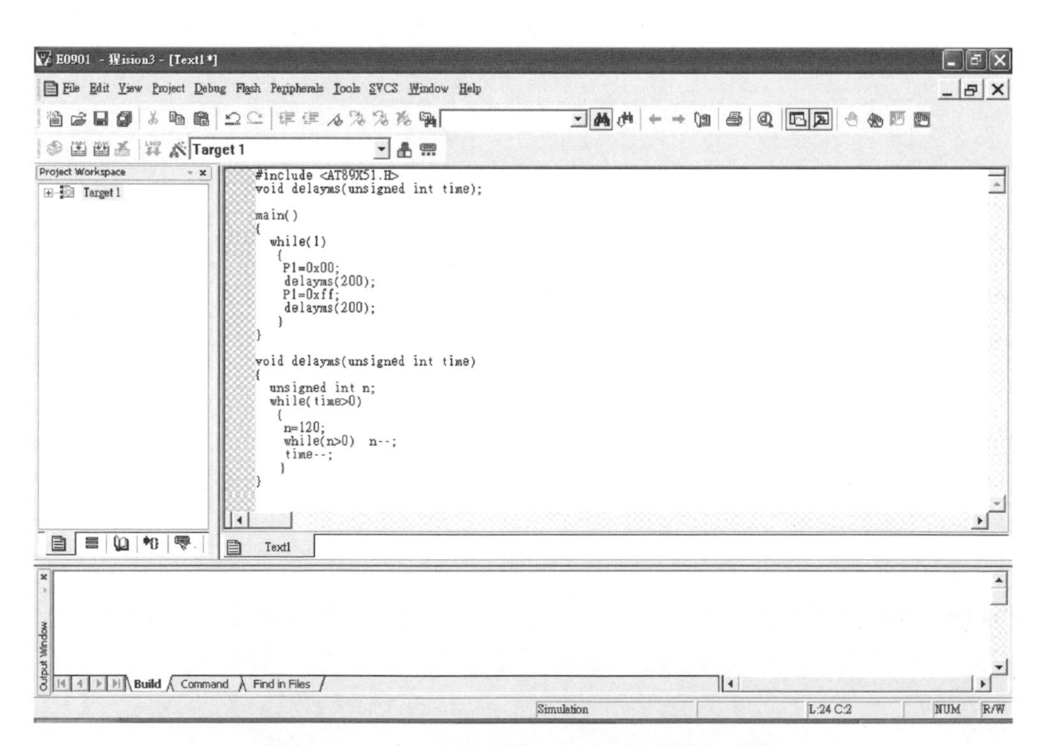

圖 9-1-2 輸入程式時，可以不必輸入註解

3. 將已燒錄好程式的 **89S51** 或 **89C51** 插入免銲萬用電路板(麵包板)。
4. 通上 5V 之直流電源，觀察燈光的變化情形。
   實習所需之 5V 電源，您可參考下述方法取得：
   ⑴ 由市售電源供應器得到 5V 之直流電源。
   ⑵ 用 3 個 1.5V 的乾電池串聯起來供電。
   ⑶ 以圖 9-1-3 之電路獲得所需的 5V電源。圖中之 110V：12V變壓器可購買體積小巧的 PT-5。圖中之 7805 為穩壓 IC，其接腳請參考圖 9-1-4。二極體使用 1N4001～1N4007 任一編號皆可。

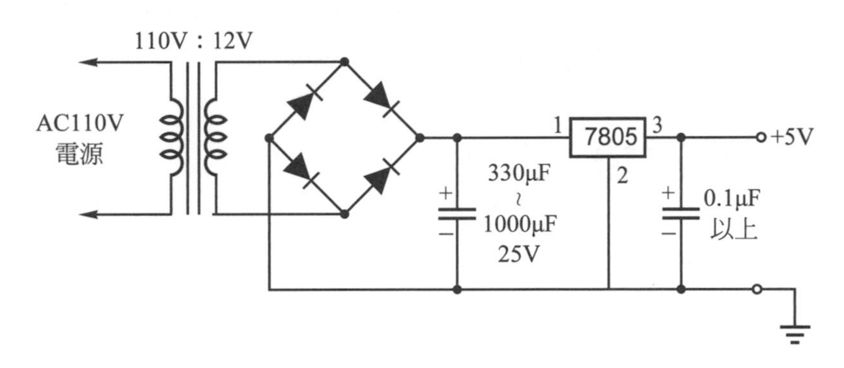

圖 9-1-3　5 伏特之穩壓電源供應器

接腳 1：輸入腳。
　　　　需接 +8V ~ +20V 之直流電源。
接腳 2：接地腳。
　　　　為直流電源之負極。
接腳 3：輸出腳。
　　　　輸出 +5V 之穩定電壓。

圖 9-1-4　7805 之接腳圖

八、故障檢修要領

當您發現 MCS-51 的電路沒有辦法正常動作時，請依下述步驟進行檢修：

1. 先確定電路已確實照電路圖接妥。尤其是 LED 的方向是否已接正確。
2. 以三用電表的 DCV 測量 89S51 或 89C51 的第 40 腳與第 20 腳之間的電壓，應指示 4.5V～5.5V，否則請檢修電源。

3. 以三用電表的 DCV 測量 89S51 或 89C51 的第 31 腳與第 20 腳之間的電壓，應指示 4.5V～5.5V，否則爲接線錯誤或免銲萬用電路板接觸不良。
   說明：第 31 腳若空接，受雜訊干擾時會產生動作有時正常有時不正常的怪現象。
4. 以邏輯測試棒測量 89S51 或 89C51 的第 18 腳或第 30 腳，測試棒的黃燈(PULSE)應會發亮，否則振盪電路故障。原因有三：①石英晶體故障② 30pF 電容器短路③ 89S51 或 89C51 已經損壞。
5. 以三用電表的DCV測量 89S51 或 89C51 的第 9 腳與第 20 腳之間的電壓應爲 0V。若以邏輯測試棒測量 89S51 或 89C51 的第 9 腳，應亮綠燈。否則，10 μF電容器故障或正負腳接反了。

實習 9-2　霹靂燈

一、實習目的

1. 練習向左移位指令的用法。
2. 練習向右移位指令的用法。

二、動作情形

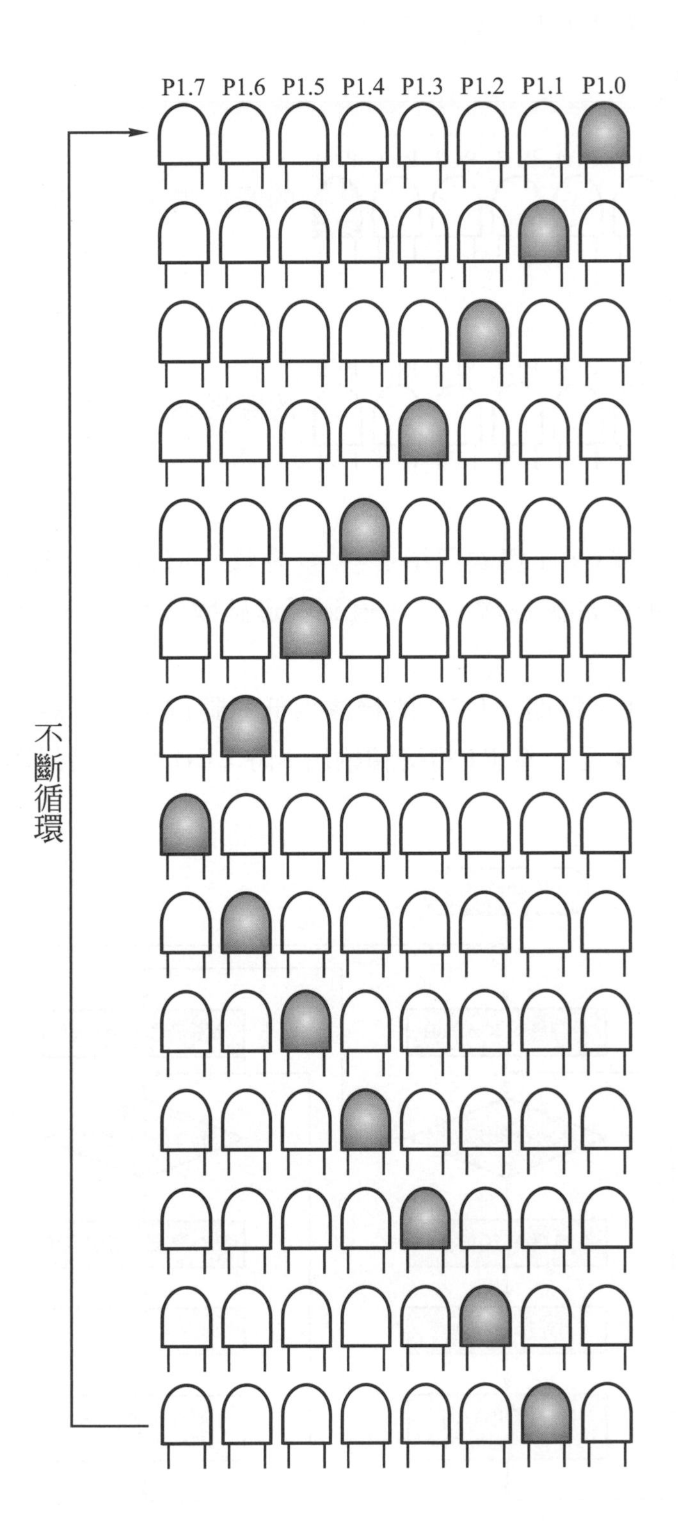

三、電路圖

與實習9-1的圖9-1-1完全一樣。(請見9-4頁)

四、相關知識

1. 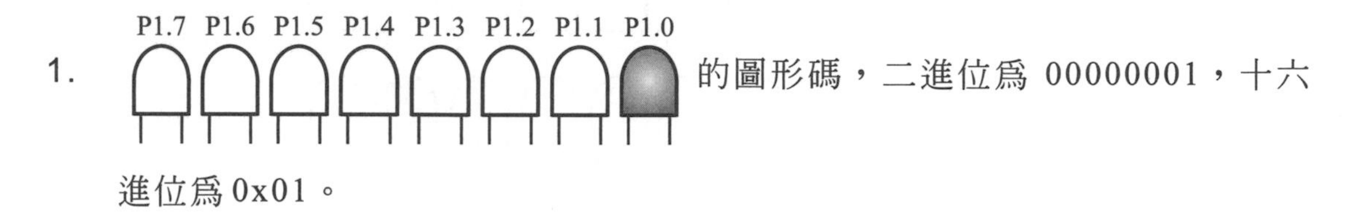

的圖形碼，二進位為 00000001，十六進位為0x01。

2. 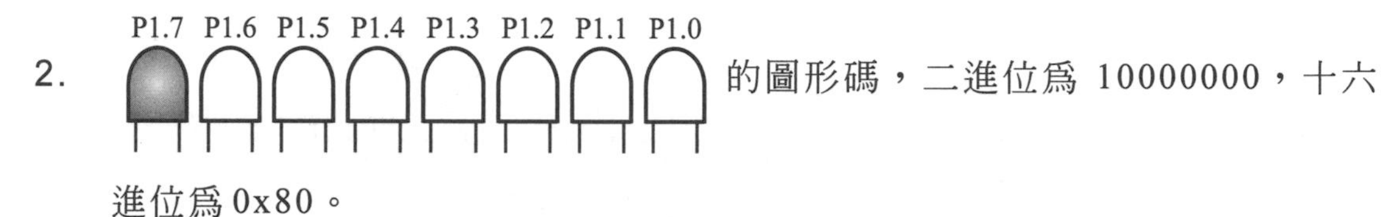

的圖形碼，二進位為 10000000，十六進位為0x80。

3. 只要把圖形碼0x01逐次用指令 << 左移，直到圖形碼變成0x80時，再用指令 >> 把圖形碼逐次右移，直到圖形碼變成0x01，即可形成霹靂燈的圖形。

4. 因為圖9-1-1之電路，LED的接法為低態動作。換句話說，當P1的接腳輸出0時，LED亮，當P1的接腳輸出1時LED熄，所以圖形碼送至P1之前必須先反相。

五、流程圖

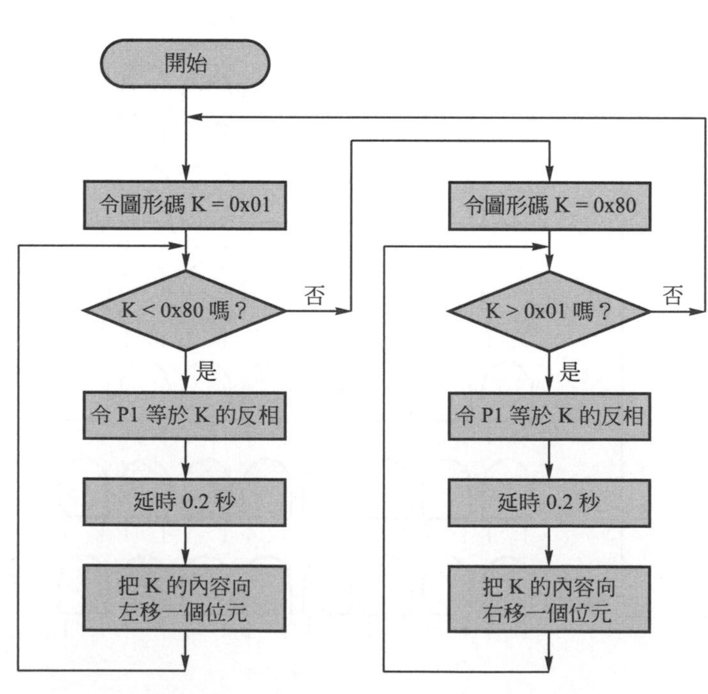

六、程式

【範例 E0902】

```
#include <AT89X51.H>                              /* 載入特殊功能暫存器定義檔 */
void delayms(unsigned int time);                  /* 宣告會用到 delayms 副程式 */

/*  ============================  */
/*  =======    主 程 式    =======  */
/*  ============================  */
main( )
{
  while(1)                                        /* 重複執行以下的敘述 */
   {
    unsigned char k;                              /* 宣告變數 k  */

    for( k=0x01;  k<0x80;  k<<=1 )                /* 令亮的 LED 左移 */
     {
      P1 = ~k;                                    /* 以 0 點亮 LED，所以 k 需反相 */
      delayms(200);                               /* 延時 200 ms = 0.2 秒 */
      }

     for( k=0x80;  k>0x01;  k>>=1 )               /* 令亮的 LED 右移 */
      {
       P1 = ~k;                                   /* 以 0 點亮 LED，所以 k 需反相 */
       delayms(200);                              /* 延時 200 ms = 0.2 秒 */
       }
   }
}

/*  =================================  */
/*  ===  延時 time × 1 ms 副程式    ===  */
/*  =================================  */
/* 本延時副程式，與【範例 E0901】完全一樣，於此不再詳細說明 */
```

```
void delayms(unsigned int time)
{
  unsigned int n;
  while( time>0 )
   {
    n =120;
    while( n>0 )  n--;
    time--;
   }
}
```

七、實習步驟

1. 編譯範例 **E0902**，然後把 **E0902.hex** 檔燒錄至 **89S51** 或 **89C51**。
   請注意！假如您的電腦中安裝的 Keil C51 是舊版的μVision **2**，請您把本書所有範例程式第一行的
   `#include <AT89X51.H>`
   改成　`#include <REGX51.H>`
   否則組譯時會產生錯誤訊息，而無法得到燒錄檔。
2. 請在免銲萬用電路板接妥 9-4 頁的圖 9-1-1 之電路。
3. 把已經燒錄好程式的 **89S51** 或 **89C51** 插入免銲萬用電路板。
4. 通上 5V 之直流電源，觀察燈光的變化情形。
5. 請練習把程式中的 延時 0.2 秒 改成 延時 0.1 秒 ，然後重做第 2 至第 4 步驟，觀察燈光的變化情形。

實習 9-3　廣告燈

一、實習目的

學習「查表法」的應用要領。

二、動作情形

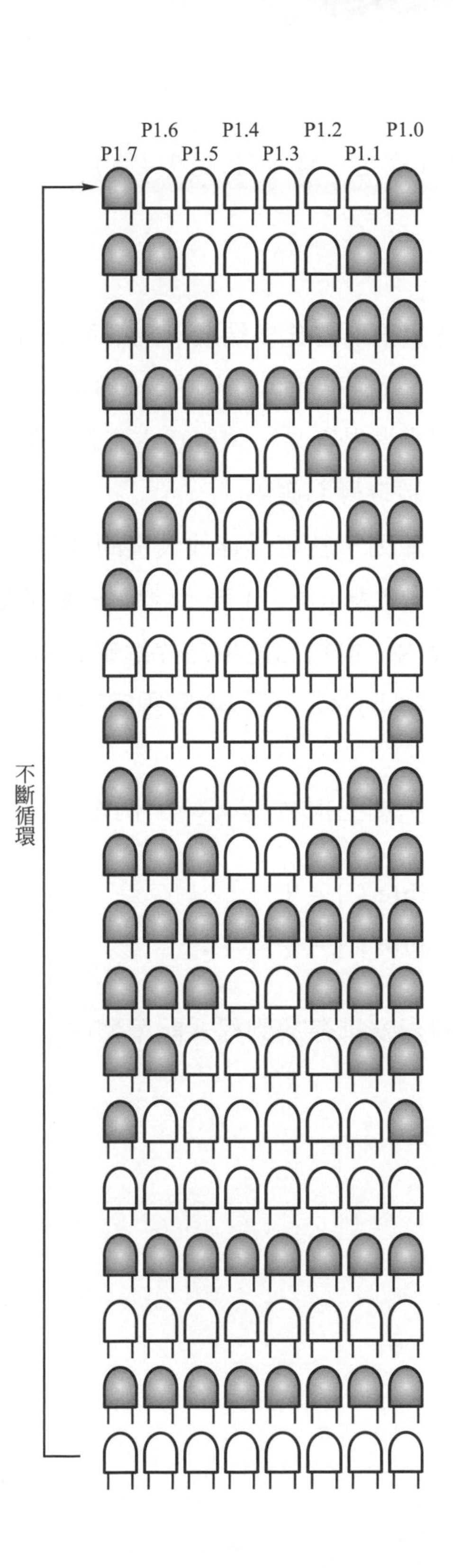

三、電路圖

與實習 9-1 的圖 9-1-1 完全一樣。(請見 9-4 頁)

四、相關知識

1. 當微電腦控制的輸出情形變化多端或無規則可循時，最簡單的方法就是建立一個資料表，然後將資料表裡面的資料逐一輸出，這種方法稱為「查表法」。查表法使順序控制變得很容易，請留意本實習的範例程式，程式中的小技巧將使您設計順序控制時得心應手。
2. 只要宣告一個字元陣列，就可以存放大量的資料(在本實習中，就是LED在低態動作的圖形碼，0 表示亮，1 表示熄)。**一般的變數**，編譯器會把它安排存放在**資料記憶體**內，但是因為單晶片微電腦的資料記憶體並不大(標準的 8051 系列，只有 128 Byte)，所以**內容固定不變**的資料表，最好是存放在**程式記憶體**內。

   在宣告字元陣列時，加上指令 **code** ，例如：

   ```
       code char table [ ] = {    } ;
   或  char code table [ ] = {    } ;
   ```

   編譯器就會把資料表安排存放到程式記憶體內。

五、流程圖

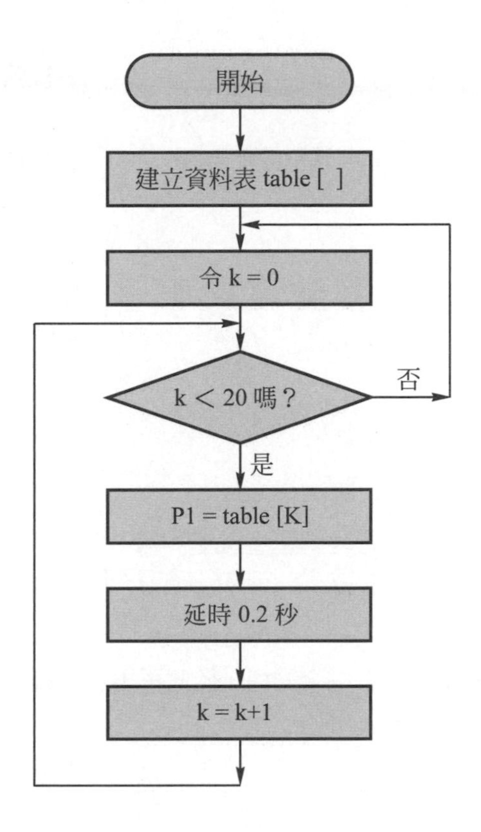

六、程式

【範例 E0903】

```
#include <AT89X51.H>                         /* 載入特殊功能暫存器定義檔 */
void delayms(unsigned int time);             /* 宣告會用到 delayms 副程式 */

/*  ============================  */
/*  =======    主 程 式    =======  */
/*  ============================  */
main( )
{
  code char table[ ] = { 0x7e, 0x3c, 0x18, 0x00,     /* 燈光資料表 */
                         0x18, 0x3c, 0x7e, 0xff,
                         0x7e, 0x3c, 0x18, 0x00,
```

```
                          0x18, 0x3c, 0x7e, 0xff,
                          0x00, 0xff, 0x00, 0xff  };

  while(1)                                      /* 重複執行以下的敘述 */
   {
    unsigned char k;                            /* 宣告變數 k  */
    for( k=0;  k<20;  k++ )                     /* 一共要輸出 20 種燈光變化 */
     {
      P1 = table[k];                            /* 把燈光資料表的資料送至 P1 */
      delayms(200);                             /* 延時 200 ms = 0.2 秒 */
      }
   }
}

/*  ==================================  */
/*  ===  延時 time× 1 ms 副程式     ===  */
/*  ==================================  */
/* 本延時副程式，與【範例 E0901】完全一樣，於此不再詳細說明 */
void  delayms(unsigned int time)
{
 unsigned int n;
 while( time>0 )
  {
   n =120;
   while( n>0 )  n--;
   time--;
  }
}
```

七、實習步驟

1. 編譯範例 E0903，然後把 E0903.hex 檔燒錄至 89S51 或 89C51。

   請注意！假如您的電腦中安裝的 Keil C51 是舊版的μVision **2**，請您把本書所有範例程式第一行的

   `#include <AT89X51.H>`

   改成 `#include <REGX51.H>`

   否則組譯時會產生錯誤訊息，而無法得到燒錄檔。

2. 接妥 9-4 頁的圖 9-1-1 之電路。
3. 通上 5V 之直流電源，觀察燈光的變化情形。

八、習題

1. 請試著自己建立一個資料表，使圖 9-1-1 之燈光變化情形如圖 9-3-1 所示。

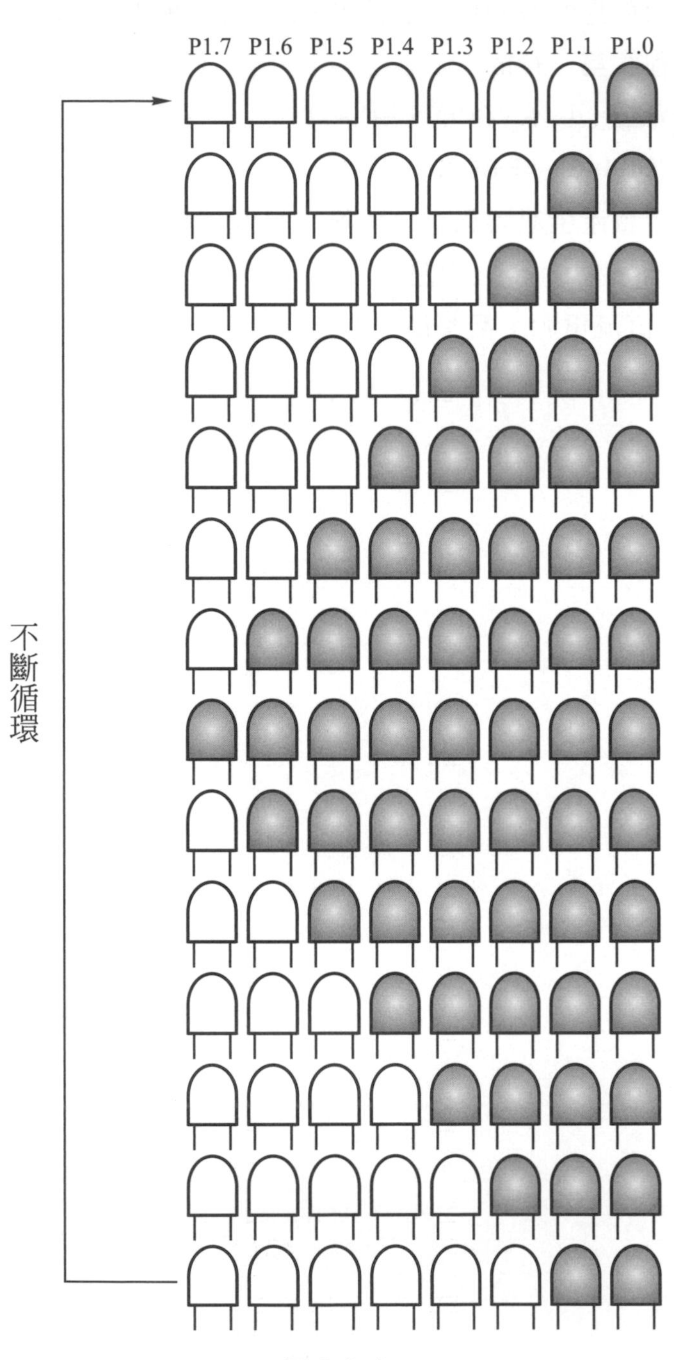

圖 9-3-1

Chapter 10

輸入埠之基礎實習

實習 10-1　用開關選擇動作狀態
實習 10-2　用按鈕控制動作狀態
實習 10-3　矩陣鍵盤(掃描式鍵盤)

實習 10-1 用開關選擇動作狀態

一、實習目的

1. 練習用指令取得外界狀況。
2. 練習 switch 指令的用法。
3. 使輸出狀態能隨開關的設定情形而改變。

二、電路圖

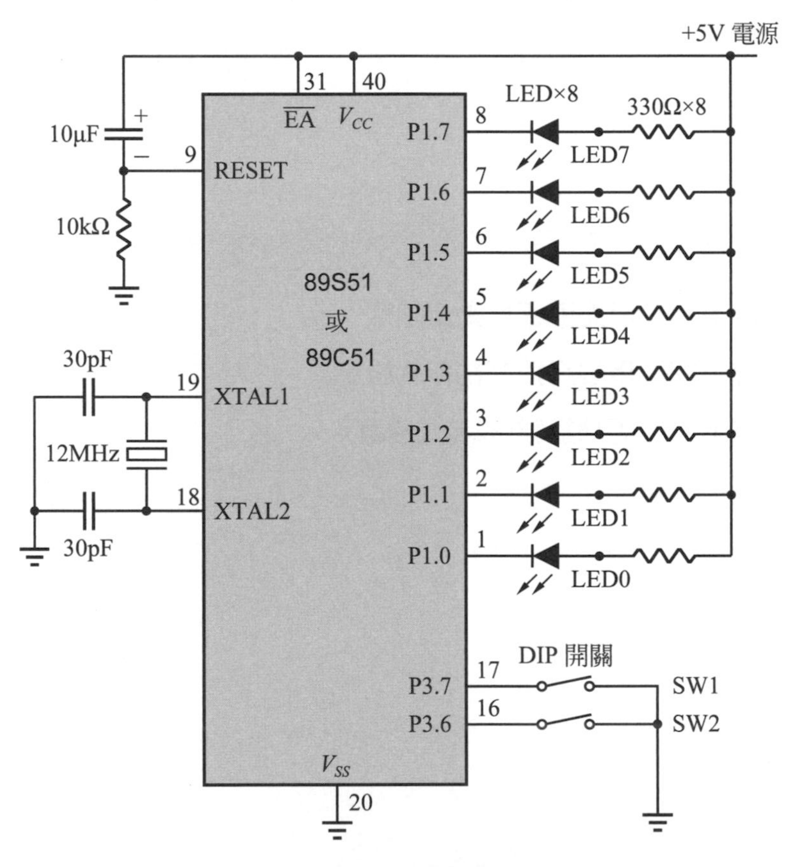

圖 10-1-1 由 P3 所接之開關選擇 P1 的動作狀態

三、動作情形

本實習是用小型DIP開關SW1～SW2決定P1的輸出狀態，其動作情形為：

輸入		輸出
SW1	SW2	P1的輸出狀態
打開	打開	燈光1
閉合	打開	燈光2
打開	閉合	燈光3
閉合	閉合	燈光4

1. 燈光1：

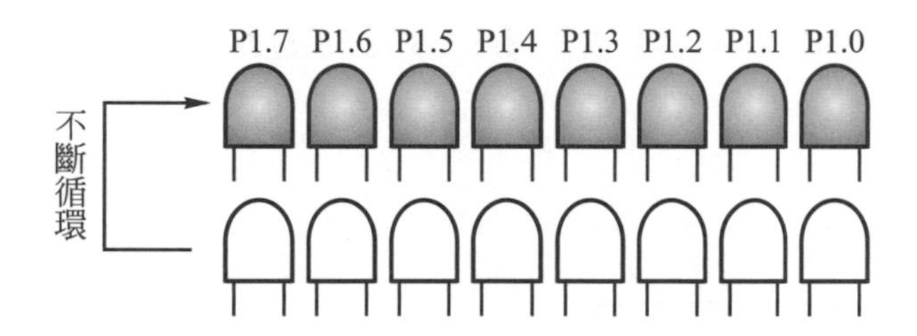

2. 燈光2：

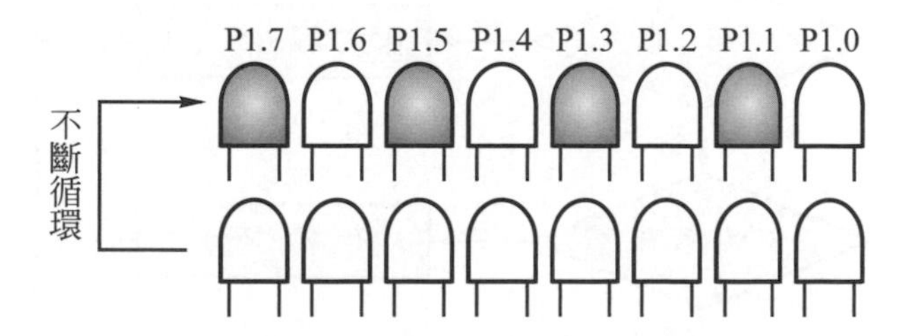

3. 燈光3：

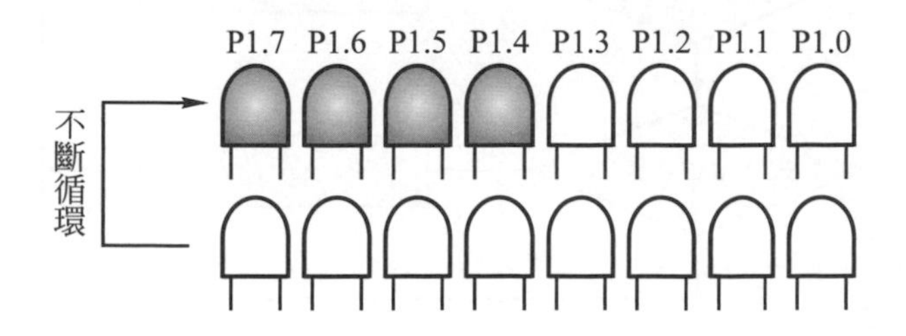

4. 燈光 4：

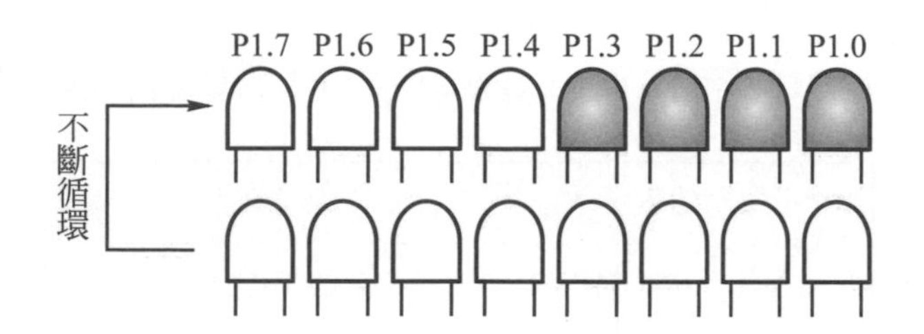

四、相關知識

1. 當 DIP 開關 SW1 打開，SW2 打開時，P3 的值，二進位爲 11111111，十六進位爲 0xff。

   當SW1閉合，SW2打開時，P3的值，二進位爲01111111，十六進位爲0x7f。

   當SW1打開，SW2閉合時，P3的值，二進位爲10111111，十六進位爲0xbf。

   當SW1閉合，SW2閉合時，P3的值，二進位爲00111111，十六進位爲0x3f。

2. 當輸入狀態有很多種，要做判斷並執行相對應之程式時，使用指令 switch 最方便。

五、流程圖

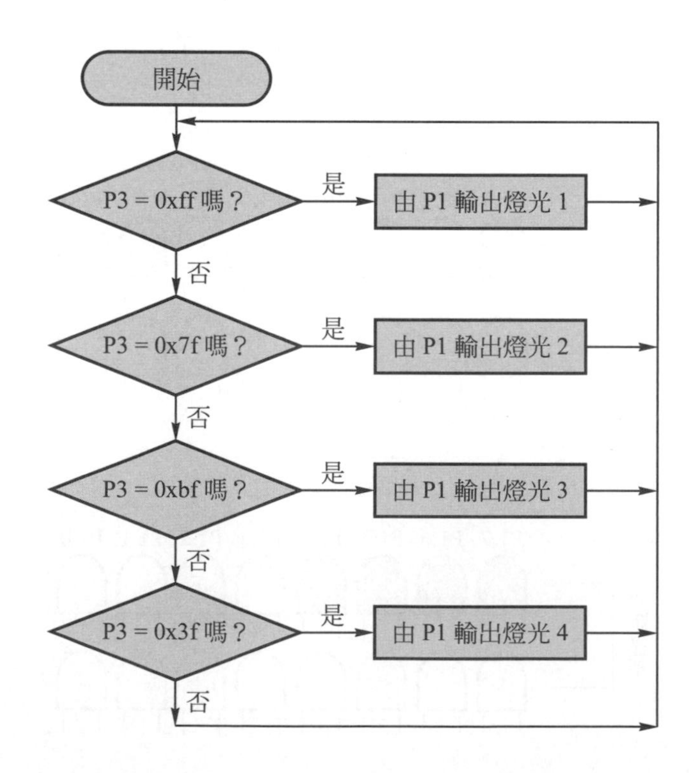

六、程式

【範例 E1001】

```
#include <AT89X51.H>                     /* 載入特殊功能暫存器定義檔 */
void  delayms(unsigned int time);        /* 宣告會用到 delayms 副程式 */

/*  ==========================  */
/*  =======    主 程 式    ======  */
/*  ==========================  */
main( )
{
  while(1)                              /* 重複執行以下的敘述 */
   {
    switch(P3)                          /* 依照 P3 的狀態執行對應的 case */
          {
          case 0xff:                    /* 若 SW1 打開，SW2 打開，則： */
               {
                P1 = 0x00;
                delayms(200);
                P1 = 0xff;
                delayms(200);
                break;                  /* 不執行以下的 case   */
               }

          case 0x7f:                    /* 若 SW1 閉合，SW2 打開，則： */
               {
                P1 = 0x55;
                delayms(200);
                P1 = 0xff;
                delayms(200);
                break;                  /* 不執行以下的 case */
               }
```

```
        case 0xbf:                  /* 若 SW1 打開，SW2 閉合，則： */
            {
             P1 = 0x0f;
             delayms(200);
             P1 = 0xff;
             delayms(200);
             break;                 /* 不執行以下的 case  */
            }

        case 0x3f:                  /* 若 SW1 閉合，SW2 閉合，則： */
            {
             P1 = 0xf0;
             delayms(200);
             P1 = 0xff;
             delayms(200);
             break;                 /* 不執行以下的 case  */
            }
        }
    }
}

/*  ================================  */
/*  ===  延時 time × 1 ms 副程式  ===  */
/*  ================================  */
/* 本延時副程式，與【範例 E0901】完全一樣，於此不再詳細說明 */
void  delayms(unsigned int time)
{
  unsigned int n;
  while(time>0)
   {
    n =120;
    while(n>0)  n--;
```

```
    time--;
  }
}
```

七、實習步驟

1. 編譯範例E1001，然後把E1001.hex檔燒錄至89S51或89C51。
   請注意！假如您的電腦中安裝的Keil C51是舊版的μVision **2**，請您把本書所有範例程式第一行的
   `#include <AT89X51.H>`
   改成 `#include <REGX51.H>`
   否則組譯時會產生錯誤訊息，而無法得到燒錄檔。
2. 接妥圖10-1-1之電路，然後通上5V之直流電源。
3. 觀察下列動作情形：
   (1) 把SW1打開、SW2打開，燈光的變化情形如何？
   (2) 把SW1閉合、SW2打開，燈光的變化情形如何？
   (3) 把SW1打開、SW2閉合，燈光的變化情形如何？
   (4) 把SW1閉合、SW2閉合，燈光的變化情形如何？

實習 10-2 用按鈕控制動作狀態

一、實習目的

1. 練習用指令判斷按鈕的啓閉。
2. 學習用按鈕改變輸出狀態。

二、電路圖

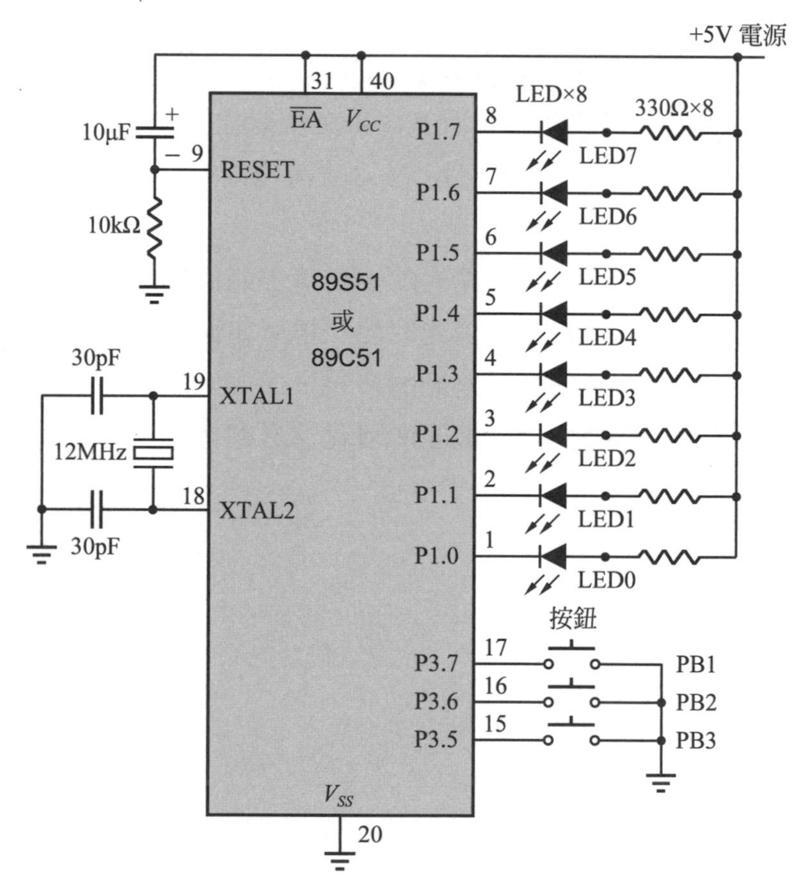

圖 10-2-1 由 P3 所接之按鈕改變 P1 的動作狀態

三、動作情形

本實習是用小型按鈕PB1～PB3決定P1的輸出狀態，其動作情形為：

1. 按一下PB1，則：

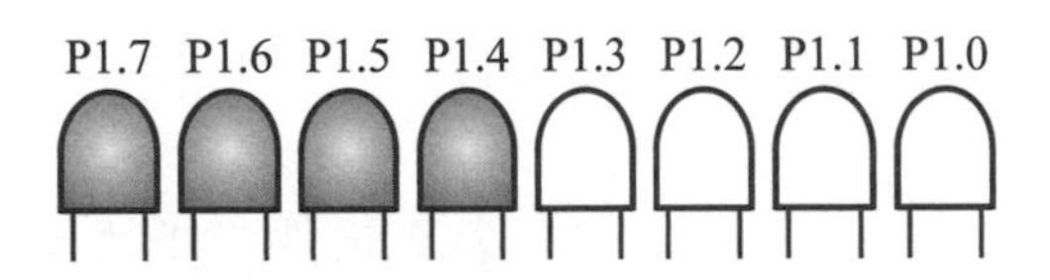

2. 按一下PB2，則：

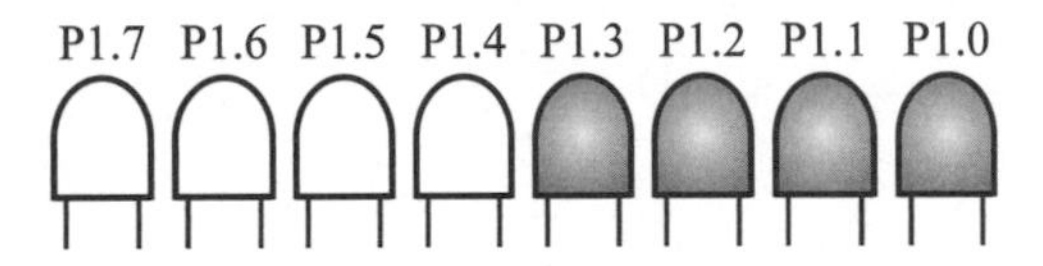

3. 按一下PB3，則：

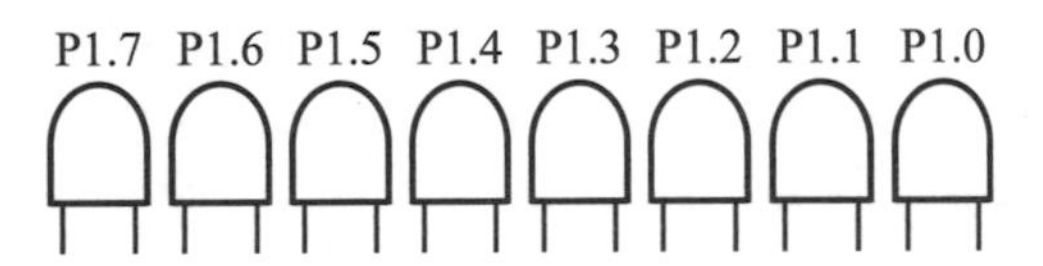

4. 按鈕的優先次序是PB1 → PB2 → PB3。

四、流程圖

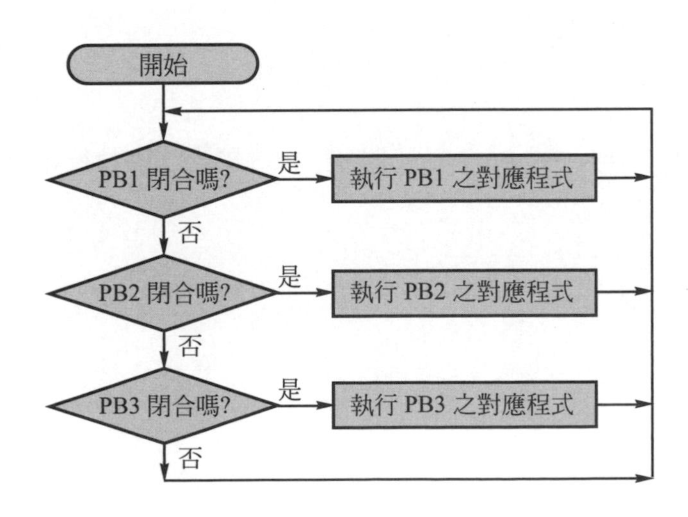

五、相關知識

1. 由於特殊功能暫存器的定義檔 AT89X51.H 的關係，所以**在程式中，接腳 P3.7 要寫成 P3_7，接腳 P3.6 要寫成 P3_6，依此類推**。

六、程式

【範例 E1002】

```
#include <AT89X51.H>                /* 載入特殊功能暫存器定義檔 */

/*  ===========================  */
/*  =======    主 程 式   ======  */
/*  ===========================  */
main( )
{
  while(1)                          /* 重複執行以下的敘述 */
   {
    if(P3_7 == 0)                   /* 若 PB1 閉合，則執行相對應的敘述 */
          {
           P1 = 0x0f;
          }

    else if(P3_6 == 0)              /* 若 PB2 閉合，則執行相對應的敘述 */
          {
           P1 = 0xf0;
          }

    else if(P3_5 == 0)              /* 若 PB3 閉合，則執行相對應的敘述 */
          {
           P1 = 0xff;
          }
   }
}
```

七、實習步驟

1. 編譯範例 E1002，然後把 E1002.hex 檔燒錄至 89S51 或 89C51。

   請注意！假如您的電腦中安裝的 Keil C51 是舊版的μVision **2**，請您把本書所有範例程式第一行的

   #include <AT89X51.H>

   改成　#include <REGX51.H>

   否則組譯時會產生錯誤訊息，而無法得到燒錄檔。
2. 請接妥圖 10-2-1 之電路。圖中之按鈕可用 TACT 按鈕。
3. 通上 5V 之直流電源後，觀察下列動作情形：
   (1) 把按鈕 PB1 壓下時，哪幾個 LED 亮？
   (2) 把 PB1 放開時，哪幾個 LED 亮？
   (3) 把按鈕 PB2 壓下時，哪幾個 LED 亮？
   (4) 把 PB2 放開時，哪幾個 LED 亮？
   (5) 把按鈕 PB3 壓下時，哪幾個 LED 亮？
   (6) 把 PB3 放開時，哪幾個 LED 亮？

實習 10-3 矩陣鍵盤(掃描式鍵盤)

一、實習目的

1. 了解矩陣鍵盤(又稱爲掃描式鍵盤)的動作原理。
2. 練習用矩陣鍵盤改變輸出狀態。
3. 練習把資料從副程式傳回主程式。

二、相關知識

在一般的自動控制中，由於所接的按鈕、近接開關、光電開關、磁簧開關、溫度開關、……等之接點並不很多，因此大多如圖 10-3-1 所示，每個按鈕或開關佔用輸入埠的一隻接腳。但是在需要用鍵盤來輸入資料的場合，若按鍵的數量很多，採用圖 10-3-1 之接法，會佔用太多輸入埠的接腳，所以必須改用矩陣鍵盤。

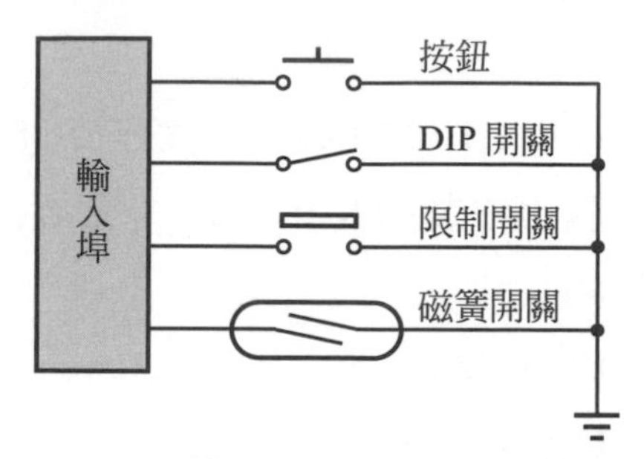

圖 10-3-1　按鈕、開關之常用接線方法

矩陣鍵盤如圖 10-3-2 所示，4 × 4 ＝ 16 個按鍵的鍵盤只需用 4＋4 ＝ 8 隻接腳。依此類推，12 × 12 ＝ 144 個按鍵的鍵盤只需 12＋12 ＝ 24 隻接腳，按鍵的數量愈多愈能看出矩陣鍵盤的經濟性。

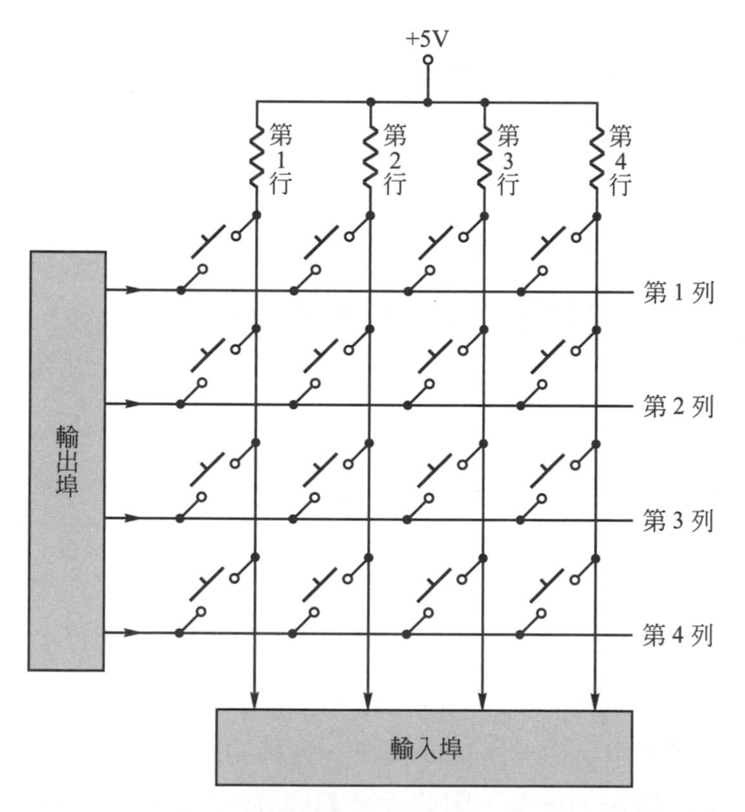

圖 10-3-2　矩陣鍵盤之一例 (4 × 4 ＝ 16 鍵)

今以圖 10-3-2 所示之 4 × 4 矩陣鍵盤說明如何測知哪個按鍵被按下：

1. **檢測第 1 列是否有按鍵被壓下：**

(1) 首先，由輸出埠輸出 **0111**，使第 1 列為 **0**。如圖 10-3-3 所示。

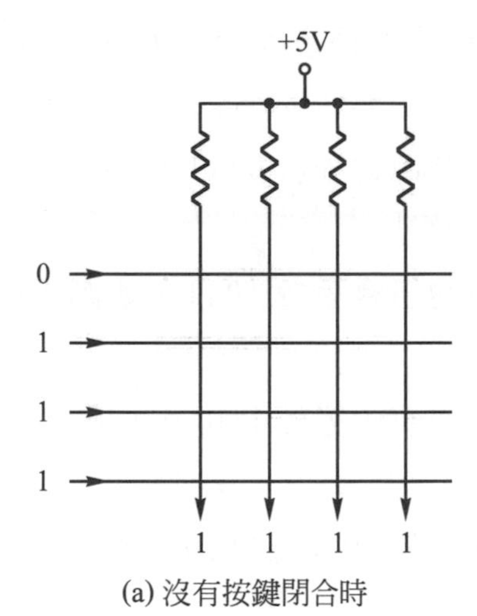

(a) 沒有按鍵閉合時

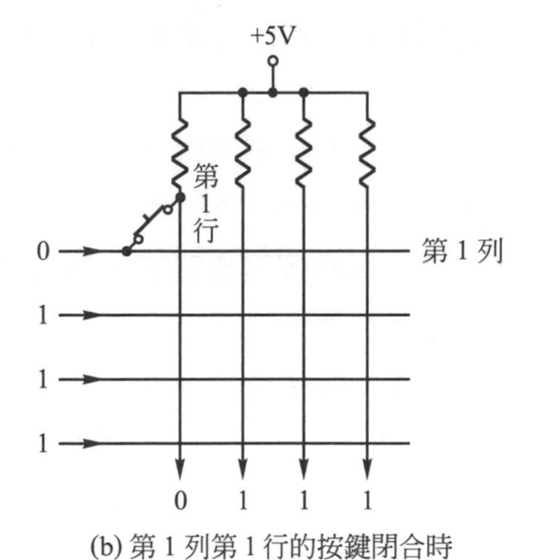

(b) 第 1 列第 1 行的按鍵閉合時

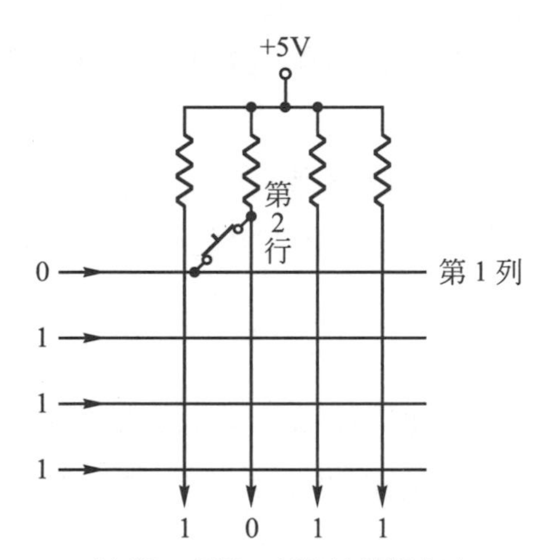

(c) 第 1 列第 2 行的按鍵閉合時

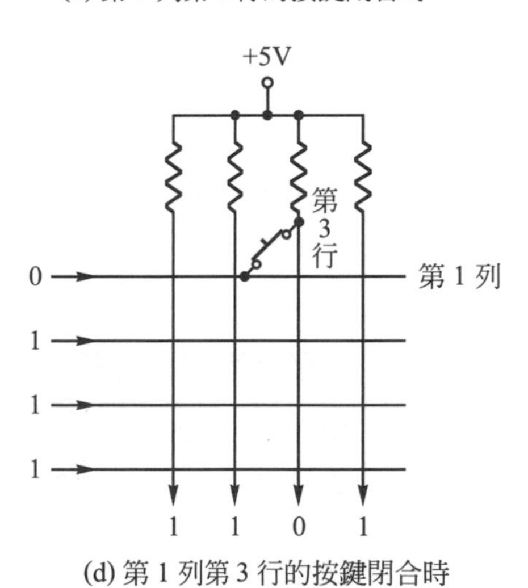

(d) 第 1 列第 3 行的按鍵閉合時

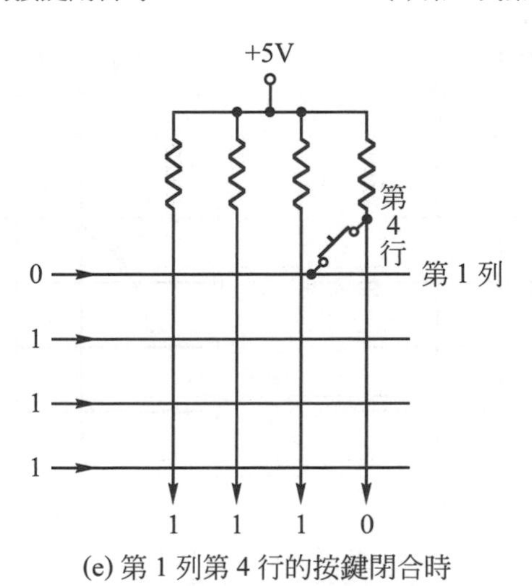

(e) 第 1 列第 4 行的按鍵閉合時

圖 10-3-3 檢測第 1 列是否有按鍵閉合

⑵ 若第 1 列沒有任何鍵被壓下，則輸入埠讀到的值會等於 1111，如圖 10-3-3 (a)所示。

⑶ 若第 1 行的按鍵被壓下，則輸入埠讀到的值會等於 0111，如圖 10-3-3(b)所示。

⑷ 若第 2 行的按鍵被壓下，則輸入埠讀到的值會等於 1011，如圖 10-3-3(c)所示。

⑸ 若第 3 行的按鍵被壓下，則輸入埠讀到的值會等於 1101，如圖 10-3-3(d)所示。

⑹ 若第 4 行的按鍵被壓下，則輸入埠讀到的值會等於 1110，如圖 10-3-3(e)所示。

⑺ 綜合上述說明，可知只要測試看看哪隻輸入腳為 **0**，就可以知道是哪一個按鍵被壓下。

⑻ 習慣上，第 1 列第 1 行的按鍵被編上 00H 的位置碼。第 1 列第 2 行的按鍵被編上 01H的位置碼。第 1 列第 3 行的按鍵被編上 02H的位置碼。依此類推。

2. 檢測第 2 列是否有按鍵被壓下：

⑴ 首先，由輸出埠輸出 1**0**11，使第 2 列成為 **0**。如圖 10-3-4 所示。

⑵ 檢測的方法與第 1 列的檢測方法相似，詳見圖 10-3-4。

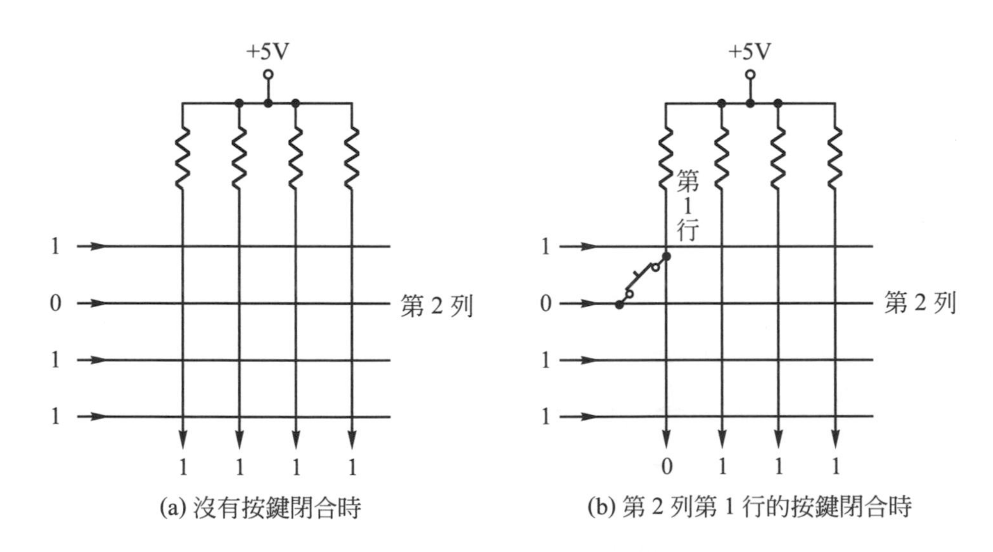

(a) 沒有按鍵閉合時　(b) 第 2 列第 1 行的按鍵閉合時

圖 10-3-4　檢測第 2 列是否有按鍵閉合

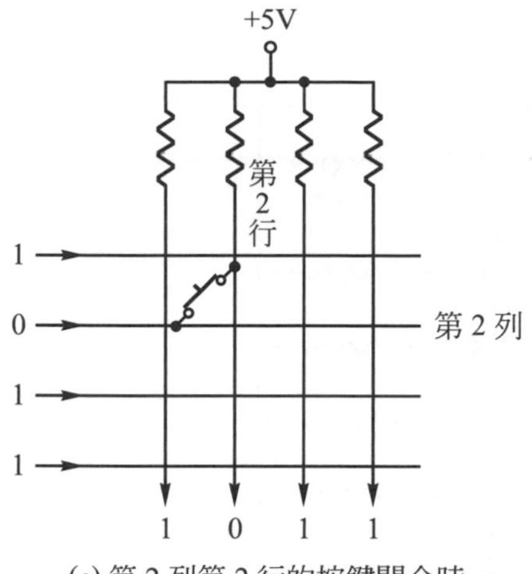

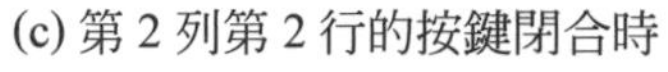
(c) 第 2 列第 2 行的按鍵閉合時

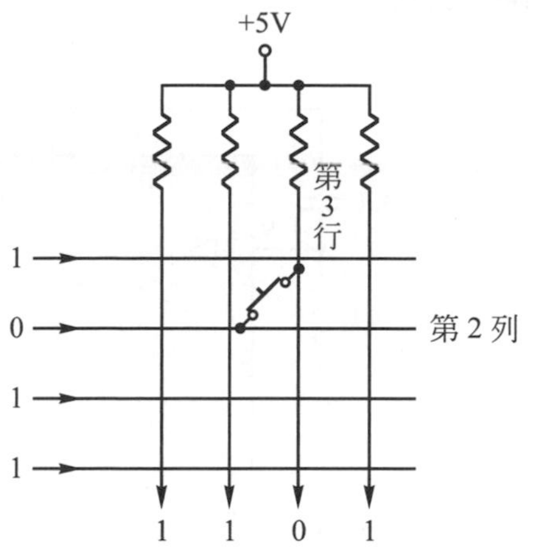

(d) 第 2 列第 3 行的按鍵閉合時

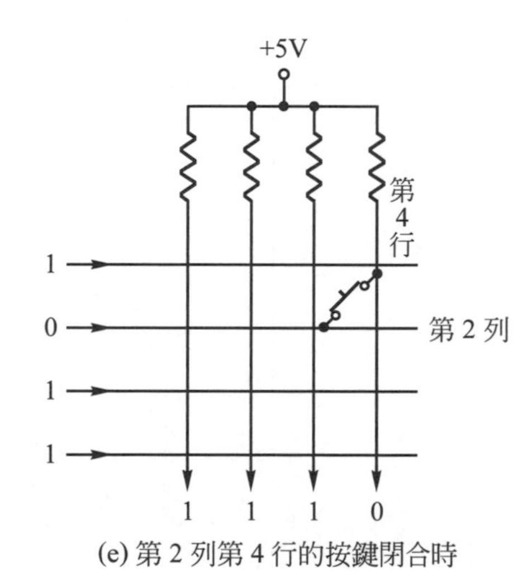

(e) 第 2 列第 4 行的按鍵閉合時

圖 10-3-4　檢測第 2 列是否有按鍵閉合(續)

3. **檢測其它各列是否有按鍵被壓下：**

(1) 檢測的方法與第 1 列及第 2 列相似。只是輸出埠的輸出值需加以改變。

(2) 上述**輸出埠**的輸出值稱爲掃描碼，**每次只能有一個位元為 0**。由於矩陣鍵盤的檢測是以掃描的方式逐列逐行檢測，所以又被稱爲**掃描式**鍵盤。

三、電路圖

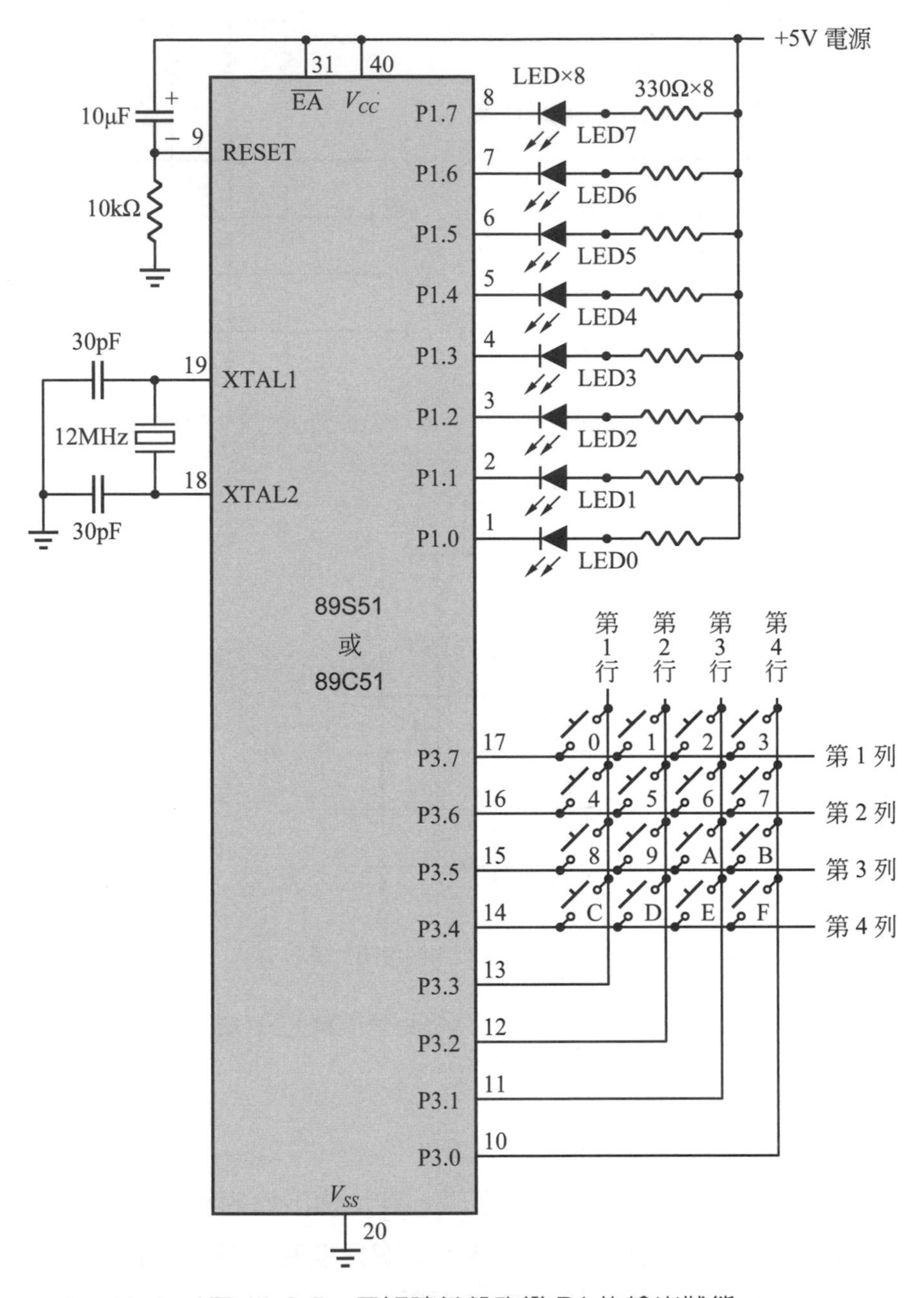

圖 10-3-5 用矩陣鍵盤改變 P1 的輸出狀態

四、動作情形

1. 製作一個 4 行 4 列共 16 鍵的鍵盤。

2. 若沒有按鍵被壓下，則LED全部亮。
3. 若有按鍵被壓下，則將其位置碼以二進位的方式顯示在LED。如下所示：

	P1.7	P1.6	P1.5	P1.4	P1.3	P1.2	P1.1	P1.0
0鍵閉合時顯示：	○	○	○	○	○	○	○	○
1鍵閉合時顯示：	○	○	○	○	○	○	○	●
2鍵閉合時顯示：	○	○	○	○	○	○	●	○
3鍵閉合時顯示：	○	○	○	○	○	○	●	●
4鍵閉合時顯示：	○	○	○	○	○	●	○	○
5鍵閉合時顯示：	○	○	○	○	○	●	○	●
6鍵閉合時顯示：	○	○	○	○	○	●	●	○
7鍵閉合時顯示：	○	○	○	○	○	●	●	●
8鍵閉合時顯示：	○	○	○	○	●	○	○	○
9鍵閉合時顯示：	○	○	○	○	●	○	○	●
A鍵閉合時顯示：	○	○	○	○	●	○	●	○
B鍵閉合時顯示：	○	○	○	○	●	○	●	●
C鍵閉合時顯示：	○	○	○	○	●	●	○	○
D鍵閉合時顯示：	○	○	○	○	●	●	○	●
E鍵閉合時顯示：	○	○	○	○	●	●	●	○
F鍵閉合時顯示：	○	○	○	○	●	●	●	●

五、流程圖

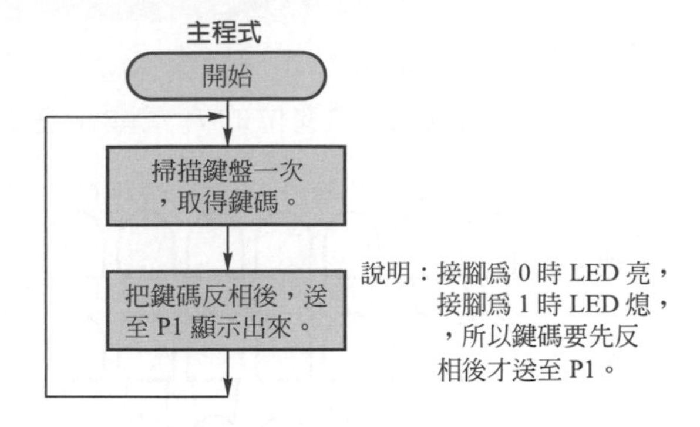
主程式
開始
掃描鍵盤一次，取得鍵碼。
把鍵碼反相後，送至 P1 顯示出來。
說明：接腳爲 0 時 LED 亮，接腳爲 1 時 LED 熄，所以鍵碼要先反相後才送至 P1。

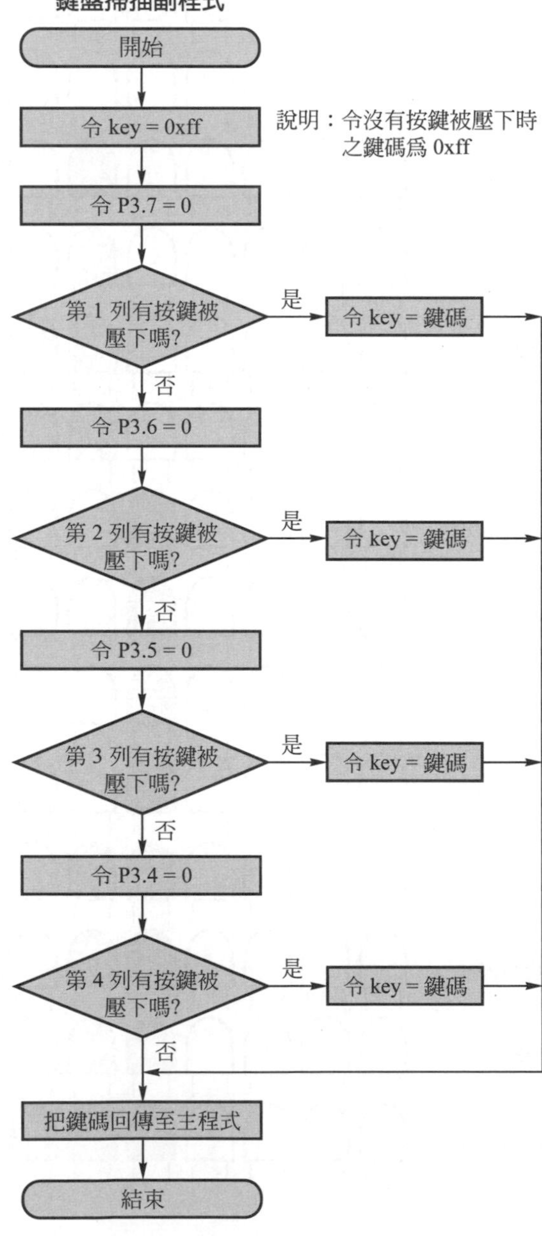
鍵盤掃描副程式
開始
令 key = 0xff
說明：令沒有按鍵被壓下時之鍵碼爲 0xff
令 P3.7 = 0
第 1 列有按鍵被壓下嗎?
是
令 key = 鍵碼
否
令 P3.6 = 0
第 2 列有按鍵被壓下嗎?
是
令 key = 鍵碼
否
令 P3.5 = 0
第 3 列有按鍵被壓下嗎?
是
令 key = 鍵碼
否
令 P3.4 = 0
第 4 列有按鍵被壓下嗎?
是
令 key = 鍵碼
否
把鍵碼回傳至主程式
結束

六、程式

【範例 E1003】

```
#include <AT89X51.H>                /* 載入特殊功能暫存器定義檔 */
char keypad(void);                  /* 宣告會用到 keypad 副程式 */


/*  ==========================  */
/*  =======    主 程 式   ======  */
/*  ==========================  */
main( )
{
  char  n;            /* 宣告變數 n */
  while(1)            /* 重複執行以下的敘述 */
   {
    n = keypad( ); /* n = 鍵碼 */
    P1 = ~n;          /* 以 0 點亮 LED，所以鍵碼反相後才送至 P1 顯示 */
   }
}
/*  ==============================  */
/*  ===        鍵盤掃描副程式        ===  */
/*  ===  掃描鍵盤一次，並回傳鍵碼    ===  */
/*  ==============================  */
char  keypad(void)
{
  char key = 0xff;             /* 若沒有按鍵被壓下，令鍵碼 = 0xff */

  P3 = 0x7f;                   /* 令接腳 P3.7 = 0 */
  if(P3_3==0)  key = 0;        /* 若按鍵 0 被壓下，令鍵碼 = 0 */
  if(P3_2==0)  key = 1;        /* 若按鍵 1 被壓下，令鍵碼 = 1 */
  if(P3_1==0)  key = 2;        /* 若按鍵 2 被壓下，令鍵碼 = 2 */
  if(P3_0==0)  key = 3;        /* 若按鍵 3 被壓下，令鍵碼 = 3 */
```

```
    P3 = 0xbf;                    /* 令接腳 P3.6 = 0 */
    if(P3_3==0)   key = 4;        /* 若按鍵 4 被壓下，令鍵碼 = 4 */
    if(P3_2==0)   key = 5;        /* 若按鍵 5 被壓下，令鍵碼 = 5 */
    if(P3_1==0)   key = 6;        /* 若按鍵 6 被壓下，令鍵碼 = 6 */
    if(P3_0==0)   key = 7;        /* 若按鍵 7 被壓下，令鍵碼 = 7 */

    P3 = 0xdf;                    /* 令接腳 P3.5 = 0 */
    if(P3_3==0)   key = 8;        /* 若按鍵 8 被壓下，令鍵碼 = 8 */
    if(P3_2==0)   key = 9;        /* 若按鍵 9 被壓下，令鍵碼 = 9 */
    if(P3_1==0)   key = 10;       /* 若按鍵 A 被壓下，令鍵碼 =10 */
    if(P3_0==0)   key = 11;       /* 若按鍵 B 被壓下，令鍵碼 =11 */

    P3 = 0xef;                    /* 令接腳 P3.4 = 0 */
    if(P3_3==0)   key = 12;       /* 若按鍵 C 被壓下，令鍵碼 =12 */
    if(P3_2==0)   key = 13;       /* 若按鍵 D 被壓下，令鍵碼 =13 */
    if(P3_1==0)   key = 14;       /* 若按鍵 E 被壓下，令鍵碼 =14 */
    if(P3_0==0)   key = 15;       /* 若按鍵 F 被壓下，令鍵碼 =15 */

    return  key;                  /* 回傳鍵碼給主程式 */

}
```

七、實習步驟

1. 編譯範例 E1003，然後把 E1003.hex 檔燒錄至 89S51 或 89C51。

   請注意！假如您的電腦中安裝的 Keil C51 是舊版的μVision **2**，請您把本書所有範例程式第一行的

   `#include <AT89X51.H>`

   改成 `#include <REGX51.H>`

   否則組譯時會產生錯誤訊息，而無法得到燒錄檔。

2. 請接妥圖 10-3-5 之電路。圖中的 16 個按鍵，可使用 16 個廉價的 TACT 按鈕，也可以用市售 16 鍵小鍵盤。

3. 通上5V之直流電源後，觀察下列動作情形：

(1) 沒有按鍵被壓下時，燈光的輸出情形如何？
(2) 按一下 [0] 鍵，則燈光的輸出情形如何？
(3) 按一下 [1] 鍵，則燈光的輸出情形如何？
(4) 按一下 [2] 鍵，則燈光的輸出情形如何？
(5) 按一下 [3] 鍵，則燈光的輸出情形如何？
(6) 按一下 [4] 鍵，則燈光的輸出情形如何？
(7) 按一下 [5] 鍵，則燈光的輸出情形如何？
(8) 按一下 [6] 鍵，則燈光的輸出情形如何？
(9) 按一下 [7] 鍵，則燈光的輸出情形如何？
(10) 按一下 [8] 鍵，則燈光的輸出情形如何？
(11) 按一下 [9] 鍵，則燈光的輸出情形如何？
(12) 按一下 [A] 鍵，則燈光的輸出情形如何？
(13) 按一下 [B] 鍵，則燈光的輸出情形如何？
(14) 按一下 [C] 鍵，則燈光的輸出情形如何？
(15) 按一下 [D] 鍵，則燈光的輸出情形如何？
(16) 按一下 [E] 鍵，則燈光的輸出情形如何？
(17) 按一下 [F] 鍵，則燈光的輸出情形如何？

Chapter 11

計時器之基礎實習

實習 11-1　使用計時器做閃爍燈
實習 11-2　使用計時器中斷做閃爍燈

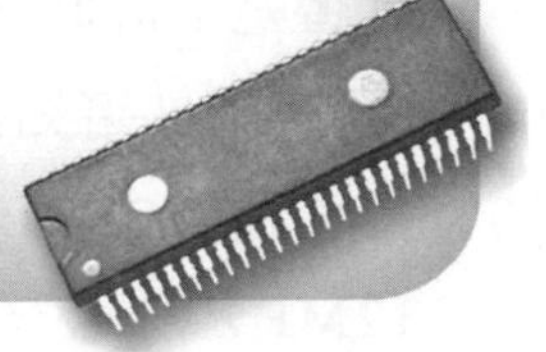

實習 11-1 使用計時器做閃爍燈

一、實習目的

1. 了解計時器的設定方法。
2. 了解溢位旗標 TF 的用法。

二、動作情形

本實習，燈光的變化情形如下圖所示：

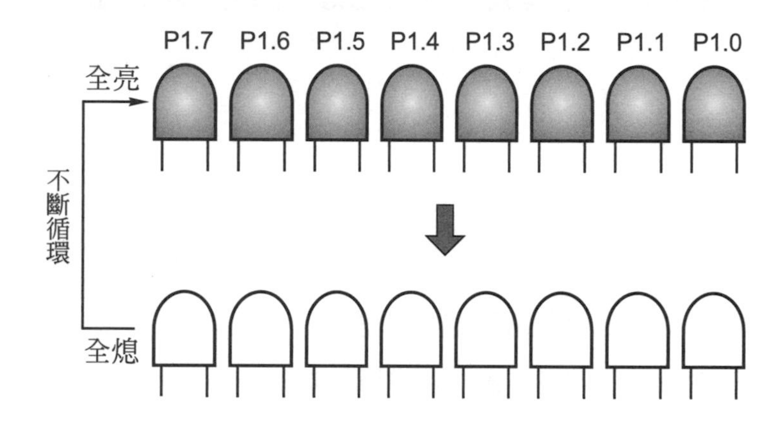

三、電路圖

與實習 9-1 的圖 9-1-1 完全一樣。(請見 9-4 頁)

四、相關知識

1. 在前面的實習中，我們是利用讓CPU繞圈子做虛功的方式達成延時的目的。在本實習則要利用 MCS-51 內部的計時器來達成精確延時的目的。
2. 本實習是令計時／計數器 0 工作於模式 1 而成爲 16 位元之計時器：
   (1) 由圖 3-9-1 可知需令TMOD的二進位值爲 0000 **0001**，十六進位值爲 0x01。
   (2) 當使用 12MHz 之石英晶體時，由圖 3-9-5 可知計時器的計時頻率爲 12MHz ÷ 12 = 1MHz，亦即計時單位爲 1μs。換句話說，計時器被起動後，每隔 1μs計數值就會加 1，如圖 11-1-1 所示。

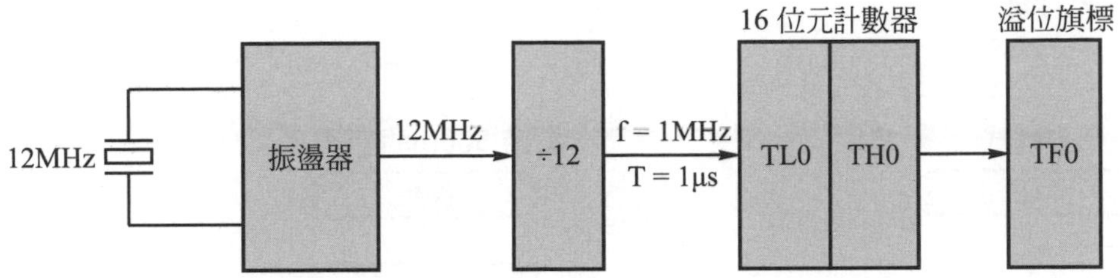

16 位元計數器 溢位旗標
12MHz 振盪器 12MHz ÷12 f = 1MHz T = 1μs TL0 TH0 TF0

圖 11-1-1 計時器 0 工作於模式 1 之動作情形

(3) 每當計數值由 0xFFFF 再加 1 而變成 0x0000 時，會令溢位旗標 TF0 = 1。

(4) 我們想要令計時器每隔 50ms 就使 TF0 = 1，但是 50ms ÷ 1μs = 50000，所以必須將計數值設定爲 65536 − 50000 = 15536 = 0x3CB0，換句話說，需令 TH0 = 0x3C，TL0 = 0xB0。
假如懶得自己計算，可以寫成

```
TH0 =(65536-50000)/256;
TL0 =(65536-50000)%256;
```

3. 因爲我們想延時 0.5 秒，所以用變數 n 來幫忙計時，每當 TF0 = 1 時，就把 n 值加 1，直到 n = 10 爲止。當 n = 10，即表示已延時 50ms × 10 = 500ms = 0.5 秒。
4. 由圖 3-9-4 或圖 3-9-5 均可得知：欲起動計時器 0，必須令 TR0 = 1。
5. 注意！每當 TF0 = 1 時，計數值 TH0、TL0 均等於 00，故**每當 TF0 = 1 時，就必須重新設定計數值，並將 TF0 清除為 0**。

五、流程圖

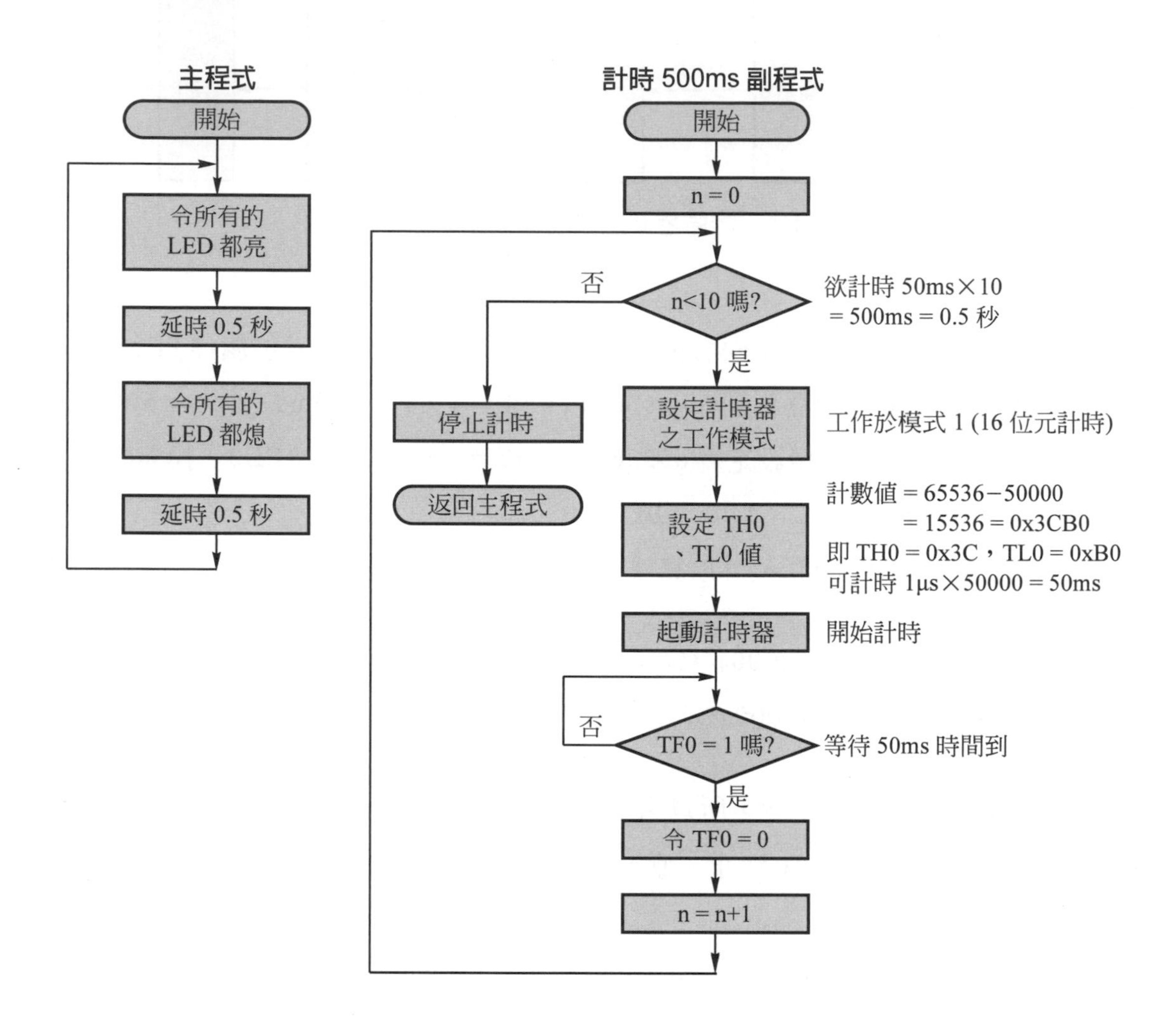

六、程式

【範例 E1101】

```
#include <AT89X51.H>            /* 載入特殊功能暫存器定義檔 */
void delay500ms(void);          /* 宣告會用到 delay500ms 副程式 */
```

```
/*  ==========================  */
/*  =======    主 程 式    ======  */
/*  ==========================  */
main( )
{
  while(1)                          /* 重複執行以下的敘述 */
   {
    P1 = 0x00;                      /* 令所有的 LED 都亮 */
    delay500ms( );                  /* 延時 500 ms = 0.5 秒 */
    P1 = 0xff;                      /* 令所有的 LED 都熄 */
    delay500ms( );                  /* 延時 500 ms = 0.5 秒 */
   }
}

/*  ==========================  */
/*  ===   延時 500 ms 副程式   ===  */
/*  ==========================  */
void delay500ms(void)
{
  unsigned char n;                     /* 宣告變數 n */
  for(n=0; n<10; n++)                  /* 欲延時 50ms×10=500ms=0.5 秒 */
   {
     TMOD = 0x01;                      /* 令計時器 0 工作於模式 1 */
     TH0 = (65536-50000)/256;          /* 設定計數值，以便計時 50ms */
     TL0 = (65536-50000)%256;          /* 設定計數值，以便計時 50ms */
     TR0 = 1;                          /* 啓動計時器 0 */
     while(TF0 == 0);                  /* 等待 TF0=1 */
     TF0 = 0;                          /* 清除 TF0，使 TF0=0 */
   }

  TR0 = 0;                               /* 停止計時 */
}
```

七、實習步驟

1. 編譯範例E1101，然後把E1101.hex檔燒錄至89S51或89C51。
2. 接妥9-4頁的圖9-1-1之電路。
3. 通上5V之直流電源。
4. 觀察動作情形。

實習 11-2 使用計時中斷做閃爍燈

一、實習目的

1. 了解計時中斷的應用方法。
2. 熟悉中斷服務程式的寫法。

二、動作情形

與實習11-1完全一樣。(請見11-2頁)

三、電路圖

與實習9-1的圖9-1-1完全一樣。(請見9-4頁)

四、相關知識

1. 由圖3-12-1或圖3-12-2可得知，在程式中若令ET0 = 1並令EA = 1，則每當TF0 = 1時，計時器0就會對CPU發出中斷信號，使CPU暫停目前的工作而跳去位址0x000B執行程式(稱爲中斷服務程式或中斷副程式)。由於計時器0的中斷服務程式一定要從位址0x000B開始存放，所以中斷函數的編號爲1，亦即中斷函數的名稱後面，必須是**interrupt** 1。
2. 因爲每當CPU接受計時器0的中斷請求而跳去位址0x000B執行中斷服務程式時，都會自動將TF0清除爲0 (請見圖3-9-4之說明)，所以在中斷服務程式中不必下達TF0 = 0的指令。

3. 在石英晶體爲 12MHz，且令計數值＝65536－50000＝15536＝0x3CB0(即令 TH0＝0x3C，TL0＝0xB0)時，計時器每隔 1μs × 50000＝50000μs＝50ms 就會發出一次中斷信號，而令 CPU 跳去執行中斷服務程式。由於此時的計數值已經變成 TH0＝0，TL0＝0，所以**在計時器 0 中斷服務程式的開頭必須重新設定計數值(即 TH0、TL0)**。

五、流程圖

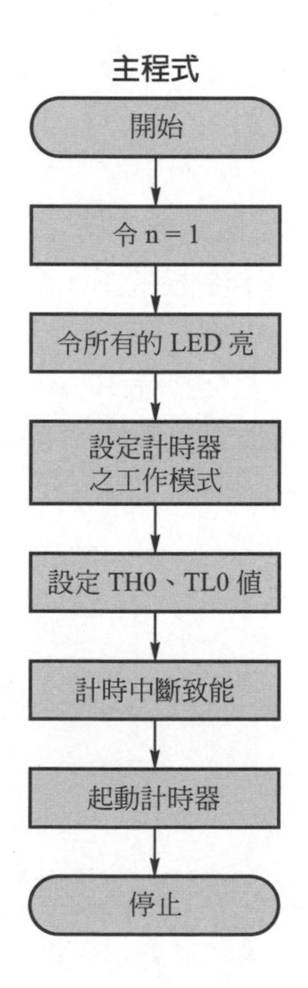

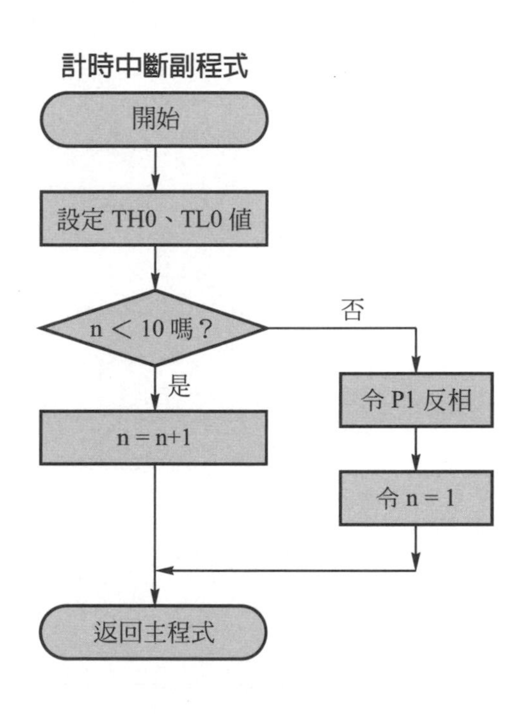

六、程式

【範例 E1102】

```
#include <AT89X51.H>                      /* 載入特殊功能暫存器定義檔 */
unsigned char n = 1;                      /* 宣告變數 n，並令 n=1 */

/*  ==========================  */
/*  =======   主 程 式   ======  */
/*  ==========================  */
main( )
{
  P1 = 0x00;                              /* 令所有的 LED 都亮 */
  TMOD = 0x01;                            /* 令計時器 0 工作於模式 1 */
  TH0 = (65536 - 50000) / 256;            /* 設定計數值，以便計時 50 ms */
  TL0 = (65536 - 50000) %256;             /* 設定計數值，以便計時 50 ms */
  EA = 1;                                 /* 把「中斷的總開關」致能 */
  ET0 = 1;                                /* 把「計時器 0 中斷」致能 */
  TR0 = 1;                                /* 啟動計時器 0 */
  while(1);                               /* 令程式停於此處 */
}

/*  =============================  */
/*  ===  計時器 0 的中斷服務程式  ===  */
/*  =============================  */
void  timer0_int(void)  interrupt 1
{
  TH0 = (65536 - 50000) / 256; /* 設定計數值，以便計時 50 ms */
  TL0 = (65536 - 50000) %256; /* 設定計數值，以便計時 50 ms */
  if(n<10)                    /* 若尚未延時 50 ms × 10 = 0.5 秒 */
    {
         n++;                 /* 則令 n 加 1 */
    }
```

```
  else                              /* 若已經延時 0.5 秒 */
    {
      P1 = ~P1;                     /* 則令 P1 反相 */
      n = 1;                        /* 並重新令 n = 1 */
    }
}
```

七、實習步驟

1. 編譯範例 E1102，然後把 E1102.hex 檔燒錄至 89S51 或 89C51。

   請注意！假如您的電腦中安裝的 Keil C51 是舊版的μVision **2**，請您把本書所有範例程式第一行的

   `#include <AT89X51.H>`

   改成 `#include <REGX51.H>`

   否則組譯時會產生錯誤訊息，而無法得到燒錄檔。

2. 接妥 9-4 頁的圖 9-1-1 之電路。
3. 通上 5V 之直流電源，並觀察動作情形。

Chapter 12

計數器之基礎實習

實習 12-1　用計數器改變輸出狀態
實習 12-2　用計數器中斷改變輸出狀態

實習 12-1 用計數器改變輸出狀態

一、實習目的

1. 練習計數器的基本用法。
2. 了解消除接點反彈跳的方法。

二、動作情形

本實習，開始時燈全亮，以後每當計數器計數 5 個脈波，輸出狀態即反轉，請參考下圖：

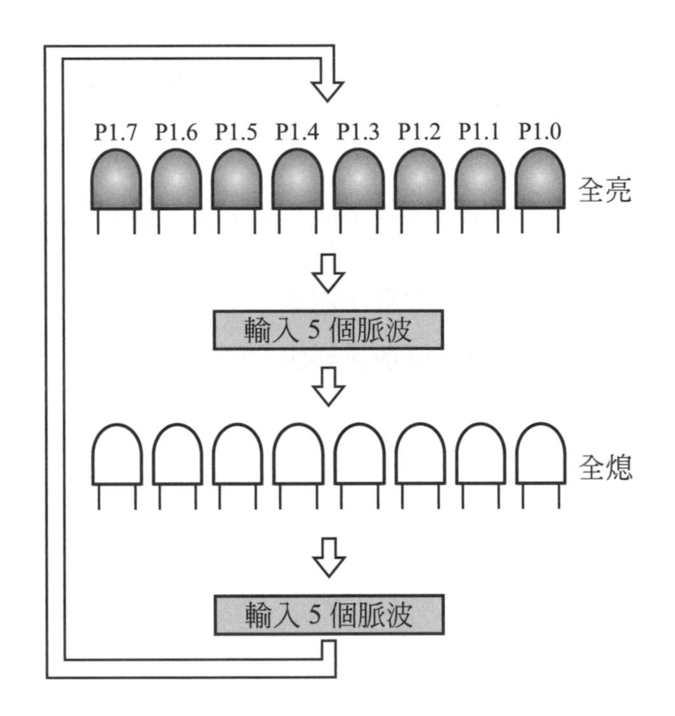

三、相關知識

1. 接點反彈跳

⑴ 所有的機械式開關，在其接點由打開變成閉合或由閉合變成打開時，實際上接點都是經過接合 → 離開 → 再接合 → 再離開 → ……終至靜止狀態，這種現象稱爲**接點反彈跳**(bounce)。

⑵ 由於接點反彈跳的關係，每按一次按鈕，實際上卻會輸出好幾個脈波，如圖 12-1-1 所示。**接點反彈跳會使依脈波數而動作的電路(例如：計數器)產生誤動作**，因此我們必須採用圖 12-1-2 所示之脈波產生器來消除接點反彈跳，每按一下按鈕只輸出一個脈波。

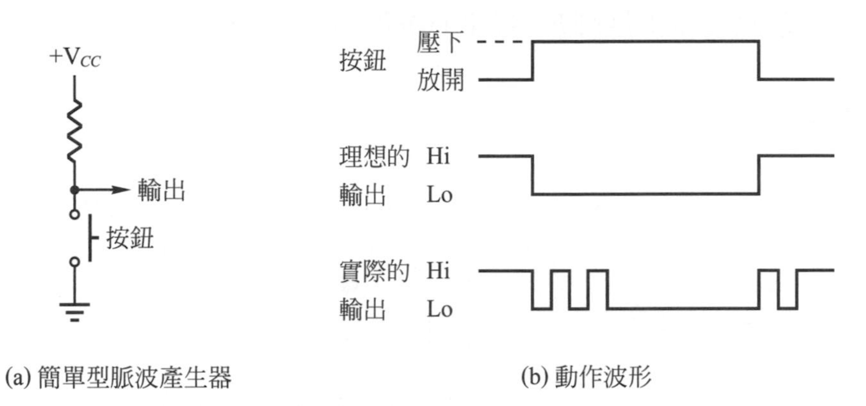

圖 12-1-1　機械式開關會產生接點反彈跳的現象

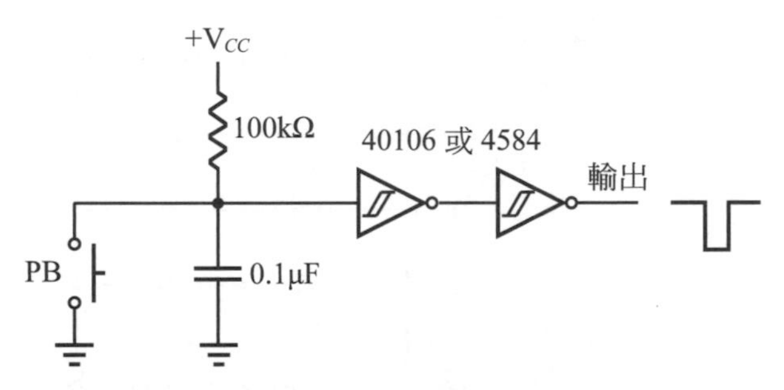

圖 12-1-2　用史密特閘製成的脈波產生器

註：PB 可以是按鈕或開關的接點

2. 計數器

⑴ 本實習是令MCS-51內部的計數器0工作於模式2而成爲**具有自動再載入功能的8位元計數器**。在計數器0起動後，每當接腳 T0 輸入一個脈波，在**負緣**(即電位由1變成0)時計數器TL0的值就會加1。在TL0的值由0xFF被加 1 而成爲 0x00 時，會令溢位旗標 TF0 ＝ 1，我們可用指令 **while (TF0==0);** 加以測試。

⑵ 計數器0工作於模式2的設定方法爲：

① 由圖3-9-1可知需令TMOD的二進位值爲0000 **0110**，十六進位值爲0x06。

② 本實習要每計數 5 個脈波就令 TF0 = 1，所以必須將計數值設定為 256-5。換句話說，需令 TL0 = TH0 = 256-5，以便每計數 5 就再自動把 TH0 載入 TL0 而重新再計數。

③ 由圖 3-9-4 或圖 3-9-7 可得知：欲起動計數器 0，必須令 TR0 = 1。

④ 計數脈波要由接腳 P3.4(即 T0)輸入。

四、電路圖

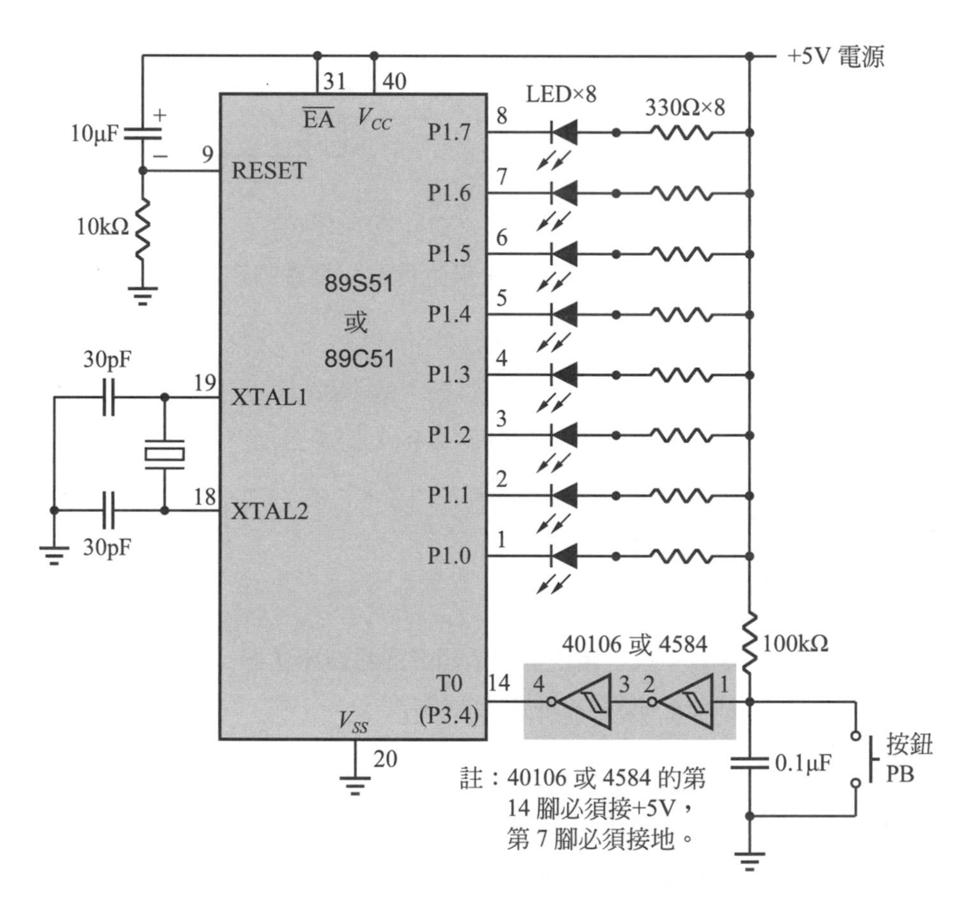

圖 12-1-3 計數器之基本實驗電路

五、流程圖

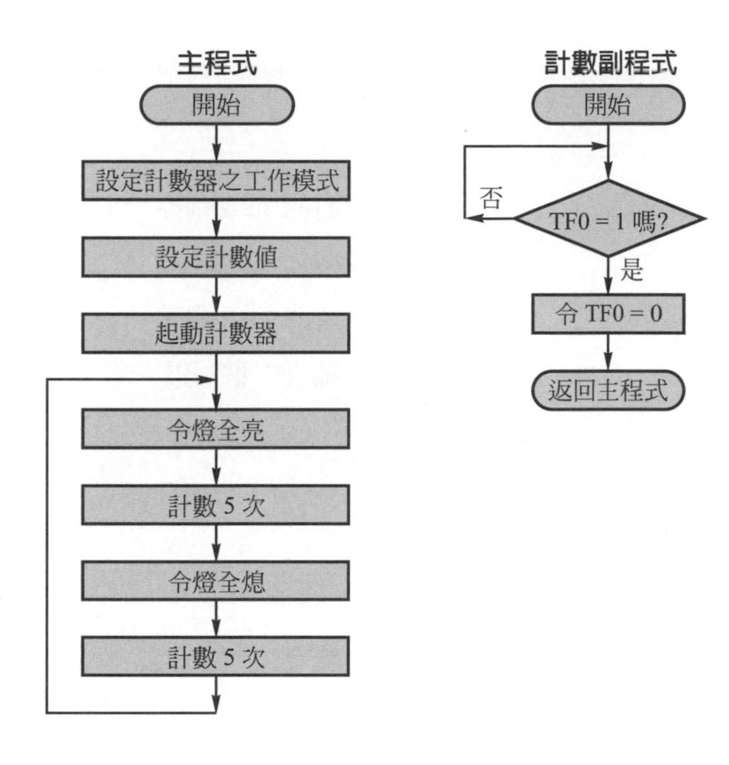

六、程式

【範例 E1201】

```
#include <AT89X51.H>              /* 載入特殊功能暫存器定義檔 */
void counter(void);               /* 宣告會用到 counter 副程式 */


/*  ===========================  */
/*  =======    主 程 式    ======  */
/*  ===========================  */
main( )
{
  TMOD = 0x06;                    /* 令計數器 0 工作於模式 2 */
  TH0 = 256 - 5;                  /* 設定計數值，以便計數 5 次 */
```

```
  TL0 = 256 - 5;                   /* 設定計數值，以便計數 5 次 */
  TR0 = 1;                         /* 啓動計數器 0 */

  while(1)                         /* 重複執行下列敘述 */
   {
    P1 = 0x00;                     /* 令所有的 LED 都亮 */
    counter( );                    /* 等待輸入 5 個脈波 */
    P1 = 0xff;                     /* 令所有的 LED 都熄 */
    counter( );                    /* 等待輸入 5 個脈波 */
    }
}

/*  ==================================  */
/*  ===  等待計數器 0 計數完畢的副程式  ===  */
/*  ==================================  */
void counter(void)
{
  while(TF0==0);                   /* 等待 TF0 = 1 (即等待計數完畢) */
  TF0 = 0;                         /* 清除 TF0，使 TF0 = 0 */
}
```

七、實習步驟

1. 編譯範例 E1201，然後把 E1201.hex 檔燒錄至 89S51 或 89C51。
   請注意！假如您的電腦中安裝的 Keil C51 是舊版的µVision **2**，請您把本書所有範例程式第一行的

   `#include <AT89X51.H>`

   改成 `#include <REGX51.H>`

   否則組譯時會產生錯誤訊息，而無法得到燒錄檔。

2. 請接妥圖 12-1-3 之電路。圖中之按鈕 PB 可用 TACT 按鈕。
注意！40106 或 4584 的接腳如圖 12-1-4 所示。接線時不要忘了把第 14 腳接＋5V，把第 7 腳接地。

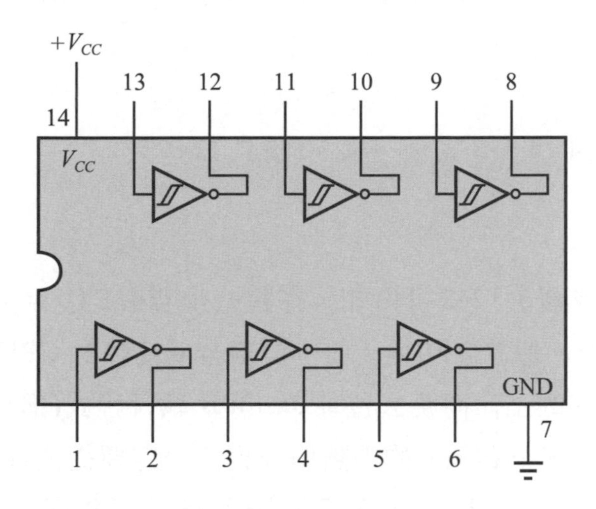

圖 12-1-4　40106 及 4584 的接腳圖

3. 通上 5V 之直流電源。
4. 程式執行後，LED 亮或熄？　　答：________
5. 按鈕按 5 下後，LED 亮或熄？　　答：________
6. 按鈕再按 5 下後，LED 亮或熄？　　答：________
7. 備註：40106(或 4584)的內部有 6 個反相器，如今只用了兩個反相器，未用的輸入腳若接地可降低 40106(或 4584)的耗電，所以您可把 40106(或 4584)的第 5、9、11、13 腳都接地。

實習 12-2 用計數中斷改變輸出狀態

一、實習目的

1. 了解計數中斷的應用方法。
2. 熟悉中斷服務程式的寫法。

二、動作情形

與實習 12-1 完全一樣。(每當計數器計數 5 個脈波，輸出狀態即反轉。請見 12-2 頁。)

三、電路圖

與實習 12-1 的圖 12-1-3 完全一樣。(請見 12-4 頁)

四、相關知識

1. 由圖 3-12-1 或圖 3-12-2 可得知，在程式中若令 ET0 = 1 並令 EA = 1，則在起動計數器後，每當 TF0 = 1 時，計數器 0 就會對 CPU 發出中斷信號，使 CPU 暫停目前的工作而跳去位址 0x000B 執行程式(稱爲中斷服務程式或中斷副程式)。由於計數器 0 的中斷服務程式一定要從位址 0x000B 開始存放，所以在中斷函數的編號爲 1，亦即在中斷函數名稱後面，必須是 **interrupt** 1。
2. 因爲每當 CPU 接受計數器 0 的中斷請求而跳去位址 0x000B 執行中斷服務程式時，都會自動將 TF0 清除爲 0 (請見圖 3-9-4 之說明)，所以在中斷服務程式中不必下達 **TF0 = 0** 的指令。

五、流程圖

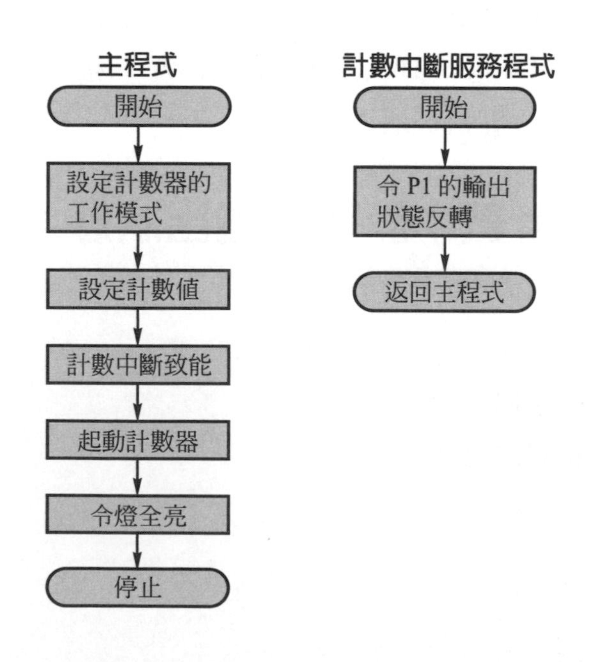

六、程式

【範例 E1202】

```
#include <AT89X51.H>              /* 載入特殊功能暫存器定義檔 */

/*  ===========================  */
/*  =======    主 程 式    ======  */
/*  ===========================  */
main( )
{
  TMOD = 0x06;                    /* 令計數器 0 工作於模式 2 */
  TH0 = 256 - 5;                  /* 設定計數值，以便計數 5 次 */
  TL0 = 256 - 5;                  /* 設定計數值，以便計數 5 次 */
  EA = 1;                         /* 把「中斷的總開關」致能 */
  ET0 = 1;                        /* 把「計數器 0 中斷」致能 */
  TR0 = 1;                        /* 啓動計數器 0 */
  P1 = 0x00;                      /* 令所有的 LED 都亮 */
  while(1);                       /* 令程式停於此處 */
}

/*  ==============================  */
/*  ===  計數器 0 的中斷服務程式  ===   */
/*  ==============================  */
void counter0_int(void) interrupt 1
{
  P1 = ~ P1;                     /* 令 P1 反相 */
}
```

七、實習步驟

1. 編譯範例 E1202，然後把 E1202.hex 檔燒錄至 89S51 或 89C51。

   請注意！假如您的電腦中安裝的 Keil C51 是舊版的μVision **2**，請您把本書所有範例程式第一行的

   ```
   #include <AT89X51.H>
   ```

   改成

   ```
   #include <REGX51.H>
   ```

   否則組譯時會產生錯誤訊息，而無法得到燒錄檔。
2. 接妥 12-4 頁的圖 12-1-3 之電路。
3. 通上 5V 之直流電源。
4. 請不斷的按按鈕。
5. 是否每按 5 下按鈕，LED 的明滅狀態就反轉呢？　　答：________

Chapter 13

外部中斷之基礎實習

實習 13-1 接到外部中斷信號時改變輸出狀態

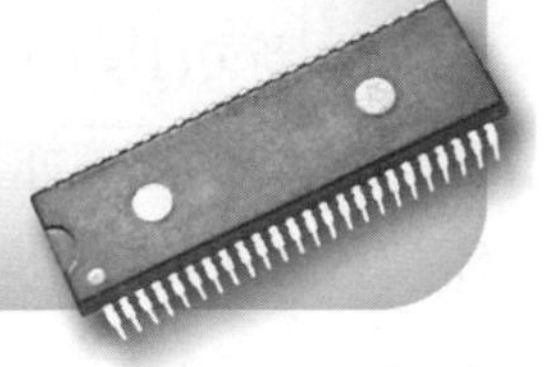

實習 13-1 接到外部中斷信號時改變輸出狀態

一、實習目的

了解外部中斷信號的作用。

二、動作情形

1. 平時：

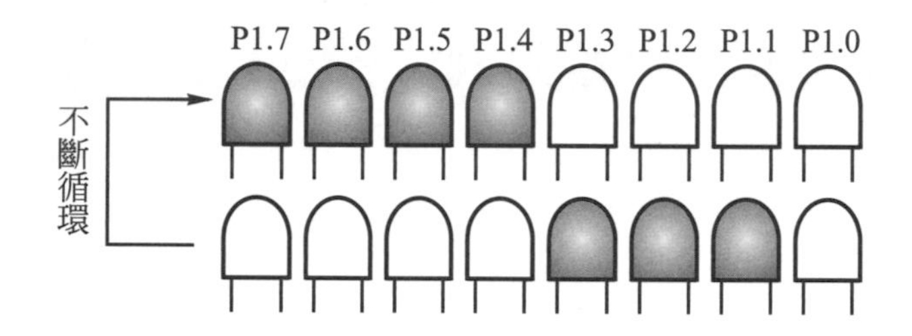

2. 接到外部中斷信號 $\overline{\text{INT0}}$ 時：

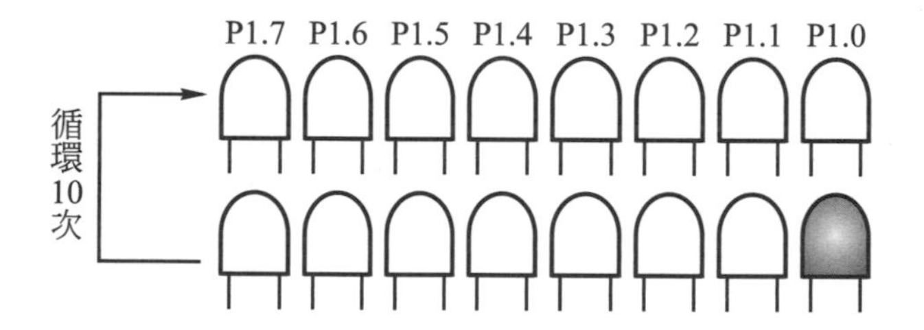

三、相關知識

1. 由圖 3-12-1 及表 4-7-1 可知：程式中若令 IT0 = 0，並令 EX0 = 1 及 EA = 1，則當接腳 $\overline{\text{INT0}}$ 的電位為低態時，CPU 會放下目前的工作而跳去位址 0x0003 執行程式(稱為中斷服務程式)。
2. 外部中斷 0($\overline{\text{INT0}}$)的服務程式一定要從位址 0x0003 開始存放，所以中斷函數的編號為 0，亦即中斷函數的名稱後面，必須是 **interrupt** 0。
3. 外部中斷信號 ($\overline{\text{INT0}}$ 或 $\overline{\text{INT1}}$) 一般皆用來處理緊急情況。
4. 由圖 2-3-1 可知：**接腳 $\overline{\text{INT0}}$ 就是接腳 P3.2**。

四、電路圖

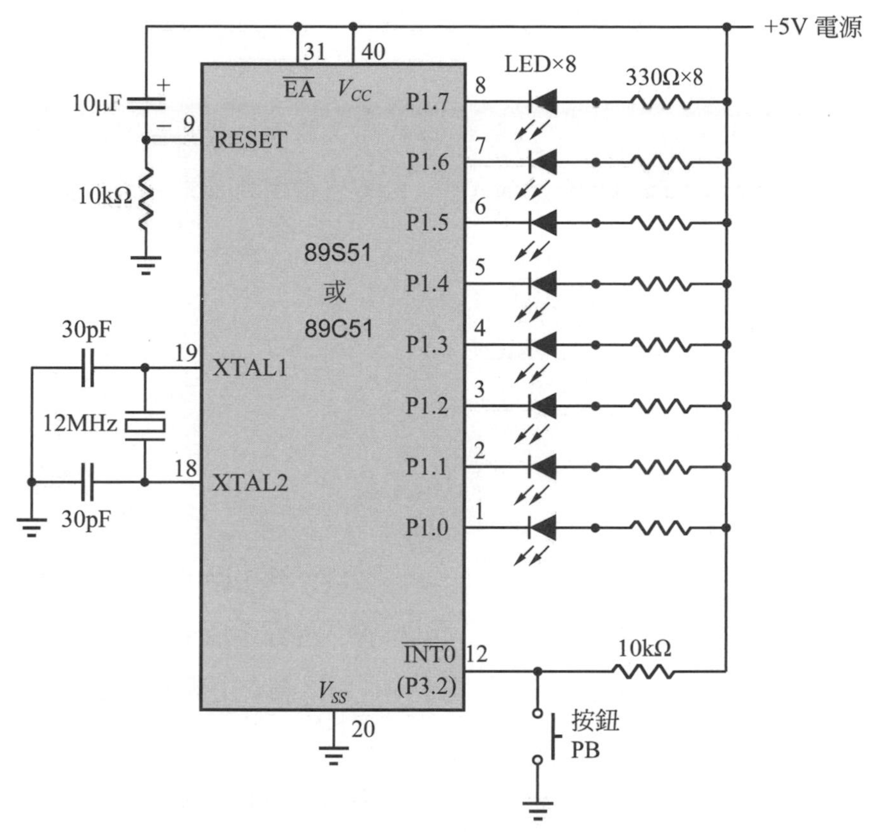

圖 13-1-1　外部中斷之基本接線

五、流程圖

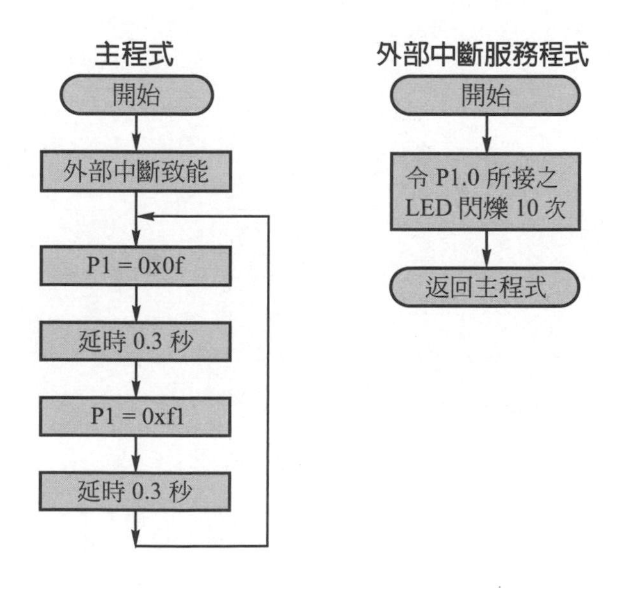

六、程式

【範例 E1301】

```
#include <AT89X51.H>                      /* 載入特殊功能暫存器定義檔 */
void delayms(unsigned int time); /* 宣告會用到delayms 副程式 */

/* =========================== */
/* =======   主 程 式   ====== */
/* =========================== */
main( )
{
   IT0 = 0;                               /* 設定外部中斷 0 為低準位動作 */
   EX0 = 1;                               /* 把「外部中斷 0」致能 */
   EA = 1;                                /* 把「中斷的總開關」致能 */

   while(1)                               /* 令燈光不斷閃爍 */
    {
     P1 = 0x0f;
     delayms(300);
     P1 = 0xf1;
     delayms(300);
    }
}

/* ============================    */
/* ===  外部中斷 0 的服務程式  ===  */
/* ============================    */
void int0(void) interrupt 0
```

```
{
  unsigned char k;
  for(k=0;   k<10;   k++)              /* 令 P1.0 所接的 LED 閃爍 10 次 */
    {
     P1 = 0xff;
     delayms(500);
     P1 = 0xfe;
     delayms(500);
    }
}

/*  ============================  */
/*  ==  延時 time × 1 ms 副程式 ==  */
/*  ============================  */
/* 本延時副程式，與【範例 E0901】完全一樣，於此不再詳細說明 */
void delayms(unsigned int time)
{
  unsigned int n;
  while(time > 0)
   {
    n = 120;
    while( n>0 )  n--;
    time--;
   }
}
```

七、實習步驟

1. 編譯範例 E1301，然後把 E1301.hex 檔燒錄至 89S51 或 89C51。

   請注意！假如您的電腦中安裝的 Keil C51 是舊版的μVision **2**，請您把本書所有範例程式第一行的

   ```
   #include <AT89X51.H>
   ```

   改成

   ```
   #include <REGX51.H>
   ```

   否則組譯時會產生錯誤訊息，而無法得到燒錄檔。

2. 請接妥圖 13-1-1 之電路。圖中之按鈕 PB 可採用 TACT 按鈕。
3. 通上 5V 之直流電源。
4. 燈光之變化情形如何？　　答：________
5. 按一下按鈕 PB，則燈光有何不同？　　答：________
6. 燈光會恢復爲第 3 步驟之變化情形嗎？　　答：________

Chapter 14

串列埠之基礎實習

實習 14-1　用串列埠來擴充輸出埠
實習 14-2　用串列埠單向傳送資料
實習 14-3　兩個 MCS-51 互相傳送資料
實習 14-4　多個 MCS-51 互相傳送資料

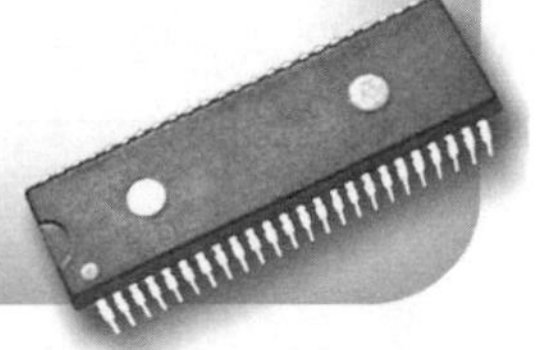

實習 14-1 用串列埠來擴充輸出埠

一、實習目的

1. 了解MCS-51的串列埠工作於模式0的用法。
2. 了解利用串列傳輸擴充輸出埠的方法。

二、相關知識

1. 當我們要將資料傳送到較遠的地方時，串列傳輸可幫我們節省大量的電線。本實習將利用MCS-51的串列埠配合一個編號74164的IC做資料的傳送。
2. MCS-51的串列埠被設定在模式0時，我們只要把8位元的資料寫入 SUBF內，即可將8位元的資料依照 bit0至bit7 之順序發射出去。詳見3-11-1節之說明。
3. 由圖3-11-1可知：令SM0 = 0，SM1 = 0，即可令串列埠工作於模式0。
4. 每當1 Byte = 8 bit的資料發射完畢時，會自動令發射中斷旗標TI = 1，告訴我們可以再發射新資料了。
5. 茲將74164說明於下：

   (1) 功能：
   - ① 是8位元的串入並出移位暫存器。
   - ② 主要用途是將所輸入之串列資料轉換成8位元的並列資料輸出。

   (2) 接腳：請見圖14-1-1。

   (3) 眞値表：請見表14-1-1。

   (4) 用法：
   - ① 若令$\overline{CLR}$接腳為0，則會使所有的輸出(Q_1～Q_8)都為0。
   - ② 假如令$\overline{CLR}$ = 1，則每個移位脈衝CK的正緣都會使資料向右移一位。即 $A \cdot B \rightarrow Q_1$，$Q_1 \rightarrow Q_2$，$Q_2 \rightarrow Q_3$，$Q_3 \rightarrow Q_4$，$Q_4 \rightarrow Q_5$，$Q_5 \rightarrow Q_6$，$Q_6 \rightarrow Q_7$，$Q_7 \rightarrow Q_8$。

     註：上述A · B表示A AND B，換句話說，74164的資料輸入端內部有一個AND gate將輸入資料A與B作邏輯AND。

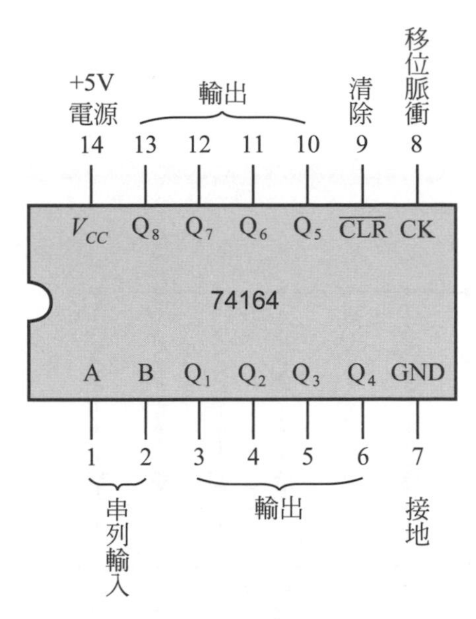

圖 14-1-1 74164 之頂視圖

表 14-1-1 74164 之真值表

清除	移位脈衝	輸入		輸出							
$\overline{CLR}$	CK	A	B	Q1	Q2	Q3	Q4	Q5	Q6	Q7	Q8
0	×	×	×	0	0	0	0	0	0	0	0
1	0	×	×	保持原狀							
1	↑	1	1	1	Q1	Q2	Q3	Q4	Q5	Q6	Q7
1	↑	0	×	0	Q1	Q2	Q3	Q4	Q5	Q6	Q7
1	↑	×	0	0	Q1	Q2	Q3	Q4	Q5	Q6	Q7
備註	↑＝由 0 變成 1，即正緣。 0 = LOW ＝低態。 1 = HIGH ＝高態。										

三、電路圖

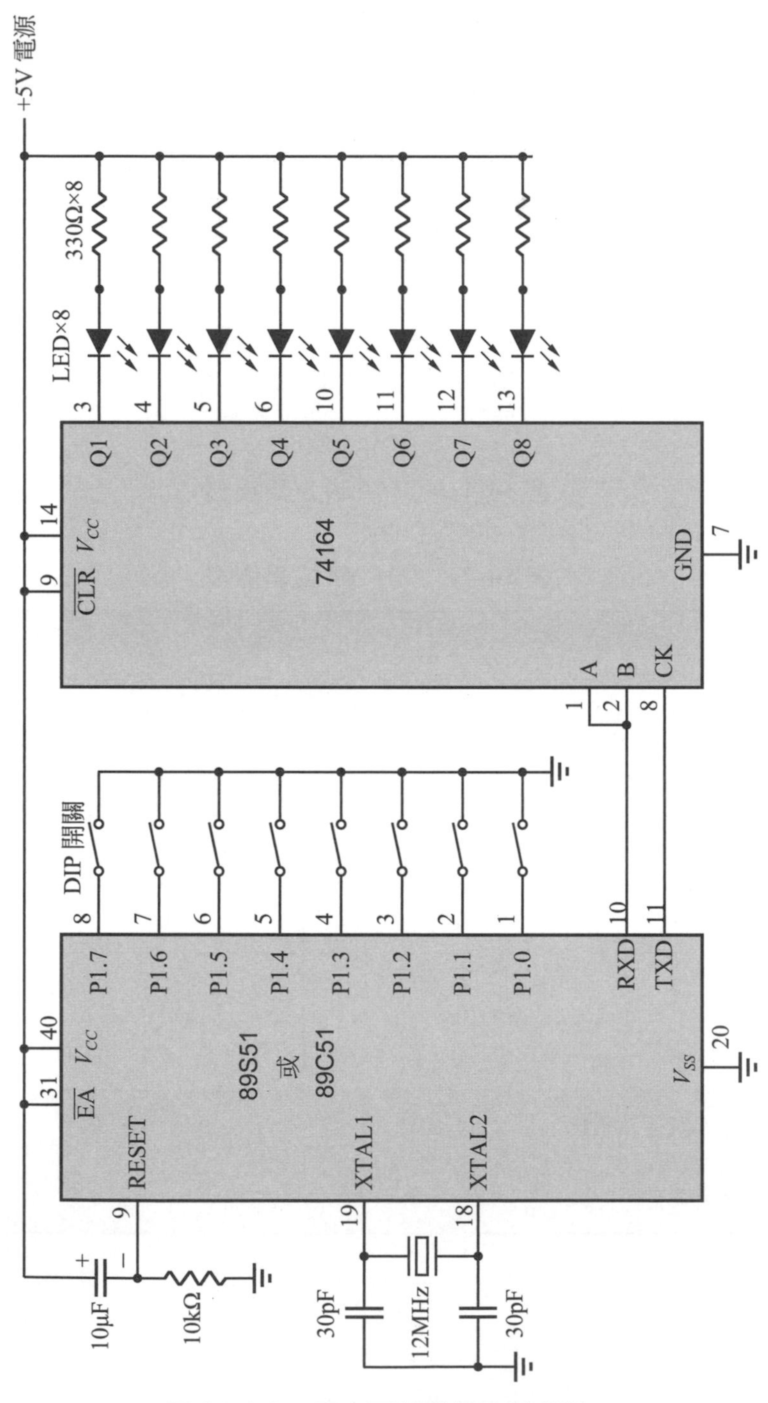

圖 14-1-2 用串列傳輸擴充輸出埠

四、動作情形

89S51或89C51的P1所接DIP開關的狀態，由74164上的LED顯示出來。開關ON的，對應的LED亮。開關OFF者，對應的LED熄滅。

五、流程圖

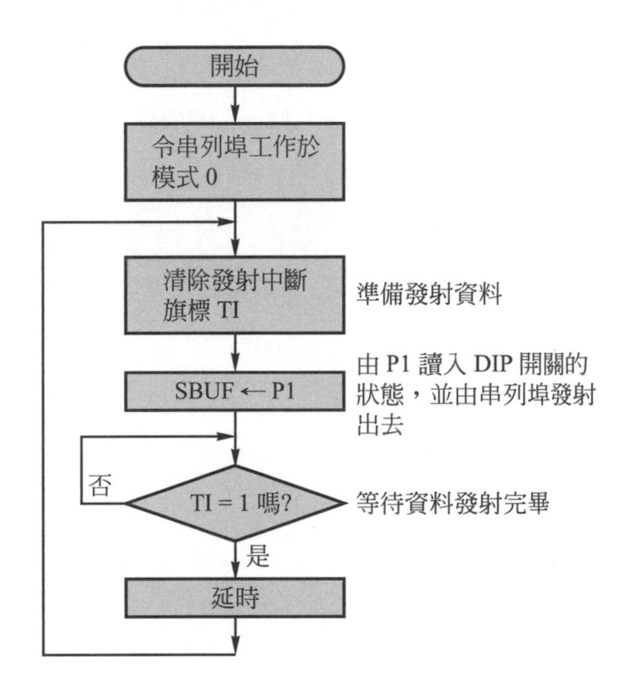

六、程式

【範例E1401】

```
#include <AT89X51.H>                    /* 載入特殊功能暫存器定義檔 */
void delayms(unsigned int time);        /* 宣告會用到 delayms 副程式 */


/*  ==========================  */
/*  =======   主 程 式   ======  */
/*  ==========================  */
```

```
main( )
{
  SCON = 0x00;                /* 設定串列埠爲模式 0 * /
  while(1)                    /* 重複執行下列敘述 * /
   {
     TI = 0;                  /* 準備發射資料 */
     SBUF= P1;                /* 將 P1 的資料發射出去 */
     while(TI==0);            /* 等待資料發射完畢 */
     delayms(100);            /* 延時 */
   }
}

/*  ==============================  */
/*  ==  延時 time × 1 ms 副程式  ==  */
/*  ==============================  */
/* 本延時副程式，與【範例 E0901】完全一樣，於此不再詳細說明 */
void delayms(unsigned int time)
{
  unsigned int n;
  while(time > 0)
   {
     n =120;
     while(n > 0) n--;
     time--;
   }
}
```

七、實習步驟

1. 編譯範例 E1401，然後把 E1401.hex 檔燒錄至 89S51 或 89C51。

   請注意！假如您的電腦中安裝的 Keil C51 是舊版的μVision **2**，請您把本書所有範例程式第一行的

   ```
   #include <AT89X51.H>
   ```

   改成

   ```
   #include <REGX51.H>
   ```

   否則組譯時會產生錯誤訊息，而無法得到燒錄檔。
2. 請接妥圖 14-1-2 之電路。
3. 通上 5V 之直流電源。
4. 改變 P1 上所接 DIP 開關的 ON、OFF 狀態，LED 能做相對應之顯示嗎？

   答：________

實習 14-2 用串列埠單向傳送資料

一、實習目的

了解令 MCS-51 的串列埠工作於模式 1 單向傳送資料的用法。

二、電路圖

1. 用串列埠傳輸資料之基本電路如圖 14-2-1 所示。
2. 假如您只有一個 89S51 或 89C51 或只有一部開發工具，可用 14-15 頁的圖 14-2-2 做實習。

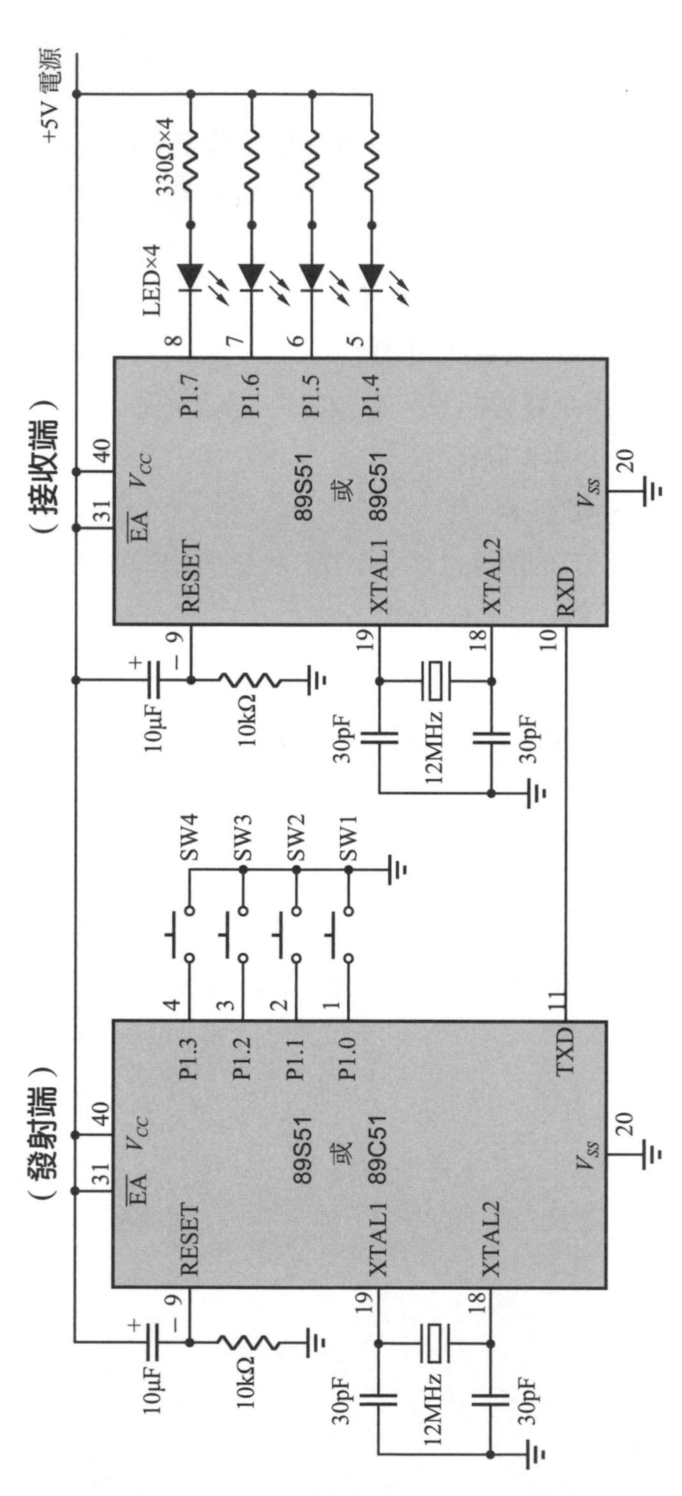

圖 14-2-1　用串列埠單向傳送資料之基本電路

三、動作情形

1. 按一下SW1則：

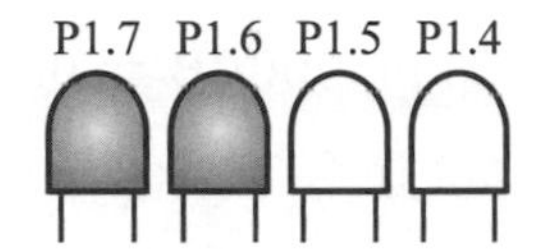

P1.7～P1.6亮

2. 按一下SW2則：

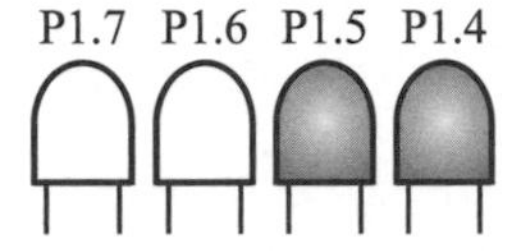

P1.5～P1.4亮

3. 按一下SW3則：

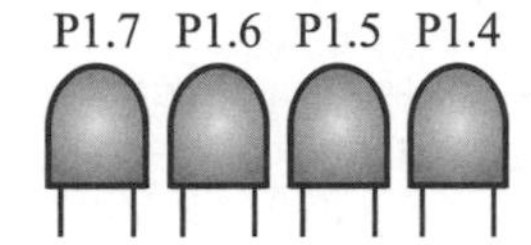

全部亮

4. 按一下SW4則：

全部熄滅

5. 若數個按鈕同時壓下，優先次序是SW1 → SW2 → SW3 → SW4。

四、相關知識

1. 規劃鮑率
   (1) 欲令計時器1工作於模式2，則由圖3-9-1可知需令TMOD＝**0010**0000B＝0x20。
   (2) 由3-11-5節得知串列埠工作於模式1及模式3時，計數器1的計數值

$$TH1 = 256 - \frac{2^{SMOD} \times \text{石英晶體的頻率}}{384 \times \text{鮑率}}$$

實習時採用SMOD＝0，鮑率＝1200，石英晶體＝12MHz，則

$$TH1 = 256 - \frac{12 \times 10^6}{384 \times 1200} = 256 - 26 = 230$$

   (3) 當TR1被設定為1時，計時器1即開始工作。
2. 發射端及接收端必須採用相同的鮑率。
3. 欲令MCS-51的串列埠工作於模式1，由圖3-11-1可知：

發射時需令　SCON = 0100 0000B = 0x40

接收時需令　SCON = 0111 0000B = 0x70

(註：發射兼接收時需令 SCON = 0111 0000B = 0x70)

4. 每當 8 位元的資料發射完畢時，會自動令 TI = 1。
5. 每當接收到 8 位元的資料時，會自動令 RI = 1。

五、發射端之流程圖

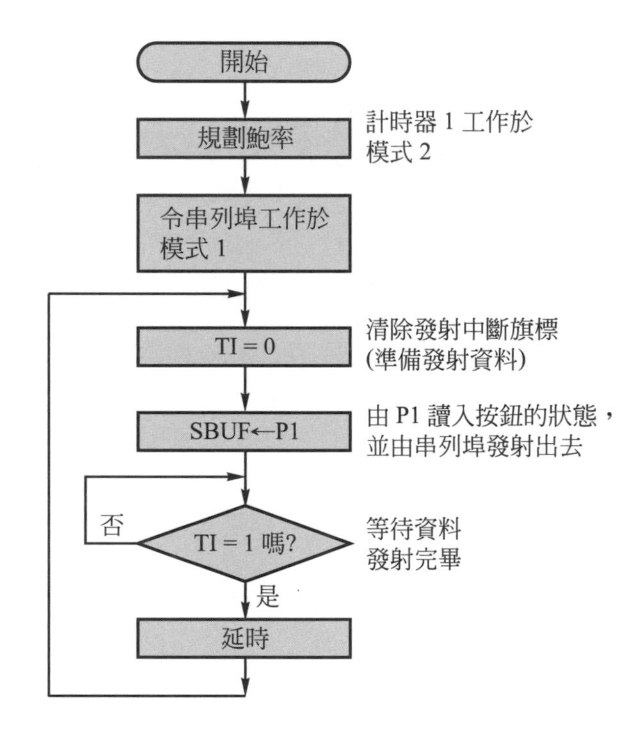

六、發射端之程式

【範例 E1402】

```
#include <AT89X51.H>                  /* 載入特殊功能暫存器定義檔 */
void delayms(unsigned int time);      /* 宣告會用到 delayms 副程式 */

/*  ==========================  */
/*  =======   主 程 式   ======  */
/*  ==========================  */
```

```
main( )
{

  /* ====  規 劃 鮑 率  ==== */
  TMOD = 0x20;                 /* 令計時器 1 工作於模式 2 */
  TH1 = 230;                   /* 設定計數值 */
  TL1 = 230;                   /* 設定計數值 */
  TR1 = 1;                     /* 啓動計時器 1 */

  /* ========  設定串列埠的模式  ======== */
  SCON = 0x40;                 /* 設定串列埠爲模式 1 */

  /* ====  發 射 資 料  ==== */
  while(1)                     /* 重複執行下列敘述 */
    {
      TI = 0;                  /* 準備發射資料 */
      SBUF = P1;               /* 將 P1 的資料發射出去 */
      while(TI==0);            /* 等待資料發射完畢 */
      delayms(100);            /* 延時 */
    }
}

/*  ============================  */
/*  ==  延時 time × 1 ms 副程式 ==  */
/*  ============================  */
/* 本延時副程式，與【範例 E0901】完全一樣，於此不再詳細說明 */
void delayms(unsigned int time)
{
  unsigned int n;
  while(time > 0)
    {
```

```
        n =120;
        while(n > 0)  n--;
        time--;
    }
}
```

七、接收端之流程圖

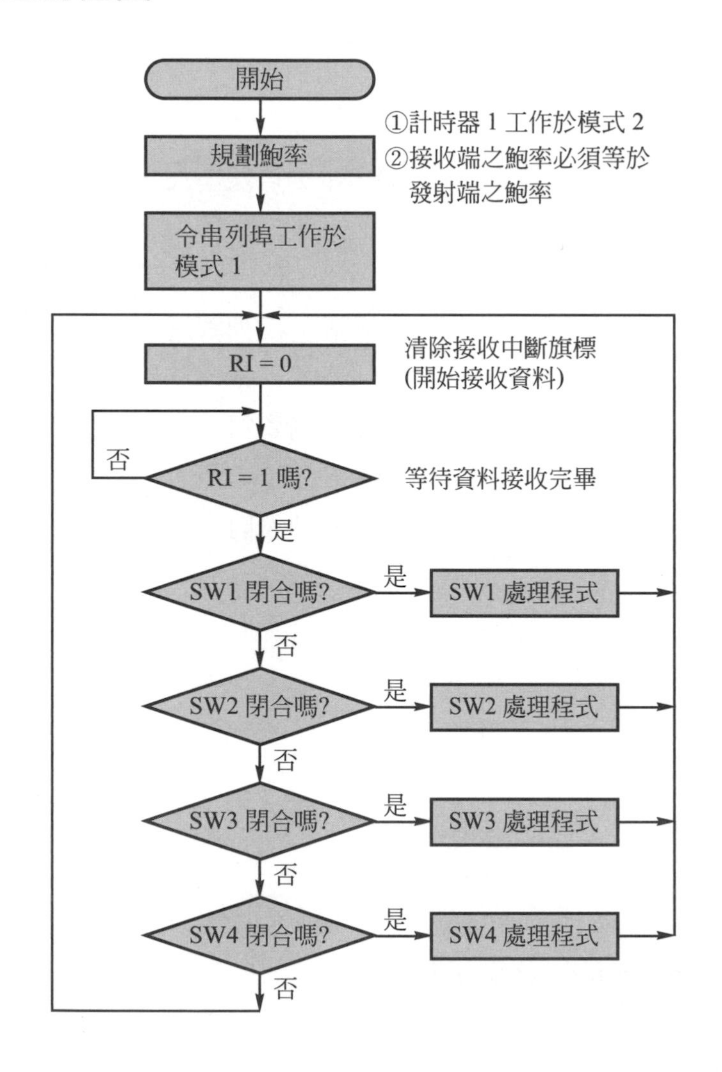

八、接收端之程式

【範例 E1403】

```
#include <AT89X51.H>              /* 載入特殊功能暫存器定義檔 */

main( )
{

  /* ========    規 劃 鮑 率  ======== */
  TMOD = 0x20;                    /* 令計時器 1 工作於模式 2 */
  TH1 = 230;                      /* 設定計數值 */
  TL1 = 230;                      /* 設定計數值 */
  TR1 = 1;                        /* 啓動計時器 1 */

  /* ========  設定串列埠的模式  ======== */
  SCON = 0x70;                    /* 設定串列埠爲模式 1 */

  while(1)                        /* 重複執行下列敘述 */
    {

      /* ========    接 收 資 料     ======== */
      RI = 0;                     /* 開始接收資料 */
      while(RI==0);               /* 等待資料接收完畢 */

      /* ====  依開關之狀態，執行相對應之輸出  ==== */
      if(SBUF==0xfe)              /* SW1 閉合之對應程式 */
         P1=0x3f;
      else if(SBUF==0xfd)         /* SW2 閉合之對應程式 */
         P1=0xcf;
      else if(SBUF==0xfb)         /* SW3 閉合之對應程式 */
         P1 = 0x0f;
      else if(SBUF==0xf7)         /* SW4 閉合之對應程式 */
```

```
        P1 = 0xff;
    }
}
```

九、實習步驟

1. **假如您有兩個 89S51 或 89C51 或開發工具，請如下實習**
   (1) 請接妥圖 14-2-1 之電路。
   (2) 範例 E1402 之程式編譯後燒錄至發射端之 89S51 或 89C51。
   (3) 範例 E1403 之程式編譯後燒錄至接收端之 89S51 或 89C51。
   (4) 請通上 5V 之直流電源。
   (5) 按一下 SW1 後，LED 之明滅情形如何？ 答：________
   (6) 按一下 SW2 後，LED 之明滅情形如何？ 答：________
   (7) 按一下 SW3 後，LED 之明滅情形如何？ 答：________
   (8) 按一下 SW4 後，LED 之明滅情形如何？ 答：________
2. **假如您只有一個 89S51 或 89C51 或只有一部開發工具，請如下實習**
   (1) 請接妥 14-15 頁的圖 14-2-2 之電路。
   (2) 請將 14-15 頁的範例 E1404 編譯後燒錄至 89S51 或 89C51。
   註：範例 E1404 是由範例 E1402 及範例 E1403 組合而成。
   (3) 請通上 5V 之直流電源。
   (4) 按一下 SW1 後，LED 之明滅情形如何？ 答：________
   (5) 按一下 SW2 後，LED 之明滅情形如何？ 答：________
   (6) 按一下 SW3 後，LED 之明滅情形如何？ 答：________
   (7) 按一下 SW4 後，LED 之明滅情形如何？ 答：________

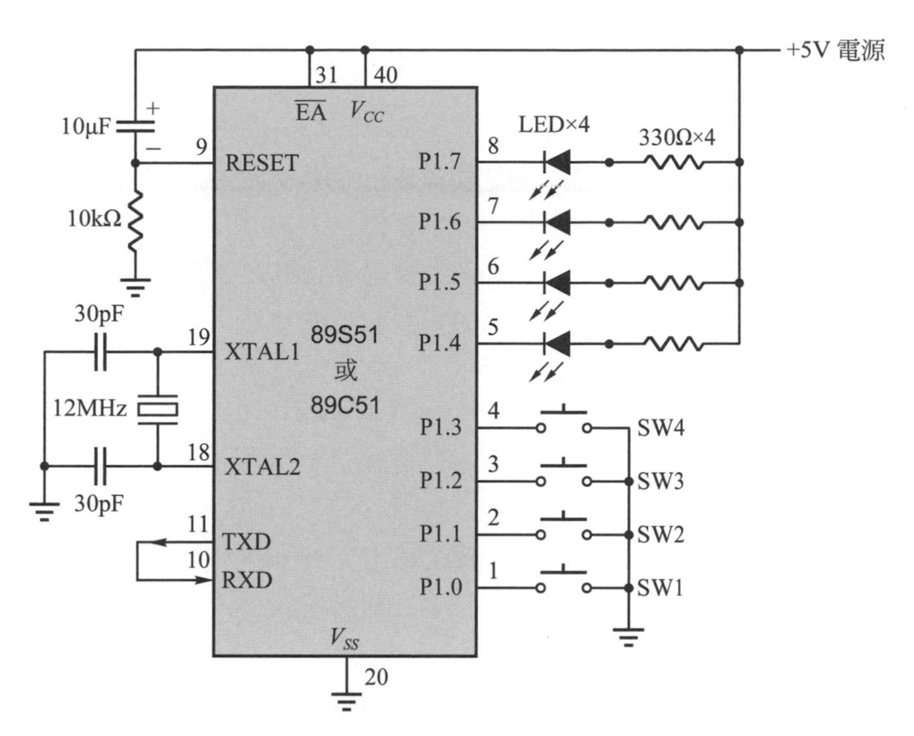

圖 14-2-2 只使用一個 89S51 或 89C51 做串列埠資料之傳送練習

【範例 E1404】

```
#include <AT89X51.H>        /* 載入特殊功能暫存器定義檔 */

main( )
{

 /* ========     規 劃 鮑 率   ======== */
 TMOD = 0x20;               /*  令計時器 1 工作於模式 2 */
 TH1 = 230;                 /*  設定計數值 */
 TL1 = 230;                 /*  設定計數值 */
 TR1 = 1;                   /*  啓動計時器 1 */

 /* ========  設定串列埠的模式   ======== */
 SCON = 0x70;               /* 設定串列埠爲模式 1 */

 while(1)                   /* 重複執行下列敘述 */
```

```
  {

    /* ========     發 射 資 料       ======== */
    RI = 0;                  /* 開始接收資料 */
    TI = 0;                  /* 準備發射資料 */
    SBUF = P1  |  0xf0;      /* 將按鈕的資料發射出去 */
    while(TI==0);            /* 等待資料發射完畢 */

    /* ========     接 收 資 料       ======== */
    while(RI==0);            /* 等待資料接收完畢 */

    /* ====  依開關之狀態，執行相對應之輸出  ==== */
    if(SBUF==0xfe)           /* SW1 閉合之對應程式 */
      P1= 0x3f;
    else if(SBUF==0xfd)      /* SW2 閉合之對應程式 */
      P1= 0xcf;
    else if(SBUF==0xfb)      /* SW3 閉合之對應程式 */
      P1= 0x0f;
    else if(SBUF==0xf7)      /* SW4 閉合之對應程式 */
      P1= 0xff;
    }
}
```

實習 14-3 兩個 MCS-51 互相傳送資料

一、實習目的

1. 了解兩個 MCS-51 工作於模式 1 互相傳送資料的方法。
2. 了解串列埠中斷的應用方法。

二、電路圖

1. 兩個 MCS-51 用串列埠互相傳送資料之基本電路，如圖 14-3-1 所示。

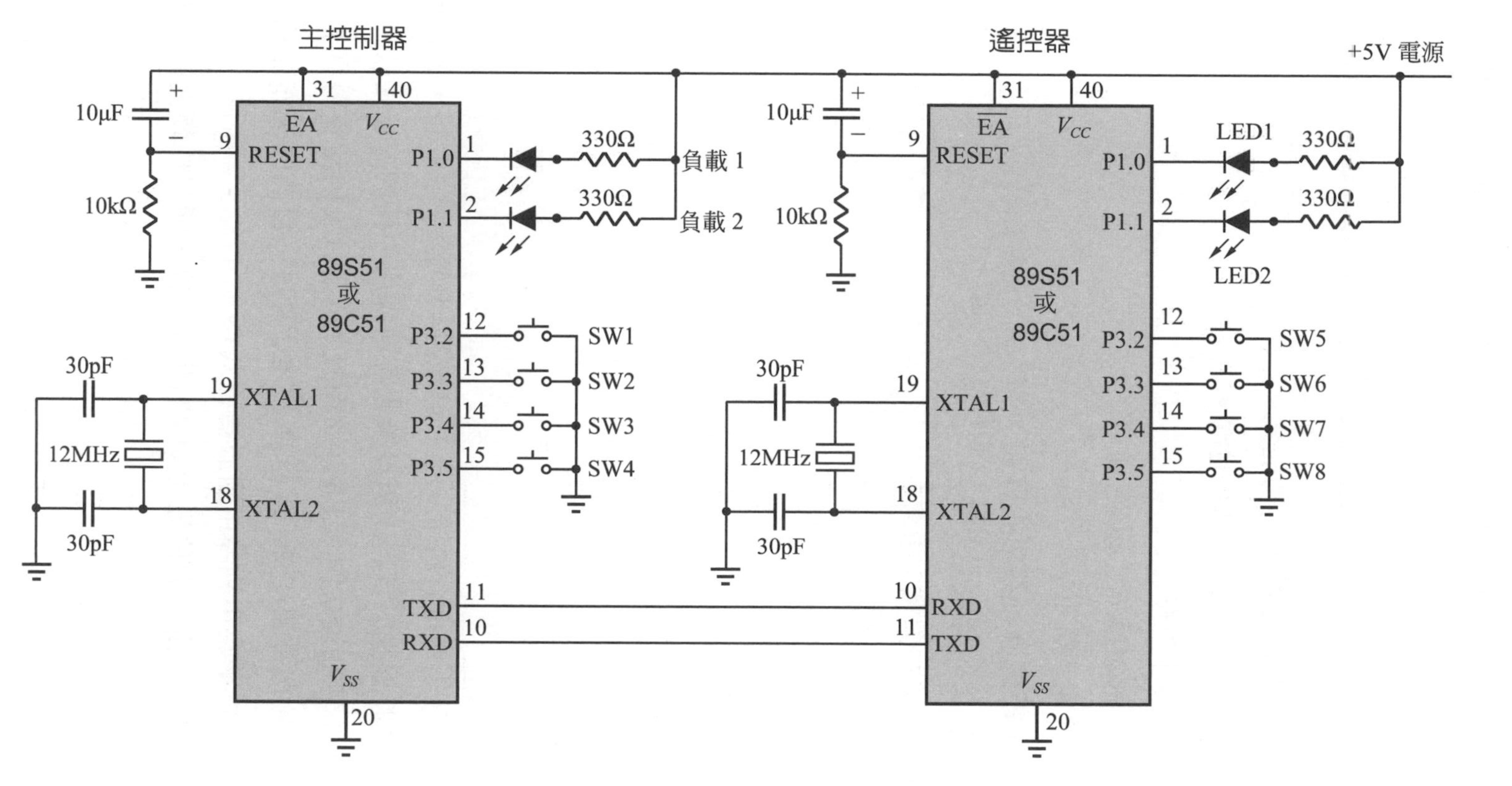

圖 14-3-1 用串列埠互傳資料之基本電路

註：實習時，爲節省時間，負載 1 與負載 2 是以 LED 串聯 330Ω電阻器模擬。若要實際接上負載，則需接上 SSR 或繼電器，請參考圖 5-2-7 與圖 5-2-8 之說明。

2. 實習時為節省時間，負載1與負載2是以LED串聯330Ω電阻器模擬。若要實際接上負載，則需接上SSR或繼電器，請參考圖5-2-7或圖5-2-8。

三、動作情形

1. 在二樓的客房有一個**主控制器**，其功能為：
   (1) 按鈕SW1可令負載1(例如：吊扇)通電。
   (2) 按鈕SW2可令負載1斷電。
   (3) 按鈕SW3可令負載2(例如：電燈)通電。
   (4) 按鈕SW4可令負載2斷電。
2. 在一樓客廳有一個**遙控器**，其功能為：
   (1) 按鈕SW5可令客房的負載1通電。
   (2) 按鈕SW6可令客房的負載1斷電。
   (3) 按鈕SW7可令客房的負載2通電。
   (4) 按鈕SW8可令客房的負載2斷電。
   (5) 指示燈LED1可以顯示負載1的通電情形。
   (負載1通電時LED1亮，負載1斷電時LED1熄。)
   (6) 指示燈LED2可以顯示負載2的通電情形。
   (負載2通電時LED2亮，負載2斷電時LED2熄。)

四、相關知識

1. 當兩個MCS-51在互相傳送資料時，己方可掌控何時該發射資料，但卻無法得知對方會在什麼時候送來資料，所以接收資料採用中斷的方法比較方便。
2. 由圖3-12-1可知：若在程式中令ES = 1而且EA = 1，則當資料發射完畢(即TI = 1)或資料接收完畢(即RI = 1)時，CPU會放下目前的工作而跳去位址0x0023執行程式(稱為串列埠中斷服務程式)。
3. 串列埠中斷服務程式一定要從位址0x0023開始存放，所以中斷函數的編號為4，亦即在中斷函數的名稱後面，必須是 **interrupt** 4。
4. 串列埠無論是發射中斷旗標TI = 1或接收中斷旗標RI = 1，都會產生中斷請求而跳去相同的位址(0x0023)執行中斷服務程式，所以我們必須在中斷服務程式中用指令來判斷產生中斷請求的到底是TI還是RI，然後才執行相對應的程式。

5. 在串列埠中斷服務程式中，我們必須自己用指令把引起中斷的旗標(TI或RI)清除爲0。

五、主控制器之流程圖

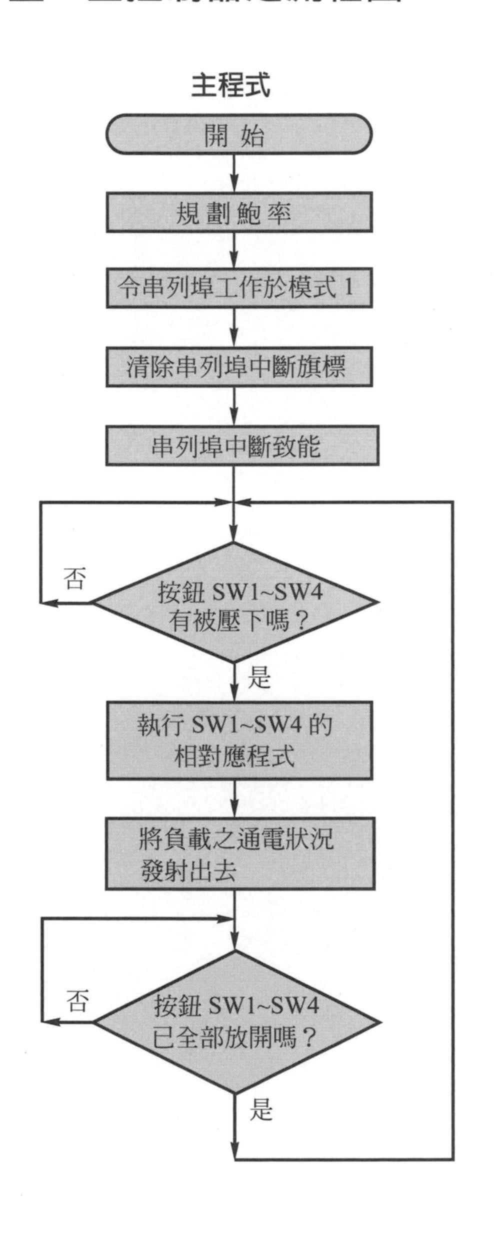

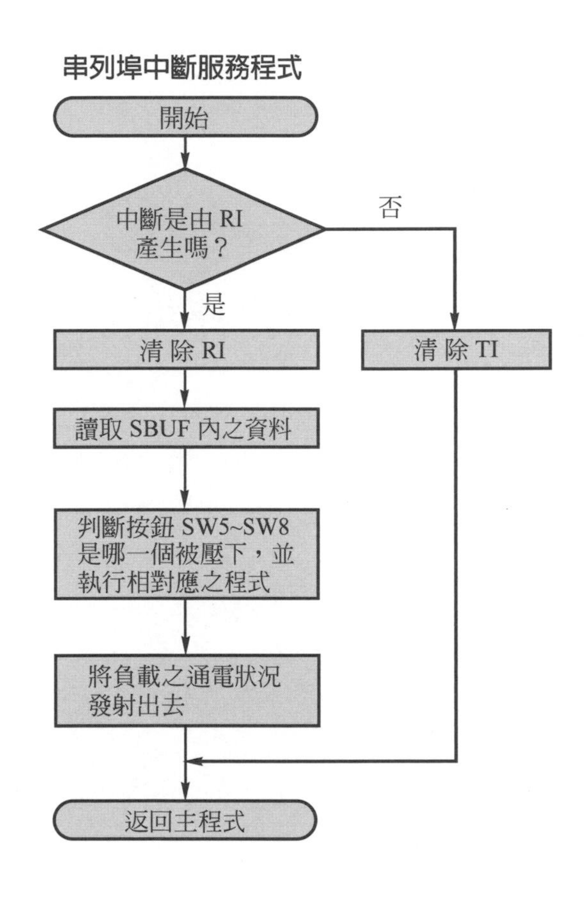

六、主控制器之程式

【範例 E1405】

```
#include <AT89X51.H>                    /* 載入特殊功能暫存器定義檔 */
void delayms(unsigned int time);        /* 宣告會用到 delayms 副程式 */

/*  ==============================  */
/*  ========    主 程 式    ========  */
/*  ==============================  */
main( )
{

  /*  =======  規 劃 鮑 率  =======  */
  TMOD = 0x20;                   /* 令計時器 1 工作於模式 2 */
  TH1 = 230;                     /* 設定計數值 */
  TL1 = 230;                     /* 設定計數值 */
  TR1 = 1;                       /* 啓動計時器 1 */

  /* ===  設定串列埠的模式，並令串列埠中斷致能  ==== */
  SCON = 0x70;                   /* 設定串列埠爲模式 1 */
  RI = 0;                        /* 開始接收資料 */
  TI = 0;                        /* 準備發射資料 */
  ES = 1;                        /* 把「串列埠中斷」致能 */
  EA = 1;                        /* 把「中斷的總開關」致能 */

  /* ===  依照被壓下的按鈕，執行相對應的敘述  === */
  while(1)                       /* 重複執行下列敘述 */
   {
     while(P3==0xff);            /* 等待按鈕被壓下 */

     /* ===  依照被壓下的按鈕，執行相對應的敘述  === */
     switch(P3)                  /* 依照 P3 的內容，執行相對應的敘述 */
```

```
  {
   case 0xfb:              /* 若按鈕 SW1 被壓下，則： */
       {
         P1_0 - 0;         /* 令負載 1 通電 * /
         SBUF = P1;        /* 將負載之通電狀況發射出去 */
         break;
       }

   case 0xf7:              /* 若按鈕 SW2 被壓下，則： */
       {
         P1_0 = 1;         /* 令負載 1 斷電 * /
         SBUF = P1;        /* 將負載之通電狀況發射出去 */
         break;
       }

   case 0xef:              /* 若按鈕 SW3 被壓下，則： */
       {
         P1_1 = 0;         /* 令負載 2 通電 */
         SBUF = P1;        /* 將負載之通電狀況發射出去 */
         break;
       }

   case 0xdf:              /* 若按鈕 SW4 被壓下，則： */
       {
         P1_1 = 1;         /* 令負載 2 斷電 *
         SBUF = P1;        /* 將負載之通電狀況發射出去 */
         break;
       }
  }

  delayms(100);            /* 延時 */
  while(P3 != 0xff);       /* 等待按鈕全部放開 */
```

```
    }
}

/*  ====================================  */
/*  =======   串列埠中斷服務程式   =======  */
/*  ====================================  */
void  scon_int (void) interrupt 4
{
 if(RI==1)                          /* 若有接收到資料，則： */
     {
      RI = 0;                       /* 把RI清除為0 */

       /* ===  依照被壓下的按鈕，執行相對應的敘述  === */

       switch(SBUF)                 /* 依照SBUF的內容，執行相對應的敘述 */
        {
         case 0xfb:                 /* 若按鈕SW5被壓下，則： */
             {
              P1_0 = 0;             /* 令負載1通電 * / 
              SBUF = P1;            /* 將負載之通電狀況發射出去 */
              break;
             }

         case 0xf7:                 /* 若按鈕SW6被壓下，則： */
             {
              P1_0 = 1;             /* 令負載1斷電 */
              SBUF = P1;            /* 將負載之通電狀況發射出去 */
              break;
             }

         case 0xef:                 /* 若按鈕SW7被壓下，則： */
             {
```

```
              P1_1 = 0;       /* 令負載 2 通電 */
              SBUF = P1;      /* 將負載之通電狀況發射出去 */
              break;
            }

        case 0xdf:            /* 若按鈕 SW8 被壓下，則: */
            {
              P1_1 = 1;       /* 令負載 2 斷電 * /
              SBUF = P1;      /* 將負載之通電狀況發射出去 */
              break;
            }
        }


     }
   else TI = 0 ;              /* 若沒有接收到資料，則把 TI 清除爲 0 */
}

/*  ============================  */
/*  ==  延時 time × 1 ms 副程式 ==  */
/*  ============================  */
/* 本延時副程式，與【範例 E0901】完全一樣，於此不再詳細說明 */
void  delayms(unsigned int time)
{
  unsigned int  n;
  while(time > 0)
   {
     n =120;
     while(n > 0)  n--;
     time--;
   }
}
```

七、遙控器之流程圖

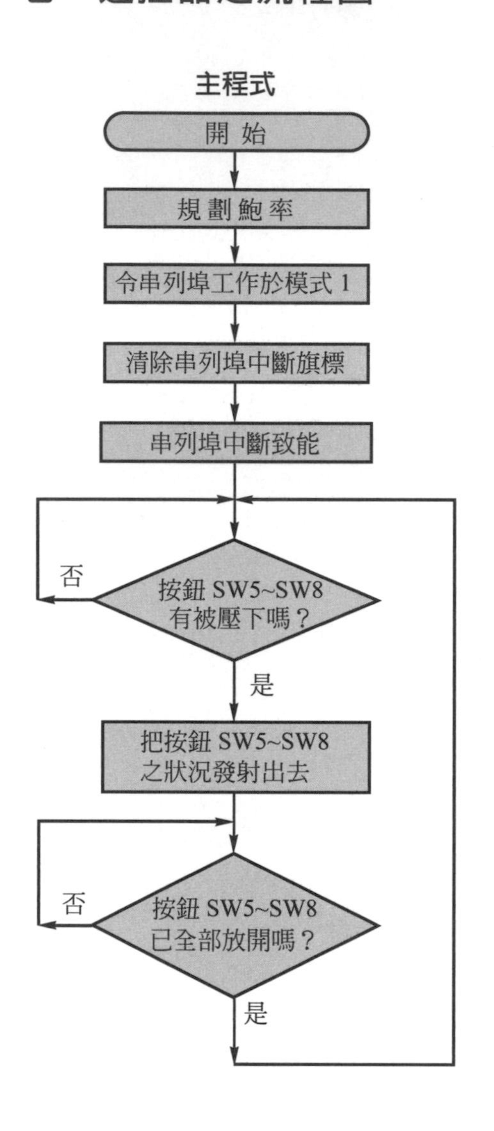

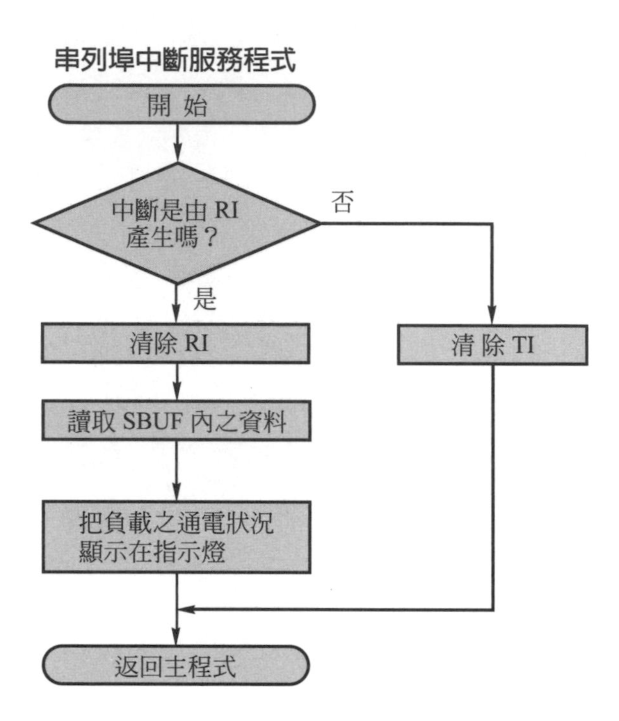

八、遙控器之程式

【範例 E1406】

```
#include <AT89X51.H>                    /* 載入特殊功能暫存器定義檔 */
void delayms(unsigned int time);        /* 宣告會用到delayms副程式 */


/*  ============================   */
```

```
/*  ========   主 程 式   =======  */
/*  =============================  */
main( )
{

  /*  =======  規 劃 鮑 率  =======  */
  TMOD = 0x20;                  /* 令計時器 1 工作於模式 2 */
  TH1 = 230;                    /* 設定計數值 */
  TL1 = 230;                    /* 設定計數值 */
  TR1 = 1;                      /* 啓動計時器 1  */

  /* ===  設定串列埠的模式，並令串列埠中斷致能   ==== */
  SCON = 0x70;                  /* 設定串列埠爲模式 1 */
  RI = 0;                       /* 開始接收資料 */
  TI = 0;                       /* 準備發射資料 */
  ES = 1;                       /* 把「串列埠中斷」致能 */
  EA = 1;                       /* 把「中斷的總開關」致能 */

  /* ===  不斷的把按鈕 SW5 至 SW8 之狀況發射出去   === */
  while(1)                      /* 重複執行下列敘述 */
    {
      while(P3 == 0xff);        /* 等待按鈕被壓下 */
      SBUF = P3;                /* 將按鈕之狀況發射出去 */

      delayms(100);             /* 延時 */
      while(P3 != 0xff);        /* 等待按鈕全部放開 */
    }
}

/*  ====================================  */
/*  =======   串列埠中斷服務程式   =======  */
/*  ====================================  */
```

```
void scon_int (void) interrupt 4
{
 if(RI==1)                          /* 若有接收到資料，則： */
    {
      RI = 0;                       /* 把 RI 清除為 0 */
      P1 = SBUF;                    /* 把通電狀況顯示在指示燈 */
    }
  else TI = 0 ;                     /* 若沒有接收到資料，則把 TI 清除為 0 */
}

/*  ============================  */
/*  ==  延時 time × 1 ms 副程式 ==   */
/*  ============================  */
/* 本延時副程式，與【範例 E0901】完全一樣，於此不再詳細說明 */
void  delayms(unsigned int time)
{
  unsigned int n;
  while(time > 0)
   {
     n = 120;
     while(n > 0)  n--;
     time--;
   }
}
```

九、實習步驟

1. 請接妥圖 14-3-1 之電路。圖中之按鈕 SW1～SW8 可採用 TACT 按鈕。
2. 範例 E1405 之程式編譯後燒錄至主控制器之 89S51 或 89C51。
3. 範例 E1406 之程式編譯後燒錄至遙控器之 89S51 或 89C51。
4. 請通上 5V 之直流電源。

5. 按一下SW1後，LED之明滅情形如何？ 答：________
   按一下SW2後，LED之明滅情形如何？ 答：________
6. 按一下SW3後，LED之明滅情形如何？ 答：________
   按一下SW4後，LED之明滅情形如何？ 答：________
7. 按一下SW5後，LED之明滅情形如何？ 答：________
   按一下SW6後，LED之明滅情形如何？ 答：________
8. 按一下SW7後，LED之明滅情形如何？ 答：________
   按一下SW8後，LED之明滅情形如何？ 答：________
9. 按一下SW1後，LED之明滅情形如何？ 答：________
   按一下SW6後，LED之明滅情形如何？ 答：________
10. 按一下SW3後，LED之明滅情形如何？ 答：________
    按一下SW8後，LED之明滅情形如何？ 答：________
11. 按一下SW5後，LED之明滅情形如何？ 答：________
    按一下SW2後，LED之明滅情形如何？ 答：________
12. 按一下SW7後，LED之明滅情形如何？ 答：________
    按一下SW4後，LED之明滅情形如何？ 答：________

實習 14-4 多個 MCS-51 互相傳送資料

一、實習目的

1. 了解MCS-51的串列埠工作於模式3的用法。
2. 了解多個MCS-51互相通訊的方法。

二、電路圖

1. 一個**主 MCS-51**與兩個**副 MCS-51**互相通訊之基本電路如圖14-4-1所示。
2. **1號副機**之位址碼爲**01**。
3. **2號副機**之位址碼爲**02**。

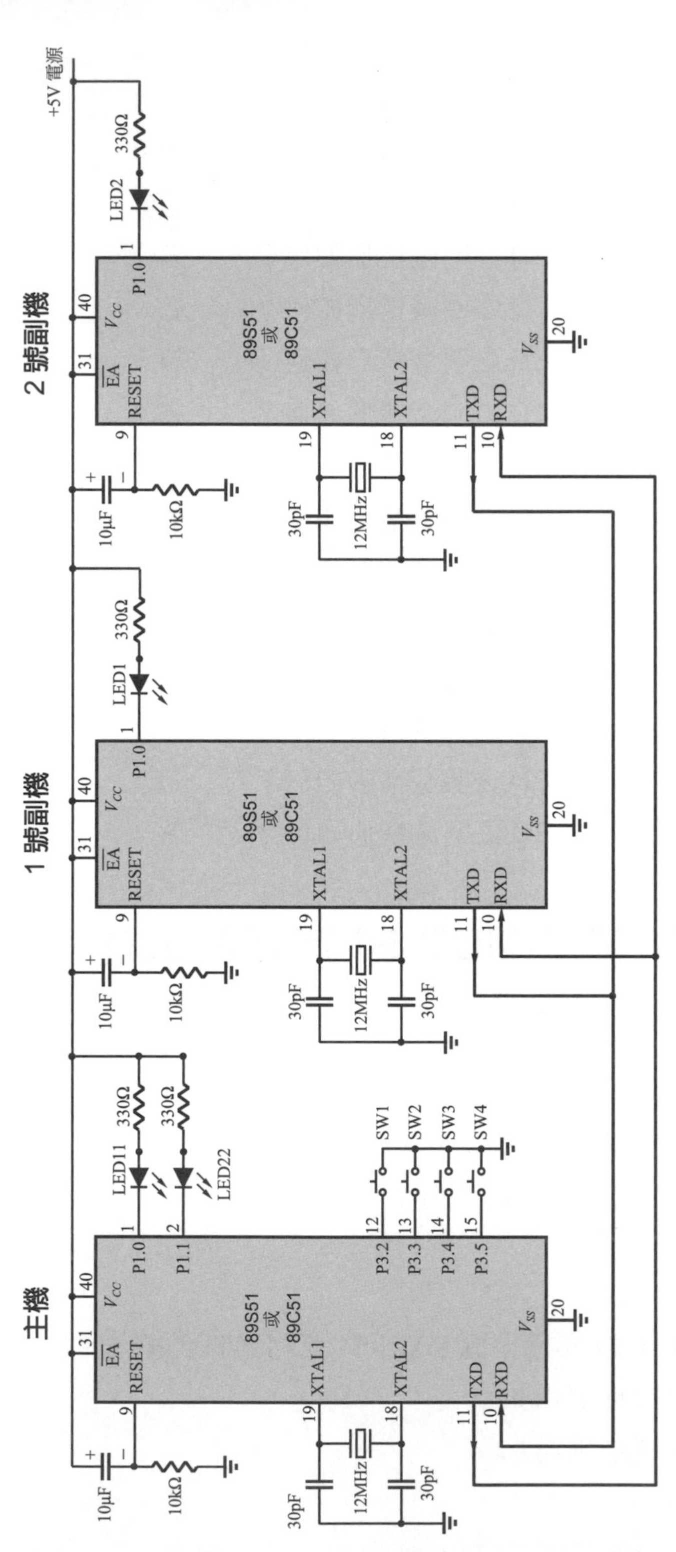

圖 14-4-1 多個 MCS-51 互相傳送資料之基本電路

三、動作情形

1. 按鈕 SW1 可令負載 LED1 通電。
2. 按鈕 SW2 可令負載 LED1 斷電。
3. 按鈕 SW3 可令負載 LED2 通電。
4. 按鈕 SW4 可令負載 LED2 斷電。
5. 指示燈 LED11 可以顯示 LED1 的通電情形。
   (LED1 亮時 LED11 亮，LED1 熄時 LED11 熄。)
6. 指示燈 LED22 可以顯示 LED2 的通電情形。
   (LED2 亮時 LED22 亮，LED2 熄時 LED22 熄。)

四、相關知識

1. MCS-51 的串列埠工作於模式 2 或模式 3，都具有多處理機通訊功能，可使一群 MCS-51 互相傳送資料。詳情請參考 3-11-6 節(第 3-35 頁至 3-37 頁)之說明。
2. 一群MCS-51 中，只有一個是主機，其餘各MCS-51 均為副機，副機的位址碼(即編號)可以是 0x00～0xFF(即 10 進位的 0～255)，因此最多可以有 256 個副機。
3. 為避免各副機互相干擾，所以開機後，所有的副機都處於**接收**狀態，被主機呼叫到的副機才可以**發射**資料。
4. MCS-51 利用接收端的 SM2 與發射端的 TB8 即可判斷所接收到的到底是位址碼或資料，請見表 14-4-1。

表 14-4-1　SM2 與 TB8 的用法

接收端	發射端	動　作　情　形
SM2 = **1**	TB8 = **1**	接收端可以接收到資料。人們將此時所接收到的資料定義為**位址碼**。
	TB8 = 0	接收端無法收到資料。
SM2 = **0**	TB8 = 1	接收端可以接收到資料。
	TB8 = **0**	接收端可以接收到**資料**。

五、主機之流程圖

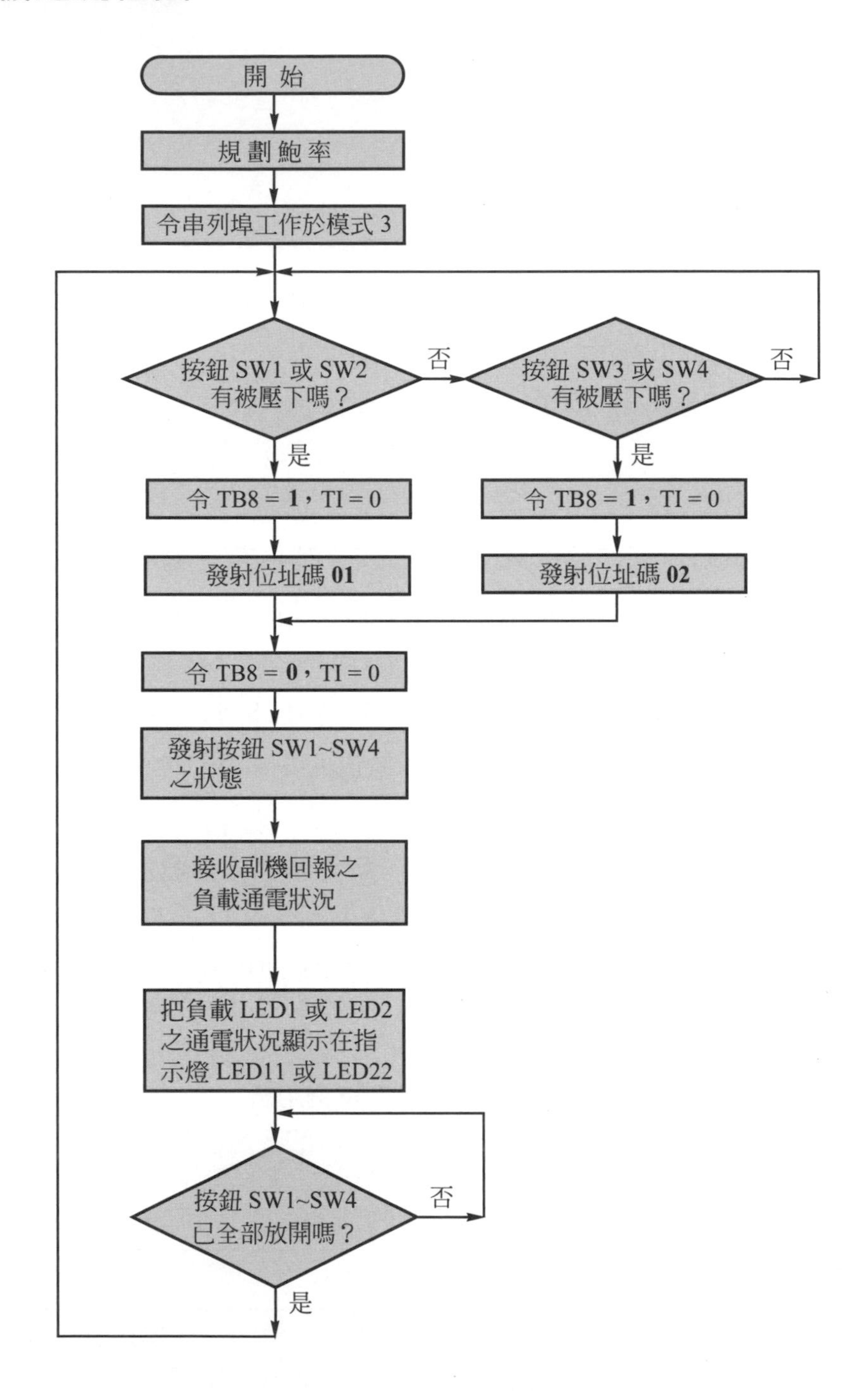
開 始
規劃鮑率
令串列埠工作於模式 3
按鈕 SW1 或 SW2
有被壓下嗎？
否
按鈕 SW3 或 SW4
有被壓下嗎？
否
是
是
令 TB8 = 1，TI = 0
令 TB8 = 1，TI = 0
發射位址碼 01
發射位址碼 02
令 TB8 = 0，TI = 0
發射按鈕 SW1~SW4
之狀態
接收副機回報之
負載通電狀況
把負載 LED1 或 LED2
之通電狀況顯示在指
示燈 LED11 或 LED22
按鈕 SW1~SW4
已全部放開嗎？
否
是

六、主機之程式

【範例 E1407】

```
#include <AT89X51.H>                    /* 載入特殊功能暫存器定義檔 */
void delayms(unsigned int time);        /* 宣告會用到delayms副程式 */
void comu1(void);                       /* 宣告會用到comu1副程式 */
void comu2(void);                       /* 宣告會用到comu2副程式 */

/*  ============================  */
/*  ========    主 程 式    =======  */
/*  ============================  */
main( )
{

  /*  =======  規 劃 鮑 率  =======  */
  TMOD = 0x20;                        /* 令計時器1工作於模式2 */
  TH1 = 230;                          /* 設定計數值 */
  TL1 = 230;                          /* 設定計數值 */
  TR1 = 1;                            /* 啓動計時器1 */

  /* ===  設定串列埠的工作模式  ==== */
  SCON = 0xd0;                        /* 設定串列埠爲模式3 */

  /* ===  依照被壓下的按鈕，與相對應的副機通訊  === */
  while(1)                            /* 重複執行下列敘述 */
    {
      while(P3==0xff);                /* 等待按鈕被壓下 */
      if(P3==0xfb) comu1( );          /* 若SW1被壓下則與1號副機通訊 */
```

```
        if(P3==0xf7) comu1( );    /* 若 SW2 被壓下則與 1 號副機通訊 */

        if(P3==0xef) comu2( );    /* 若 SW3 被壓下則與 2 號副機通訊 */
        if(P3==0xdf) comu2( );    /* 若 SW4 被壓下則與 2 號副機通訊 */

        delayms(100);             /* 延時 */
        while(P3 != 0xff);        /* 等待按鈕全部放開 */
     }
}

/*  ================================  */
/*  =======    與 1 號副機通訊    =======  */
/*  ================================  */
void comu1(void)
{

   /*  =======  發射位址碼 1  =======  */
   TB8 = 1;                       /* 要發射的是位址碼 */
   TI = 0;                        /* 準備發射位址碼 */
   SBUF = 1;                      /* 發射位址碼 1 */
   while(TI==0);                  /* 等待發射完畢 */
   delayms(10);                   /* 延時 * /

   /*  =======  發射按鈕之狀況  =======  */
   TB8 = 0;                       /* 要發射的是資料 */
   TI = 0;                        /* 準備發射資料 */
   SBUF = P3;                     /* 發射 P3 之狀況 */
   while(TI==0);                  /* 等待發射完畢 */
```

```
  /*  ===  接收副機回報之 LED1 通電狀況  ===  */
  RI = 0;                          /* 開始接收資料 */
  while(RI==0);                    /* 等待資料接收完畢 */

  /*  ===  把 LED1 之通電狀況顯示在 LED11  ===  */
  if(SBUF==0xfe)  P1_0 = 0;        /* 若 LED1 亮則令 LED11 亮 */
  else  P1_0 = 1;                  /* 否則令 LED11 熄 */

}

/*  ================================  */
/*  =======  與 2 號副機通訊  =======  */
/*  ================================  */
void comu2(void)
{

  /*  =======  發射位址碼 2  =======  */
  TB8 = 1;                         /* 要發射的是位址碼 */
  TI = 0;                          /* 準備發射位址碼 */
  SBUF = 2;                        /* 發射位址碼 2 */
  while(TI==0);                    /* 等待發射完畢 */
  delayms(10);                     /* 延時 */

  /*  =======  發射按鈕之狀況  =======  */
  TB8 = 0;                         /* 要發射的是資料 */
  TI = 0;                          /* 準備發射資料 */
  SBUF = P3;                       /* 發射 P3 之狀況 */
```

```
  while(TI==0);                    /* 等待發射完畢 */

  /*  ===  接收副機回報之 LED2 通電狀況  ===  */
  RI = 0;                          /* 開始接收資料 */
  while(RI==0);                    /* 等待資料接收完畢 */

  /*  ===  把 LED2 之通電狀況顯示在 LED22  ===  */
  if(SBUF==0xfe)  P1_1 = 0;        /* 若 LED2 亮則令 LED22 亮 */
  else  P1_1 = 1;                  /* 否則令 LED22 熄 */

}

/*  ==============================  */
/*  ==  延時 time × 1 ms 副程式 ==  */
/*  ==============================  */
/* 本延時副程式，與【範例 E0901】完全一樣，於此不再詳細說明 */
void delayms(unsigned int time)
{
  unsigned int n;
  while(time > 0)
   {
     n=120;
     while(n > 0)  n--;
     time--;
   }
}
```

七、1號副機之流程圖

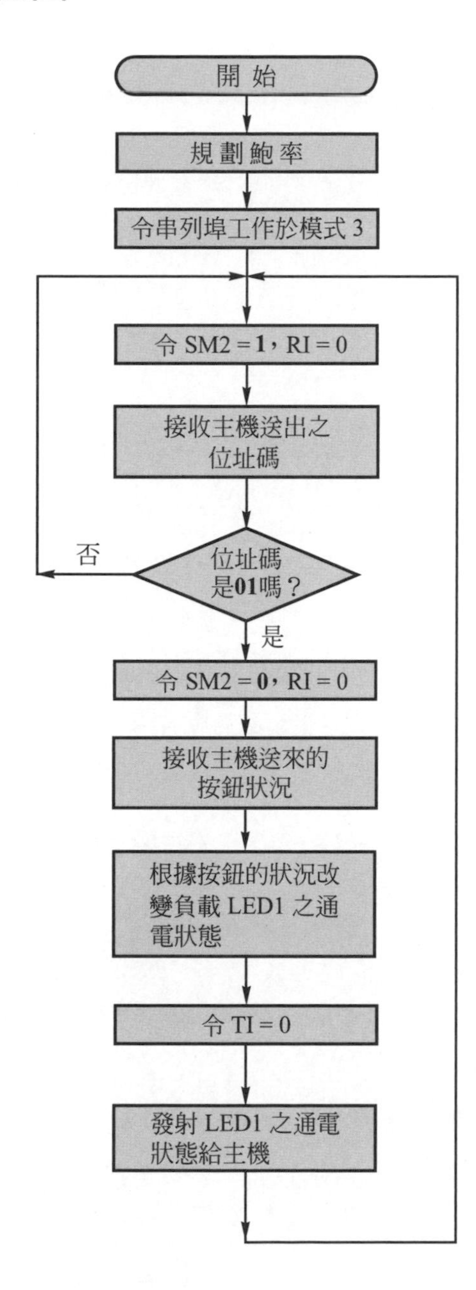
開 始
規劃鮑率
令串列埠工作於模式 3
令 SM2 = 1，RI = 0
接收主機送出之位址碼
位址碼是01嗎？
否
是
令 SM2 = 0，RI = 0
接收主機送來的按鈕狀況
根據按鈕的狀況改變負載 LED1 之通電狀態
令 TI = 0
發射 LED1 之通電狀態給主機

八、1號副機之程式

【範例 E1408】

```
#include <AT89X51.H>                    /* 載入特殊功能暫存器定義檔 */

main( )
{

  /*  =======  規 劃 鮑 率  =======  */
  TMOD = 0x20;                          /* 令計時器 1 工作於模式 2 */
  TH1 = 230;                            /* 設定計數值 */
  TL1 = 230;                            /* 設定計數值 */
  TR1 = 1;                              /* 啓動計時器 1 */

  /* ===  設定串列埠的工作模式  ==== */
  SCON = 0xd0;                          /* 設定串列埠爲模式 3 */

  while(1)                              /* 重複執行下列敘述 */
   {

     /*  =======  接收位址碼  =======  */
     SM2 = 1;                           /* 要接收的是位址碼 */
     RI = 0;                            /* 開始接收位址碼 */
     while(RI==0);                      /* 等待接收完畢 */

     if(SBUF==1)                        /* 若接收的位址碼爲 1 則： */
       {
```

```
        /*  =======  接收資料  =======  */
        SM2 = 0;                        /* 要接收的是資料 */
        RI = 0;                         /* 開始接收資料 */
        while(RI==0);                   /* 等待資料接收完畢 */

        /* ===  依照被壓下的按鈕，執行相對應的敘述  === */
        if(SBUF==0xfb) P1_0 = 0;    /* 若 SW1 壓下則令 LED1 亮 */
        if(SBUF==0xf7) P1_0 = 1;    /* 若 SW2 壓下則令 LED1 熄 */

        /*  ===  回報 LED1 之通電狀況  ===  */
        TI = 0;                         /* 準備發射資料 */
        SBUF = P1;                      /* 發射 P1 之狀況 */
        while(TI==0);                   /* 等待發射完畢 */

      }
   }
}
```

九、2 號副機之流程圖

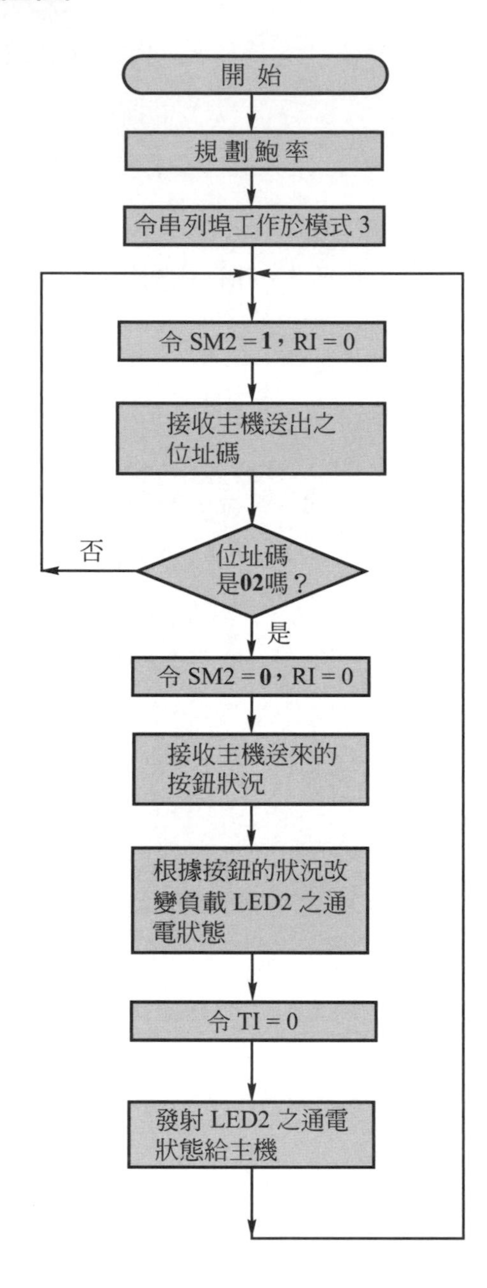
開 始
規 劃 鮑 率
令串列埠工作於模式 3
令 SM2 = 1，RI = 0
接收主機送出之
位址碼
否
位址碼
是02嗎？
是
令 SM2 = 0，RI = 0
接收主機送來的
按鈕狀況
根據按鈕的狀況改
變負載 LED2 之通
電狀態
令 TI = 0
發射 LED2 之通電
狀態給主機

十、2號副機之程式

【範例 E1409】

```
#include <AT89X51.H>                      /* 載入特殊功能暫存器定義檔 */

main( )
{

  /*  =======  規 劃 鮑 率  ======= */
  TMOD = 0x20;                            /* 令計時器 1 工作於模式 2 */
  TH1 = 230;                              /* 設定計數值 */
  TL1 = 230;                              /* 設定計數值 */
  TR1 = 1;                                /* 啓動計時器 1 */

  /* ===  設定串列埠的工作模式  ==== */
  SCON = 0xd0;                            /* 設定串列埠爲模式 3 */

  while(1)                                /* 重複執行下列敘述 */
   {

     /*  =======  接收位址碼  ======= */
     SM2 = 1;                             /* 要接收的是位址碼 */
     RI = 0;                              /* 開始接收位址碼 */
     while(RI==0);                        /* 等待接收完畢 */

     if(SBUF==2)                          /* 若接收的位址碼爲 2 則： */
       {

         /*  =======  接收資料  ======= */
         SM2 = 0;                         /* 要接收的是資料 */
         RI = 0;                          /* 開始接收資料 */
```

```
        while(RI==0);                   /* 等待資料接收完畢 */

        /* ===  依照被壓下的按鈕，執行相對應的敘述  === */
        if(SBUF==0xef) P1_0 = 0;        /* 若 SW3 壓下則令 LED2 亮 */
        if(SBUF==0xdf) P1_0 = 1;        /* 若 SW4 壓下則令 LED2 熄 */

        /*  ===  回報 LED2 之通電狀況  ===  */
        TI = 0;                         /* 準備發射資料 */
        SBUF = P1;                      /* 發射 P1 之狀況 */
        while(TI==0);                   /* 等待發射完畢 */

      }
   }
}
```

十一、實習步驟

1. 請接妥圖 14-4-1 之電路。
2. 範例 E1407 之程式編譯後燒錄至**主機**之 89S51 或 89C51。
3. 範例 E1408 之程式編譯後燒錄至**1 號副機**之 89S51 或 89C51。
4. 範例 E1409 之程式編譯後燒錄至**2 號副機**之 89S51 或 89C51。
5. 請通上 5V 之直流電源。
6. 按一下 SW1 後，LED1 亮或熄？ 答：________
   LED11 亮或熄？ 答：________
7. 按一下 SW2 後，LED1 亮或熄？ 答：________
   LED11 亮或熄？ 答：________
8. 按一下 SW3 後，LED2 亮或熄？ 答：________
   LED22 亮或熄？ 答：________
9. 按一下 SW4 後，LED2 亮或熄？ 答：________
   LED22 亮或熄？ 答：________
10. 請以任意順序按 SW1～SW4 各按鈕，觀察燈光之點滅情形。

3 篇

基礎電機控制實習

第 15 章　電動機之起動與停止

第 16 章　電動機之正逆轉控制

第 17 章　三相感應電動機之 Y-△自動起動

第 18 章　順序控制

第 19 章　電動門

第 20 章　單按鈕控制電動機之起動與停止

Chapter 15

電動機之起動與停止

一、實習目的

1. 了解以微電腦產生自保持功能的方法。
2. 了解以微電腦控制電動機之介面電路。

二、電工圖

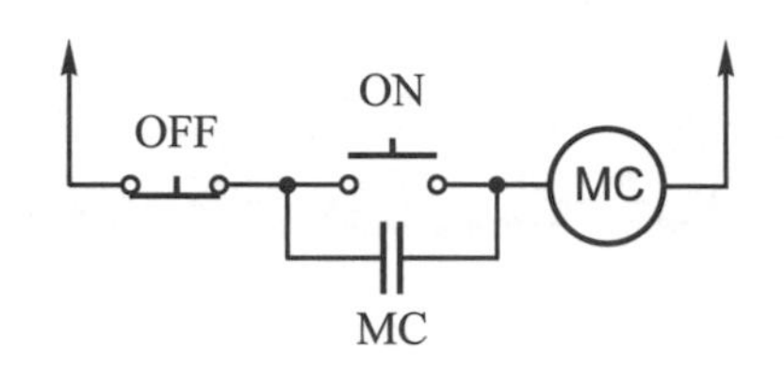

圖 15-1 電動機起動與停止之電工圖

說明：

1. 圖中的(MC)是電磁接觸器。
2. 通電時(MC)斷電。
3. 壓下 ON 按鈕時(MC)通電，放開 ON 按鈕時(MC)保持通電。
4. 壓下 OFF 按鈕時(MC)斷電，放開 OFF 按鈕時(MC)保持斷電。

三、微電腦控制接線圖

如圖 15-2 所示。

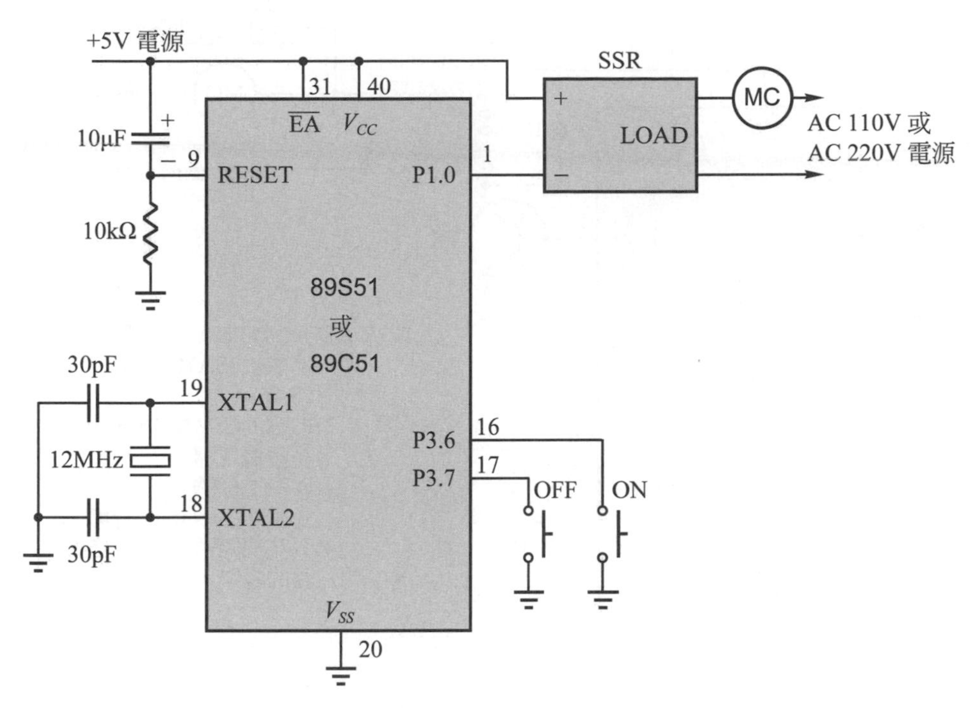

圖 15-2 電動機起動與停止之微電腦接線圖

四、相關知識

1. 微電腦的輸出埠沒有直接驅動高壓負載的能力，所以在圖 15-2 中使用了固態電驛 SSR。
2. 除了如圖 15-2 所示用固態電驛SSR驅動負載之外，您也可以如圖 15-3 所示用繼電器驅動負載。
3. 實習時，若爲節省時間，可如圖 15-4 所示，用 LED 串聯 330Ω之電阻器代替負載。LED 亮表示負載通電，LED 熄滅表示負載斷電。

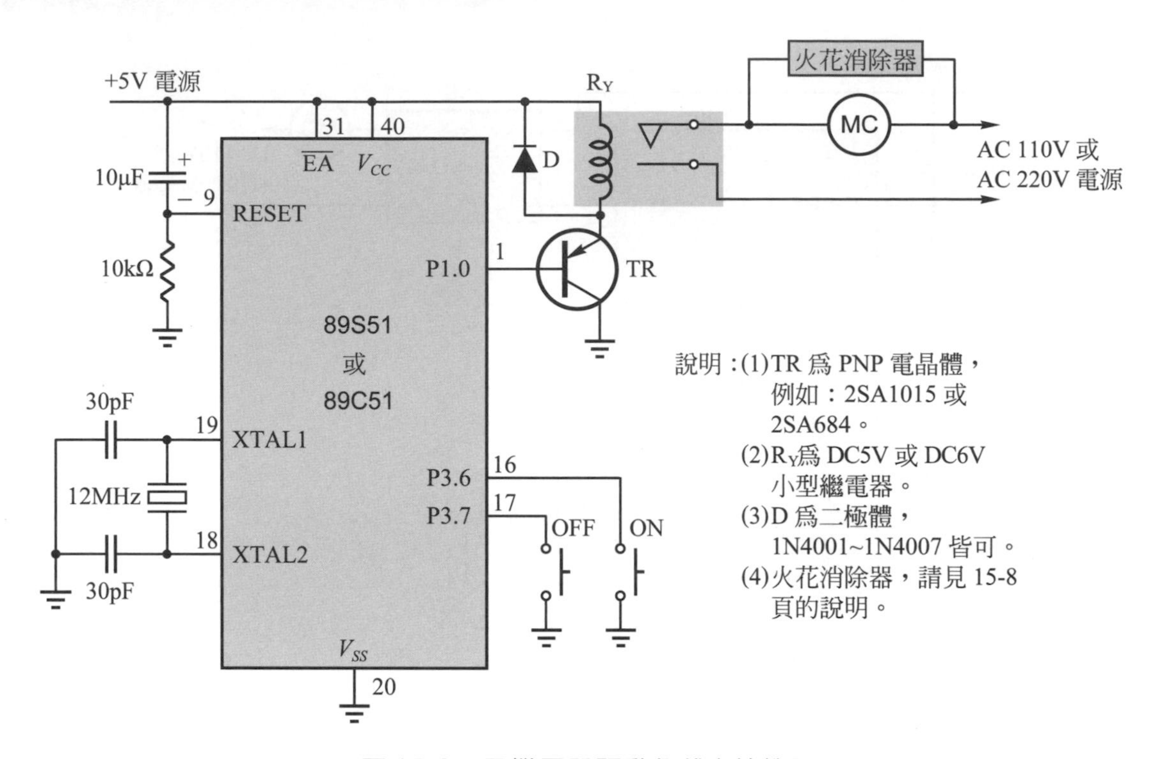

圖 15-3 用繼電器驅動負載之接線圖

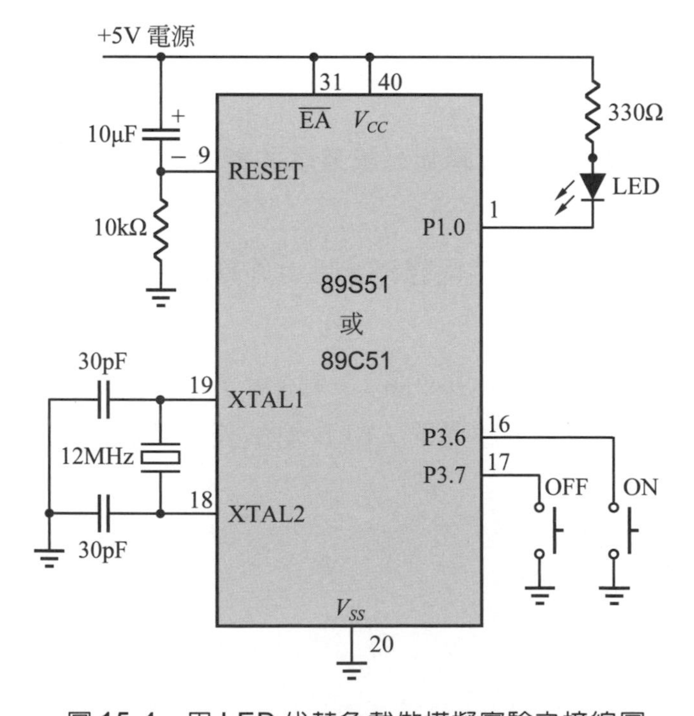

圖 15-4 用 LED 代替負載做模擬實驗之接線圖

4. 在傳統的電機控制中，OFF 按鈕必須採用常閉接點，其他按鈕則使用常開接點，在一些特殊的場合甚至必須採用雙層按鈕才可以，而在微電腦控制中則一律採用**常開**接點接在輸入埠即可，這也是微電腦控制的優點之一。

五、流程圖

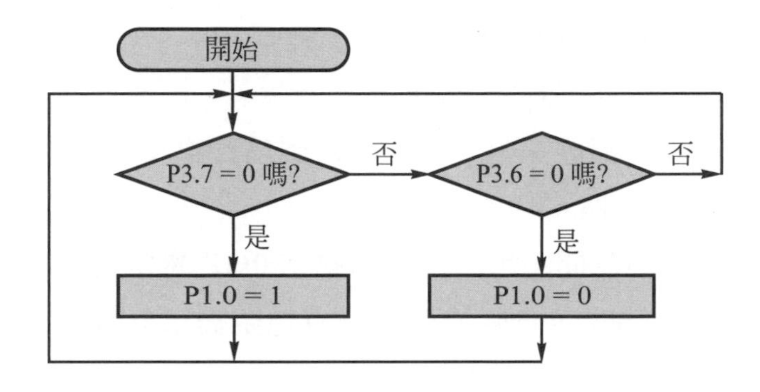

六、程式

【範例 E1501】

```
#include <AT89X51.H>              /* 載入特殊功能暫存器定義檔 */


main( )
{
  while (1)                       /* 重複執行下列敘述 */
   {
    if ( P3_7 == 0 )              /* 如果 OFF 按鈕被壓下，則 */
         P1_0 = 1;                /* 令負載斷電 */



    else if ( P3_6 ==0 )          /* 如果 ON 按鈕被壓下，則 */
         P1_0 = 0;                /* 令負載通電 */


   }
}
```

七、實習步驟

1. 範例 E1501 編譯後燒錄至 89S51 或 89C51。

   請注意！假如您的電腦中安裝的 Keil C51 是舊版的μVision **2**，請您把本書所有範例程式第一行的

   `#include <AT89X51.H>`

   改成　`#include <REGX51.H>`

   否則組譯時會產生錯誤訊息，而無法得到燒錄檔。

2. 請接妥圖 15-2 之電路。

   實習時，若為節省時間，可用LED串聯 330Ω之電阻器代替負載，如圖 15-4 所示接線，LED 亮表示負載通電，LED 熄滅表示負載斷電。

   注意！所用按鈕皆為**常開**接點。

3. 通上 5V 之直流電源。
4. 按下 ON 按鈕時，負載是否通電？　　答：________
5. 放開 ON 按鈕時，負載是否還通電？　　答：________
6. 按下 OFF 按鈕時，負載是否斷電？　　答：________
7. 放開 OFF 按鈕時，負載是否還斷電？　　答：________

八、相關知識補充——火花消除器

電感性負載在通電及斷電時，會產生很強的干擾雜訊，因此要避免控制電路受到干擾，就必須在電感性負載並聯**火花消除器**。

火花消除器的內部結構如圖 15-5 所示，是使用電容器與電阻器串聯而成。表 15-1 是市面上常見的火花消除器之規格表，可供選購時之參考。

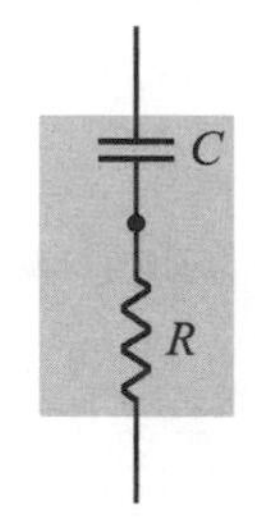

(a)單相火花消除器

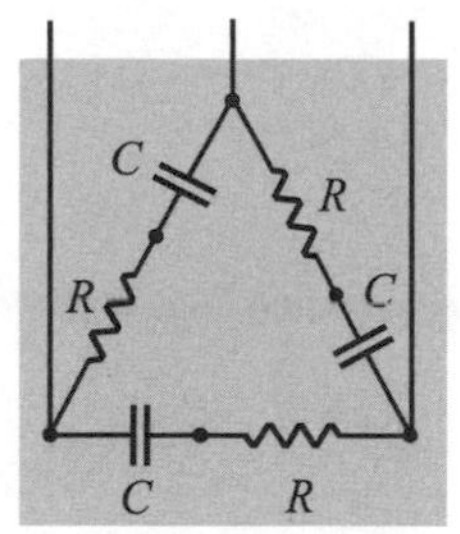

(b)三相火花消除器

圖 15-5 火花消除器的結構圖

表 15-1 火花消除器之常見規格

單相	AC 250V	0.1μF	120Ω
	AC 250V	0.22μF	120Ω
	AC 250V	0.22μF	47Ω
	AC 250V	0.47μF	47Ω
	AC 500V	0.1μF	120Ω
	AC 500V	0.22μF	47Ω
	AC 500V	0.47μF	27Ω
三相	AC 250V	0.47μF	47Ω
	AC 500V	0.22μF	47Ω
	AC 500V	0.47μF	27Ω

Chapter 16

電動機之正逆轉控制

一、實習目的

了解以微電腦控制電動機正逆轉之方法。

二、電工圖

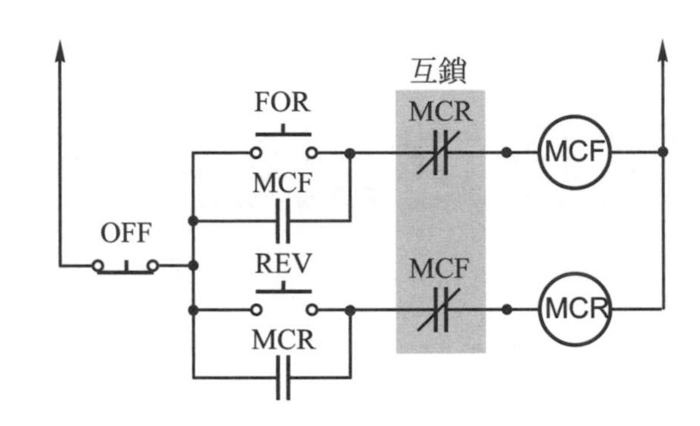

圖 16-1 電動機正逆轉控制之電工圖

說明：

1. 按 FOR 按鈕時，(MCF) 通電，電動機正轉。
2. 按 REV 按鈕時，(MCR) 通電，電動機逆轉。
3. 電動機在正轉中，按 REV 按鈕無效，必須先按 OFF 按鈕。
4. 電動機在逆轉中，按 FOR 按鈕無效，必須先按 OFF 按鈕。
5. 在任何時候，壓下 OFF 按鈕，可令 (MCF) (MCR) 都斷電。

三、微電腦控制接線圖

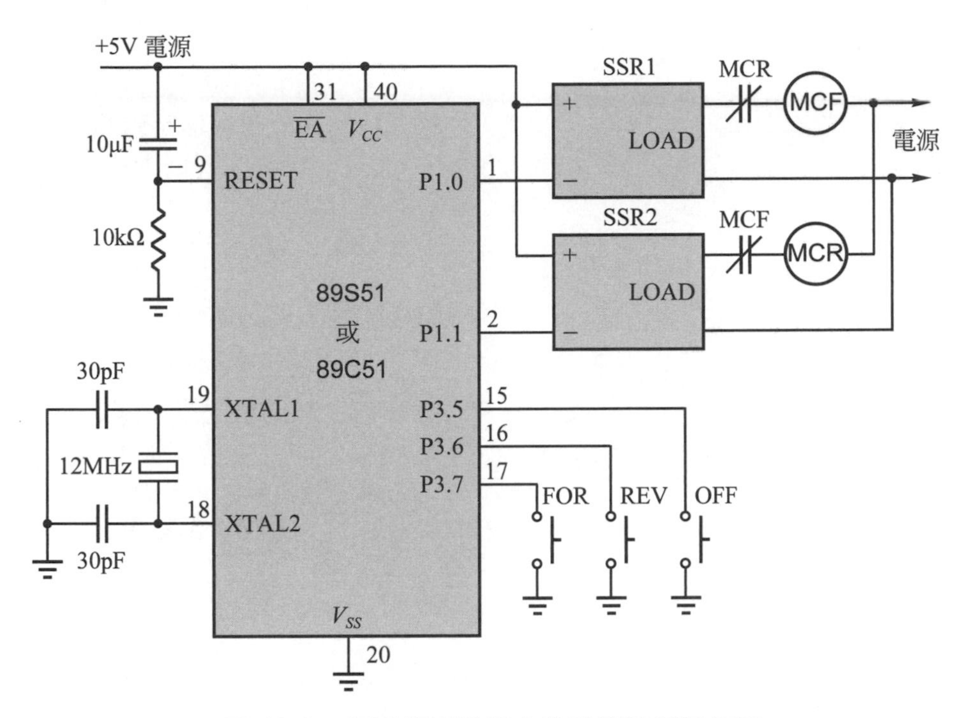

圖 16-2　電動機正逆轉之微電腦控制接線圖

四、流程圖

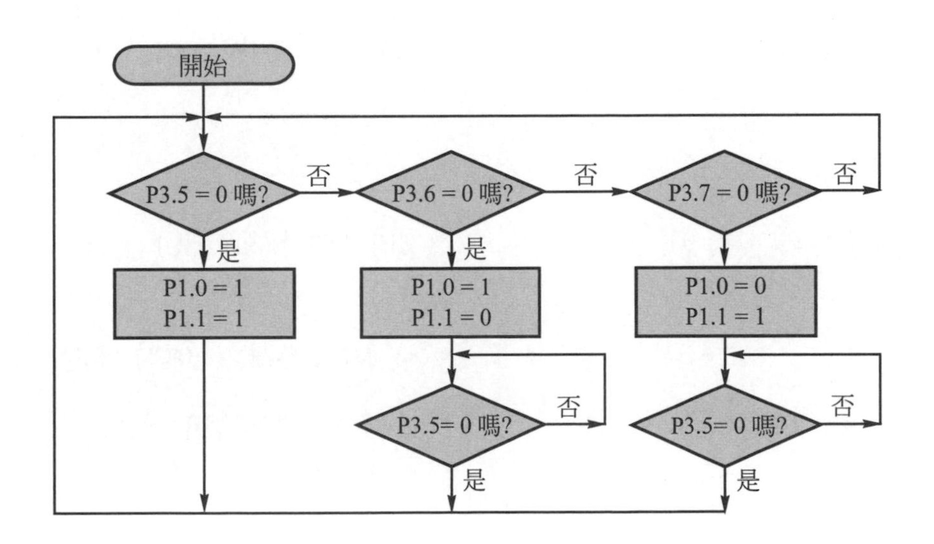

五、程式

【範例 E1601】

```
#include <AT89X51.H>                /* 載入特殊功能暫存器定義檔 */

main( )
{
  while(1)                          /* 重複執行下列敘述 */
   {
     if(P3_5 == 0)                  /* 如果 OFF 按鈕被壓下，則 */
        {
          P1 = 0xff;                /* 令 (MCF) 、 (MCR) 都斷電 */
        }

     else if(P3_6 == 0)             /* 如果 REV 按鈕被壓下，則 */
        {
          P1 = 0xfd;                /* 令 (MCF) 斷電、 (MCR) 通電 */
          while(P3_5 == 1);         /* 等待 OFF 按鈕被壓下 */
        }

     else if(P3_7==0)               /* 如果 FOR 按鈕被壓下，則 */
        {
          P1 = 0xfe;                /* 令 (MCR) 斷電、 (MCF) 通電 */
          while(P3_5 == 1);         /* 等待 OFF 按鈕被壓下 */
        }
   }
}
```

六、實習步驟

1. 範例 E1601 編譯後燒錄至 89S51 或 89C51。
2. 請接妥圖 16-2 之電路。
(實習時若為節省時間，可用 LED 串聯 330Ω之電阻器代替 SSR，做模擬實習。請參考圖 16-3。)

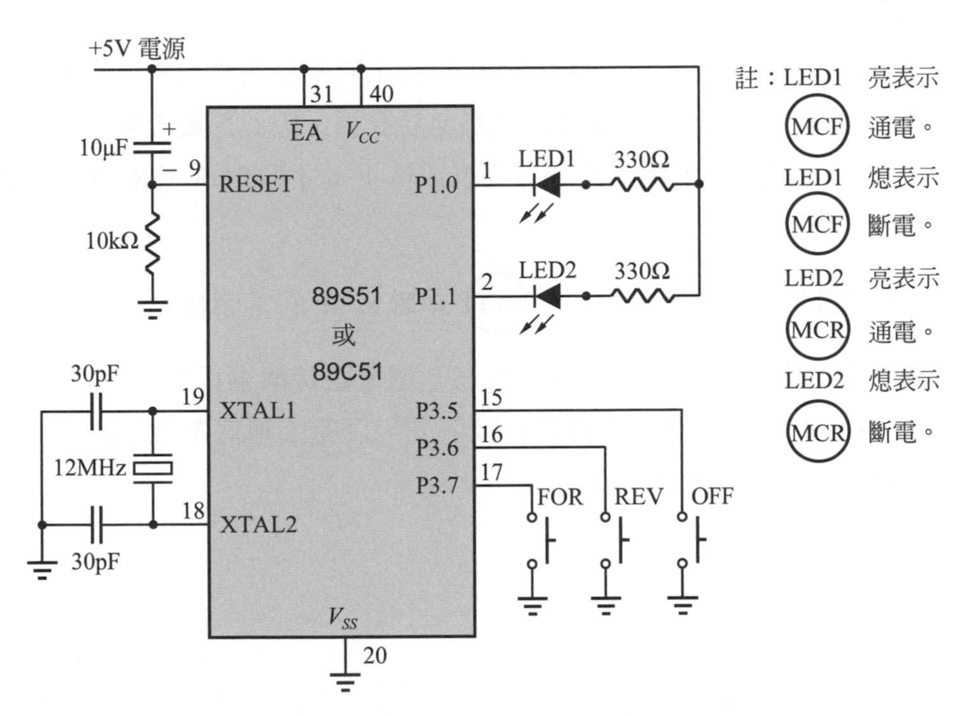

圖 16-3 電動機正逆轉之模擬實習電路

3. 通上 5V 之直流電源。
4. 按下 FOR 按鈕時，MCF 或 MCR 通電？ 答：________
5. 按下 REV 按鈕時，MCF 或 MCR 通電？ 答：________
6. 按下 OFF 按鈕時，MCF 及 MCR 都斷電嗎？ 答：________

7. 按下 REV 按鈕時，(MCF) 或 (MCR) 通電？ 答：________

8. 按下 FOR 按鈕時，(MCF) 或 (MCR) 通電？ 答：________

9. 按下 OFF 按鈕時，(MCF) 及 (MCR) 都斷電嗎？ 答：________

七、相關知識

1. 當機器的慣性比較大時，電動機不可以由正轉直接改爲逆轉，也不可以由逆轉直接改成正轉，否則電動機的軸很容易受損，因此想要改變轉向時，一定要先按OFF按鈕使電動機的轉速降低或停止後才按FOR或REV按鈕改變轉向。

2. (MCF) 串聯MCR的常閉接點，(MCR) 串聯MCF的常閉接點，這種連接稱爲**互鎖**，是必要的。其目的是萬一有某一個電磁接觸器因爲故障而卡住(跳不起來)時，不讓另一個電磁接觸器吸下去，以免因兩個電磁接觸器的主接點都閉合而造成電源被短路的現象。

Chapter 17

三相感應電動機之 Y-△自動起動

一、實習目的

了解以微電腦控制三相感應電動機 Y-△自動起動之技巧。

二、電工圖

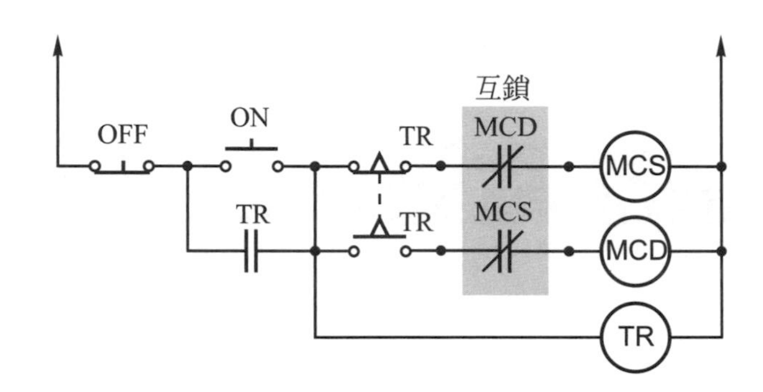

圖 17-1　三相感應電動機 Y-△自動起動之電工圖

說明：

1. 按ON按鈕則 (MCS) 通電，而且限時電驛 (TR) 開始計時，約 5～15 秒後，限時電驛令 (MCS) 斷電 (MCD) 通電。
2. 任何時候，只要壓下 OFF 按鈕即可令 (MCS) (MCD) (TR) 均斷電。

三、微電腦控制接線圖

如圖 17-2 所示。

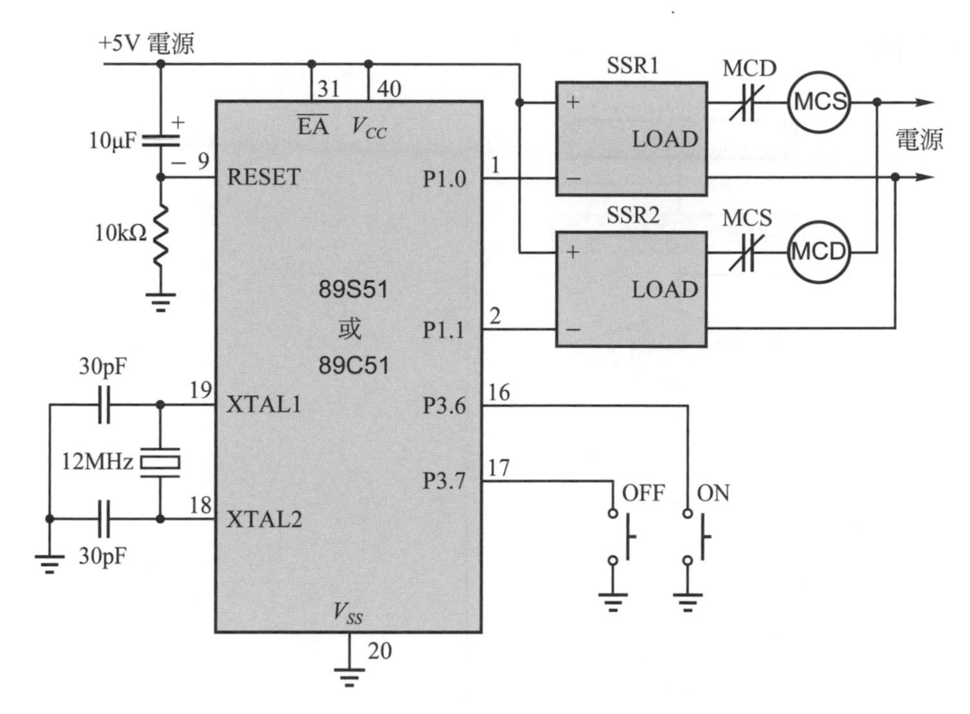

圖 17-2　三相感應電動機 Y-△自動起動之微電腦控制接線圖

四、相關知識

1. 在微電腦中，限時電驛是用軟體處理，所以在圖 17-2 中看不到有 (TR) 的接線。
2. (MCS) 串聯 MCD 的常閉接點，(MCD) 串聯 MCS 的常閉接點，這種連接稱為**互鎖**，是必要的。其目的是萬一有某一個電磁接觸器因為故障而卡住(跳不起來)時，不讓另一個電磁接觸器吸下去，以免因兩個電磁接觸器的主接點都閉合而造成電源被短路的現象。
3. 程式的設計技巧是：在計時中必須隨時測試有否壓下 OFF 按鈕。

五、流程圖

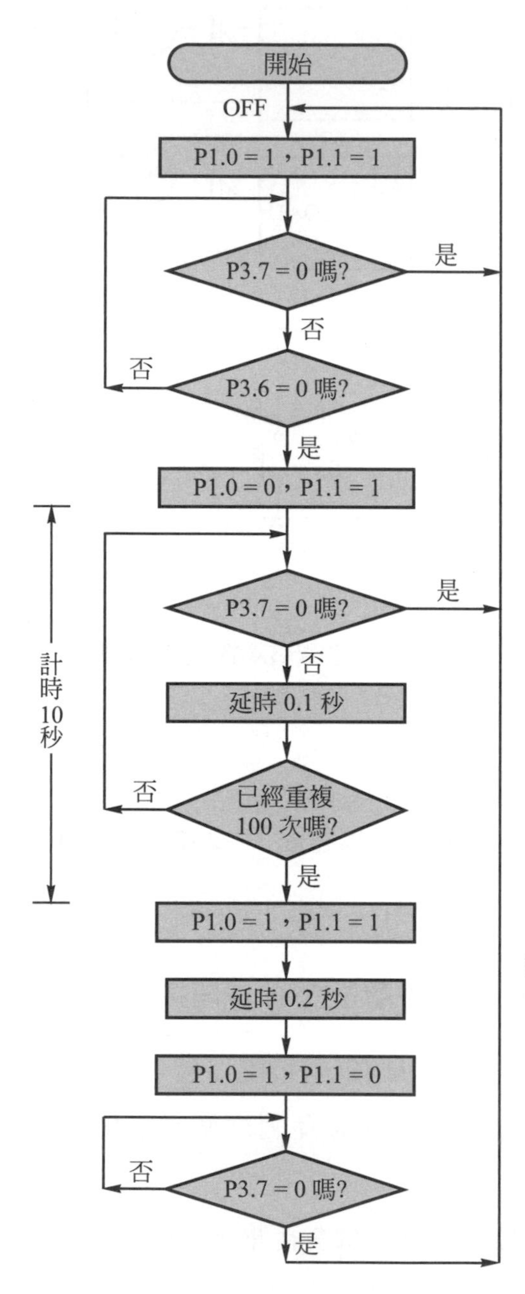

說明：(MCS) 斷電後，隔 0.2 秒才令 (MCD) 通電，是爲了減少接點所產生的火花。

六、程式

【範例 E1701】

```
#include <AT89X51.H>                    /* 載入特殊功能暫存器定義檔 */
void delayms(unsigned int time);        /* 宣告會用到 delayms 副程式 */

/*  ============================        */
/*  ========    主 程 式    =======       */
/*  ============================        */
main( )
{
  unsigned char k;                      /* 宣告變數 k */
  while(1)                              /* 重複執行下列敘述 */
   {
     OFF:                               /* 宣告標名 OFF 在此 */
     P1 = 0xff;                         /* 令 (MCS) 、 (MCD) 都斷電 */
     if(P3_7 == 0)                      /* 如果 OFF 按鈕被壓下，則 */
          goto OFF;                     /* 跳至標名 OFF 處 */

     else if(P3_6 ==0)                  /* 如果 ON 按鈕被壓下，則： */
         {
          P1_0 = 0;                     /* 令 (MCS) 通電 */

          for(k=0; k<100; k++)          /* 一共延時 0.1 秒×100=10 秒 */
            {
              if(P3_7 == 0)             /* 如果 OFF 按鈕被壓下，則 */
                   goto OFF;            /* 跳至標名 OFF 處，否則 */
              delayms(100);             /* 延時 100ms = 0.1 秒 */
            }
```

```
            P1_0 = 1;                    /* 令 (MCS) 斷電 */
            delayms(200);                /* 延時 200ms = 0.2 秒 */
            P1_1 = 0;                    /* 令 (MCD) 通電 */
            while(P3_7 == 1);            /* 等待 OFF 按鈕被壓下 */
        }
    }
}

/*  ==============================  */
/*  ==  延時 time × 1 ms 副程式 ==  */
/*  ==============================  */
/* 本延時副程式，與【範例 E0901】完全一樣，於此不再詳細說明 */
void delayms(unsigned int time)
{
  unsigned int  n;
  while(time>0)
   {
     n = 120;
     while(n>0)   n--;
     time--;
   }
}
```

七、實習步驟

1. 範例 E1701 編譯後燒錄至 89S51 或 89C51。
2. 請接妥圖 17-2 之電路。
   (實習時，若爲節省時間，可用 LED 串聯 330Ω之電阻器代替 SSR，做模擬實習。請參考圖 17-3。)

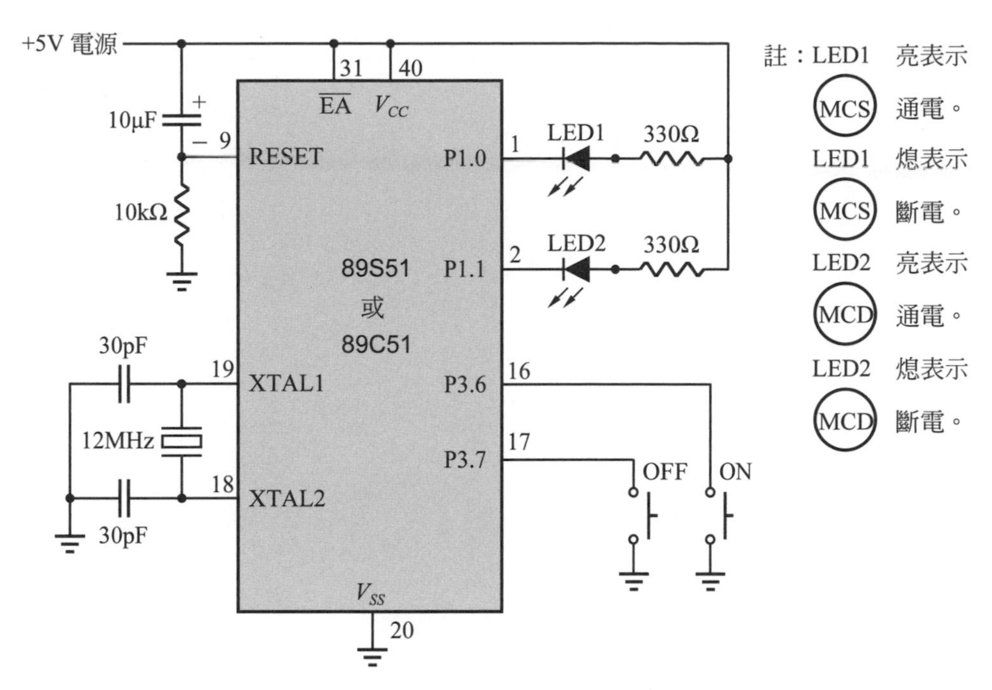

圖 17-3 三相感應電動機 Y-△自動起動之模擬實習電路

3. 通上 5V 之直流電源。
4. 壓下 ON 按鈕時，(MCS) 是否通電？ 答：________
5. 幾秒後 (MCS) 斷電 (MCD) 通電？ 答：________秒
6. 壓下 OFF 按鈕是否令 (MCS) 及 (MCD) 都斷電？ 答：________

Chapter 18

順序控制

一、實習目的

了解以微電腦從事順序控制之要領。

二、電工圖

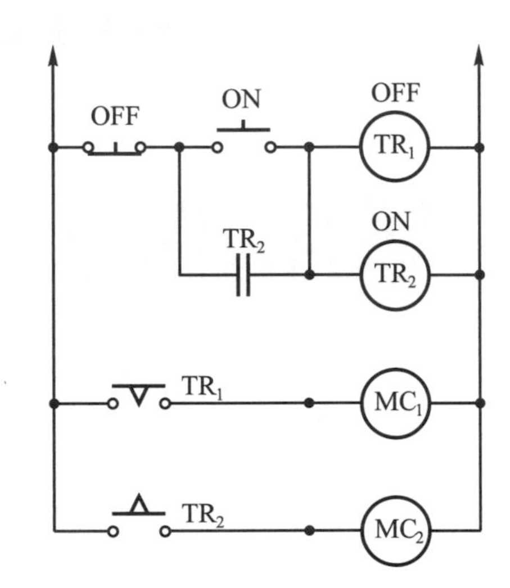

圖 18-1 順序控制之電工圖

說明：

1. 圖中的 TR_1 爲 OFF delay Relay，TR_2 爲 ON delay Relay，MC_1 MC_2 爲電磁接觸器。
2. 壓下 ON 按鈕時，TR_1 TR_2 MC_1 均通電，TR_2 開始計時。
3. 時間到，MC_2 通電。
4. 壓下 OFF 按鈕時 TR_1 TR_2 MC_2 均斷電，TR_1 開始計時。
5. 時間到，MC_1 斷電。

6. 簡而言之，本電路之動作情形為：壓下 ON 按鈕時 (MC_1) 立即通電，一段時間後 (MC_2) 才跟著通電；壓下 OFF 按鈕時 (MC_2) 立即斷電，一段時間後 (MC_1) 才跟著斷電。

三、微電腦控制接線圖

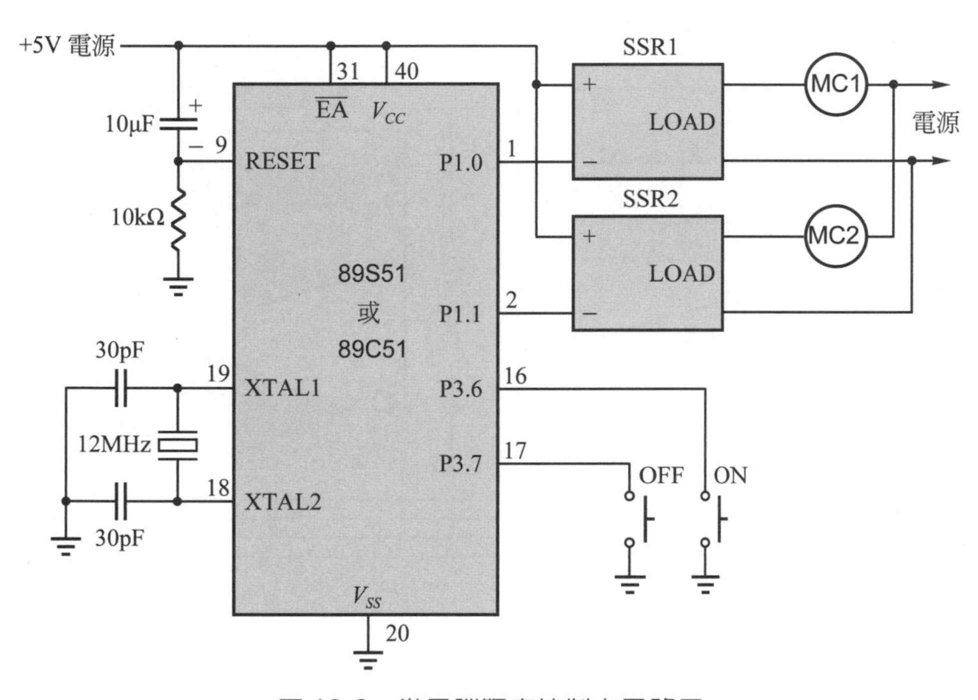

圖 18-2 微電腦順序控制之電路圖

四、相關知識

1. 在微電腦控制中，限時電驛都是用軟體處理，所以在圖 18-2 中不需 (TR_1) 及 (TR_2) 的接線。
2. 程式設計的技巧是在ON delay計時中必須隨時測試有否壓下「OFF」按鈕，在 OFF delay 計時中必須隨時測試有否壓下「ON」按鈕。

五、流程圖

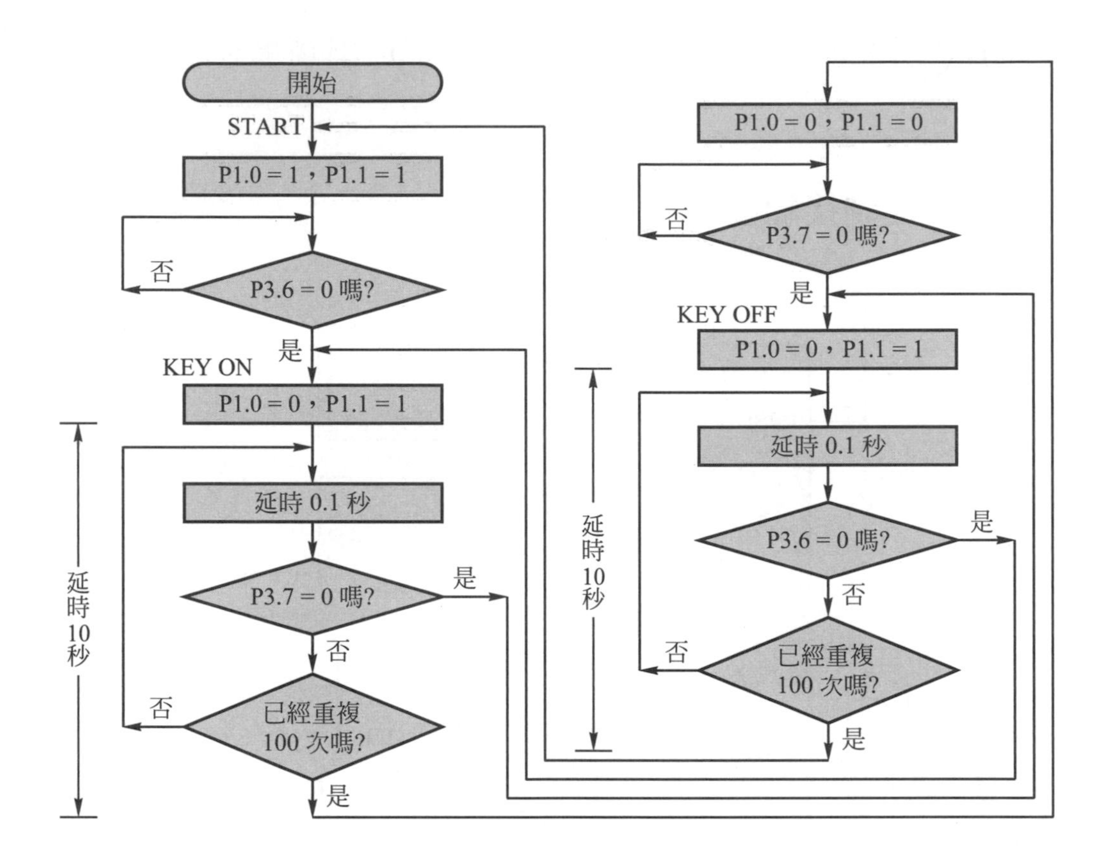

六、程式

【範例 E1801】

```
#include <AT89X51.H>                    /* 載入特殊功能暫存器定義檔 */
void delayms(unsigned int time);        /* 宣告會用到 delayms 副程式 */

/*   ============================   */
/*   ========   主 程 式   ========   */
/*   ============================   */
main( )
{
```

```
unsigned char  k;                       /* 宣告變數 k  */
while(1)                                /* 重複執行下列敘述 */
 {
   while(P3_6 == 1);                    /* 等待 ON 按鈕被壓下 */
   KEYON:                               /* 宣告標名 KEYON 在此 */
   P1_0 = 0;                            /* 令(MC1)通電 */

   for(k=0;  k<100;  k++)               /* 一共延時 0.1 秒×100 = 10 秒 */
     {
       if(P3_7 == 0)                    /* 如果 OFF 按鈕被壓下，則 */
            goto KEYOFF;                /* 跳至標名 KEYOFF 處，否則 */
       delayms(100);                    /* 延時 100ms = 0.1 秒 */
     }

   P1_1 = 0;                            /* 令(MC2)通電 */

   while(P3_7 == 1);                    /* 等待 OFF 按鈕被壓下 */
   KEYOFF:                              /* 宣告標名 KEYOFF 在此 */
   P1_1 = 1;                            /* 令(MC2)斷電 */

   for(k=0;  k<100;  k++)               /* 一共延時 0.1 秒×100 = 10 秒 */
     {
       if(P3_6 == 0)                    /* 如果 ON 按鈕被壓下，則 */
            goto KEYON;                 /* 跳至標名 KEYON 處，否則 */
       delayms(100);                    /* 延時 100ms = 0.1 秒 */
     }

   P1_0 = 1;                            /* 令(MC1)斷電 */
```

```
    }

}

/*   ================================   */
/*   ==   延時 time × 1 ms 副程式    ==   */
/*   ================================   */
/* 本延時副程式，與【範例 E0901】完全一樣，於此不再詳細說明 */
void delayms(unsigned int time)
{
  unsigned int  n;
  while(time>0)
   {
     n = 120;
     while(n>0)  n--;
     time--;
   }
}
```

七、實習步驟

1. 範例 E1801 編譯後燒錄至 89S51 或 89C51。

   請注意！假如您的電腦中安裝的 Keil C51 是舊版的μVision **2**，請您把本書所有範例程式第一行的

   `#include <AT89X51.H>`

   改成 `#include <REGX51.H>`

   否則組譯時會產生錯誤訊息，而無法得到燒錄檔。

2. 請接妥圖 18-2 之電路。

   (實習時，若爲節省時間，可用 LED 串聯 330Ω之電阻器代替 SSR，做模擬實習。請參考圖 18-3。)

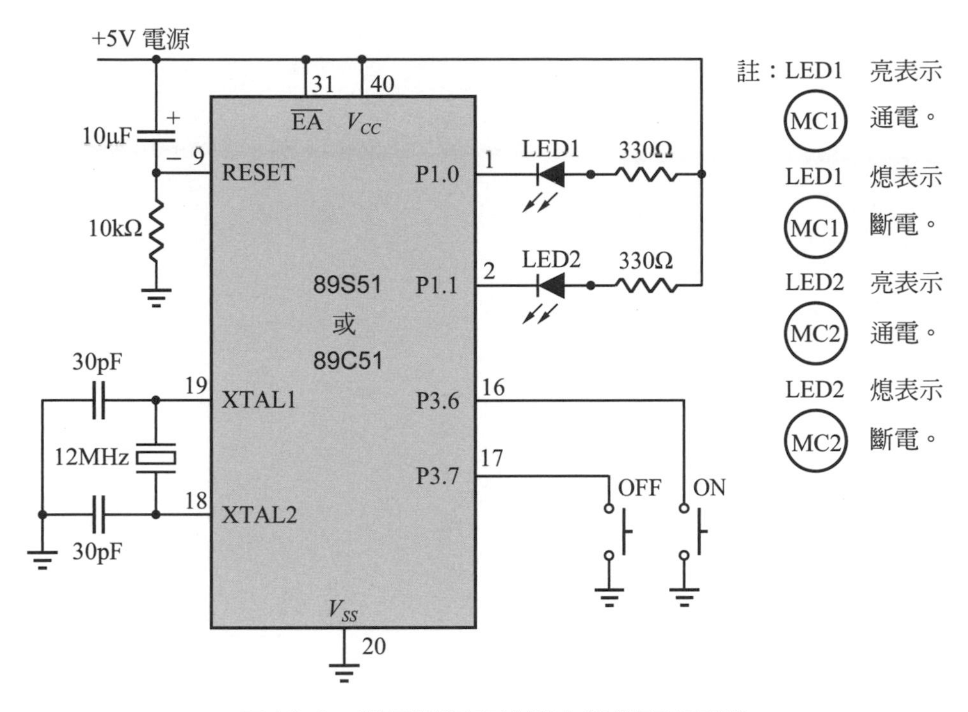

圖 18-3　微電腦順序控制之模擬實習電路

3. 通上 5V 之直流電源。
4. 壓一下 ON 按鈕。
5. 是否 MC_1 立即通電，10 秒後 MC_2 才通電？　　答：________
6. 壓一下 OFF 按鈕。
7. 是否 MC_2 立即斷電，10 秒後 MC_1 才斷電？　　答：________

Chapter 19

電動門

一、實習目的

了解以微電腦控制電動門之要領。

二、電工圖

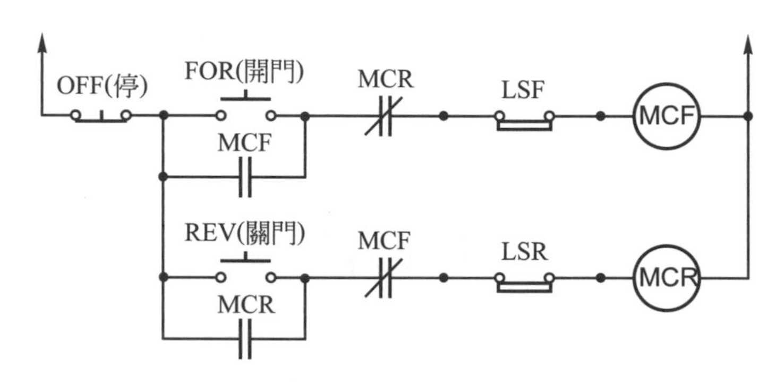

圖 19-1 電動門之控制電路

說明：

1. 有許多學校或工廠的大門採用電動門，電動門用具有減速齒輪的電動機驅動，只要控制電動機之正逆轉即可開門或關門，操作上甚為方便。
2. 圖中的兩個限制開關分別裝在大門兩側的牆壁上，LSF用來檢知門是否已全開，LSR用來檢知門是否已全關。
3. 當壓下 FOR 按鈕時，(MCF) 通電使電動機正轉，經減速齒輪使大門緩緩打開。大門全開時會撞上LSF，而令LSF的接點打開，因此 (MCF) 斷電，電動機停止轉動。
4. 若壓下REV按鈕，(MCR) 通電使電動機逆轉，經減速齒輪使大門緩緩關閉。大門全關時會撞上 LSR，而令 LSR 的接點打開，因此 (MCR) 斷電，電動機停止轉動。
5. 在開門或關門的過程中，若要令門停在半開狀態，則壓下 OFF 按鈕即可令電動機停止轉動。

三、微電腦控制接線圖

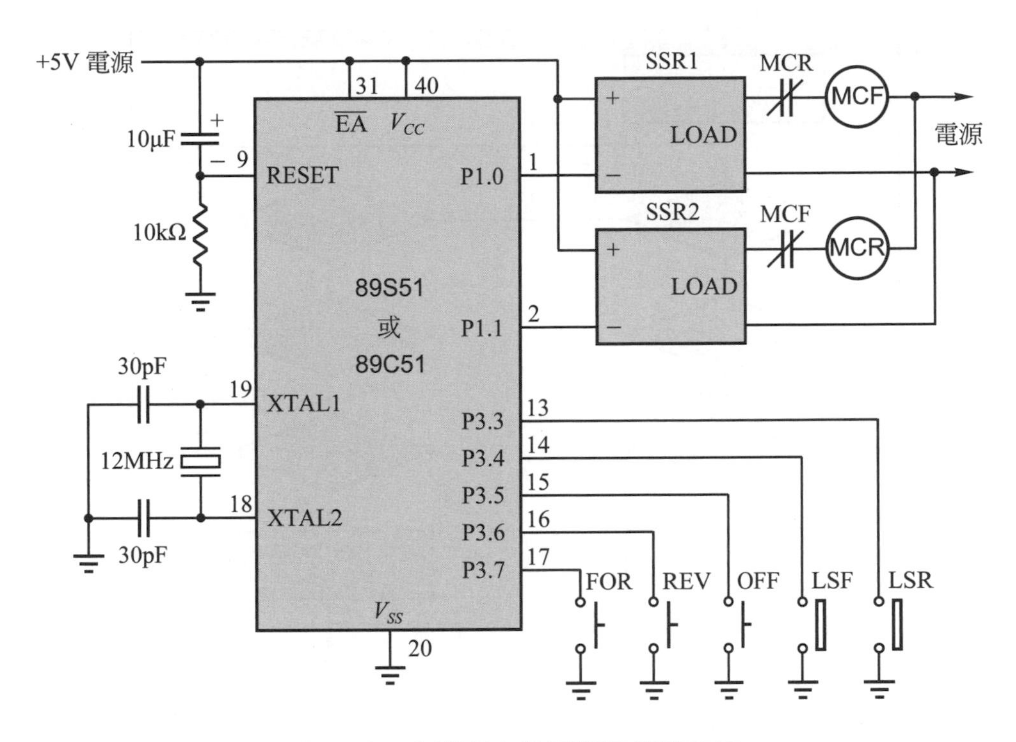

圖 19-2 自動門之微電腦控制接線圖

四、流程圖

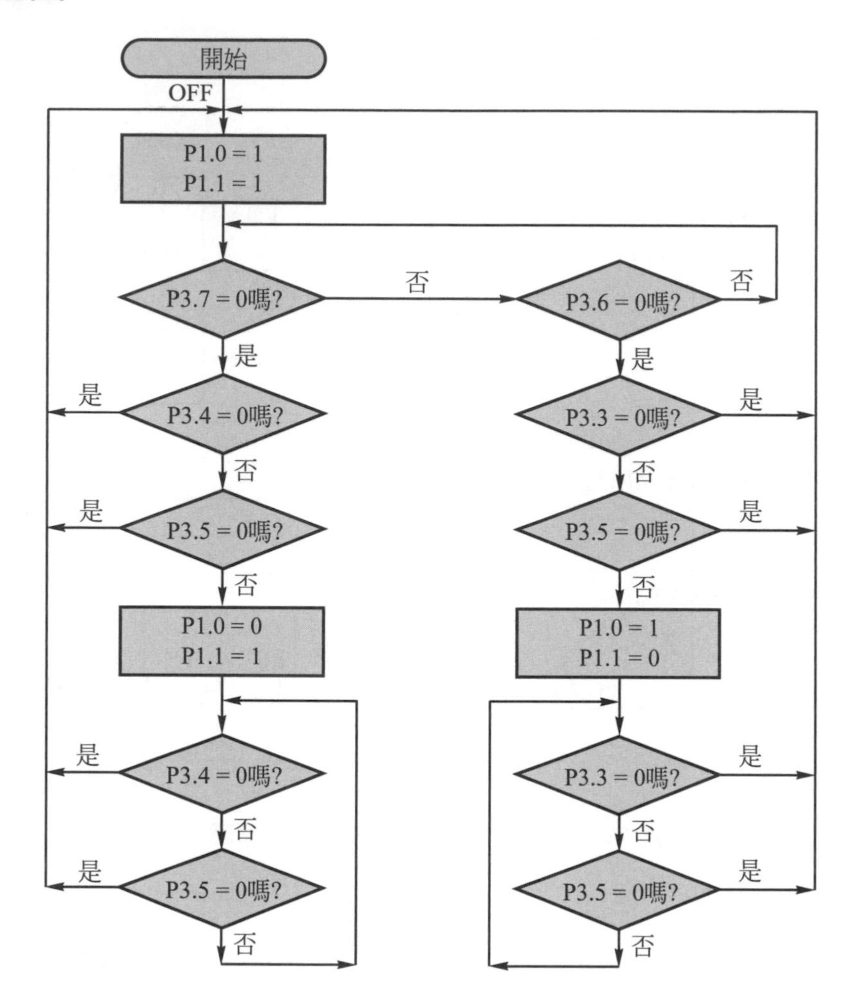

五、程式

【範例 E1901】

```
#include <AT89X51.H>                    /* 載入特殊功能暫存器定義檔 */

main( )
{
   OFF:                                 /* 宣告標名 OFF 在此 */
   P1 = 0xff;                           /* 令 (MCF) 、 (MCR) 都斷電 */
```

```
if(P3_7 == 0)                            /* 如果 FOR 按鈕被壓下，則： */
  {
    if(P3_4 ==0 || P3_5 ==0)             /* 如果 OFF 或 LSF 被壓下，則 */
          goto OFF;                      /* 跳至標名 OFF 處 */

     P1_0 = 0;                           /* 令 (MCF) 通電 */

     while(P3_4 == 1 && P3_5 == 1);      /* 等待 OFF 或 LSF 被壓下 */
     goto OFF;                           /* 跳至標名 OFF 處 */
  }

else if(P3_6 ==0)                        /* 如果 REV 按鈕被壓下，則： */
  {
    if(P3_3 ==0 || P3_5 ==0)             /* 如果 OFF 或 LSR 被壓下，則 */
          goto OFF;                      /* 跳至標名 OFF 處 */

     P1_1 = 0;                           /* 令 (MCR) 通電 */

     while(P3_3 == 1 && P3_5 == 1);      /* 等待 OFF 或 LSR 被壓下 */
     goto OFF;                           /* 跳至標名 OFF 處 */
  }
}
```

六、實習步驟

1. 範例 E1901 編譯後燒錄至 89S51 或 89C51。
2. 請接妥圖 19-2 之電路。注意！按鈕及限制開關都採用**常開**接點。
   (實習時，若為節省時間，可用 LED 串聯 330Ω之電阻器代替 SSR，做模擬實習。請參考圖 19-3。)

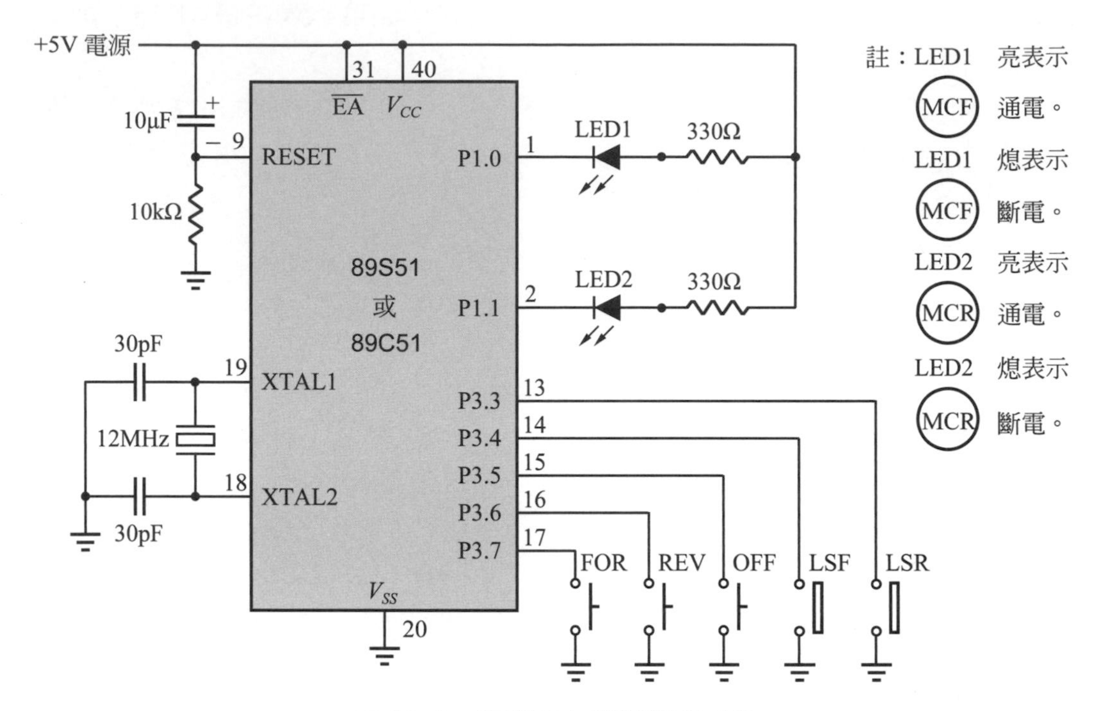

圖 19-3　自動門之模擬實習電路

3. 通上 5V 之直流電源。

4. 壓一下 FOR 按鈕，(MCF) 通電嗎？　答：________

5. 壓一下 LSF 限制開關，(MCF) 斷電嗎？　答：________

6. 壓一下 REV 按鈕，(MCR) 通電嗎？　答：________

7. 壓一下 LSR 限制開關，(MCR) 斷電嗎？　答：________

8. 壓一下 FOR 按鈕，(MCF) 通電嗎？　答：________

9. 壓一下 OFF 按鈕，(MCF) 斷電嗎？　答：________

10. 壓一下 REV 按鈕，(MCR) 通電嗎？　答：________

11. 壓一下 OFF 按鈕，(MCR) 斷電嗎？　答：________

Chapter 20

單按鈕控制電動機之起動與停止

一、實習目的

了解如何用軟體的技巧消除接點反彈跳所引起的誤動作。

二、相關知識

在第 12 章我們已經知道所有的機械式開關都會產生接點反彈跳的現象，而且也知道使用脈波產生器就可以消除接點反彈跳。在接點的啓閉不是很快(每秒啓閉 100 次以下)的場合，為了簡化電路起見，我們可以改用軟體的技巧，以程式避開接點反彈跳所引起的誤動作。由於接點反彈跳的時間不會超過 10ms，因此**微電腦若每隔 10ms以上才測試接點的狀態一次，即可避開接點反彈跳，而不會產生誤動作**，如圖 20-1 所示。

茲將圖 20-1 的動作情形詳細說明於下，以供參考：

1. 當微電腦第①次測試時，得知按鈕是壓下。
2. 隔 10ms 後微電腦做第②次測試時，得知按鈕仍然是壓著。
3. 再隔 10ms 後微電腦做第③次測試時，得知按鈕仍然是壓著。
4. 再隔 10ms 後微電腦做第④次測試時，得知按鈕已放開。
5. 再隔 10ms 後微電腦做第⑤次測試時，得知按鈕仍然是放開。
6. 再隔 10ms 後微電腦做第⑥次測試時，得知按鈕仍然是放開。
7. 再隔 10ms 後微電腦做第⑦次測試時，得知按鈕又被壓下。
8. 再隔 10ms 後微電腦做第⑧次測試時，得知按鈕仍然被壓著。
9. 再隔 10ms 後微電腦做第⑨次測試時，得知按鈕仍然被壓著。
10. 再隔 10ms 後微電腦做第⑩次測試時，得知按鈕已放開。
11. 綜合以上說明可知微電腦所測得之狀態，與按鈕實際被按的**次數**完全相符。每當按鈕被按一下，微電腦就可測知按鈕被按了一下。若按鈕被按了兩下，微電腦就可測知按鈕被按了兩下。
12. 微電腦每次測試的間隔時間以 10ms 以上較恰當。

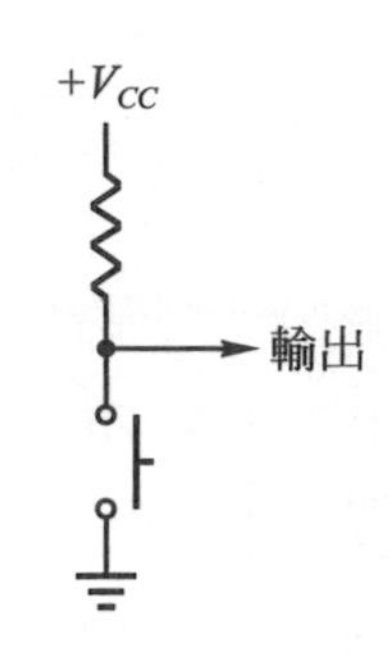

(a) 簡單型脈波產生器

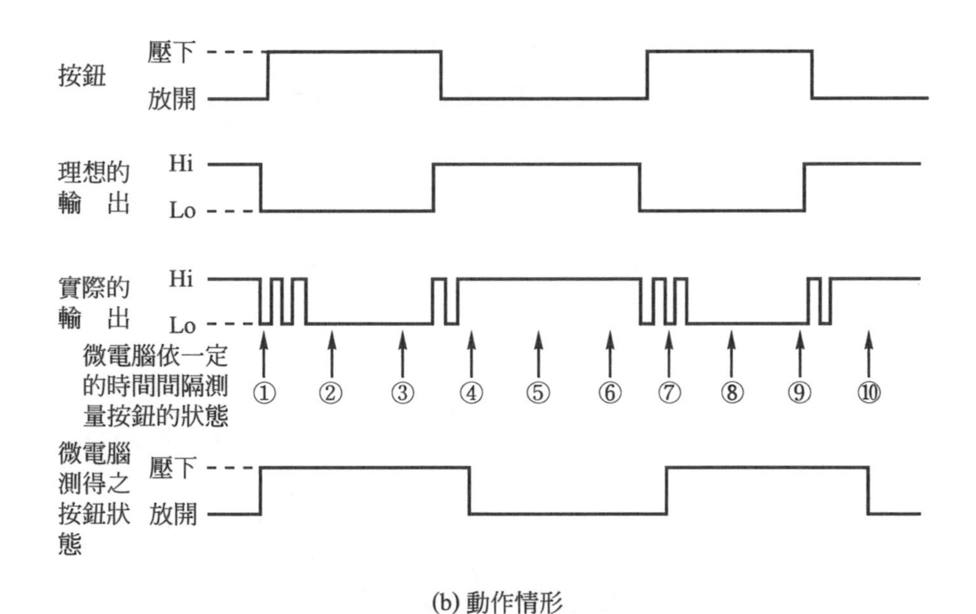

(b) 動作情形

圖 20-1　微電腦用軟體技巧避開接點反彈跳的方法

三、動作情形

一般的控制電路，多以一個ON按鈕令負載通電，再以另一個OFF按鈕令負載斷電，所以不必考慮接點反彈跳的問題。今欲設計只有一個按鈕的控制電路，當按第一下時負載通電，按第二下時負載斷電，按第三下時負載通電，按第四下時負載斷電，依此類推。

四、電工圖

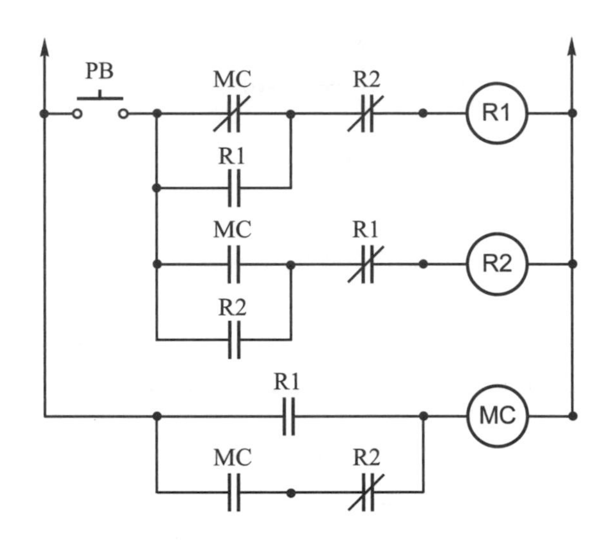

圖 20-2 單按鈕控制之電工圖

說明：

1. (R1)及(R2)是電力電驛(繼電器)。(MC)是電磁接觸器，控制負載之通電與斷電。
2. 第一次壓下 PB 按鈕時，(R1)通電(MC)亦通電。

   放開 PB 按鈕時，(R1)斷電，但(MC)因為自保所以繼續通電。
3. 第二次壓下 PB 按鈕時，(R2)通電使(MC)斷電。

   放開 PB 按鈕時，(R2)亦斷電。
4. 第 2.及第 3.步驟會循環動作。
5. 單按鈕控制電路在操作上甚為方便，但在電工圖的設計上卻較傷腦筋。

五、微電腦控制接線圖

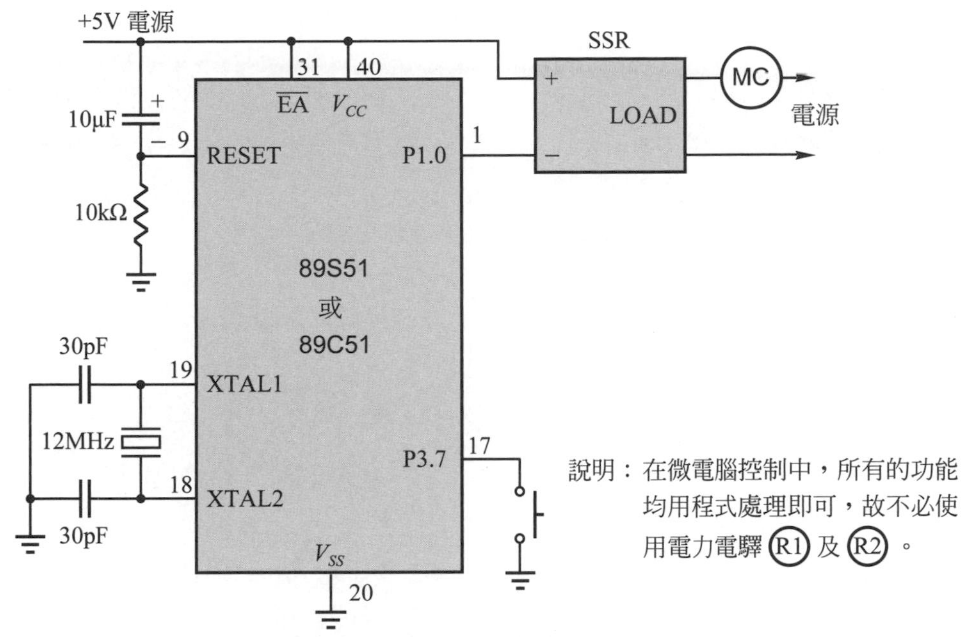

圖 20-3 單按鈕控制之微電腦接線圖

六、流程圖

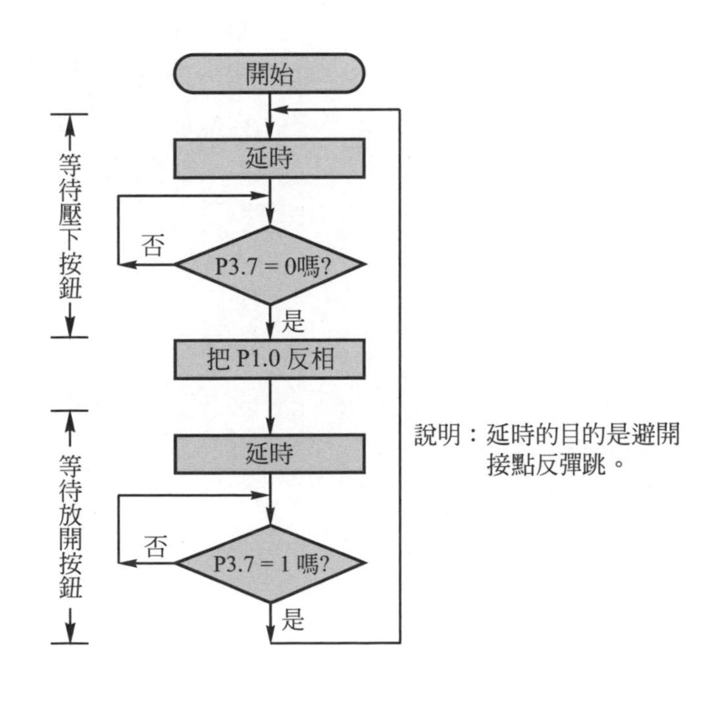

七、程式

【範例 E2001】

```
#include <AT89X51.H>                    /* 載入特殊功能暫存器定義檔 */
void delayms(unsigned int time);        /* 宣告會用到 delayms 副程式 */

/*  ============================  */
/*  ========   主 程 式   =======  */
/*  ============================  */
main( )
{
  while(1)                              /* 重複執行下列敘述 */
   {
     delayms(40);                       /* 延時(避開接點反彈跳) */
     while(P3_7==1);                    /* 等待按鈕被壓下 */

     P1 = P1 ^ 0x01;                    /* 把接腳 P1.0 反相 */

     delayms(40);                       /* 延時(避開接點反彈跳) */
     while(P3_7==0);                    /* 等待按鈕被放開 */
   }
}

/*  ===============================  */
/*  ===  延時 time × 1 ms 副程式 ===  */
/*  ===============================  */
/* 本延時副程式，與【範例 E0901】完全一樣，於此不再詳細說明 */
void  delayms(unsigned int time)
{
  unsigned int  n;
  while(time>0)
```

```
    {
      n = 120;
      while(n > 0)  n--;
      time--;
    }
}
```

八、實習步驟

1. 範例 E2001 編譯後燒錄至 89S51 或 89C51。
2. 請接妥圖 20-3 之電路。
   (實習時，若爲節省時間，可用 LED 串聯 330Ω之電阻器代替 SSR，做模擬實習。請參考圖 20-4。)

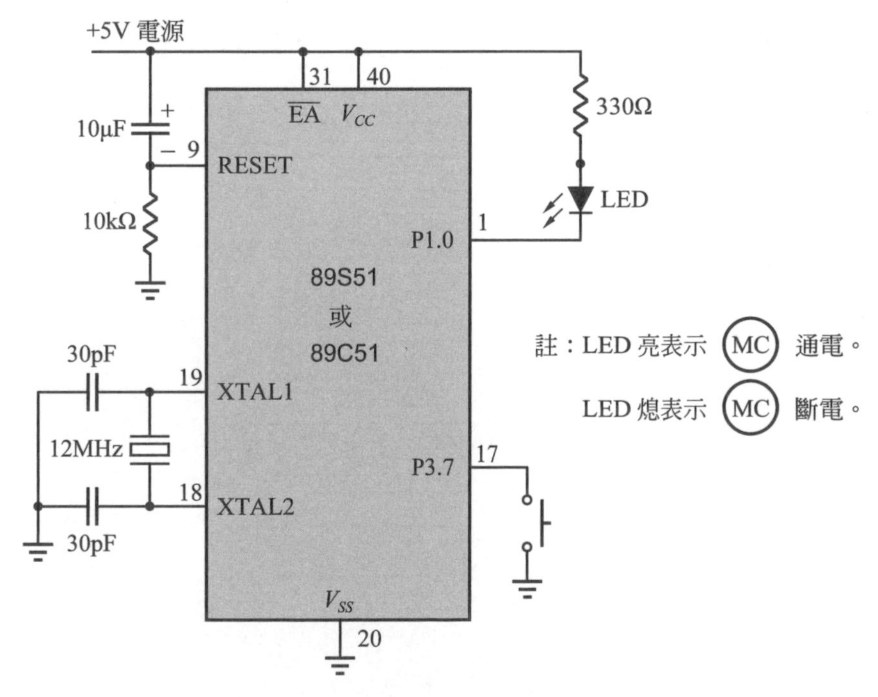

圖 20-4 單按鈕控制之模擬實習電路

3. 通上 5V 之直流電源。

4. 壓下按鈕時 (MC) 是否通電？ 答：________

5. 放開按鈕時 (MC) 是否通電？ 答：________

6. 再壓下按鈕時 (MC) 是否通電？ 答：________

7. 放開按鈕時 (MC) 是否通電？ 答：________

8. 再壓下按鈕時 (MC) 是否通電？ 答：________

9. 放開按鈕時 (MC) 是否通電？ 答：________

10. 再壓下按鈕時 (MC) 是否通電？ 答：________

11. 放開按鈕時 (MC) 是否通電？ 答：________

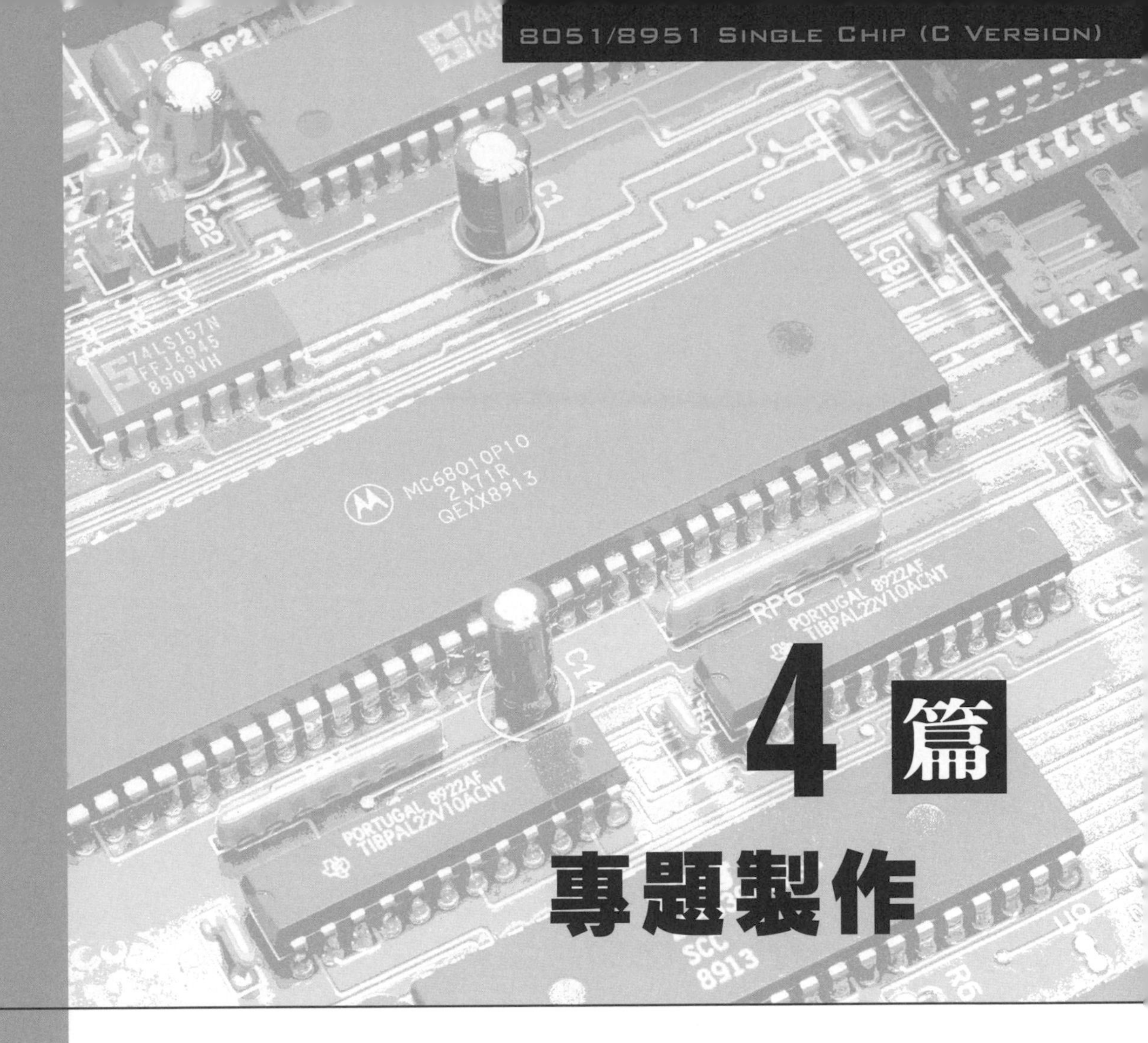

4 篇 專題製作

第 21 章　用七段 LED 顯示器顯示數字
第 22 章　多位數字之掃描顯示
第 23 章　五位數計數器
第 24 章　電子琴
第 25 章　聲音產生器
第 26 章　用點矩陣 LED 顯示器顯示字元
第 27 章　用點矩陣 LED 顯示器做活動字幕
第 28 章　文字型 LCD 模組之應用
第 29 章　步進馬達
第 30 章　數位式直流電壓表
第 31 章　數位溫度控制器
第 32 章　紅外線遙控開關

Chapter

用七段LED顯示器顯示數字

一、實習目的

1. 了解顯示數字的方法。
2. 熟練字形碼的用法。

二、相關知識之一：數字的顯示

人們所熟悉的是以 0～9 所組成的十進位數字，而一般計數器的輸出卻是 1001 之類的二進碼，爲了直接看到數字，所以聰明的人們就發明了把 7 個細長的 LED 排成“日”字形的“七段 LED 顯示器”(7-segment LED display)，藉著控制一部份 LED 發亮，一部份 LED 熄滅，就能夠把 0～9 顯示出來，如圖 21-1 所示。

(a) 七段 LED 顯示器 (Dp = 小數點)　(b) 顯示數字的方法

圖 21-1

七段LED顯示器有**“共陽極”**及**“共陰極”**兩種，如圖 21-2 所示，我們可依需要而選用適當的型式。無論是共陽極或共陰極，每個LED只要加上 1.5V 左右的順向電壓及 10～20mA 的順向電流，就可獲得充份的亮度。因此在電源電壓爲 5V 時，每個 LED 都要串聯一個 **150Ω～390Ω** 之電阻器，以免 LED 燒毀。

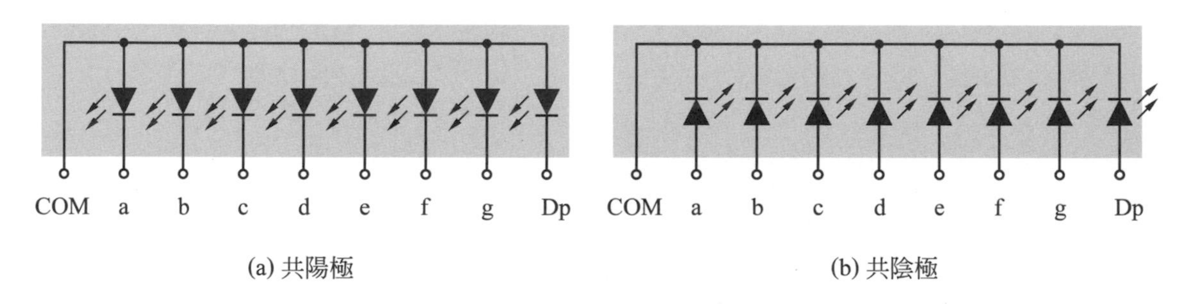

(a) 共陽極　(b) 共陰極

圖 21-2　七段 LED 顯示器

註：包括小數點，一共有 8 個 LED。

三、動作情形

本實習將令七段LED顯示器不斷的依序顯示0 → 1 → 2 → 3 → 4 → 5 → 6 → 7 → 8 → 9 → 0 → 1 → 2 → ……之數字。

四、電路圖

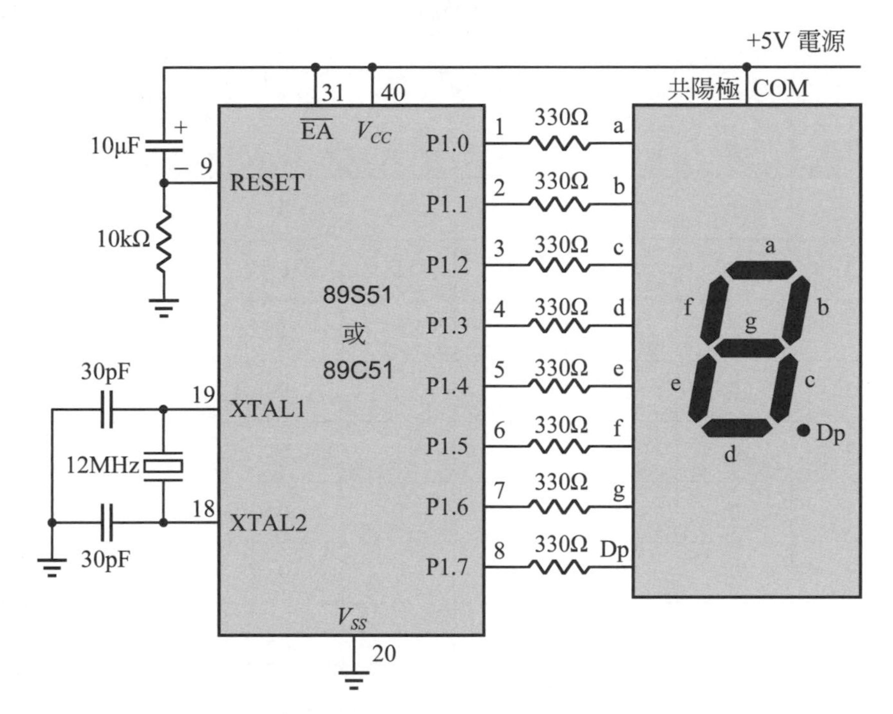

圖 21-3 數字之基本顯示方法

五、相關知識之二：字形碼

本實習所用之七段LED顯示器是**共陽極**的型式，所以要某一段LED發亮，相對應的輸出就必須是“0”，要某一段LED熄滅，相對應的輸出就必須是“1”。例如我們要顯示 9 時，P1就必須輸出：

P1.7	P1.6	P1.5	P1.4	P1.3	P1.2	P1.1	P1.0
Dp	g	f	e	d	c	b	a
1	0	0	1	0	0	0	0

像 10010000 這種控制顯示器的某些 LED 發亮某些 LED 熄滅之資料，就稱為**字形碼**。常用的字形碼請參考表 21-1。

表 21-1 常用的字形碼(以 0 點亮)

欲顯示之字形	D_p	g	f	e	d	c	b	a	字形碼
0	1	1	0	0	0	0	0	0	0xC0
1	1	1	1	1	1	0	0	1	0xF9
2	1	0	1	0	0	1	0	0	0xA4
3	1	0	1	1	0	0	0	0	0xB0
4	1	0	0	1	1	0	0	1	0x99
5	1	0	0	1	0	0	1	0	0x92
6	1	0	0	0	0	0	1	0	0x82
7	1	1	1	1	1	0	0	0	0xF8
8	1	0	0	0	0	0	0	0	0x80
9	1	0	0	1	0	0	0	0	0x90
A	1	0	0	0	1	0	0	0	0x88
B	1	0	0	0	0	0	1	1	0x83
C	1	1	0	0	0	1	1	0	0xC6
D	1	0	1	0	0	0	0	1	0xA1
E	1	0	0	0	0	1	1	0	0x86
F	1	0	0	0	1	1	1	0	0x8E
熄滅	1	1	1	1	1	1	1	1	0xFF

使用適當的字形碼，不但可顯示阿拉伯數字，也可顯示英文字母或特殊符號或小數點。

六、流程圖

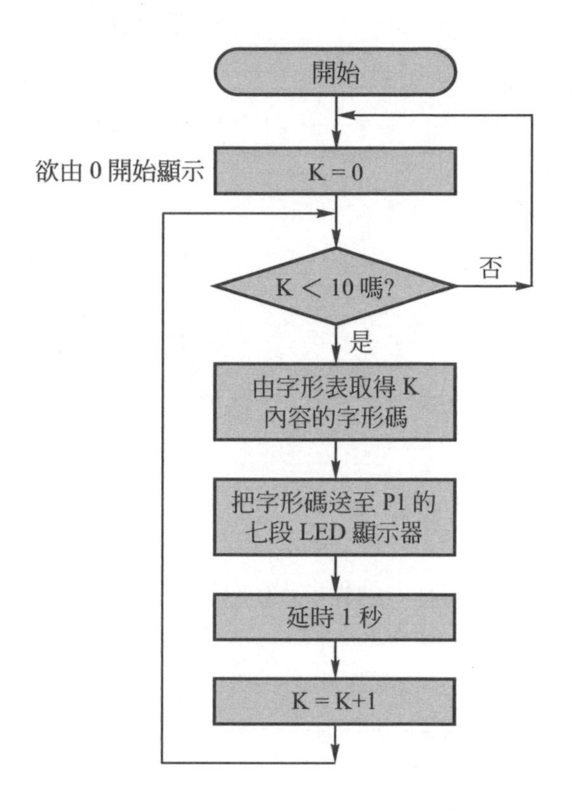

七、程式

【範例 E2101】

```
#include <AT89X51.H>                    /* 載入特殊功能暫存器定義檔 */
void delayms(unsigned int time);        /* 宣告會用到delayms副程式 */

/*  ==========================  */
/*  =======   主 程 式   ======  */
/*  ==========================  */
main( )
{
```

```
  code char table[ ] = {0xc0, 0xf9, 0xa4, 0xb0,      /* 字形表 */
                        0x99, 0x92, 0x82, 0xf8,
                        0x80, 0x90 };

  while(1)                             /* 重複執行以下的敘述 */
   {
     unsigned char  k;                 /* 宣告變數 k  */
     for(k=0;  k<10;  k++)             /* 要依序顯示 0 至 9  */
      {
        P1 = table[k];                 /* 把字形碼送至 P1  */
        delayms(1000);                 /* 延時 1000 ms = 1 秒 */
      }
   }
}

/*  =================================  */
/*  ===   延時 time × 1 ms 副程式  ===  */
/*  =================================  */
/* 本延時副程式，與【範例 E0901】完全一樣，於此不再詳細說明 */
void delayms(unsigned int time)
{
  unsigned int n;
  while(time>0)
   {
     n =120;
     while(n>0) n--;
     time--;
   }
}
```

八、實習步驟

1. 範例 E2101 編譯後燒錄至 89S51 或 89C51。

   請注意！假如您的電腦中安裝的 Keil C51 是舊版的µVision **2**，請您把本書所有範例程式第一行的

   ```
   #include <AT89X51.H>
   ```

   改成

   ```
   #include <REGX51.H>
   ```

   否則組譯時會產生錯誤訊息，而無法得到燒錄檔。

2. 請接妥圖 21-3 之電路。七段 LED 顯示器為**共陽極**者。
3. 通上 5V 之直流電源。
4. 七段 LED 顯示器是否依序顯示 0 → 1 → 2 → 3 → 4 → 5 → 6 → 7 → 8 → 9 → 0 → 1 → ……呢？ 答：________

九、習題

1. 若將圖 21-3 加上一個 4 行 4 列的矩陣鍵盤，成為圖 21-4，請寫一個程式，將被壓下按鍵之位置碼顯示在七段LED顯示器。(提示：可參考實習 10-3 的範例 E1003。) 動作情形如下所示：

[0] 鍵閉合時顯示：0	[8] 鍵閉合時顯示：8
[1] 鍵閉合時顯示：1	[9] 鍵閉合時顯示：9
[2] 鍵閉合時顯示：2	[A] 鍵閉合時顯示：A
[3] 鍵閉合時顯示：3	[B] 鍵閉合時顯示：b
[4] 鍵閉合時顯示：4	[C] 鍵閉合時顯示：C
[5] 鍵閉合時顯示：5	[D] 鍵閉合時顯示：d
[6] 鍵閉合時顯示：6	[E] 鍵閉合時顯示：E
[7] 鍵閉合時顯示：7	[F] 鍵閉合時顯示：F

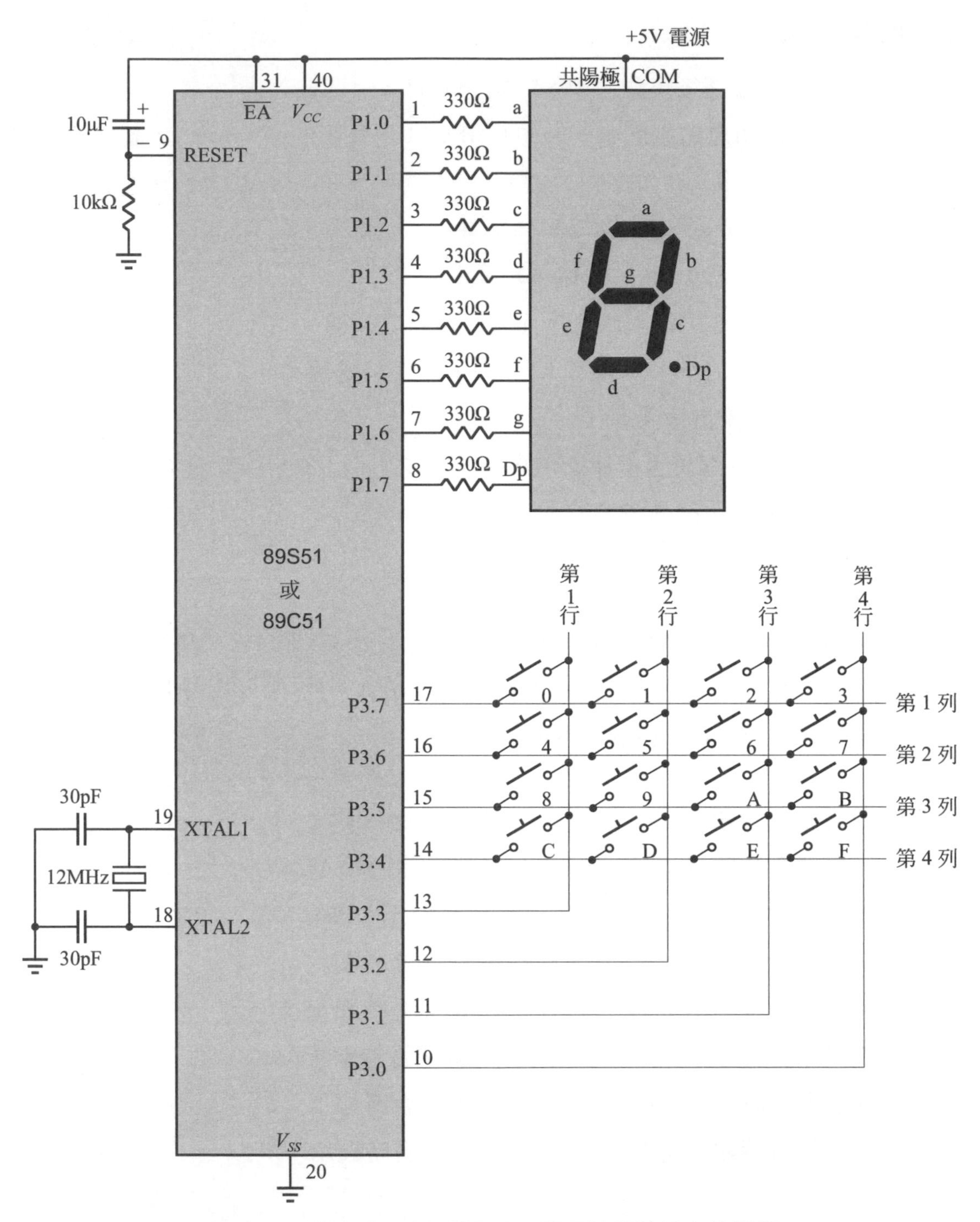

圖 21-4 用七段 LED 顯示器，顯示被壓按鍵之位置碼

Chapter 22

多位數字之掃描顯示

實習 22-1　五位數之掃描顯示
實習 22-2　閃爍顯示
實習 22-3　移動顯示

實習 22-1 五位數之掃描顯示

一、實習目的

了解多個七段顯示器掃描顯示的技巧。

二、相關知識

1. 掃描顯示的技巧

我們已在第 21 章學過用字形碼直接驅動七段顯示器的方法，但是，前述方法每一個輸出埠(8 隻腳)只能顯示一個字，所以不適用於顯示很多個字的場合(例如要顯示 4 個字，必須用 32 隻輸出腳才夠)。在需要顯示很多個字的場合，我們可以採用掃描顯示的方法以節省輸出腳，圖 22-1-1 是 5 個顯示器的字形碼掃描電路。

由圖 22-1-1 可知七段顯示器的共陰極是由 MCS-51 的 P3 控制，所以欲控制哪一個顯示器發亮，只需改變送至P3 的值即可。圖 22-1-2 所示即爲一例，像這種有規律的變化最適宜使用旋轉指令加以控制。

想要在顯示幕顯示 12345，則需先如圖 22-1-3(a)所示由 P1 送出 1 的字形碼 0xF9，並由 P3 送出 11101111B 使 1 亮在最左邊的顯示器，然後如圖 22-1-3(b)所示由P1 送出 2 的字形碼 0xA4 並由P3 送出 11110111B，令 2 亮在第 2 個顯示器，依此類推。綜觀圖 22-1-3(a) → (b) → (c) → (d) → (e) → (f) → (g) → (h) → (a) → (b) → ……，可知每次只有一個顯示器在發亮，但是由於人眼有視覺暫留的現象，我們只要以極快的速度令 5 個顯示器依序輪流點亮，看起來就會覺得 5 個顯示器同時都在亮，這種顯示方法稱爲掃描顯示法。

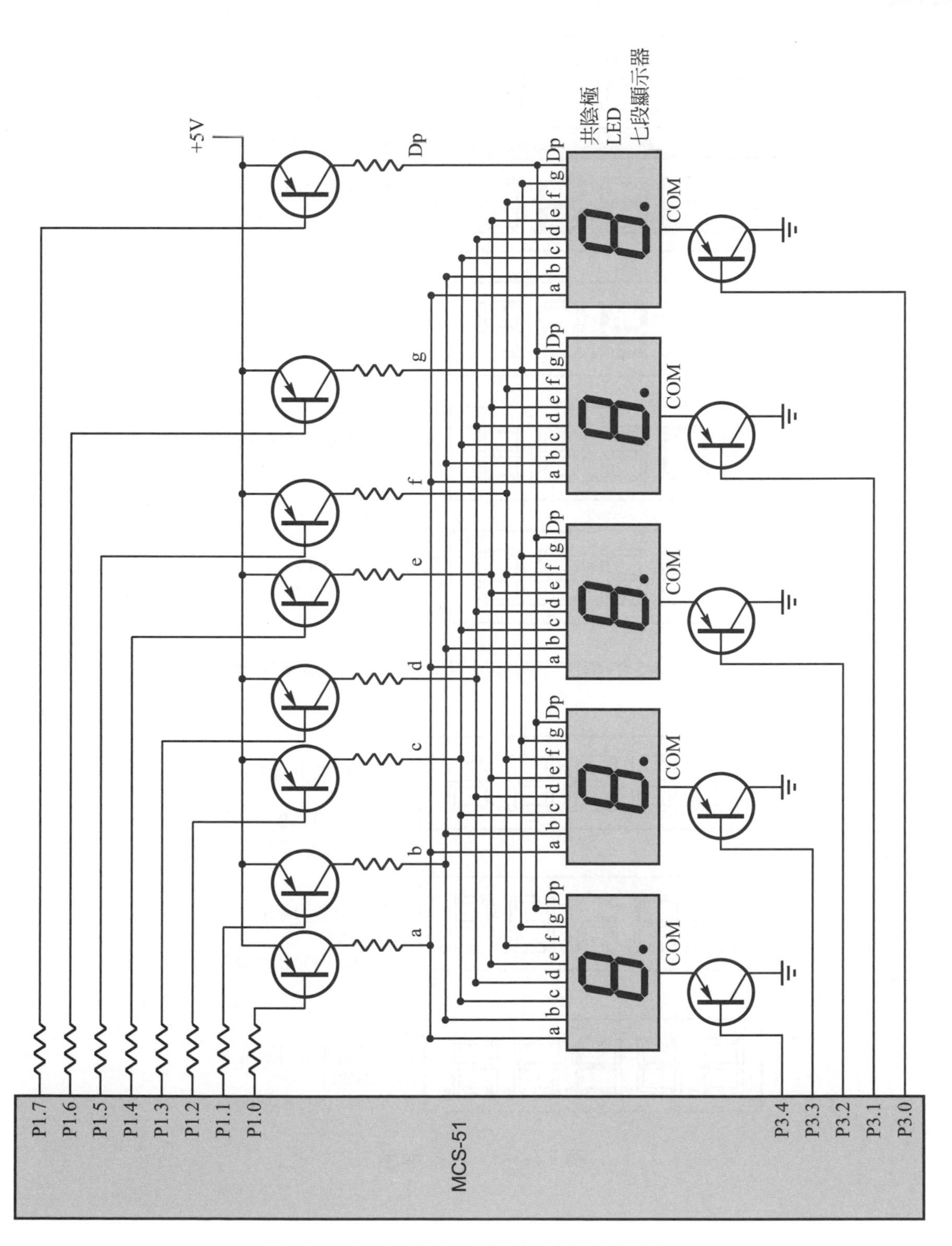

圖 22-1-1　七段顯示器的掃描顯示接線圖

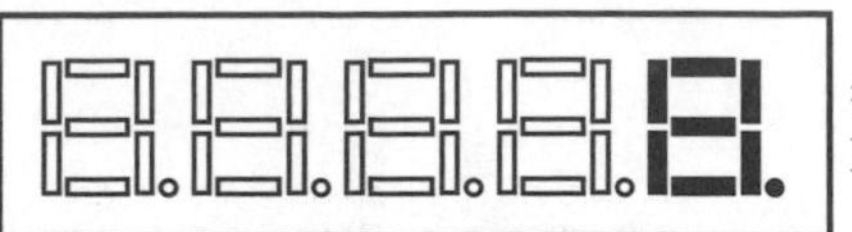
欲令最右邊的顯示器發亮，需使
P3 = 11111110B = 0xFE

欲令第 4 個顯示器亮，需使
P3 = 11111101B = 0xFD

欲令第 3 個顯示器亮，需使
P3 = 11111011B = 0xFB

欲令第 2 個顯示器亮，需使
P3 = 11110111B = 0xF7

欲令最左邊的顯示器亮，需使
P3 = 11101111B = 0xEF

圖 22-1-2 改變 P3 的值即可控制所需之顯示器發亮(字形碼則由 P1 送出)

(a)
在第一個顯示器顯示 1
P1 = 0xF9
P3 = 11101111B=0xEF

(b)
在第二個顯示器顯示 2
P1 = 0xA4
P3 = 11110111B =0xF7

(c)
在第三個顯示器顯示 3
P1 = 0xB0
P3 = 11111011B = 0xFB

圖 22-1-3 掃描顯示法

(d)
在第四個顯示器顯示 4
P1 = 0x99
P3 = 11111101B = 0xFD

(e)
在第五個顯示器顯示 5
P1 = 0x92
P3 = 11111110B = 0xFE

圖 22-1-3　掃描顯示法(續)

為了簡化圖面，通常把圖 22-1-1 畫成圖 22-1-4 的形式。請您把兩圖做個對照，您必須了解圖 22-1-4 的實際接線就是圖 22-1-1。

2. **字形碼**

由於在圖 22-1-1 中是使用PNP電晶體來驅動，所以由P1 送出的字形，要亮的字劃需送出低電位使電晶體導通，不要亮的字劃就送出高電位使電晶體不導電。例如我們要顯示 3 時，P1 就必須輸出：

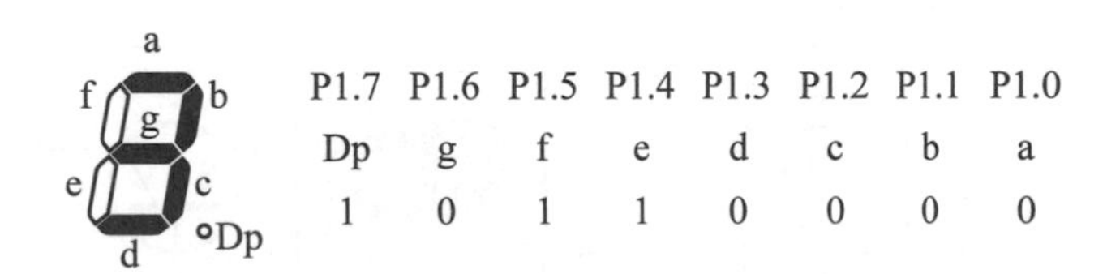

P1.7	P1.6	P1.5	P1.4	P1.3	P1.2	P1.1	P1.0
Dp	g	f	e	d	c	b	a
1	0	1	1	0	0	0	0

像 10110000 這種控制顯示器的某些 LED 發亮，某些 LED 熄滅的資料，稱為**字形碼**。常用數字之字形碼如表 21-1 所示。

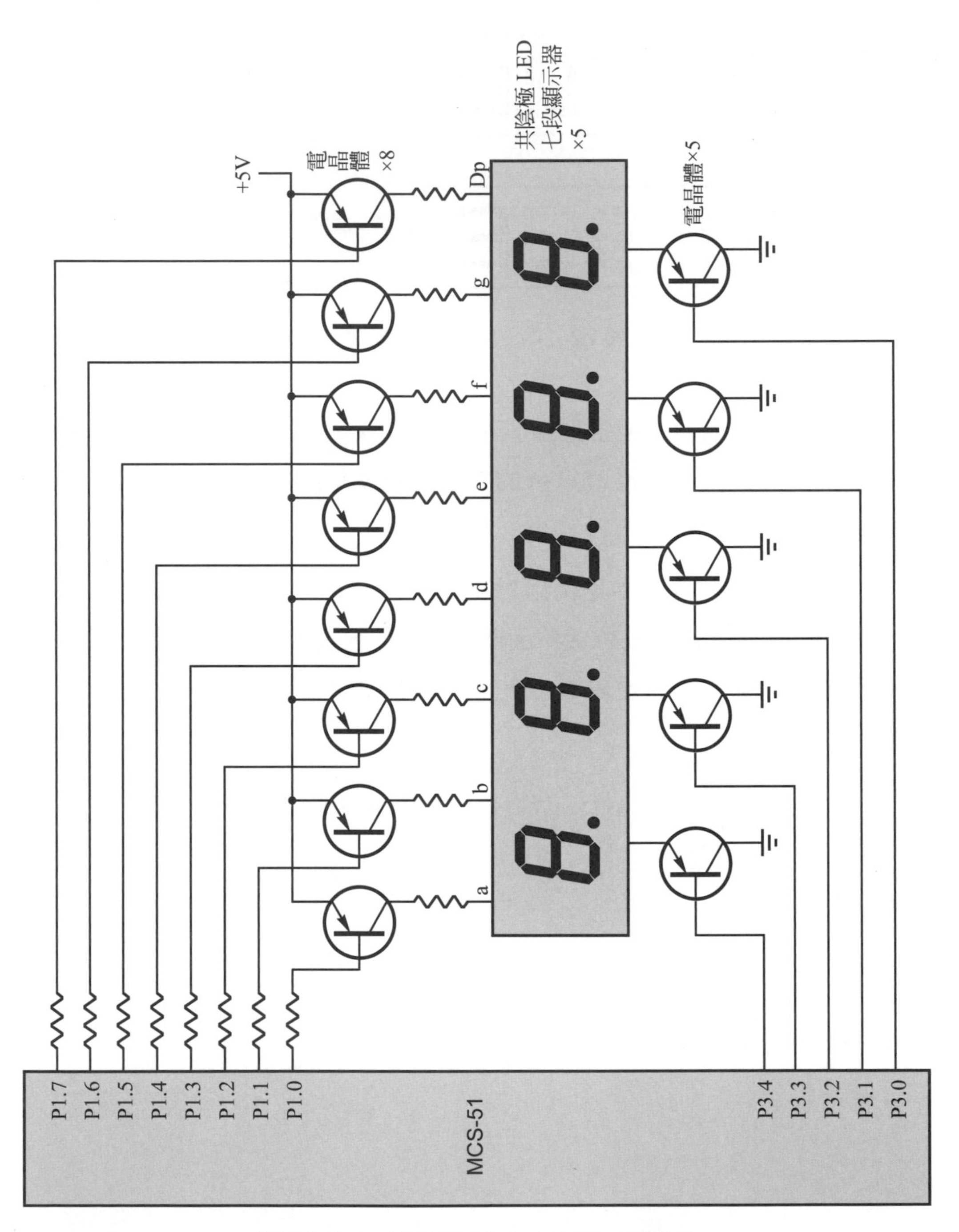

圖 22-1-4 這是圖 22-1-1 的另一種畫法

三、動作情形

在顯示幕上顯示 01234 等五個數字。

四、電路圖

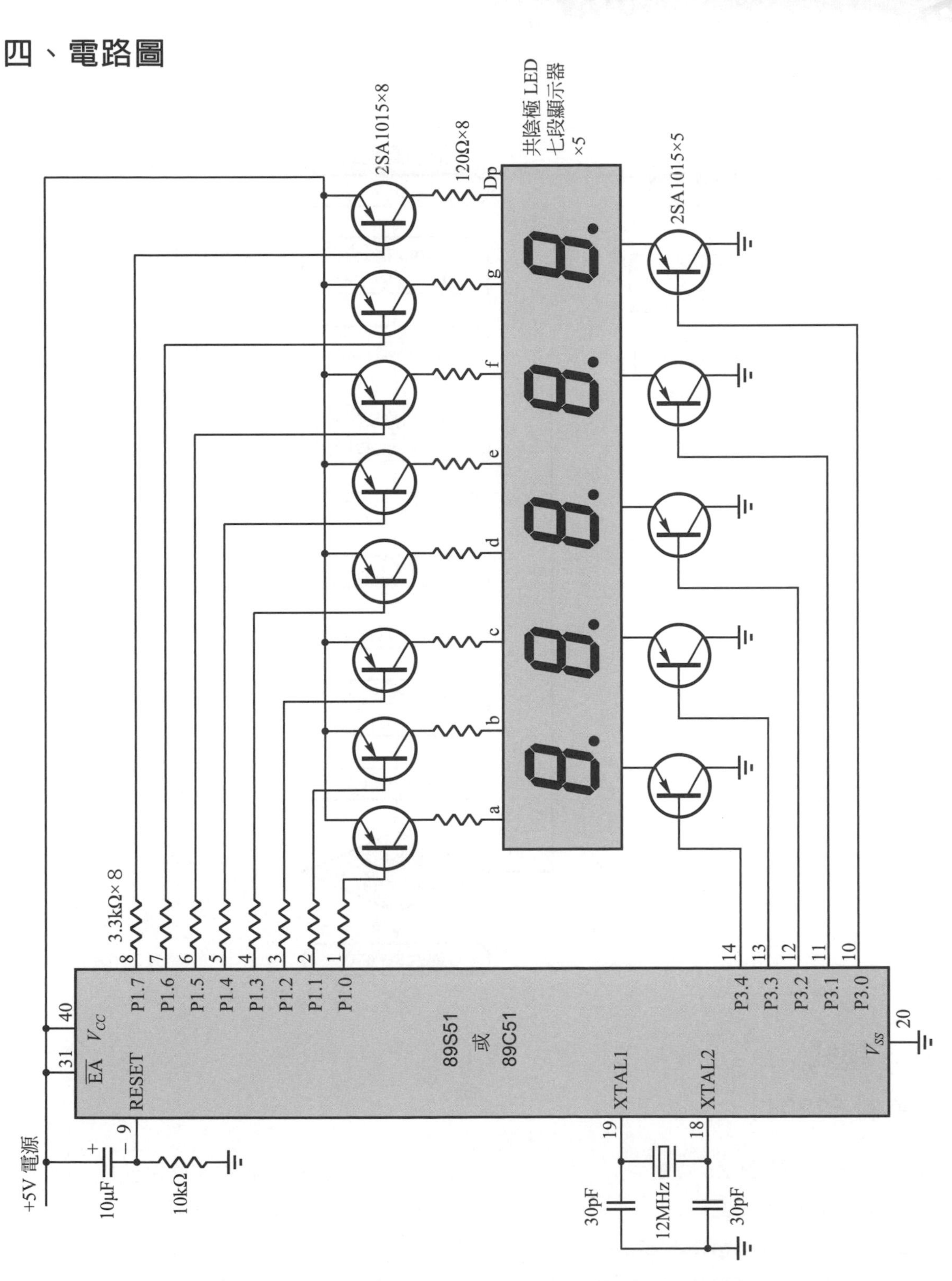

圖 22-1-5　用 89S51 或 89C51 擔任掃描顯示之電路圖

五、流程圖

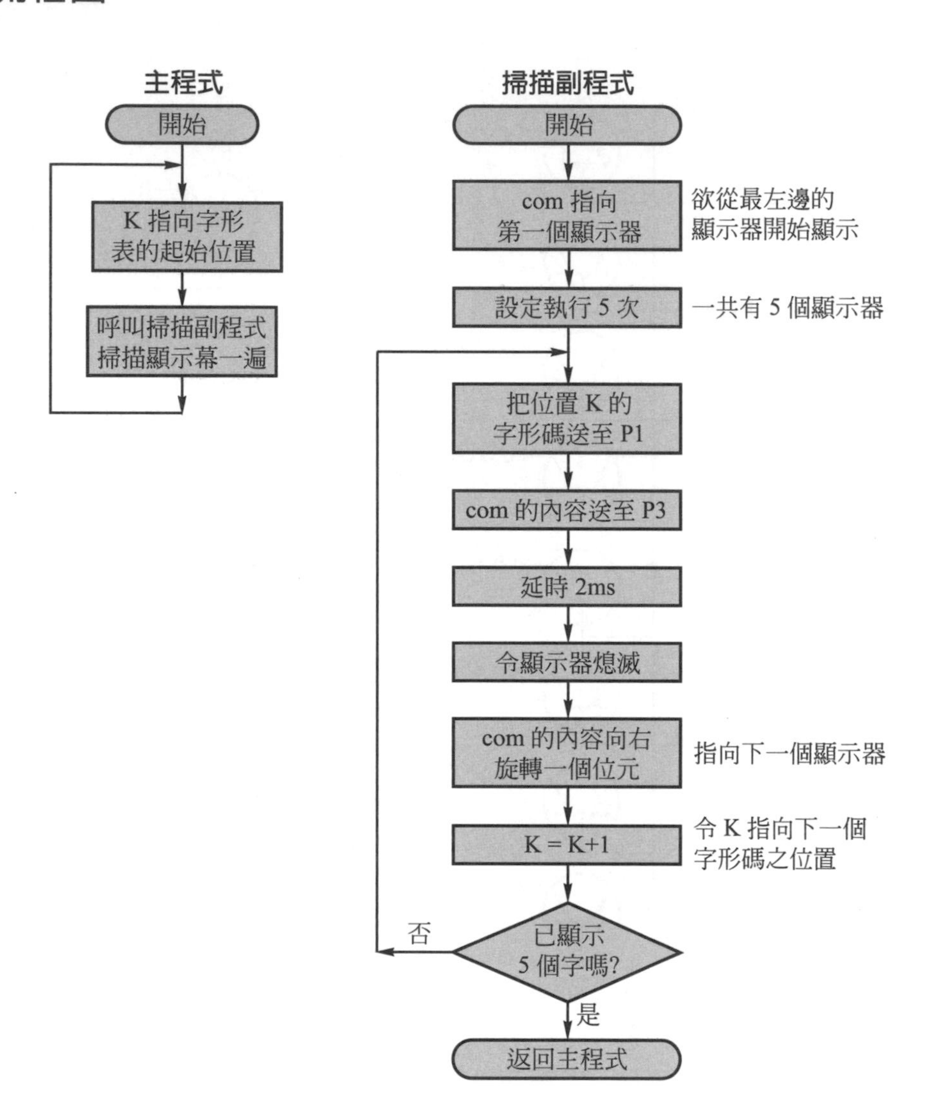

六、程式

【範例 E2201】

```
#include <AT89X51.H>                    /* 載入特殊功能暫存器定義檔 */
#include <INTRINS.H>                    /* 載入特殊指令定義檔 */
void scan(unsigned char k);             /* 宣告會用到 scan 副程式 */
void delayms(unsigned int time);        /* 宣告會用到 delayms 副程式 */
```

```
code char table[ ] = {0xc0,0xf9,0xa4,      /* 0至4之字形碼 */
                      0xb0,0x99};

/*  ============================  */
/*  =======    主 程 式    =======  */
/*  ============================  */
main( )
{
  while(1)                             /* 重複執行下列敘述 */
   {
     scan(0);                          /* 從字形表的table[0]開始顯示 */
   }
}

/*  ==========================================  */
/*  =======      掃描顯示幕副程式          ======  */
/*  =======    自左而右掃描顯示幕一次       ======  */
/*  =======  顯示table[k]至table[k+4]一次    ====  */
/*  =======         約耗時 10ms           ======  */
/*  ==========================================  */
void scan(unsigned char k)
{
  unsigned char m;                     /* 宣告變數m */
  unsigned char com;                   /* 宣告變數com */
  com = 0xef;                          /* 欲從最左邊的顯示器開始顯示 */
  for(m=0; m<5; m++)                   /* 一共須顯示5個字 */
   {
     P1 = table[k];                    /* 將字形碼送至P1 */
     P3 = com;                         /* 令相對應之顯示器發亮 */
     delayms(2);                       /* 延時2ms  */
     P3 = 0xff;                        /* 令顯示幕熄滅 */
     com =_cror_(com,1);               /* 指向下一個顯示器的共陰極 */
```

```
      k++;                          /* 指向下一個字形碼的位置 */
    }
}

/*  ================================  */
/*  ===  延時 time × 1 ms 副程式  ===  */
/*  ================================  */
/* 本延時副程式，與【範例 E0901】完全一樣，於此不再詳細說明 */
void delayms(unsigned int time)
{
  unsigned int n;
  while(time>0)
    {
      n = 120;
      while(n>0)  n--;
      time--;
    }
}
```

七、實習步驟

1. 範例 E2201 編譯後，燒錄至 89S51 或 89C51。
2. 請接妥圖 22-1-5 之電路。
3. 通上 5V 之直流電源。
4. 觀察顯示幕之顯示情形。
5. 實習完畢，接線請勿拆掉，下個實習可再用。

實習 22-2 閃爍顯示

一、實習目的

了解產生閃爍效果的技巧。

二、相關知識

若顯示幕一下子顯示字形，一下子熄滅，即能達成閃爍的效果，因此安排一組需顯示的字形及一組熄滅的字形，利用交互顯示的方法即可造成閃爍的效果。

三、動作情形

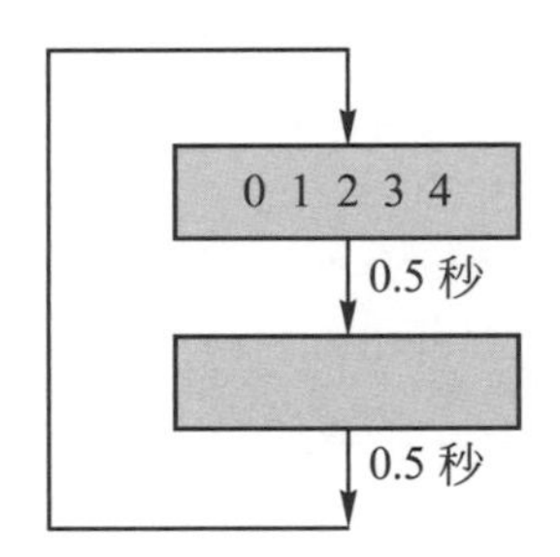

四、電路圖

與圖 22-1-5 完全一樣。(請見 22-7 頁)

五、流程圖

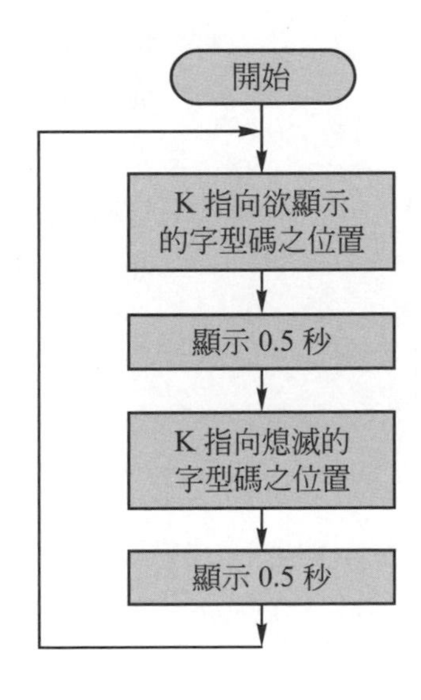

六、程式

【範例 E2202】

```
#include <AT89X51.H>                  /* 載入特殊功能暫存器定義檔 */
#include <INTRINS.H>                  /* 載入特殊指令定義檔 */
void scan(unsigned char k);           /* 宣告會用到 scan 副程式 */
void delayms(unsigned int time);      /* 宣告會用到 delayms 副程式 */

code char table[ ] = {0xc0,0xf9,0xa4,   /* 0 至 4 之字形碼 */
                      0xb0,0x99,
                      0xff,0xff,0xff,   /* 熄滅之字形碼 */
                      0xff,0xff};

/*  ============================  */
/*  =======    主 程 式    =======  */
/*  ============================  */
main( )
{
  while(1)                          /* 重複執行下列敘述 */
   {
     unsigned char t;               /* 宣告變數 t  */
     for(t=0; t<50; t++)            /* 重複顯示 50 次，一共約 0.5 秒 */
        scan(0);                    /* 從字形表的 table[0]開始顯示 */

     for(t=0; t<50; t++)            /* 重複顯示 50 次，一共約 0.5 秒 */
        scan(5);                    /* 從字形表的 table[5]開始顯示 */
   }
}

/*  ==========================================  */
/*  =======       掃描顯示幕副程式        =====  */
/*  =======     自左而右掃描顯示幕一次      =====  */
```

```
/*  =======   顯示 table[k]至 table[k+4]一次  =====   */
/*  =======              約耗時 10ms              =====   */
/*  ==========================================   */
/* 本掃描顯示幕副程式，與【範例 E2201】完全一樣，於此不再詳細說明 */
void scan(unsigned char k)
{
  unsigned char m;
  unsigned char com;
  com = 0xef;
  for(m=0; m<5; m++)
   {
     P1 = table[k];
     P3 = com;
     delayms(2);
     P3 = 0xff;
     com =_cror_(com , 1);
     k++;
   }
}

/*  ================================   */
/*  ===   延時 time × 1 ms 副程式   ===   */
/*  ================================   */
/* 本延時副程式，與【範例 E0901】完全一樣，於此不再詳細說明 */
void delayms(unsigned int time)
{
  unsigned int n;
  while(time>0)
   {
     n =120;
     while(n>0)  n--;
     time--;
   }
}
```

七、實習步驟

1. 範例 E2202 編譯後，燒錄至 89S51 或 89C51。
2. 請接妥 22-7 頁的圖 22-1-5 之電路。
3. 通上 5V 之直流電源。
4. 觀察顯示幕之顯示情形。
5. 請練習修改程式，使顯示幕顯示閃爍的 HELLO。
6. 實習完畢，接線請勿拆掉，下個實習可再用。

實習 22-3 移動顯示

一、實習目的

練習以移動的方式顯示字元。

二、動作情形

顯示向左移動的 AbCdEF

三、相關知識

假如我們事先在記憶體安排如下的字形表：

位置	0	1	2	3	4	5	6	7
字形碼	0xFF	0xFF	0xFF	0xFF	0xFF	0x88	0x83	0xC6
說明	熄	熄	熄	熄	熄	A	B	C

位置	8	9	10	11	12	13	14	15
字形碼	0xA1	0x86	0x8E	0xFF	0xFF	0xFF	0xFF	0xFF
說明	D	E	F	熄	熄	熄	熄	熄

則在呼叫 SCAN 副程式掃描顯示幕時，我們只要設定不同的 K 值，顯示幕就會有不同的反應，如圖 22-3-1 所示。

由圖 22-3-1 可發現只要把K逐次加 1，則顯示的字形就會逐次由右向左移動。同理，若逐次把K減 1，則顯示的字形會逐次由左向右移動。換句話說，逐次改變 K 的值就可造成字幕向左或向右移動的效果。

(1) 當 K = 0		(7) 當 K = 6	B C D E F
(2) 當 K = 1	A	(8) 當 K = 7	C D E F
(3) 當 K = 2	A B	(9) 當 K = 8	D E F
(4) 當 K = 3	A B C	(10) 當 K = 9	E F
(5) 當 K = 4	A B C D	(11) 當 K = 10	F
(6) 當 K = 5	A B C D E	(12) 當 K = 11	

圖 22-3-1　移動顯示的工作原理

四、電路圖

與圖 22-1-5 完全一樣。(請見 22-7 頁)

五、流程圖

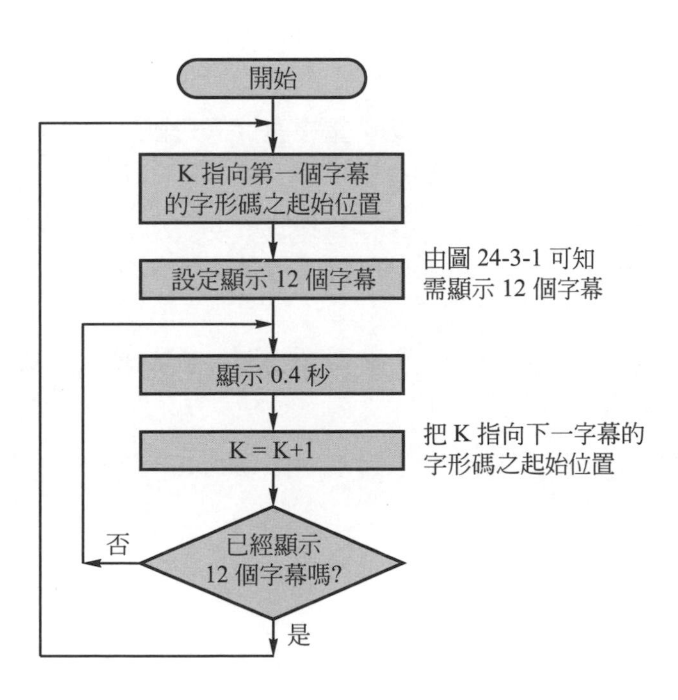

六、程式

【範例 E2203】

```
#include <AT89X51.H>                    /* 載入特殊功能暫存器定義檔 */
#include <INTRINS.H>                    /* 載入特殊指令定義檔 */
void scan(unsigned char k);             /* 宣告會用到 scan 副程式 */
void delayms(unsigned int time);        /* 宣告會用到 delayms 副程式 */

code char table[ ] = {0xff,0xff,0xff,   /* 熄滅之字形碼 */
                      0xff,0xff,
                      0x88,0x83,0xc6,   /* A 至 F 之字形碼 */
                      0xa1,0x86,0x8e,
                      0xff,0xff,0xff,   /* 熄滅之字形碼 */
                      0xff,0xff};

/*  ===========================  */
/*  =======    主 程 式    ======  */
/*  ===========================  */
main( )
{
  while(1)                         /* 重複執行下列敘述 */
   {
    unsigned char t;               /* 宣告變數 t */
    unsigned char x;               /* 宣告變數 x */

    for(x=0; x<12; x++)            /* 一共須顯示 12 個字幕 */
      {
        for(t=0; t<40; t++)        /* 每一字幕顯示 40 次，一共約 0.4 秒 */
           scan(x);
      }
   }
}
```

```
/*  ==============================================  */
/*  =======      掃描顯示幕副程式              ======  */
/*  =======    自左而右掃描顯示幕一次           ======  */
/*  =======  顯示 table[k]至 table[k+4]一次    =====  */
/*  =======         約耗時 10ms               ======  */
/*  ==============================================  */
/* 本掃描顯示幕副程式，與【範例 E2201】完全一樣，於此不再詳細說明 */
void scan(unsigned char k)
{
  unsigned char m;
  unsigned char com;
  com = 0xef;
  for(m=0; m<5; m++)
   {
     P1 = table[k];
     P3 = com;
     delayms(2);
     P3 = 0xff;
     com =_cror_(com, 1);
     k++;
   }
}

/*  ================================  */
/*  ===   延時 time × 1 ms 副程式  ===  */
/*  ================================  */
/* 本延時副程式，與【範例 E0901】完全一樣，於此不再詳細說明 */
void delayms(unsigned int time)
{
  unsigned int n;
  while(time>0)
   {
```

```
        n = 120;
        while(n>0)  n--;
        time--;
    }
}
```

七、實習步驟

1. 範例 E2203 編譯後，燒錄至 89S51 或 89C51。
2. 請接妥 22-7 頁的圖 22-1-5 之電路。
3. 通上 5V 之直流電源。
4. 觀察顯示幕之顯示情形。
5. 實習完畢，接線可予保留，下個實習只需再加上一個按鈕即可。

Chapter 23

五位數計數器

一、實習目的

1. 了解設計多位數計數器的技巧。
2. 了解消除無效零的技巧。
3. 熟練掃描顯示的方法。
4. 熟練用軟體避開接點反彈跳的方法。

二、動作情形

1. 製作一個計數器，每當接腳 P3.7 輸入一個低電位，計數器的內容就加 1。
2. 本計數器爲 10 進位計數器，可由 00000 計數至 99999。
3. 無效零不要顯示。例如 00000 只顯示 0，00380 只顯示 380，依此類推。

三、電路圖

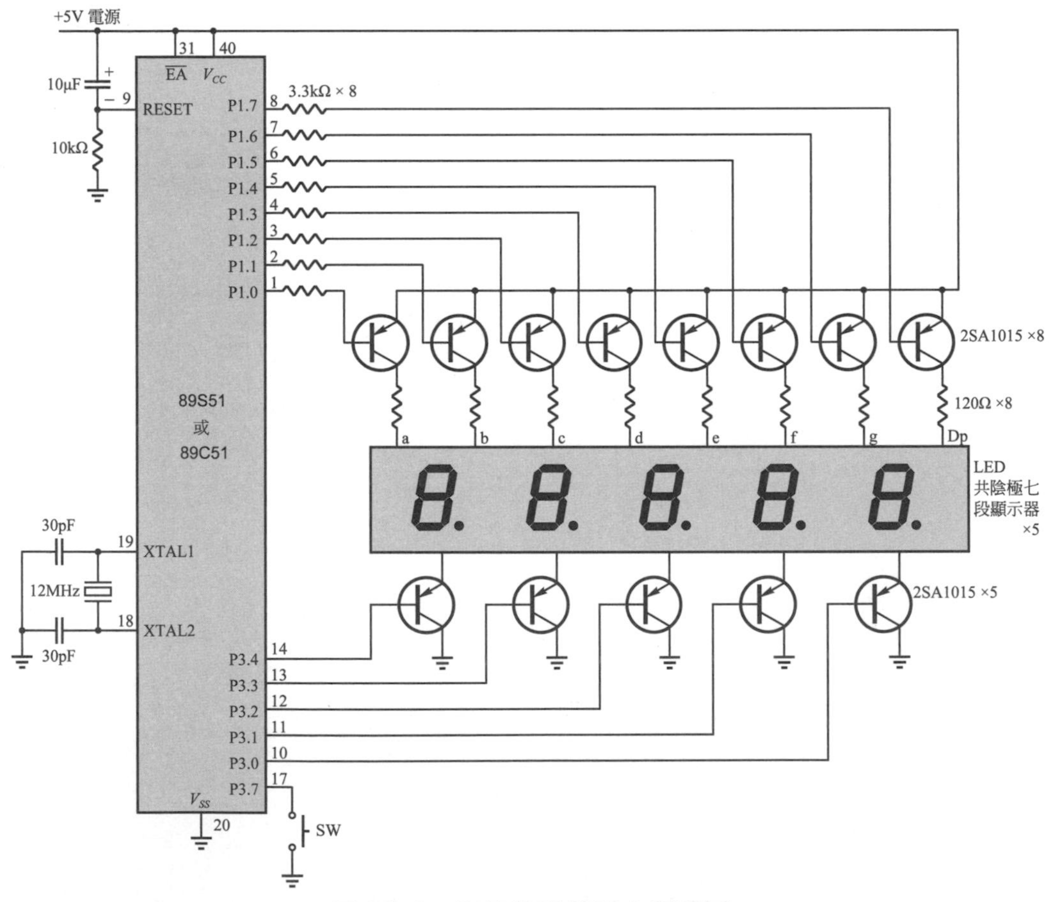

圖 23-1 五位數計數器之電路圖

說明：在做實驗時，SW可用一般的按鈕接上，在實際應用時SW爲光電開關、近接開關或微動開關等。

四、相關知識

1. 如何做多位計數

雖然MCS-51系列單晶片微電腦的內部有(硬體)計數器可供應用，但是它是16進位的計數器，而且只能由0000H計數至0FFFFH(即0至65535)，所以在需要多位計數的場合，根本就英雄無用武之地。

在需要多位計數時，最簡便的方法就是宣告一個資料型態爲long的變數(在範例E2301中爲x)來當(軟體)計數器用。

程式剛開始執行時，我們必須先把擔任計數功能的變數(本例爲x)清除爲零。此後，每當檢測到接腳P3.7的電位由高態變成低態時，就把x的內容加1，如此即可完成多位計數的功能。

2. 如何顯示計數器的內容

根據第22章的經驗，我們只要準備好字形碼，然後呼叫掃描顯示副程式，即可在顯示幕上顯示出數字，可是在本製作中計數器的內容一直隨接腳P3.7的輸入信號在改變，我們如何將計數器的內容轉換成相對應的字形碼呢？您還記得我們在第21章是先安排了一個字形表，然後用程式取得表中相對應的字形碼嗎？這種方法叫做查表法。在本章裡我們還是要應用查表法把計數器的內容轉換成字形碼。個位數的內容轉換成字形碼後放在變數table[4]內，拾位數的內容轉換成字形碼後是放在變數table[3]內，佰位數的內容轉換成字形碼後放在變數table[2]內，仟位數的內容轉換成字形碼後放在變數table[1]內，萬位數的內容轉換成字形碼後放在變數table[0]內，如圖23-2所示。字形碼轉換完成後，我們只要呼叫掃描副程式把table[0]至table[4]的內容(字形碼)送到顯示幕去，即可把計數器的內容顯示出來了。

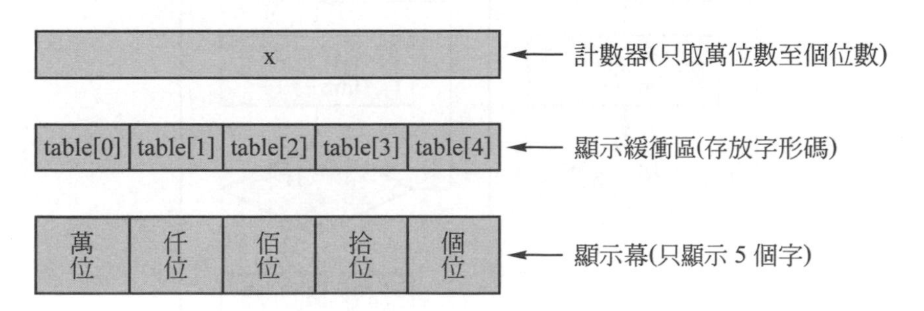

圖23-2 計數器與字形碼的安排

3. **如何消除無效零**

什麼叫做無效零呢？簡而言之，在有效數字左邊的零就是無效零，在有效數字右邊的零就是有效零，例如：

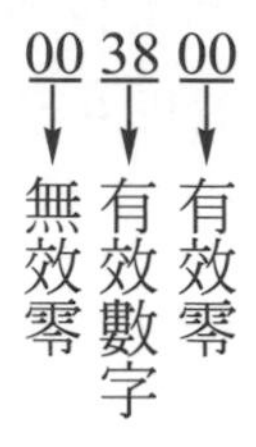

無效零拿掉後並不會改變數值的大小(例如 3800 ＝ 003800)，所以無效零可以拿掉。有效零拿掉後會改變數值的大小(例如 38 ≠ 3800)，所以有效零不可以拿掉。

為便於閱讀數值，所以本製作擬將無效零熄掉，不加以顯示，用什麼方法才能辦到呢？因為 0 的字形碼是 0xc0，所以我們只要檢測table[0]至table[3]的內容，凡是發現無效零的字形碼 0xc0 就將其換成熄滅的字形碼 0xff即可。

五、流程圖

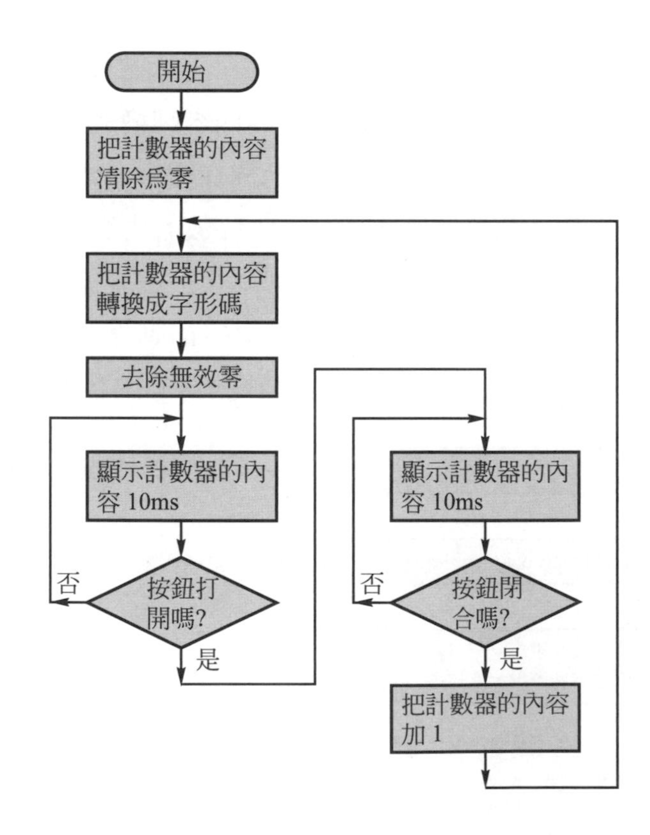

六、程式

【範例 E2301】

```
#include <AT89X51.H>                    /* 載入特殊功能暫存器定義檔 */
#include <INTRINS.H>                    /* 載入特殊指令定義檔 */
void conv(unsigned long h);             /* 宣告會用到 conv 副程式 */
void kill0(void);                       /* 宣告會用到 kill0 副程式 */
void scan(unsigned char k);             /* 宣告會用到 scan 副程式 */
void delayms(unsigned int time);        /* 宣告會用到 delayms 副程式 */
unsigned char table[5];                 /* 宣告變數 table[ ] */
code char table2[ ] = {0xc0,0xf9,0xa4,      /* 0 至 9 之字形碼 */
                       0xb0,0x99,0x92,
                       0x82,0xf8,0x80,
                       0x90};

/*  ==========================  */
/*  =======    主 程 式   ======  */
/*  ==========================  */
main( )
{
  unsigned long x = 0;                 /* 宣告變數 x，作爲計數器 */
  while(1)
   {
     conv(x);                          /* 把計數器的內容轉換成字形碼 */
     kill0( );                         /* 去除無效零 */

   /* 一面顯示計數器的內容，一面等待按鈕放開 */
     do
       {
        scan(0);                       /* 顯示計數器的內容 */
       }
     while(P3_7==0);                   /* 等待按鈕放開 */
```

```
    /* 一面顯示計數器的內容，一面等待按鈕閉合 */
      do
        {
         scan(0);                          /* 顯示計數器的內容 */
        }
      while(P3_7==1);                      /* 等待按鈕閉合 */

      x++;                                 /* 把計數器的內容加 1 */
      if(x==100000) x=0;                   /* 本計數器只需計數至 99999 */
    }
}

/*  =================================  */
/*  ===  把計數器的內容轉換成字形碼  ===  */
/*  =================================  */
void conv(unsigned long h)
{
  table[4] = table2[h%10];             /* 得到個位數的字形碼 */
  table[3] = table2[(h/10)%10];        /* 得到拾位數的字形碼 */
  table[2] = table2[(h/100)%10];       /* 得到佰位數的字形碼 */
  table[1] = table2[(h/1000)%10];      /* 得到仟位數的字形碼 */
  table[0] = table2[h/10000];          /* 得到萬位數的字形碼 */
}

/*  =================================  */
/*  ===       去 除 無 效 零       ===  */
/*  =================================  */
void kill0(void)
{
  unsigned char u;
  for(u=0; u<4; u++)                /* table[0]至table[3]需去除無效零 */
    {
```

```
        if(table[u]==0xc0)        /* 如果字形碼為無效零的字形碼， */
            table[u] = 0xff;      /* 則換成熄滅的字形碼 */
        else break;
    }
}


/*  ============================================  */
/*  =======        掃描顯示幕副程式          =======  */
/*  =======      自左而右掃描顯示幕一次      =======  */
/*  ======= 顯示 table[k]至 table[k+4]一次 ======  */
/*  =======           約耗時 10ms            =======  */
/*  ============================================  */
/* 本掃描顯示幕副程式，與【範例 E2201】完全一樣，於此不再詳細說明 */
void scan(unsigned char k)
{
  unsigned char m;
  unsigned char com;
  com = 0xef;
  for(m=0; m<5; m++)
    {
      P1 = table[k];
      P3 = com;
      delayms(2);
      P3 = 0xff;
      com = _cror_(com, 1);
      k++;
    }
}

/*  ==============================  */
/*  ===  延時 time × 1 ms 副程式  ===  */
/*  ==============================  */
```

```
/* 本延時副程式，與【範例 E0901】完全一樣，於此不再詳細說明 */
void delayms(unsigned int time)
{
  unsigned int n;
  while(time>0)
   {
     n = 120;
     while(n>0)   n--;
     time--;
   }
}
```

七、實習步驟

1. 範例 E2301 編譯後，燒錄至 89S51 或 89C51。

   請注意！假如您的電腦中安裝的 Keil C51 是舊版的μVision **2**，請您把本書所有範例程式第一行的

   #include <AT89X51.H>

   改成 #include <REGX51.H>

   否則組譯時會產生錯誤訊息，而無法得到燒錄檔。
2. 請接妥圖 23-1 之電路。圖中之按鈕 SW 可用 TACT 按鈕。
3. 通上 5V 之直流電源。
4. 程式執行後，顯示幕顯示________。
5. 把 SW 按 5 下後，顯示幕顯示________。
6. 再把 SW 按 5 下後，顯示幕顯示________。
7. 再把 SW 按 90 下後，顯示幕顯示________。

Chapter 24

電子琴

一、實習目的

1. 了解令揚聲器發出聲音的方法。
2. 熟悉按鍵輸入的處理方法。

二、相關知識

1. 產生聲音的方法

只要讓揚聲器(speaker)通過會產生大小變化的電流(即脈動電流或交流)，就能使揚聲器發出聲音，因此我們若以程式不斷的輸出 1 → 0 → 1 → 0 → ……就可令揚聲器發出聲音。由於 MCS-51 系列的輸出埠，輸出電流不夠大，所以必須如圖 24-1 所示加上電晶體把電流放大後才驅動揚聲器。

圖 24-2 則是產生聲音的基本流程圖，我們只要改變半週期 t 的時間即可改變輸出頻率。

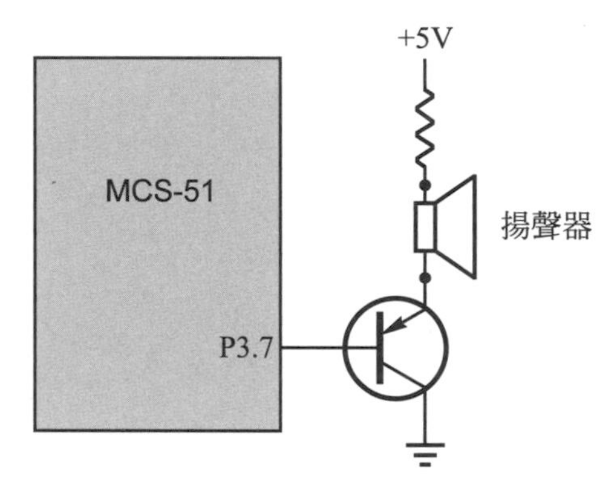

圖 24-1　產生聲音的基本接線

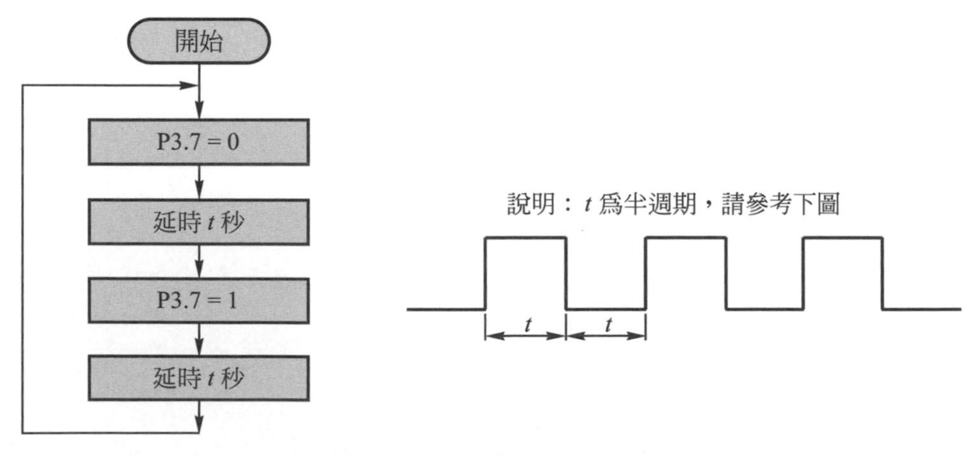

圖 24-2　產生聲音之基本流程

2. 決定程式中延時參數的方法

C 調各音階的頻率如表 24-1 所示，根據此頻率表我們即可計算出程式中所需的延時參數。茲以中音的 DO 說明如下：

(1) DO 的頻率爲 262Hz，所以

週期 $T=\frac{1}{f}=\frac{1}{262}$ 秒 $=3816\mu s$

半週期 $t=\frac{T}{2}=1908\mu s$

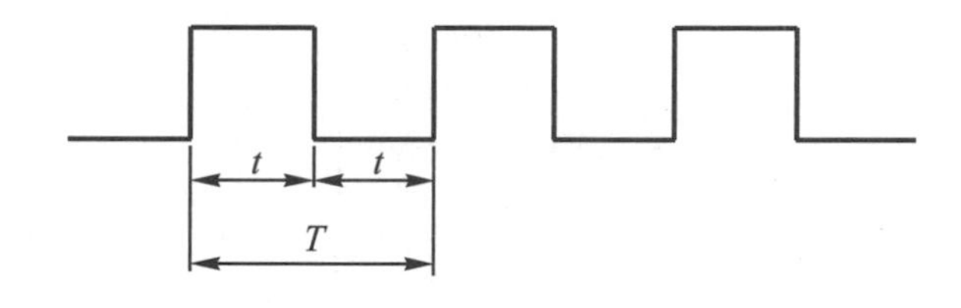

表 24-1 C 調各音階之頻率表

音階		DO	RE	MI	FA	SO	LA	SI
高音	簡符	$\dot{1}$	$\dot{2}$	$\dot{3}$	$\dot{4}$	$\dot{5}$	$\dot{6}$	$\dot{7}$
	頻率(Hz)	522	587	659	700	784	880	988
中音	簡符	1	2	3	4	5	6	7
	頻率(Hz)	262	294	330	349	392	440	494
低音	簡符	$\underset{\cdot}{1}$	$\underset{\cdot}{2}$	$\underset{\cdot}{3}$	$\underset{\cdot}{4}$	$\underset{\cdot}{5}$	$\underset{\cdot}{6}$	$\underset{\cdot}{7}$
	頻率(Hz)	131	147	165	175	196	220	247

(2) 我們在第 11 章已經學會**計時器**的用法。若設定 Timer0 爲模式 1 之計時器，則欲延時 1908μs 必須將計數值設定爲 65536－1908 ＝ 63628 ＝ 0xF88C，換句話說，需令 TH0 ＝ 0xF8，TL0 ＝ 0x8C。

簡而言之，中音的 DO，延時參數爲 TH0 ＝ 0xF8，TL0 ＝ 0x8C。

(3) 其他音調所對應之 TH0、TL0 值，算法一樣。其值如表 24-2 所示。

表 24-2　各音階所對應之延時參數

音階			DO	RE	MI	FA	SO	LA	SI
高音	簡符		1̇	2̇	3̇	4̇	5̇	6̇	7̇
	頻率(Hz)		522	587	659	700	784	880	988
	半週期(μs)		958	852	759	714	638	568	506
	延時參數	TH0	0xFC	0xFC	0xFD	0xFD	0xFD	0xFD	0xFE
		TL0	0x42	0xAC	0x09	0x36	0x82	0xC8	0x06
中音	簡符		1	2	3	4	5	6	7
	頻率(Hz)		262	294	330	349	392	440	494
	半週期(μs)		1908	1700	1515	1433	1276	1136	1012
	延時參數	TH0	0xF8	0xF9	0xFA	0xFA	0xFB	0xFB	0xFC
		TL0	0x8C	0x5C	0x15	0x67	0x04	0x90	0x0C
低音	簡符		1̣	2̣	3̣	4̣	5̣	6̣	7̣
	頻率(Hz)		131	147	165	175	196	220	247
	半週期(μs)		3817	3401	3030	2857	2551	2273	2024
	延時參數	TH0	0xF1	0xF2	0xF4	0xF4	0xF6	0xF7	0xF8
		TL0	0x17	0xB7	0x2A	0xD7	0x09	0x1F	0x18

三、動作情形

製作一個電子琴，一共有 11 個按鍵，可產生

5̣　6̣　7̣　1　2　3　4　5　6　7　1̇

等 11 個音階。

四、電路圖

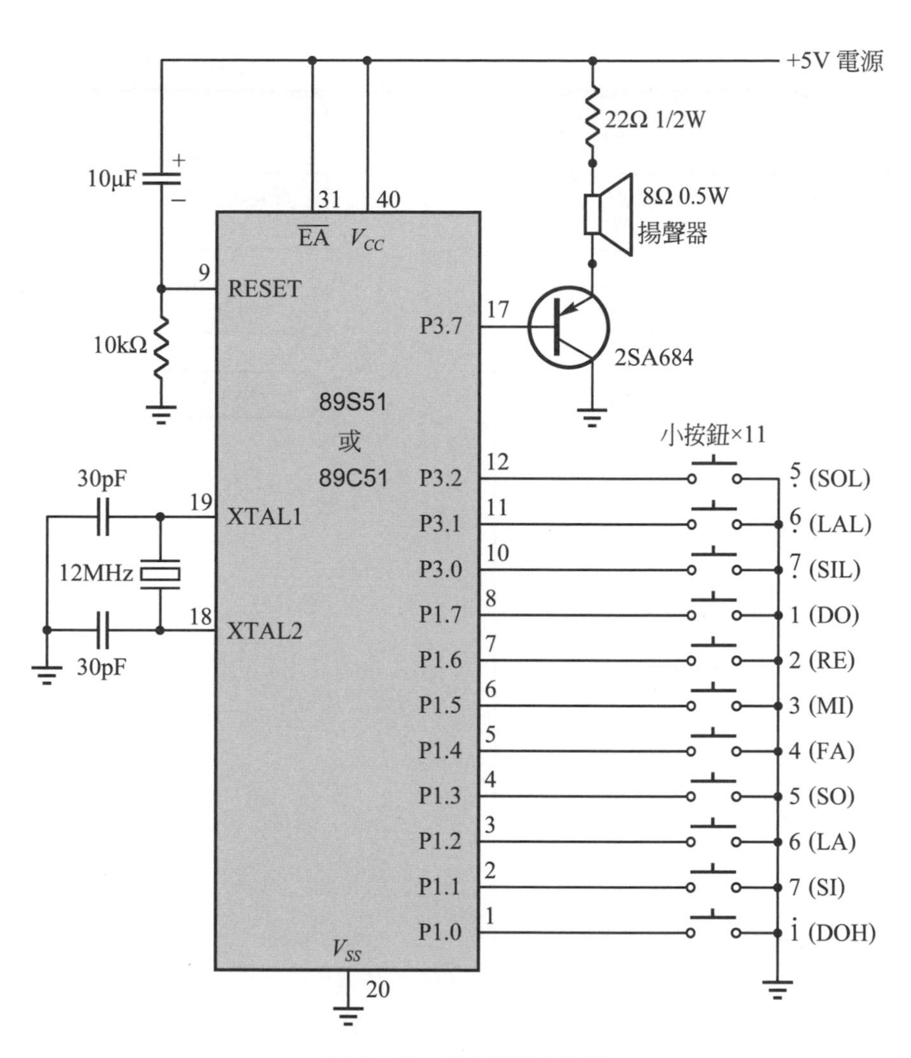

圖 24-3 微電腦電子琴

說明：

1. 8Ω 0.2W～0.5W之揚聲器均適用於本製作，但揚聲器若附有喇叭箱(例如隨身聽用的小喇叭箱)則效果更佳。
2. 若您需要更大的音量，請改用 24-12 頁的圖 24-4。

五、流程圖

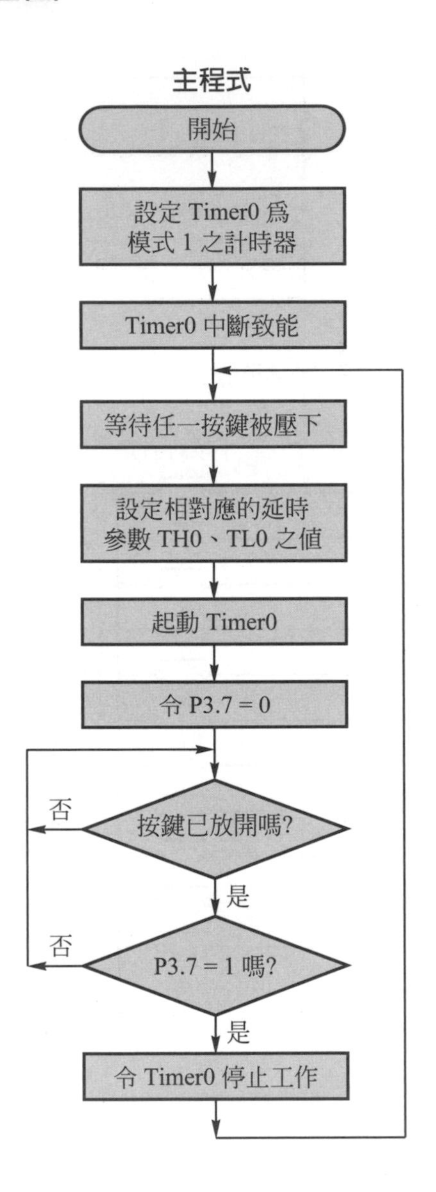
主程式
開始
設定 Timer0 爲
模式 1 之計時器
Timer0 中斷致能
等待任一按鍵被壓下
設定相對應的延時
參數 TH0、TL0 之值
起動 Timer0
令 P3.7 = 0
按鍵已放開嗎?
否
是
P3.7 = 1 嗎?
否
是
令 Timer0 停止工作

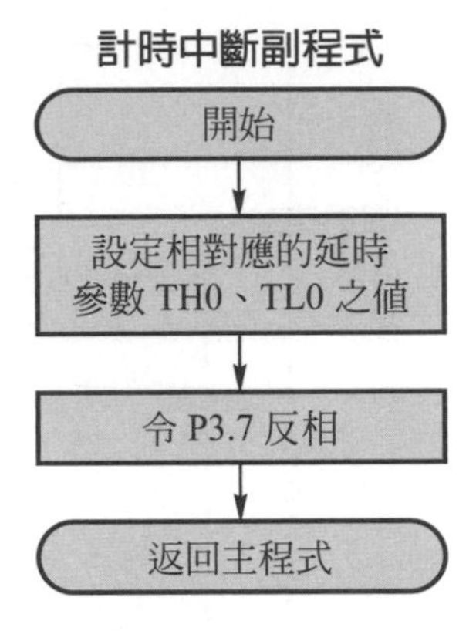
計時中斷副程式
開始
設定相對應的延時
參數 TH0、TL0 之值
令 P3.7 反相
返回主程式

六、程式

【範例 E2401】

```
#include <AT89X51.H>          /* 載入特殊功能暫存器定義檔 */
unsigned char key;            /* 宣告變數 key，以便存放鍵碼 */
unsigned char hi;             /* 宣告變數 hi */
unsigned char low;            /* 宣告變數 low */
code char table[] = {0xf6,0x09,0xf7,0x1f, /* 與各音階相對應的 */
                     0xf8,0x18,0xf8,0x8c, /* 延時參數資料表 */
                     0xf9,0x5c,0xfa,0x15,
                     0xfa,0x67,0xfb,0x04,
                     0xfb,0x90,0xfc,0x0c,
                     0xfc,0x42};

/*  ===========================  */
/*  =======    主 程 式    ======  */
/*  ===========================  */
main( )
{
  while(1)                                /* 重複執行下列敘述 */
   {
     /* 取得按鈕閉合的相對應鍵碼 */
     AGAIN:                               /* 宣告標名 AGAIN 在此 */
     If(P3_2==0)       key = 0;
     else if(P3_1==0) key = 1;
     else if(P3_0==0) key = 2;
     else if(P1_7==0) key = 3;
     else if(P1_6==0) key = 4;
```

```
    else if(P1_5==0) key = 5;
    else if(P1_4==0) key = 6;
    else if(P1_3==0) key = 7;
    else if(P1_2==0) key = 8;
    else if(P1_1==0) key = 9;
    else if(P1_0==0) key = 10;
    else goto  AGAIN ;

    /* 由鍵碼設定與其對應的 TH0、TL0 之延時參數 */
    hi = key * 2;          /* 計算與 TH0 相對應參數的位置 */
    low = hi+1;            /* 計算與 TL0 相對應參數的位置 */

    TMOD = 0x01;           /* 令計時器 0 工作於模式 1 */
    TH0 = table[hi];       /* 設定計數值 */
    TL0 = table[low];      /* 設定計數值 */
    EA = 1;                /* 令中斷的總開關致能 */
    ET0 = 1;               /* 令計時器 0 中斷致能 */
    TR0 = 1;               /* 啓動計時器 0 */

  /* 令揚聲器通電  */
    P3_7 = 0;              /* 令揚聲器通電 */

  /* 等待按鍵全部放開，而且揚聲器斷電，然後令計時器 0 停止工作 */
    WAITOFF:               /* 宣告標名 WAITOFF 在此 */
    If(P3==0xff && P1==0xff)
      TR0=0;
    else goto WAITOFF;
  }
```

```
}


/*  ==============================  */
/*  === 計時器 0 的中斷服務程式   ===  */
/*  ==============================  */
void timer0_int(void) interrupt 1
{
     TH0 = table[hi];              /* 設定計數值 */
     TL0 = table[low];             /* 設定計數值 */
     P3_7 = ! P3_7;                /* 令揚聲器的通電狀態相反 */

}
```

七、實習步驟

1. 範例 E2401 編譯後，燒錄至 89S51 或 89C51。

   請注意！假如您的電腦中安裝的 Keil C51 是舊版的μVision **2**，請您把本書所有範例程式第一行的

   ```
   #include <AT89X51.H>
   ```

   改成

   ```
   #include <REGX51.H>
   ```

   否則組譯時會產生錯誤訊息，而無法得到燒錄檔。
2. 請接妥圖 24-3 之電路。圖中之小按鈕，可採用 TACT 按鈕。
3. 通上 5V 之直流電源。
4. 請試按各鍵(按鈕)確定動作正常。
5. 參考下面的樂譜演奏一曲，享受一下努力的成果吧！

小蜜蜂

克 夷 詞
王耀錕 曲

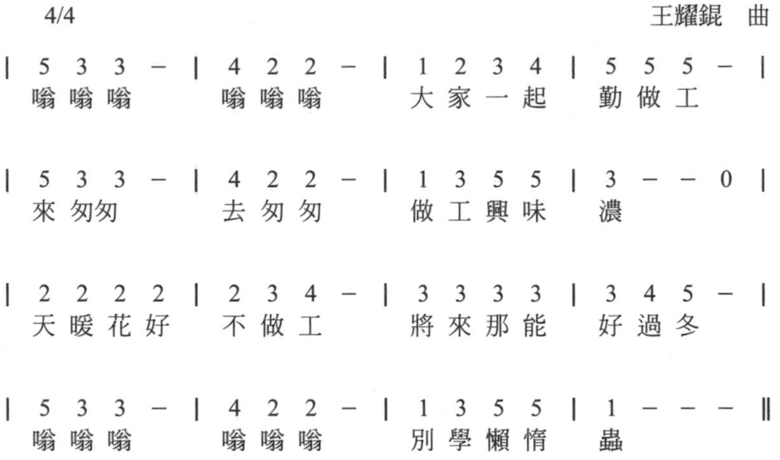

4/4

| 5 3 3 – | 4 2 2 – | 1 2 3 4 | 5 5 5 – |
嗡嗡嗡 嗡嗡嗡 大家一起 勤做工

| 5 3 3 – | 4 2 2 – | 1 3 5 5 | 3 – – 0 |
來匆匆 去匆匆 做工興味 濃

| 2 2 2 2 | 2 3 4 – | 3 3 3 3 | 3 4 5 – |
天暖花好 不做工 將來那能 好過冬

| 5 3 3 – | 4 2 2 – | 1 3 5 5 | 1 – – – ‖
嗡嗡嗡 嗡嗡嗡 別學懶惰 蟲

甜蜜的家庭

4/4

畢夏普 曲

1 2 | 3 · 4 4 5 | 5 – 3 5 5 | 4 · 3 4 2 | 3 – 0 1 2 |
我的 家庭眞 可 愛,整潔 美 滿又安 康 姊妹

| 3 · 4 4 6 | 5 – 3 5 | 4 · 3 4 2 | 1 – 0 5 5 |
兄 弟很 和 氣,父 母 都慈 祥 雖然

| i · 7 6 5 | 5 – 3 5 5 | 4 · 3 4 2 | 3 – 0 5 5 |
沒 有好 花 園,春蘭 秋 桂常飄 香 雖然

| i · 7 6 5 | 5 – 3 5 5 | 4 · 3 4 2 | 1 – – 0 |
沒 有大 廳 堂冬天 溫 暖夏天 涼

| 5 – – – | 4 – 2 – | 1 – 2 – | 3 – 0 5 |
可 愛 的 家 庭 呀 !我

| i · 7 6 5 | 5 – 3 5 5 | 4 · 3 4 2 | 1 – – 0 ‖
不 能離 開 你,你的 恩 惠比天 長

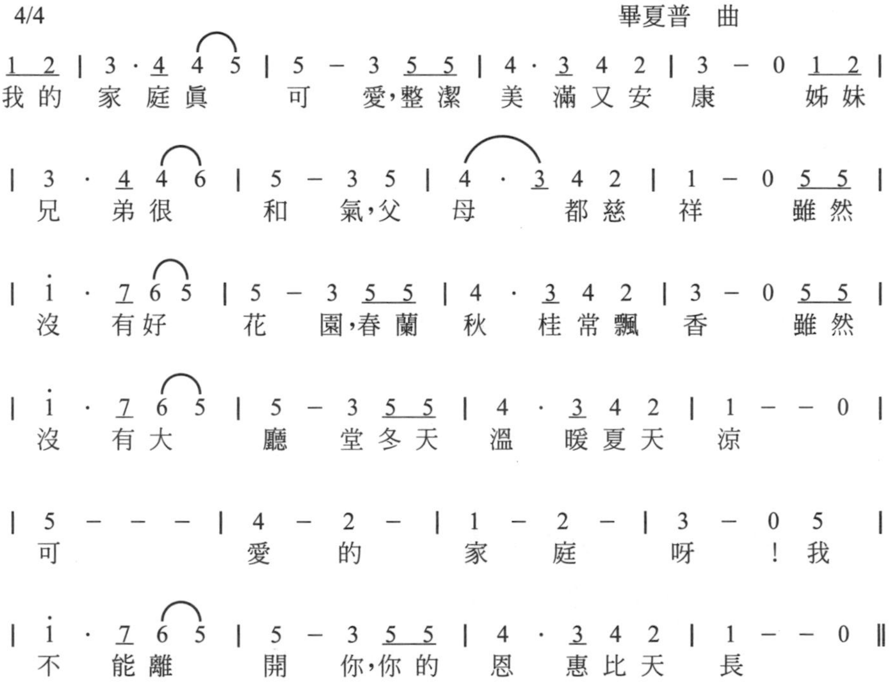

梅 花

劉家昌 詞曲

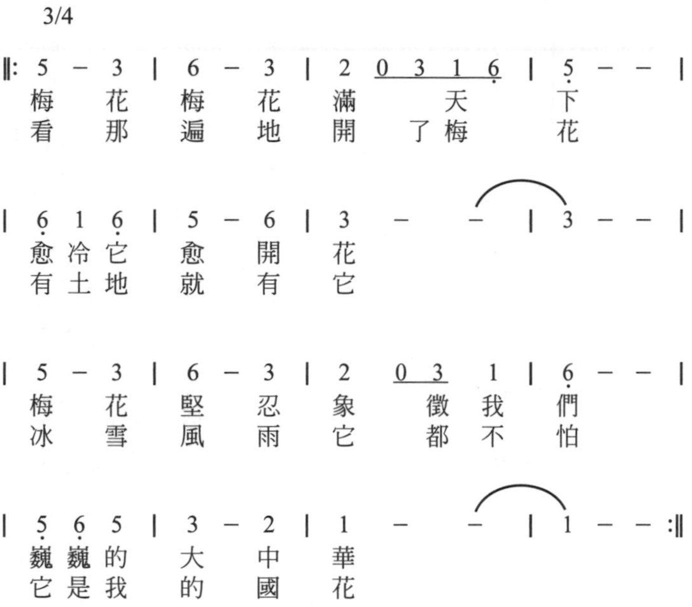

3/4

‖: 5 – 3 | 6 – 3 | 2 0 3 1 6 | 5 – – |
梅 花 梅 花 滿 天 下
看 那 遍 地 開 了梅 花

| 6 1 6 | 5 – 6 | 3 – – | 3 – – |
愈冷它 愈 開 花
有土地 就 有 它

| 5 – 3 | 6 – 3 | 2 0 3 1 | 6 – – |
梅 花 堅 忍 象 徵 我 們
冰 雪 風 雨 它 都 不 怕

| 5 6 5 | 3 – 2 | 1 – – | 1 – – :‖
巍巍的 大 中 華
它是我 的 國 花

我是隻小小鳥

德國民歌

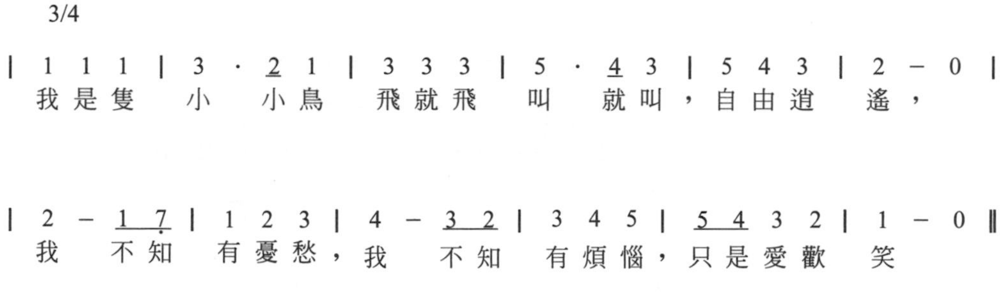

3/4

| 1 1 1 | 3 · 2 1 | 3 3 3 | 5 · 4 3 | 5 4 3 | 2 – 0 |
我是隻 小 小鳥 飛就飛 叫 就叫，自由逍 遙，

| 2 – 1 7 | 1 2 3 | 4 – 3 2 | 3 4 5 | 5 4 3 2 | 1 – 0 ‖
我 不知 有憂愁，我 不知 有煩惱，只是愛歡 笑

八、相關資料補充

當您需要較大音量之微電腦電子琴時，可採用圖 24-4 之電路。

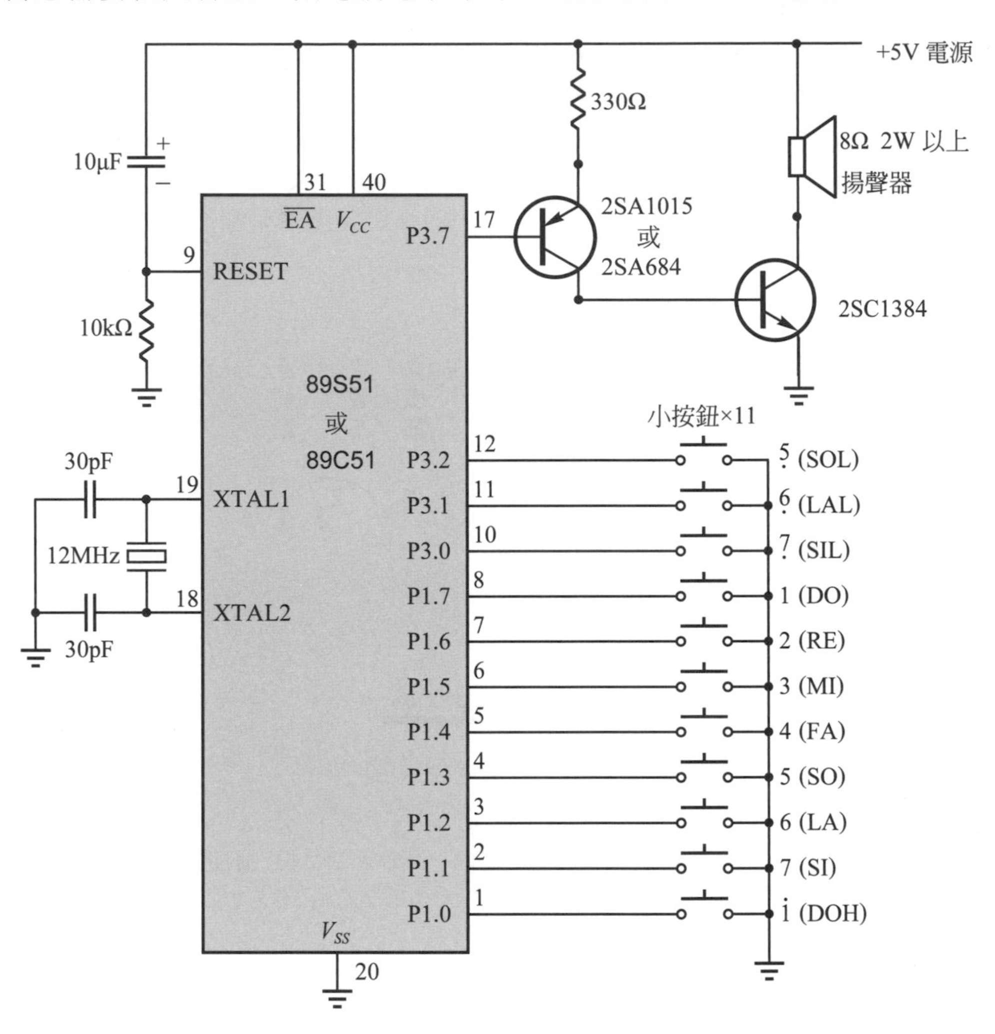

圖 24-4 較大音量之微電腦電子琴

Chapter 25

聲音產生器

實習 25-1　忙音產生器
實習 25-2　鈴聲產生器
實習 25-3　警告聲產生器
實習 25-4　音樂盒

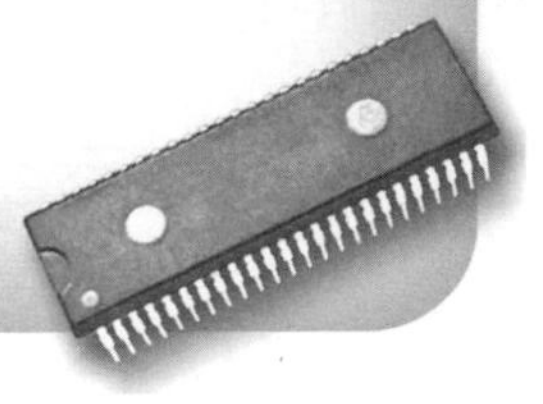

實習 25-1 忙音產生器

一、實習目的

了解產生忙音的方法。

二、相關知識

在微電腦控制中，除了用各種指示燈指示出目前的動作情形之外，有時還需用聲音提醒或警告操作人員，因此本章將依序介紹常用的忙音、鈴聲、警告聲的產生方法。

首先要介紹的是忙音。忙音是由 400Hz 的聲音叫 0.5 秒停 0.5 秒而形成的。在第 24 章我們已學會產生聲音的方法，在本章將採用相同的延時方法：

1. 欲產生 400Hz 的聲音，若設定 Timer0 爲模式 1 之計時器，則

   因爲 $\text{週期} = \frac{1}{400}\text{秒} = 2500\mu s$

   $\text{半週期} = \frac{2500\mu s}{2} = 1250\mu s$

   所以延時參數 = 65536 − 1250 = 64286 = 0xFB1E

   因此在範例 E2701 中，令 TH0 = 0xFB，TL0 = 0x1E。

2. 欲產生靜音 0.5 秒，只要令揚聲器斷電 0.5 秒即可。

三、動作情形

不斷產生忙音。

四、電路圖

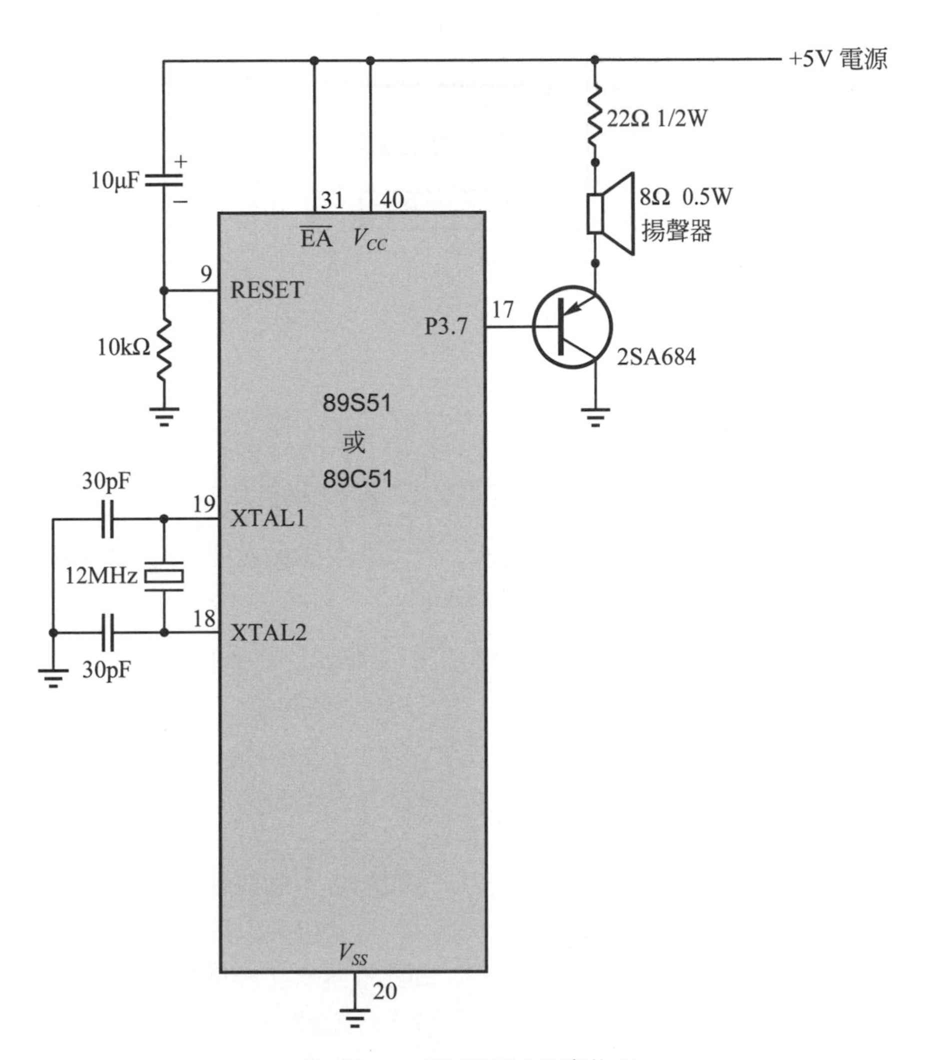

圖 25-1　微電腦聲音產生器

說明：

1. 8Ω 0.2W～0.5W之揚聲器均適用於本製作，但揚聲器若附有喇叭箱(例如隨身聽用的小喇叭箱)則效果更佳。
2. 若您需要更大的音量，請改用 25-6 頁的圖 25-2。

五、流程圖

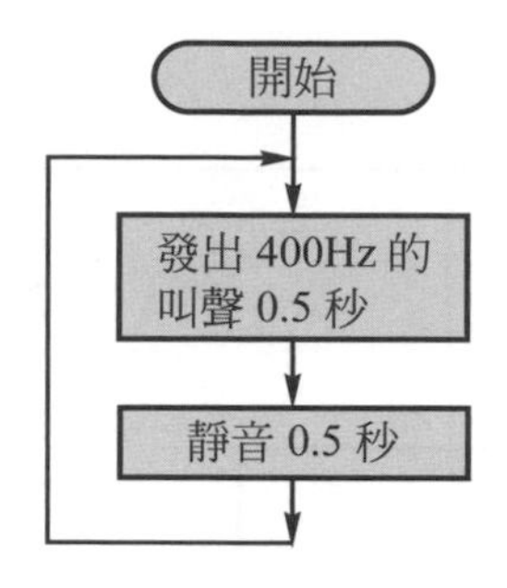

六、程式

【範例 E2501】

```
#include <AT89X51.H>                    /* 載入特殊功能暫存器定義檔 */
void delayms(unsigned int time);        /* 宣告會用到 delayms 副程式 */

/*  ===========================  */
/*  =======    主 程 式    ======  */
/*  ===========================  */
main( )
{
  while(1)                              /* 重複執行下列敘述 */
   {
     TMOD = 0x01;                       /* 令計時器 0 工作於模式 1 */
     TH0 = 0xfb;                        /* 設定計數值 */
     TL0 = 0x1e;                        /* 設定計數值 */
     EA = 1;                            /* 令中斷的總開關致能 */
     ET0 = 1;                           /* 令計時器 0 中斷致能 */
     TR0 =  1;                           /* 啓動計時器 0 */

     delayms(500);                      /* 延時 500ms = 0.5 秒 */

     while(P3_7==0);                    /* 等待揚聲器斷電 */
     TR0 = 0;                           /* 令計時器 0 停止工作(靜音)*/
```

```
      delayms(500);                /* 延時 500ms = 0.5 秒 */
   }
}

/* ============================== */
/* === 計時器 0 的中斷服務程式 === */
/* ============================== */
void timer0_int(void) interrupt 1
{
      TH0 = 0xfb;               /* 設定計數值 */
      TL0 = 0x1e;               /* 設定計數值 */
      P3_7 =! P3_7;             /* 令揚聲器的通電狀態相反 */

}

/* ============================== */
/* === 延時 time × 1 ms 副程式 === */
/* ============================== */
/* 本延時副程式，與【範例 E0901】完全一樣，於此不再詳細說明 */
void delayms(unsigned int time)
{
  unsigned int n;
  while(time>0)
   {
     n = 120;
     while(n>0) n--;
     time--;
   }
}
```

七、實習步驟

1. 範例 E2501 編譯後，燒錄至 89S51 或 89C51。
2. 請接妥圖 25-1 之電路。
3. 通上 5V 之直流電源。
4. 請傾聽揚聲器的叫聲。
5. 請練習修改程式，使忙音叫 20 聲後，自動停止。
6. 實習完畢後，接線請勿拆掉，下個實習可再用。

八、相關資料補充

當您需要較大音量之微電腦聲音產生器時，可採用圖 25-2 之電路。

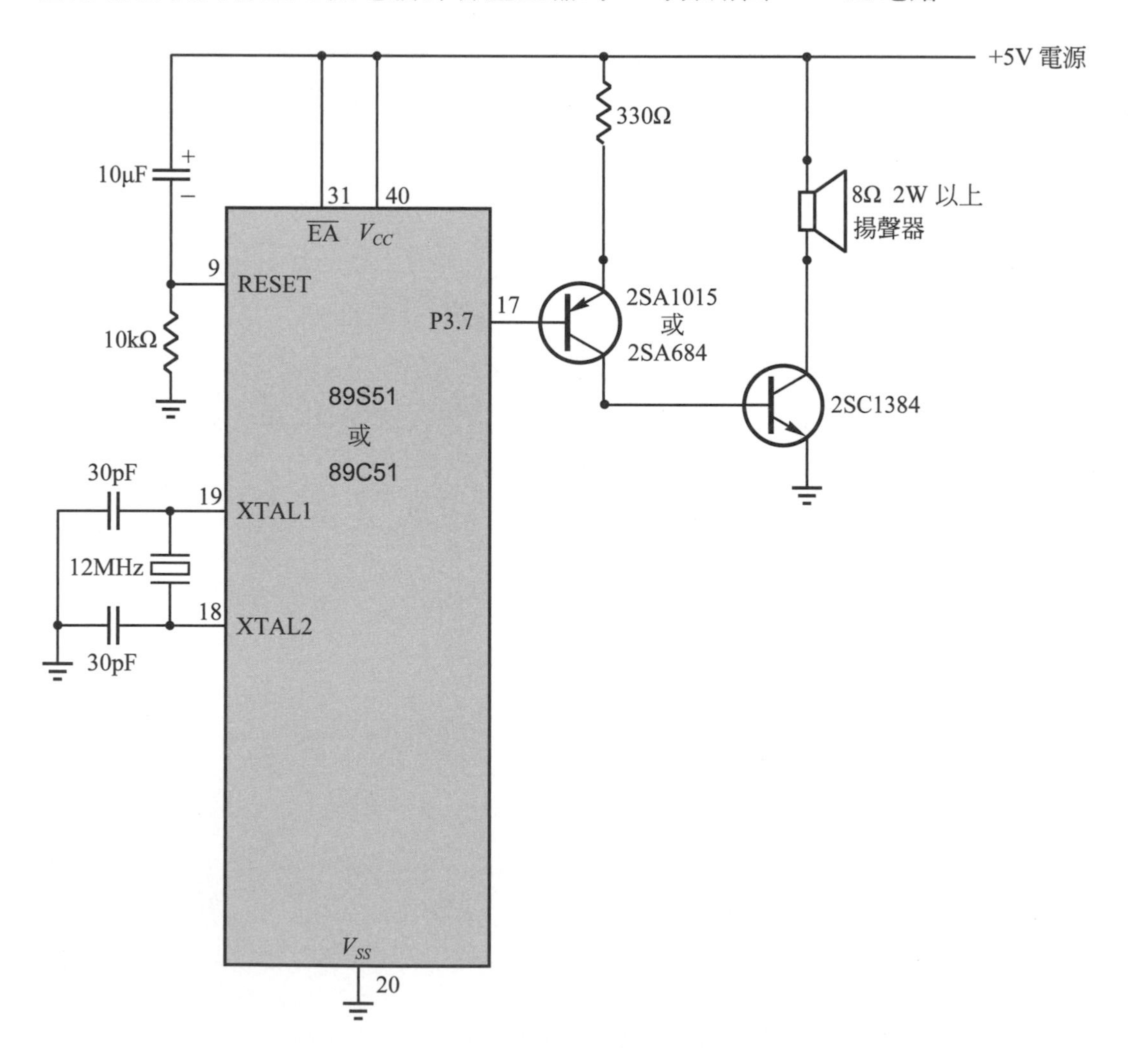

圖 25-2　較大音量之微電腦聲音產生器

實習 25-2 鈴聲產生器

一、實習目的

了解產生鈴聲的方法。

二、相關知識

鈴聲可由320Hz及480Hz的聲音組合而成。只要令320Hz和480Hz交替鳴叫25ms，即可模擬電話鈴聲。程式中TH0和TL0的算法與實習25-1完全一樣，若設定Timer0爲模式1之計時器，則

1. 欲產生320Hz的聲音

$$\because 週期 = \frac{1}{320} 秒 = 3125\mu s$$

$$半週期 = \frac{3125\mu s}{2} = 1563\mu s$$

$$\therefore 延時參數 = 65536 - 1563 = 63973 = 0xF9E5$$

因此 TH0 = 0xF9，TL0 = 0xE5

2. 欲產生480Hz的聲音

$$\because 週期 = \frac{1}{480} 秒 = 2083\mu s$$

$$半週期 = \frac{2083\mu s}{2} = 1042\mu s$$

$$\therefore 延時參數 = 65536 - 1042 = 64494 = 0xFBEE$$

因此 TH0 = 0xFB，TL0 = 0xEE

三、動作情形

模擬電話鈴聲，每鳴叫1秒，靜音2秒，不斷循環之。

四、電路圖

與圖25-1完全一樣。(請見25-3頁)

五、流程圖

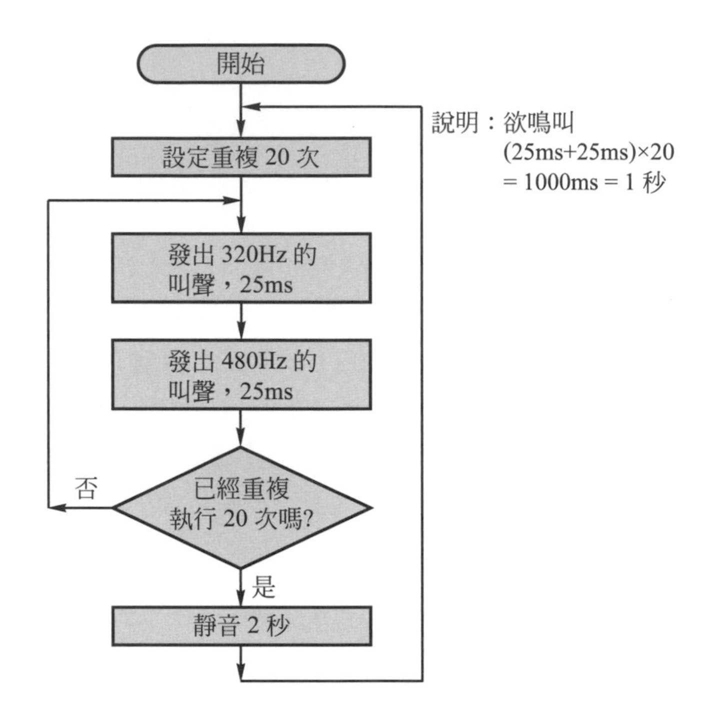

六、程式

【範例 E2502】

```
#include <AT89X51.H>                /* 載入特殊功能暫存器定義檔 */
void delayms(unsigned int time);    /* 宣告會用到 delayms 副程式 */
unsigned char tone;                 /* 宣告變數 tone */
unsigned char hi;                   /* 宣告變數 hi */
unsigned char low;                  /* 宣告變數 low */
code char table[ ] = {0xf9,0xe5,    /* 第 0 組延時參數 */
                      0xfb,0xee};   /* 第 1 組延時參數 */


/* ============================ */
/* =======    主 程 式    ======= */
/* ============================ */
main( )
```

```
{
  unsigned char k;                    /* 宣告變數 k */
  while(1)                            /* 重複執行下列敘述 */
   {
     TMOD = 0x01;                     /* 令計時器 0 工作於模式 1 */
     EA = 1;                          /* 令中斷的總開關致能 */
     ET0 = 1;                         /* 令計時器 0 中斷致能 */
     TR0 = 1;                         /* 啓動計時器 0 */

     for(k=0; k<20; k++)              /* 重複執行 20 次 */
       {
         tone = 0;                    /* 採用第 0 組延時參數 */
         delayms(25);                 /* 延時 25ms */
         tone = 1;                    /* 採用第 1 組延時參數 */
         delayms(25);                 /* 延時 25ms */
       }

     while(P3_7==0);                  /* 等待揚聲器斷電 */
     TR0 = 0;                         /* 令計時器 0 停止工作(靜音)*/

     delayms(2000);                   /* 延時 2000ms = 2 秒 */
   }
}

/*  ============================  */
/*  === 計時器 0 的中斷服務程式   ===  */
/*  ============================  */
void  timer0_int(void) interrupt 1
{
     hi = tone * 2;                   /* 計算與 TH0 相對應參數的位置 */
     low = hi+1;                      /* 計算與 TL0 相對應參數的位置 */
     TH0 = table[hi];                 /* 設定計數值 */
     TL0 = table[low];                /* 設定計數值 */
```

```
      P3_7 = ! P3_7;                 /* 令揚聲器的通電狀態相反 */
}

/*  ================================  */
/*  ===  延時 time × 1 ms副程式 ===   */
/*  ================================  */
/* 本延時副程式，與【範例 E0901】完全一樣，於此不再詳細說明 */
void delayms(unsigned int time)
{
  unsigned int n;
  while(time>0)
   {
     n = 120;
     while(n>0)  n--;
     time--;
   }
}
```

七、實習步驟

1. 範例 E2502 編譯後，燒錄至 89S51 或 89C51。
2. 請接妥 25-3 頁的圖 25-1 之電路。
3. 通上 5V 之直流電源。
4. 揚聲器是否發出電話鈴聲呢？　　答：________
5. 請練習修改程式，使電話鈴聲響 10 聲後自動停止。
6. 實習完畢，接線請勿拆掉，下個實習可再用。

實習 25-3 警告聲產生器

一、實習目的

了解產生警告聲的方法。

二、相關知識

以揚聲器重複發出 265Hz 及 350Hz 的叫聲各 0.73 秒，即可模擬警車的叫聲，而產生警告的作用。程式中 TH0 和 TL0 的計算方法與實習 25-1 完全一樣，若設定 Timer0 爲模式 1 之計時器，則

1. 欲產生 265Hz 的聲音

$$\because 週期 = \frac{1}{265}秒 = 3774\mu s$$

$$半週期 = \frac{3774\mu s}{2} = 1887\mu s$$

$$\therefore 延時參數 = 65536 - 1887 = 63649 = 0xF8A1$$

因此 TH0 = 0xF8，TL0 = 0xA1

2. 欲產生 350Hz 的聲音

$$\because 週期 = \frac{1}{350}秒 = 2857\mu s$$

$$半週期 = \frac{2857\mu s}{2} = 1429\mu s$$

$$\therefore 延時參數 = 65536 - 1429 = 64107 = 0xFA6B$$

因此 TH0 = 0xFA，TL0 = 0x6B

三、動作情形

不停的發出警車的叫聲。

四、電路圖

與圖 25-1 完全一樣。(請見 25-3 頁)

五、流程圖

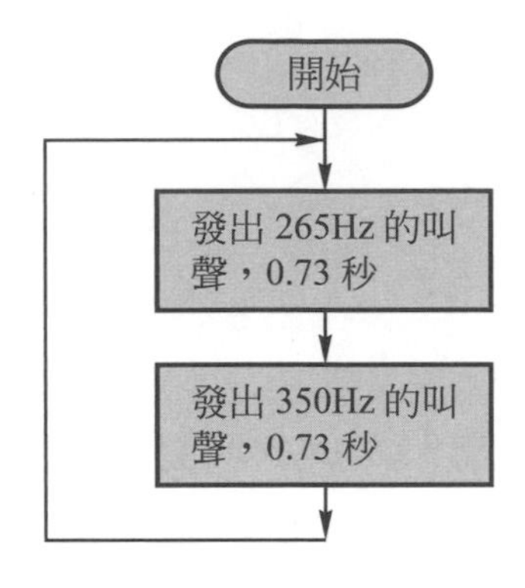

六、程式

【範例 E2503】

```
#include <AT89X51.H>                    /* 載入特殊功能暫存器定義檔 */
void delayms(unsigned int time);        /* 宣告會用到 delayms 副程式 */
unsigned char tone;                     /* 宣告變數 tone */
unsigned char hi;                       /* 宣告變數 hi */
unsigned char low;                      /* 宣告變數 low */
code char table[ ] = {0xf8,0xa1,        /* 第 0 組延時參數 */
                      0xfa,0x6b};       /* 第 1 組延時參數 */

/*  ===========================  */
/*  =======   主 程 式   ======  */
/*  ===========================  */
main( )
{
  while(1)                          /* 重複執行下列敘述 */
   {
     TMOD = 0x01;                   /* 令計時器 0 工作於模式 1 */
     EA = 1;                        /* 令中斷的總開關致能 */
     ET0 = 1;                       /* 令計時器 0 中斷致能 */
     TR0 = 1;                       /* 啓動計時器 0 */
```

```
    Tone = 0;                   /* 採用第 0 組延時參數 */
    delayms(730);               /* 延時 730ms */

    tone = 1;                   /* 採用第 1 組延時參數 */
    delayms(730);               /* 延時 730ms */
  }
}

/*  ============================  */
/*  === 計時器 0 的中斷服務程式  ===  */
/*  ============================  */
void timer0_int(void) interrupt 1
{
    hi = tone * 2;              /* 計算與 TH0 相對應參數的位置 */
    low = hi+1;                 /* 計算與 TL0 相對應參數的位置 */
    TH0 = table[hi];            /* 設定計數值 */
    TL0 = table[low];           /* 設定計數值 */
    P3_7 =! P3_7;               /* 令揚聲器的通電狀態相反 */
}

/*  ===============================  */
/*  ===  延時 time × 1 ms 副程式  ===  */
/*  ===============================  */
/* 本延時副程式，與【範例 E0901】完全一樣，於此不再詳細說明 */
void delayms(unsigned int time)
{
  unsigned int n;
  while(time>0)
   {
    n = 120;
    while(n>0)  n--;
    time--;
   }
}
```

七、實習步驟

1. 範例 E2503 編譯後，燒錄至 89S51 或 89C51。
2. 請接妥 25-3 頁的圖 25-1 之電路。
3. 通上 5V 之直流電源。
4. 揚聲器是否發出警車的叫聲呢？ 答：________

實習 25-4 音樂盒

一、實習目的

1. 了解根據樂譜自動演奏歌曲的方法。
2. 練習將樂譜的音階、音拍編寫為電腦樂譜。
3. 培養設計音樂 IC 的基礎能力。

二、動作情形

重覆演奏「我是隻小小鳥」。(樂譜請見 24-11 頁)

三、電路圖

與圖 25-1 完全一樣。(請見 25-3 頁)

四、相關知識

1. 在**第 24 章電子琴**，我們已學會令揚聲器發出各種音階的方法，也已親手演奏了歌曲，不過電子琴必須有人彈奏才會發出聲音，今天我們要把電子琴的程式稍作修改，成為可以自動演奏歌曲的音樂盒。
2. 在第 24 章我們已學會計算延時參數，並將算得之高音、中音、低音各音階之延時參數，列於表 24-2。
3. 為了編寫電腦樂譜的方便，所以我們自己定義了**音階代碼**，例如用 1 代表低音的 DO，用 8 代表中音的 DO，用 15 代表高音的 DO，如表 25-1 所示。另外，我們用 99 代表重覆演奏，用 44 代表停止演奏。在程式中編寫電腦樂譜時，就是用這些音階代碼來代替各音階。

表 25-1　C 調各音階之音階代碼

音階		DO	RE	MI	FA	SO	LA	SI
高音	簡符	$\dot{1}$	$\dot{2}$	$\dot{3}$	$\dot{4}$	$\dot{5}$	$\dot{6}$	$\dot{7}$
	音階代碼	15	16	17	18	19	20	21
中音	簡符	1	2	3	4	5	6	7
	音階代碼	8	9	10	11	12	13	14
低音	簡符	$\underset{\cdot}{1}$	$\underset{\cdot}{2}$	$\underset{\cdot}{3}$	$\underset{\cdot}{4}$	$\underset{\cdot}{5}$	$\underset{\cdot}{6}$	$\underset{\cdot}{7}$
	音階代碼	1	2	3	4	5	6	7
特殊功能	特殊功能	休止符	重覆演奏	停止演奏				
	簡符	0						
	音階代碼	0	99	44				

4. 為了編寫電腦樂譜的方便，我們將$\frac{1}{8}$秒(即 125ms)定為一個**音長**，則**音拍代碼**可隨曲子節奏的快慢而自己定，例如 1 拍定為 4(就是音長的 4 倍)，半拍就是 2，2 拍就是 8，以此類推。表 25-2 可供參考。
5. 把樂譜改編為程式中的電腦樂譜時，必須按照「**音階代碼在前，音拍代碼在後**」的規則排列，樂譜結束時，必須以 99(表示重覆演奏)或 44(表示只演奏一遍就停止)作結尾。例如：

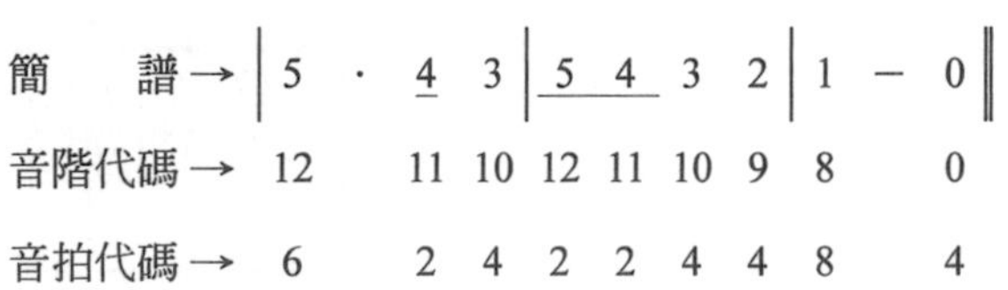

```
簡    譜 → | 5  ·  4  3 | 5  4  3  2 | 1  –  0 ‖
音階代碼 →   12    11 10  12 11 10  9   8      0
音拍代碼 →   6     2  4   2  2  4   4   8      4
```

寫成電腦樂譜就是 12，6，11，2，10，4，12，2，11，2，10，4，9，4，8，8，0，4，44

表 25-2 各音拍之音拍代碼

音　拍	$\frac{1}{4}$拍	$\frac{1}{2}$拍	$\frac{3}{4}$拍	1 拍	$1\frac{1}{4}$拍	$1\frac{1}{2}$拍	$1\frac{3}{4}$拍	2 拍
音拍代碼	1	2	3	4	5	6	7	8
音　拍	$2\frac{1}{4}$拍	$2\frac{1}{2}$拍	$2\frac{3}{4}$拍	3 拍	$3\frac{1}{4}$拍	$3\frac{1}{2}$拍	$3\frac{3}{4}$拍	4 拍
音拍代碼	9	10	11	12	13	14	15	16
音　拍	$4\frac{1}{4}$拍	$4\frac{1}{2}$拍	$4\frac{3}{4}$拍	5 拍	$5\frac{1}{4}$拍	$5\frac{1}{2}$拍	$5\frac{3}{4}$拍	6 拍
音拍代碼	17	18	19	20	21	22	23	24

五、流程圖

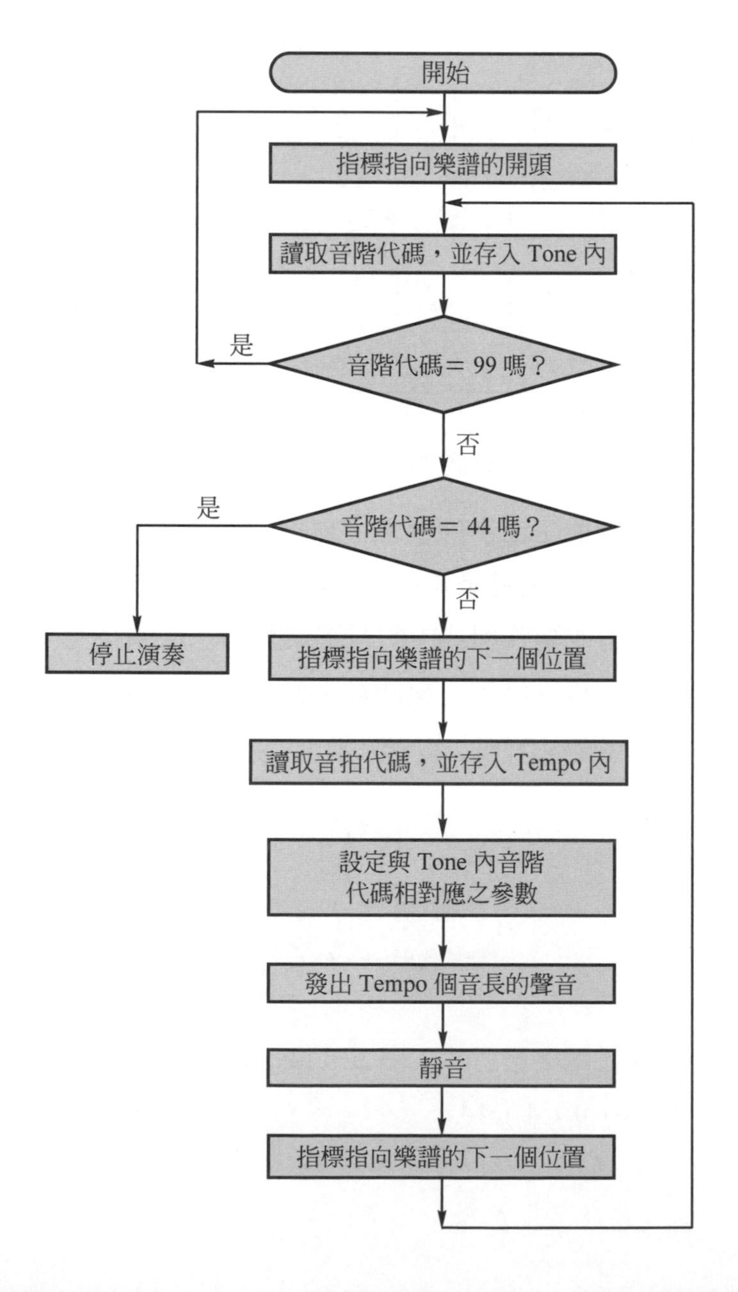

六、程式

【範例 E2504】

```
#include <AT89X51.H>                    /* 載入特殊功能暫存器定義檔 */
void delayms(unsigned int time);        /* 宣告會用到 delayms 副程式 */
unsigned char tone;                     /* 宣告變數 tone */

/* 以下爲與各音階相對應的延時參數資料表，請參考表 24-2 */
code char table[] = {0xf1,0x17,   /* 休止符不發音，任意値皆可 */
                     0xf1,0x17,   /* 低音 DO 的延時參數 */
                     0xf2,0xb7,   /* 低音 RE 的延時參數 */
                     0xf4,0x2a,   /* 低音 MI 的延時參數 */
                     0xf4,0xd7,   /* 低音 FA 的延時參數 */
                     0xf6,0x09,   /* 低音 SO 的延時參數 */
                     0xf7,0x1f,   /* 低音 LA 的延時參數 */
                     0xf8,0x18,   /* 低音 SI 的延時參數 */
                     0xf8,0x8c,   /* 中音 DO 的延時參數 */
                     0xf9,0x5c,   /* 中音 RE 的延時參數 */
                     0xfa,0x15,   /* 中音 MI 的延時參數 */
                     0xfa,0x67,   /* 中音 FA 的延時參數 */
                     0xfb,0x04,   /* 中音 SO 的延時參數 */
                     0xfb,0x90,   /* 中音 LA 的延時參數 */
                     0xfc,0x0c,   /* 中音 SI 的延時參數 */
                     0xfc,0x42,   /* 高音 DO 的延時參數 */
                     0xfc,0xac,   /* 高音 RE 的延時參數 */
                     0xfd,0x09,   /* 高音 MI 的延時參數 */
                     0xfd,0x36,   /* 高音 FA 的延時參數 */
                     0xfd,0x82,   /* 高音 SO 的延時參數 */
                     0xfd,0xc8,   /* 高音 LA 的延時參數 */
                     0xfe,0x06};  /* 高音 SI 的延時參數 */

/* 以下爲「我是隻小小鳥」的樂譜。請參考 24-11 頁。 */
```

```
code char music[] = {8,4,8,4,8,4,10,6,9,2,8,4,
                     10,4,10,4,10,4,12,6,11,2,10,4,
                     12,4,11,4,10,4,9,8,0,4,
                     9,8,8,2,7,2,8,4,9,4,10,4,
                     11,8,10,2,9,2,10,4,11,4,12,4,
                     12,2,11,2,10,4,9,4,8,8,0,4,
                     99};         /* 重複演奏 */

/*  ==========================  */
/*  =======   主 程 式   ======  */
/*  ==========================  */
main( )
{
  unsigned char  k;                 /* 宣告變數 k */
  unsigned char  tempo;             /* 宣告變數 tempo */
  unsigned char  m;                 /* 宣告變數 m */

  TMOD = 0x01;                      /* 令計時器 0 工作於模式 1 */
  EA = 1;                           /* 令中斷的總開關致能 */
  ET0 = 1;                          /* 令計時器 0 中斷致能 */
  TR0 =1;                           /* 啓動計時器 0 */

  REPEAT:                           /* 宣告標名 REPEAT 在此 */
  K = 0;                            /* 指標指向樂譜的開頭 */
  while(1)                          /* 重複執行下列敘述 */
   {
     tone = music[k];               /* 讀取樂譜內之音階代碼 */

     if(tone==99)                   /* 如果音階代碼等於 99，則 */
         goto REPEAT;               /* 從頭開始重複演奏 */

     else if(tone==44)              /* 如果音階代碼等於 44，則 */
       {
```

```
        while(P3_7==0);          /* 等待揚聲器斷電 */
        TR0 = 0 ;                /* 令計時器 0 停止工作(靜音) */
        while(1);                /* 程式停於此處*/
      }

    else                         /* 如果音階代碼不是 99，也不是 44，則 */
      {
       k++;                      /* 指標指向樂譜的下一個位置 */
       tempo = music[k];         /* 讀取樂譜內之音拍代碼 */
       for(m=0; m<tempo; m++)/* 輸出 tempo 個音長之方波 */
           {
            delayms(125);
           }
       while(P3_7==0);           /* 等待揚聲器斷電 */
       TR0 = 0;                  /* 令計時器 0 停止工作(靜音) */
       delayms(125);             /* 靜音一個音長 */
       TR0 = 1;                  /* 啟動計時器 0 */
       k++;                      /* 指標指向樂譜的下一個位置 */
      }
  }
}

/*  ============================  */
/*  === 計時器 0 的中斷服務程式  ===    */
/*  ============================  */
void timer0_int(void) interrupt 1
{
  unsigned char hi;           /* 宣告變數 hi */
  unsigned char low;          /* 宣告變數 low */
  hi = tone*2;                /* 計算與 TH0 相對應參數的位置 */
  low = hi+1;                 /* 計算與 TL0 相對應參數的位置 */
  TH0 = table[hi];            /* 設定計數值 */
  TL0 =table[low];            /* 設定計數值 */
```

```
  If(tone==0)   P3_7=1;         /* 如果音階代碼等於 0，則令揚聲器斷電 */
  else P3_7 =! P3_7;            /* 否則令揚聲器的通電狀態相反 */
}

/*  ================================  */
/*  ===  延時 time × 1 ms 副程式 ===   */
/*  ================================  */
/* 本延時副程式，與【範例 E0901】完全一樣，於此不再詳細說明 */
void delayms(unsigned int time)
{
  unsigned int n;
  while(time>0)
   {
     n=120;
     while(n>0) n--;
     time--;
   }
}
```

七、實習步驟

1. 範例 E2504 編譯後，燒錄至 89S51 或 89C51。
2. 請接妥圖 25-1 之電路。
3. 通上 5V 之直流電源。
4. 揚聲器是否會重覆演奏「我是隻小小鳥」呢？
5. 請試著自己參考 24-10 頁的「小蜜蜂」樂譜，編寫成電腦樂譜，使揚聲器演奏一遍「小蜜蜂」即停止演奏。

Chapter 26

用點矩陣 LED 顯示器顯示字元

一、實習目的

1. 了解字形碼的編碼方法。
2. 練習用掃描法在點矩陣LED顯示器顯示字元。

二、相關知識

1. 點矩陣LED顯示器的認識

點矩陣LED顯示器是把一些LED組合在同一個包裝中，常見的規格有5×7及8×8兩種可供選購。通常，要顯示阿拉伯數字、英文字母、日文字母、特殊符號等，均採用5×7的點矩陣顯示器即夠用。若要顯示中文字，則需用4片8x 8的點矩陣顯示器，組合成16×16的點矩陣顯示器，才夠顯示一個中文字。

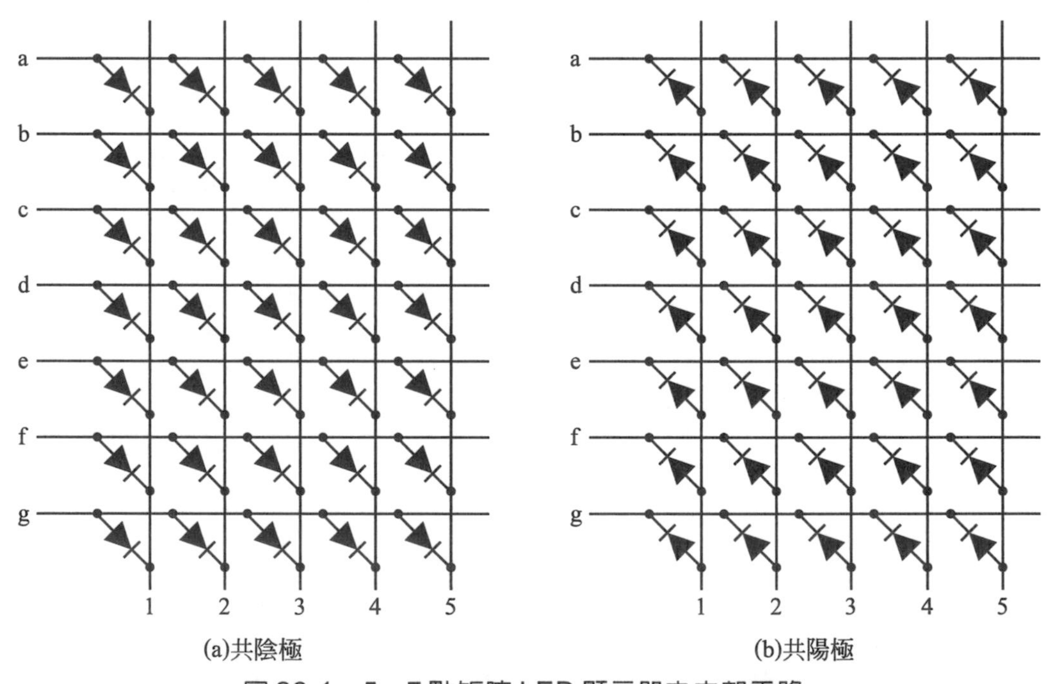

圖 26-1　5×7點矩陣LED顯示器之內部電路

點矩陣 LED 顯示器有**共陰極**(Column Common Cathode)及**共陽極**(Column Common Anode)兩種，如圖26-1所示。本實習要用的5×7點矩陣LED顯示器為共陰極，其內部結構如圖26-1(a)所示，共使用12隻腳來控制35個LED的點滅。由於各廠牌點矩陣LED顯示器的接腳，位置並不相同，因此在使用之前要先用三用電表的歐姆檔(×10 檔)加以測量，例如圖 26-1(a)以三用電表的測試棒接上後令右上角的LED亮起來，表示黑棒所接觸的是a腳，紅棒所接觸的是5腳，依此類推就可把12隻腳的編號全部找出來。

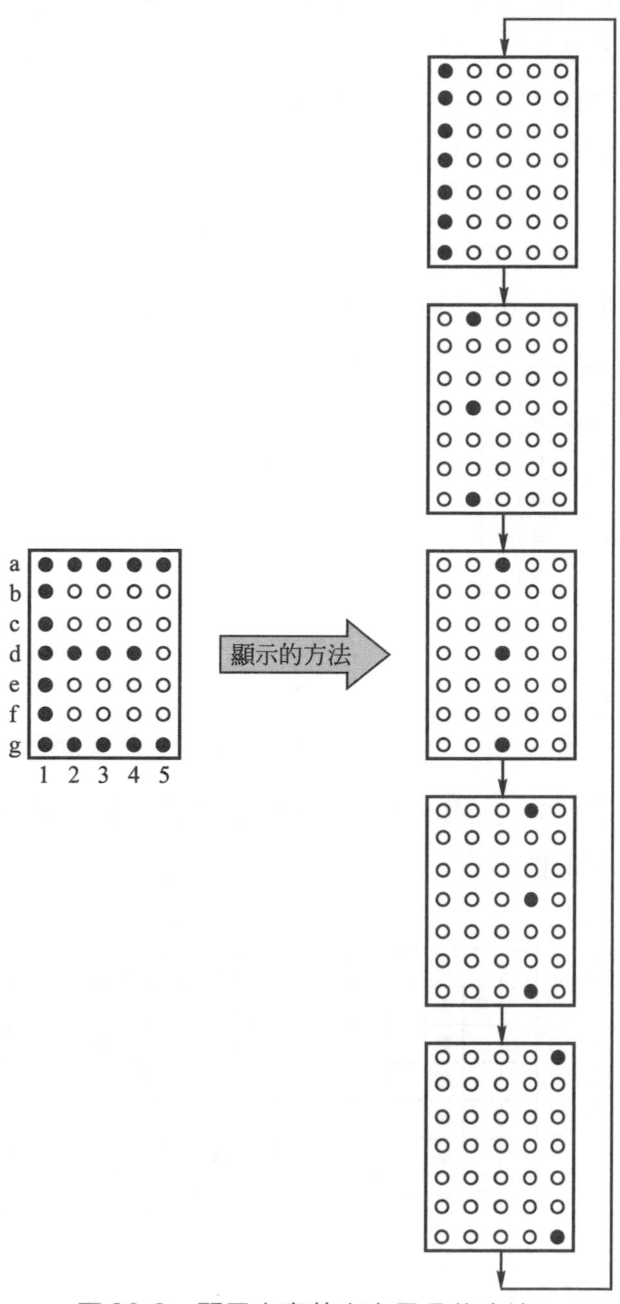

圖 26-2　顯示大寫英文字母 E 的方法

2. **掃描顯示法**

在使用點矩陣顯示字元時，我們必須採用掃描顯示法。例如欲顯示一個大寫的英文字母“E”的話，我們必須如圖 26-2 所示分 5 次顯示，每次只顯示 1 行，這種顯示方法稱爲掃描顯示法，只要重複掃描的速度夠快的話，由於人眼視覺暫留的關係，我們就可以看到一個完整的“E”字。

3. **編字形碼的方法**

假如要如圖 26-2 所示採用掃描法顯示字元，必須事先編妥每一行的字形碼。每一個 5×7 的字元，每一行的字形碼爲 7 bit，一個字元需要 5 個字形碼。一般，編字形碼是採用下述規則：

(1) 亮的爲 1，熄的爲 0。

(2) 每一個字形碼的 bit 7 補上 0，使字形碼成爲 8 位元。

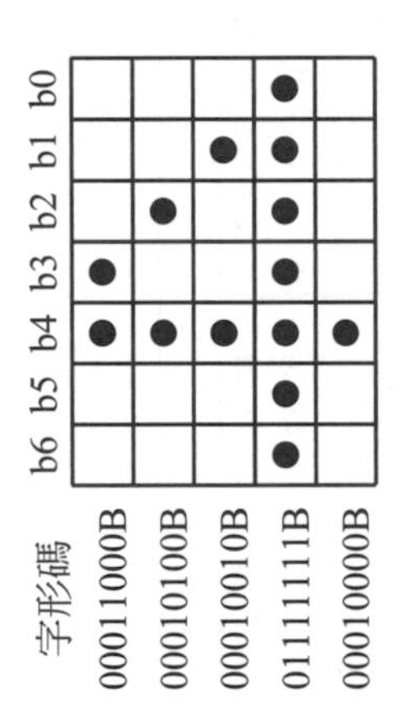

註：(1)將本圖順時針方向旋轉 90 度看，更容易明白。
(2)字形碼結尾的 B 代表二進位。

圖 26-3 編字形碼的方法(以 4 為例)

以阿拉伯數字“4”爲例，編成的 5 個字形碼如圖 26-3 所示。

4. **常用字元之字形碼**

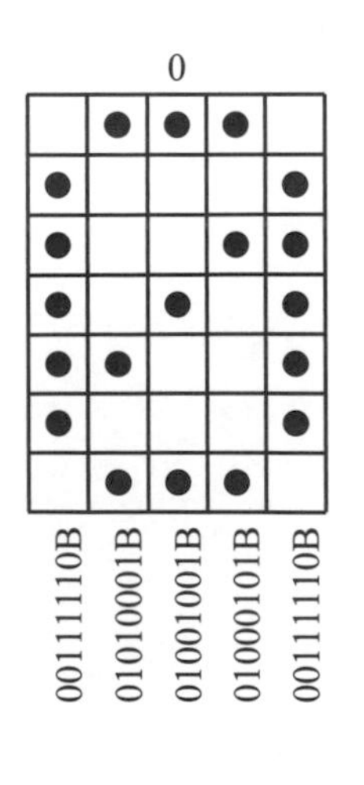

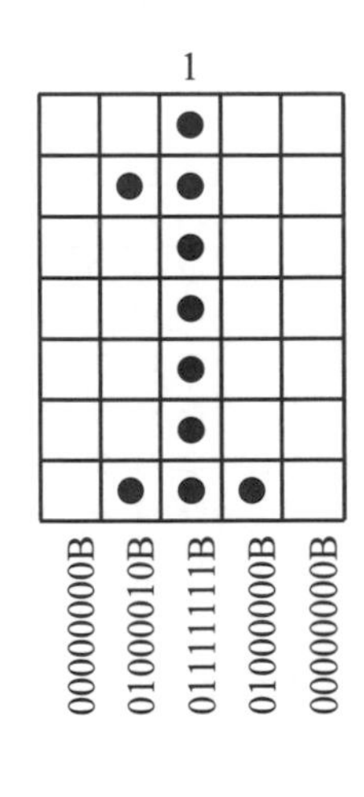

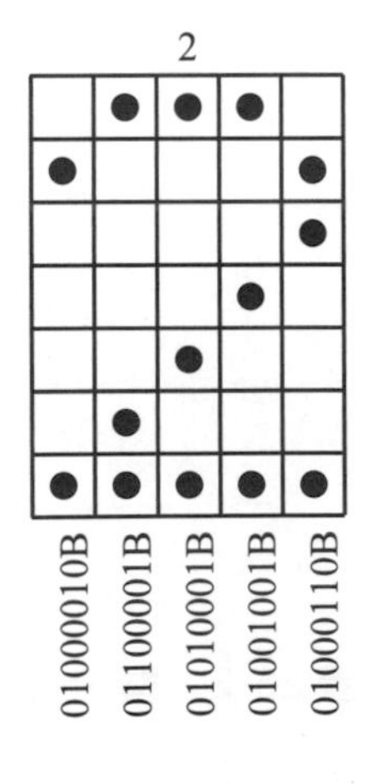

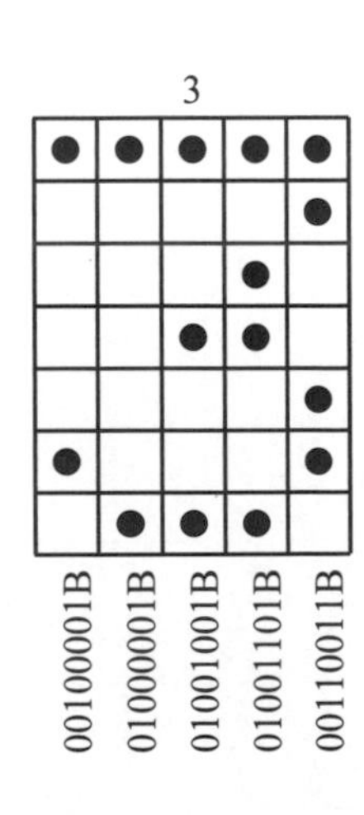

4

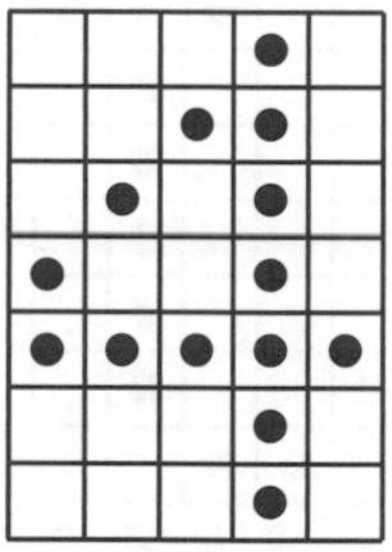

00011000B 00010100B 00010010B 01111111B 00010000B

5

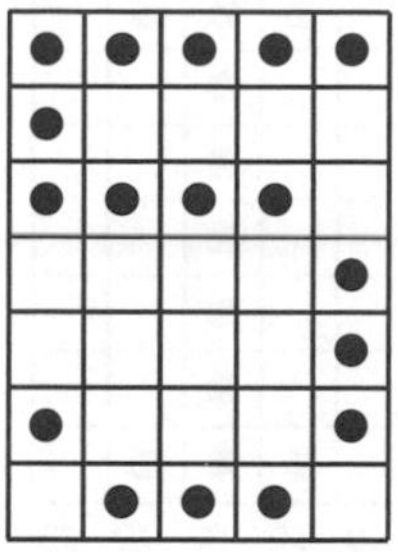

00100111B 01000101B 01000101B 01000101B 00111001B

6

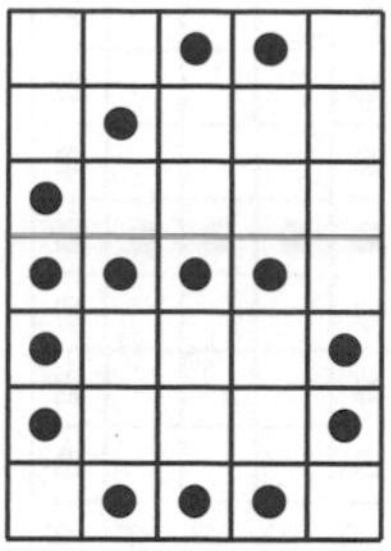

00111100B 01001010B 01001001B 01001001B 00110000B

7

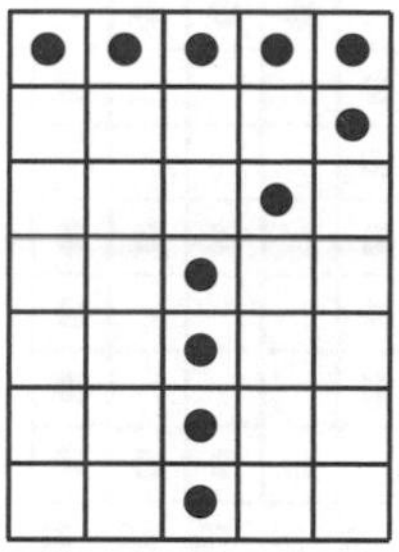

00000001B 00000001B 01110001B 00000101B 00000011B

8

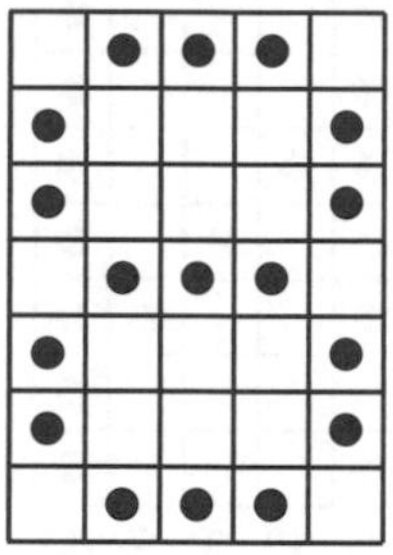

00110110B 01001001B 01001001B 01001001B 00110110B

9

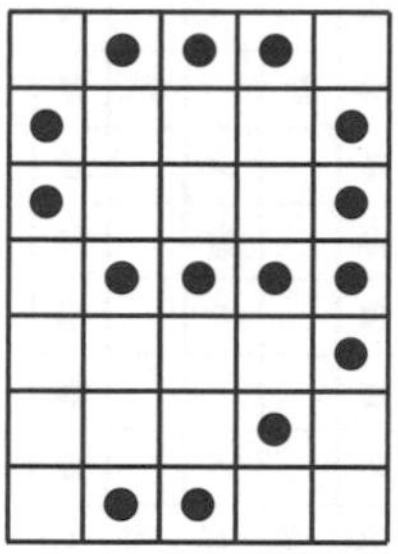

00000110B 01001001B 01001001B 00101001B 00011110B

A

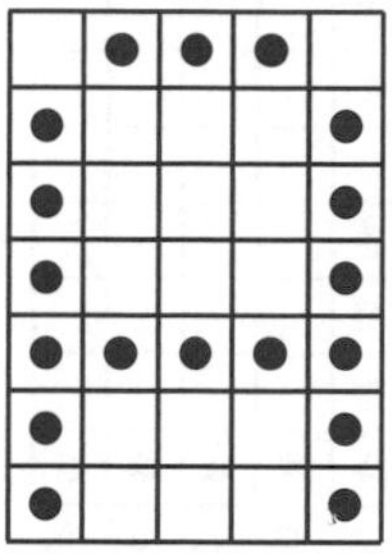

01111110B 00010001B 00010001B 00010001B 01111110B

B

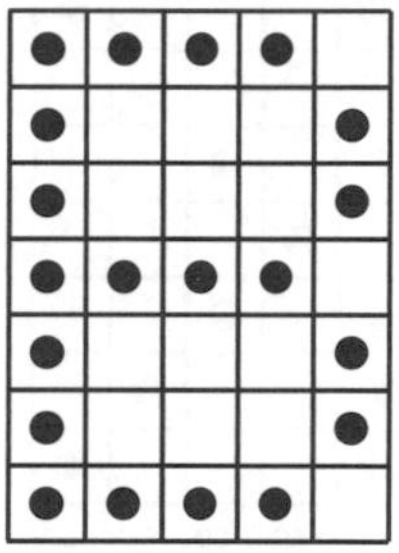

01111111B 01001001B 01001001B 01001001B 00110110B

C

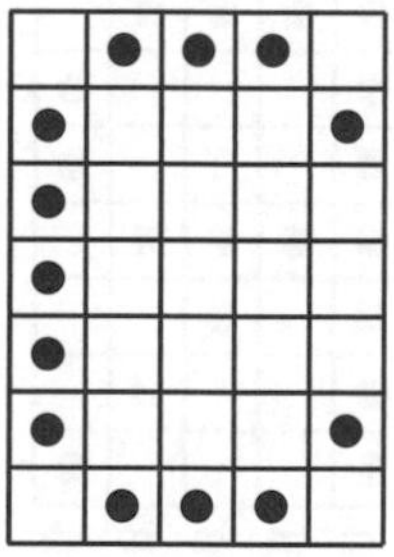

00111110B 01000001B 01000001B 01000001B 00100010B

D

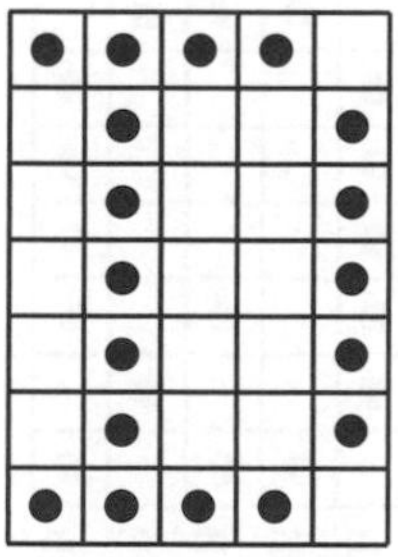

01000001B 01111111B 01000001B 01000001B 00111110B

E

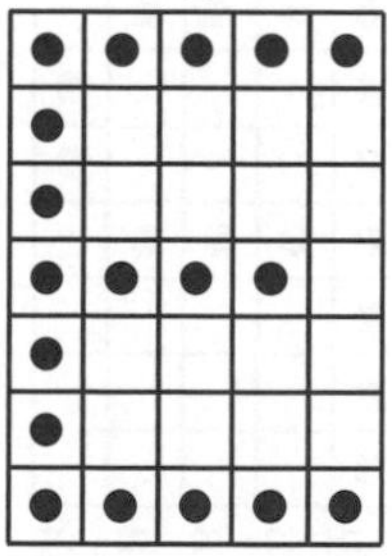

01111111B 01001001B 01001001B 01001001B 01000001B

F

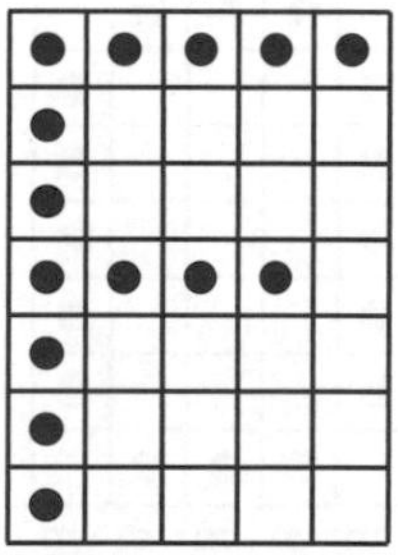

01111111B 00001001B 00001001B 00001001B 00000001B

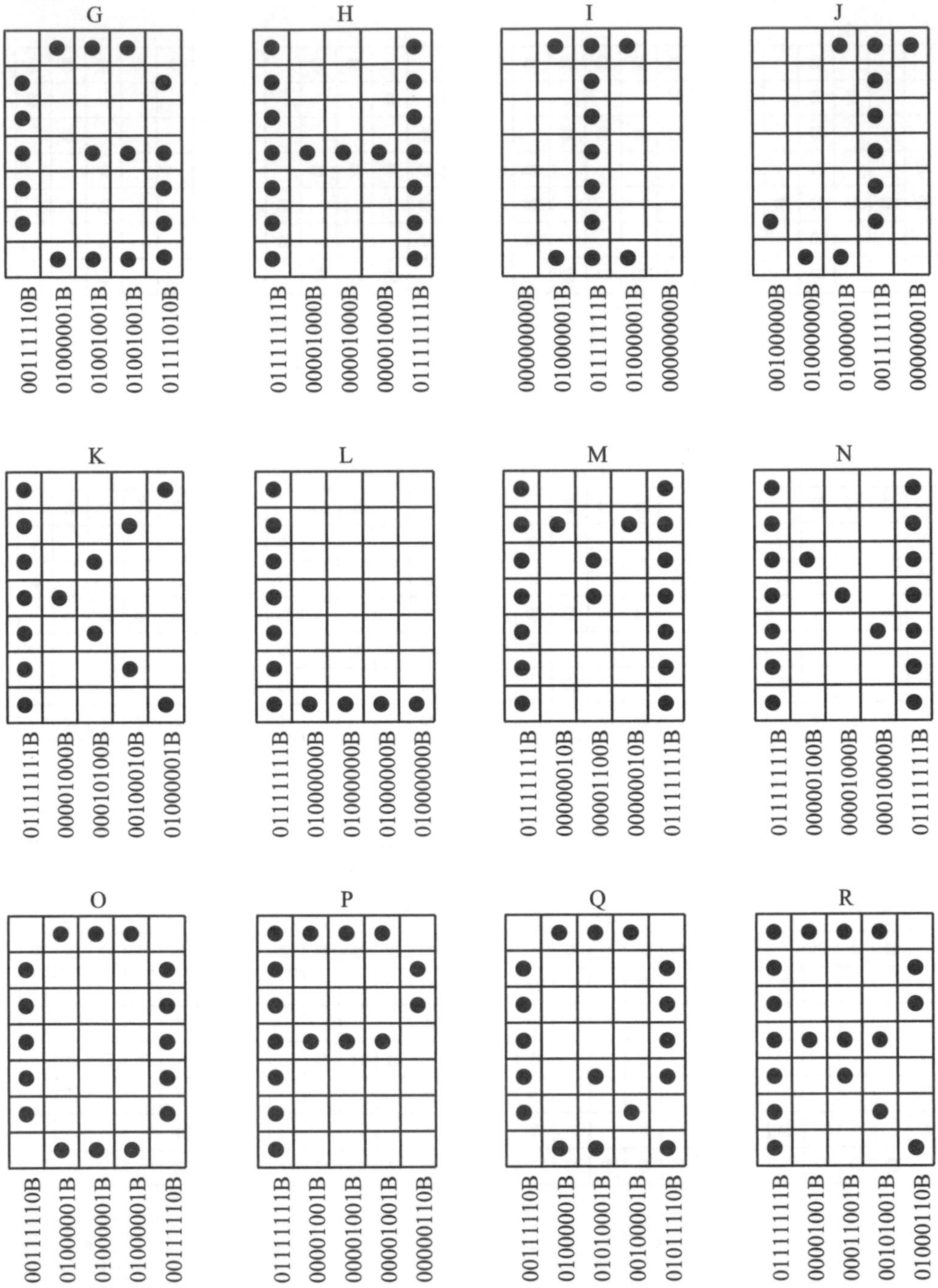

G

00111110B
01000001B
01001001B
01001001B
01111010B

H

01111111B
00001000B
00001000B
00001000B
01111111B

I

00000000B
01000001B
01111111B
01000001B
00000000B

J

00100000B
01000000B
01000001B
00111111B
00000001B

K

01111111B
00001000B
00010100B
00100010B
01000001B

L

01111111B
01000000B
01000000B
01000000B
01000000B

M

01111111B
00000010B
00001100B
00000010B
01111111B

N

01111111B
00000100B
00001000B
00010000B
01111111B

O

00111110B
01000001B
01000001B
01000001B
00111110B

P

01111111B
00001001B
00001001B
00001001B
00000110B

Q

00111110B
01000001B
01010001B
00100001B
01011110B

R

01111111B
00001001B
00011001B
00101001B
01000110B

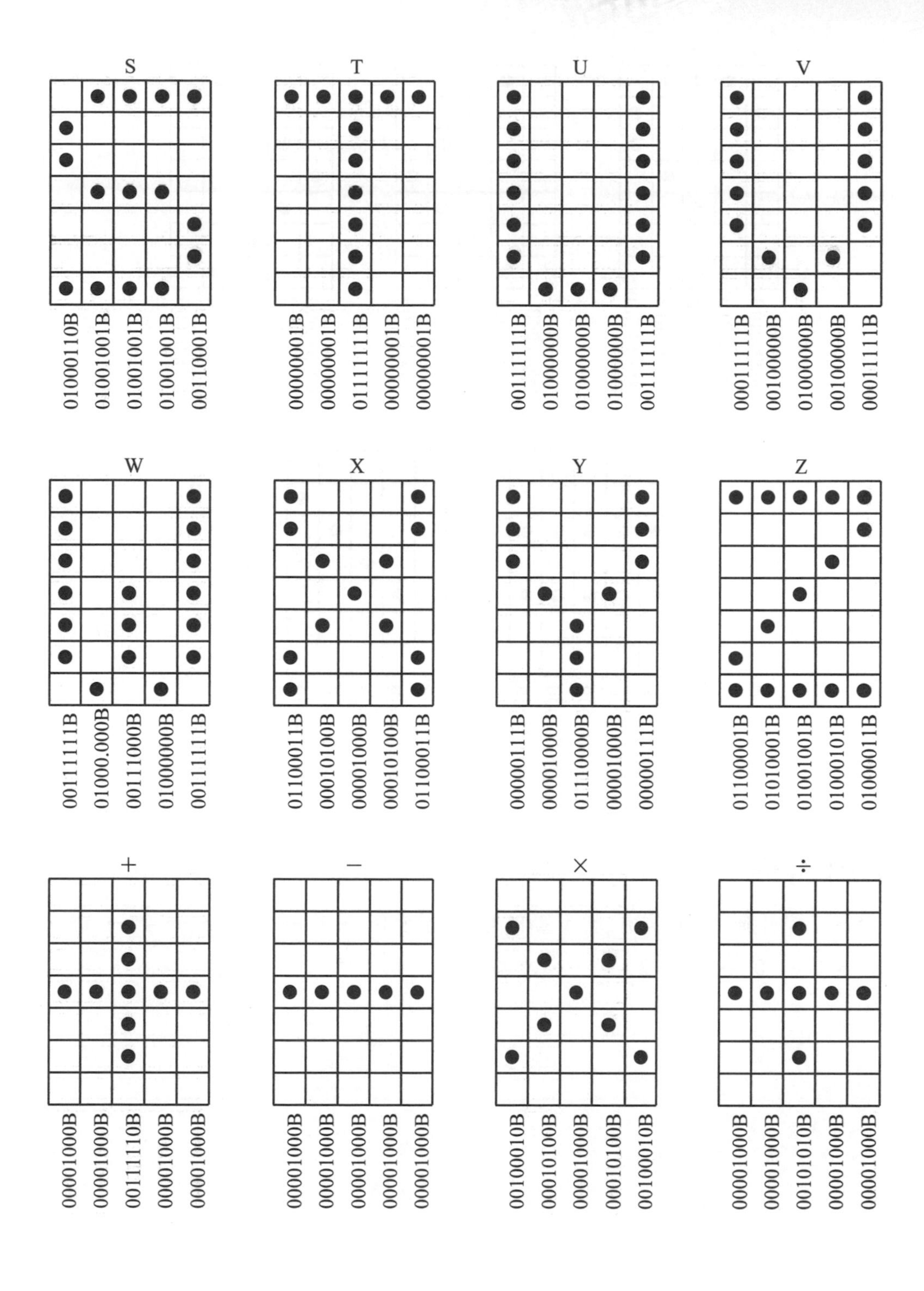
S
01000110B
01001001B
01001001B
01001001B
00110001B
T
00000001B
00000001B
01111111B
00000001B
00000001B
U
00111111B
01000000B
01000000B
01000000B
00111111B
V
00011111B
00100000B
01000000B
00100000B
00011111B
W
00111111B
01000.000B
00111000B
01000000B
00111111B
X
01100011B
00010100B
00001000B
00010100B
01100011B
Y
00000111B
00001000B
01110000B
00001000B
00000111B
Z
01100001B
01010001B
01001001B
01000101B
01000011B
+
00001000B
00001000B
00111110B
00001000B
00001000B
−
00001000B
00001000B
00001000B
00001000B
00001000B
×
00100010B
00010100B
00001000B
00010100B
00100010B
÷
00001000B
00001000B
00101010B
00001000B
00001000B

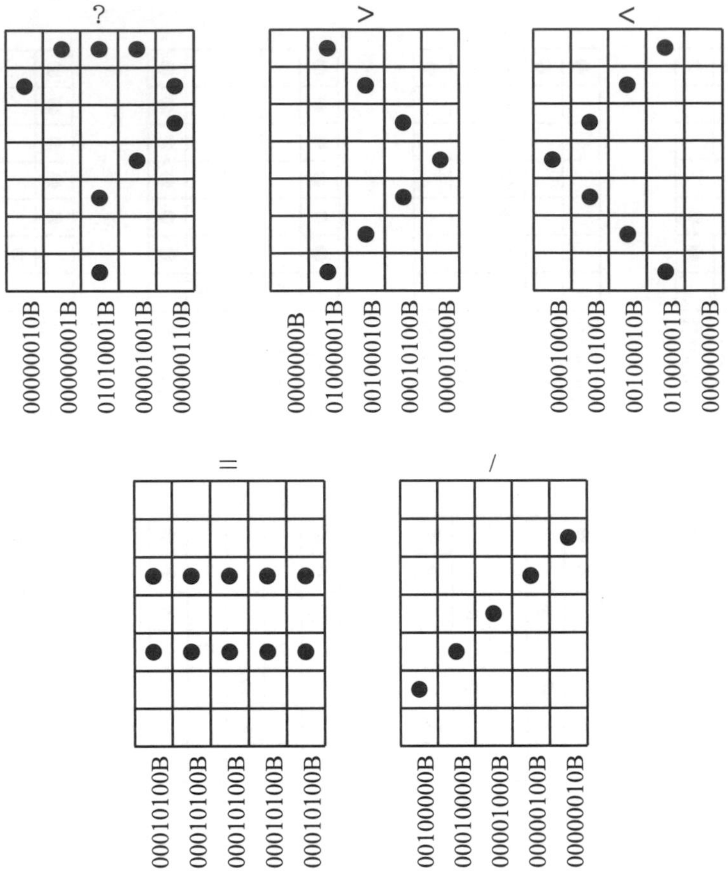

?

00000010B
00000001B
01010001B
00001001B
00000110B

>

00000000B
01000001B
00100010B
00010100B
00001000B

<

00001000B
00010100B
00100010B
01000001B
00000000B

=

00010100B
00010100B
00010100B
00010100B
00010100B

/

00100000B
00010000B
00001000B
00000100B
00000010B

三、動作情形

令 5×7 點矩陣 LED 顯示器不斷的依序顯示 0 → 1 → 2 → 3 → 4 → 5 → 6 → 7 → 8 → 9 → 0 → 1 → 2 → ……之數字。

四、電路圖

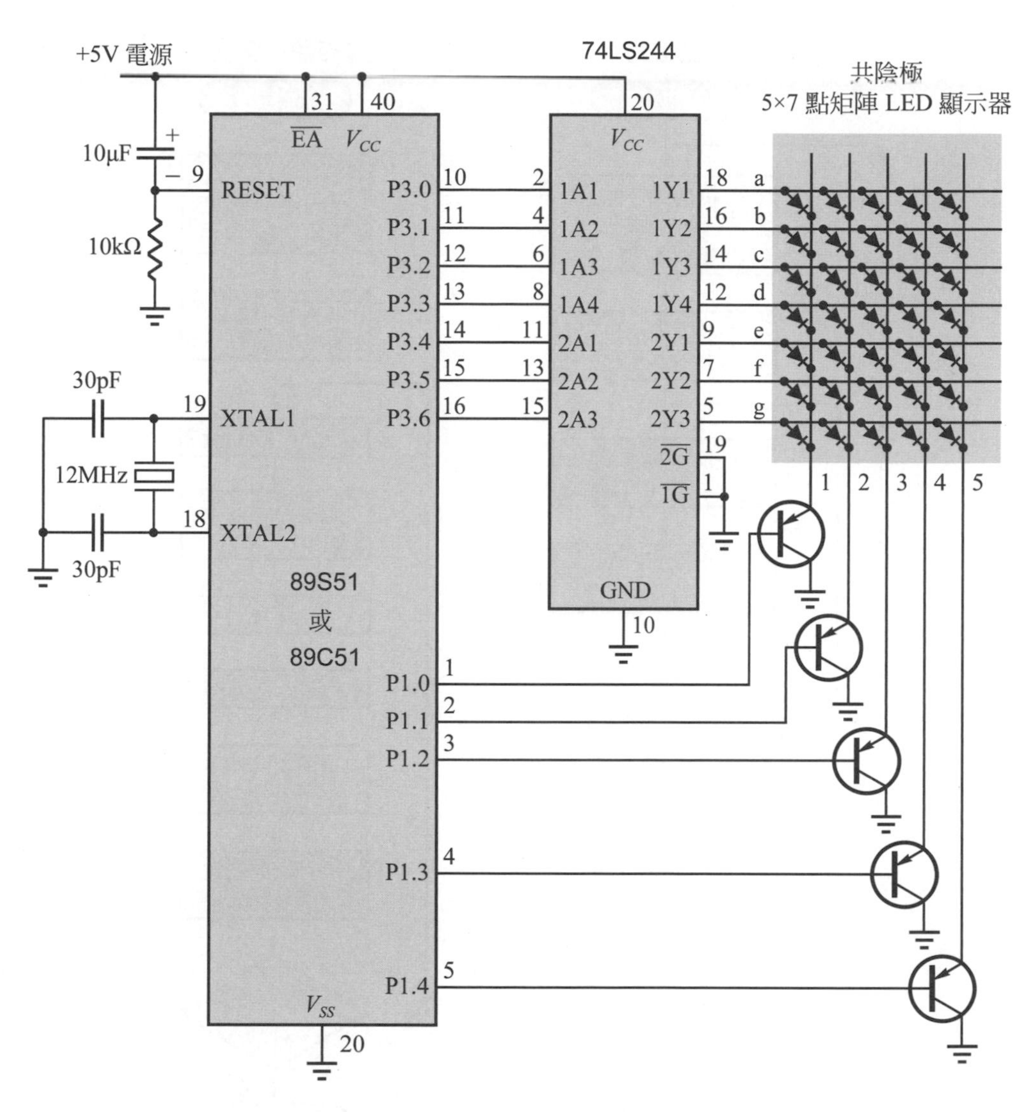

圖 26-4　點矩陣 LED 顯示電路

說明：

1. 圖中的電晶體只要是易購價廉的PNP電晶體(例如2SA1015或2SA684)皆可。
2. 圖中的74LS244是緩衝器(詳見本書附贈光碟的附錄4)，輸出高態時可不必串聯限流電阻器就直接接至點矩陣LED顯示器的a～g。

五、流程圖

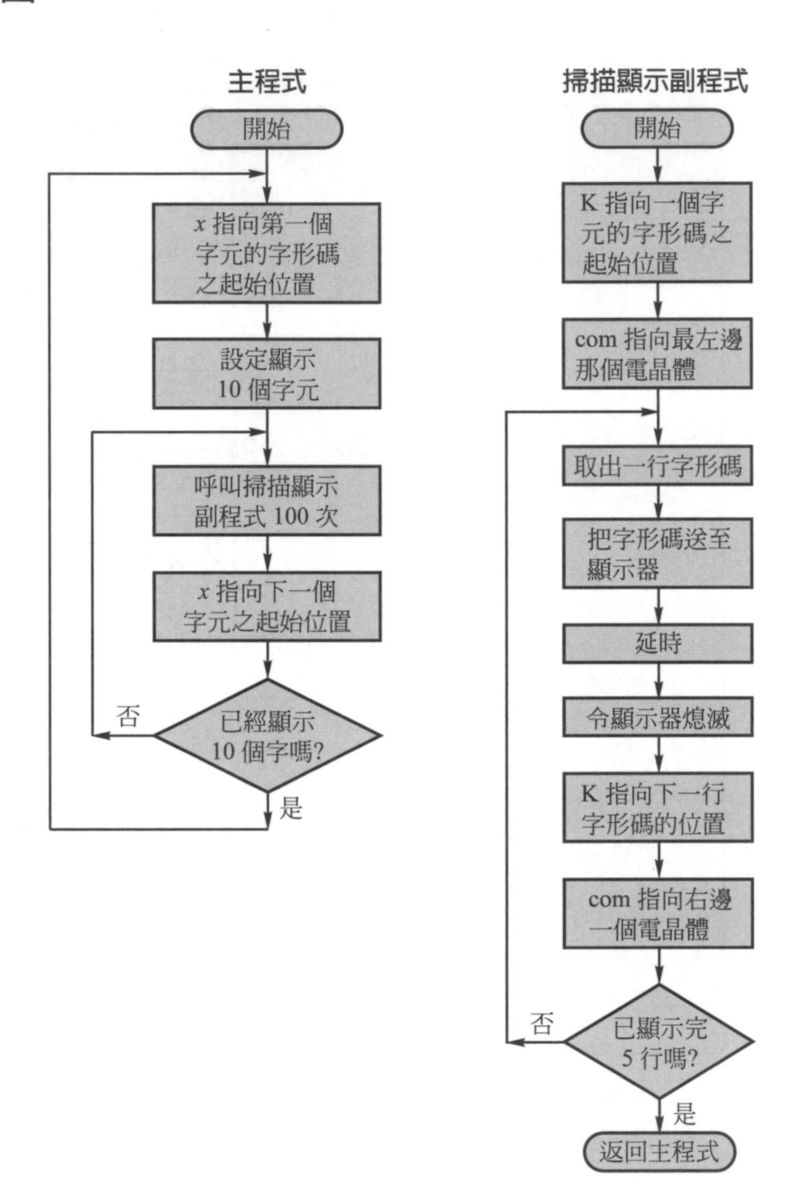
主程式
開始
x 指向第一個字元的字形碼之起始位置
設定顯示 10 個字元
呼叫掃描顯示副程式 100 次
x 指向下一個字元之起始位置
已經顯示 10 個字嗎?
否
是
掃描顯示副程式
開始
K 指向一個字元的字形碼之起始位置
com 指向最左邊那個電晶體
取出一行字形碼
把字形碼送至顯示器
延時
令顯示器熄滅
K 指向下一行字形碼的位置
com 指向右邊一個電晶體
已顯示完 5 行嗎?
否
是
返回主程式

六、程式

【範例 E2601】

```
#include <AT89X51.H>                /* 載入特殊功能暫存器定義檔 */
#include <INTRINS.H>                /* 載入特殊指令定義檔 */
void scan(unsigned char k);         /* 宣告會用到 scan 副程式 */
void delayms(unsigned int time);    /* 宣告會用到 delayms 副程式 */

code char table[] = {0x3e,0x51,0x49,0x45,0x3e,    /* 0 之字形碼 */
                     0x00,0x42,0x7f,0x40,0x00,    /* 1 之字形碼 */
                     0x42,0x61,0x51,0x49,0x46,    /* 2 之字形碼 */
                     0x21,0x41,0x49,0x4d,0x33,    /* 3 之字形碼 */
                     0x18,0x14,0x12,0x7f,0x10,    /* 4 之字形碼 */
                     0x27,0x45,0x45,0x45,0x39,    /* 5 之字形碼 */
                     0x3c,0x4a,0x49,0x49,0x30,    /* 6 之字形碼 */
                     0x01,0x01,0x79,0x05,0x03,    /* 7 之字形碼 */
                     0x36,0x49,0x49,0x49,0x36,    /* 8 之字形碼 */
                     0x06,0x49,0x49,0x29,0x1e};   /* 9 之字形碼 */

/*  ===========================  */
/*  =======   主 程 式   ======  */
/*  ===========================  */
main( )
{
  while(1)                          /* 重複執行下列敘述 */
   {
     unsigned char t;               /* 宣告變數 t */
     unsigned char x=0;             /* 指向第一字幕的字形碼之起始位置 */
     unsigned char z;               /* 宣告變數 z */
     for(z=0; z<10; z++)            /* 一共須顯示 10 個字幕 */
       {
         for(t=0; t<100; t++)       /* 每一字幕顯示 100 次，一共約 1 秒 */
```

```
          {
            scan(x);
          }
        x = x+5;                    /* 指向下一字幕的字形碼之起始位置 */
      }

    }
}

/*  ==========================================  */
/*  =======       掃描顯示副程式      ===========  */
/*  =======     自左而右掃描顯示幕一次     =======  */
/*  =======  顯示 table[k]至 table[k+4]一次 ====  */
/*  =======         約耗時 10ms         ========  */
/*  ================================= ========  */
void scan(unsigned char k)
{
  unsigned char m;                      /* 宣告變數 m */
  unsigned char com;                    /* 宣告變數 com */
  com = 0xfe;                           /* 欲從最左邊一行開始顯示 */
  for(m=0; m<5; m++)                    /* 一個字共有 5 行 */
   {
     P3 = table[k];                     /* 將字形碼送至 P3 */
     P1 =com;                           /* 令相對應之電晶體導電 */
     delayms(2);                        /* 延時 2ms */
     P1 = 0xff;                         /* 令顯示器熄滅 */
     com = _crol_(com , 1);             /* 指向下一行的電晶體 */
     k++;                               /* 指向下一個字形碼的位置 */
   }
}

/*  ==============================  */
/*  ===  延時 time × 1 ms 副程式  ===  */
```

```
/*   ================================   */
/* 本延時副程式，與【範例 E0901】完全一樣，於此不再詳細說明 */
void  delayms(unsigned int time)
{
  unsigned int n;
  while(time>0)
   {
     n = 120;
     while(n>0)  n--;
     time--;
   }
}
```

七、實習步驟

1. 範例 E2601 編譯後，燒錄至 89S51 或 89C51。
2. 以三用電表的 R × 10 檔測量點矩陣 LED 顯示器，並將其接腳 a～g 及 1～5 記錄下來。
3. 請接妥圖 26-4 之電路。電晶體採用 2SA1015 或 2SA684 等易購 PNP 電晶體即可。
4. 通上 5V 之直流電源。
5. 能依序顯示 0 → 1 → 2 → 3 → 4 → 5 → 6 → 7 → 8 → 9 → 0 → 1 → …… 之阿拉伯數字嗎？　答：________

   若顯示不正常，請依下列步驟排除故障：

   (1) 點矩陣 LED 顯示器的接腳是否正確？
   (2) 其他硬體部份的接線是否有誤？
   (3) 您在編譯程式時是否有疏誤或遺漏之處？

6. 請練習修改程式，使顯示情形如圖 26-5 所示。
7. 本實習做完後，接線請勿拆掉，實習 27 將再使用本電路。

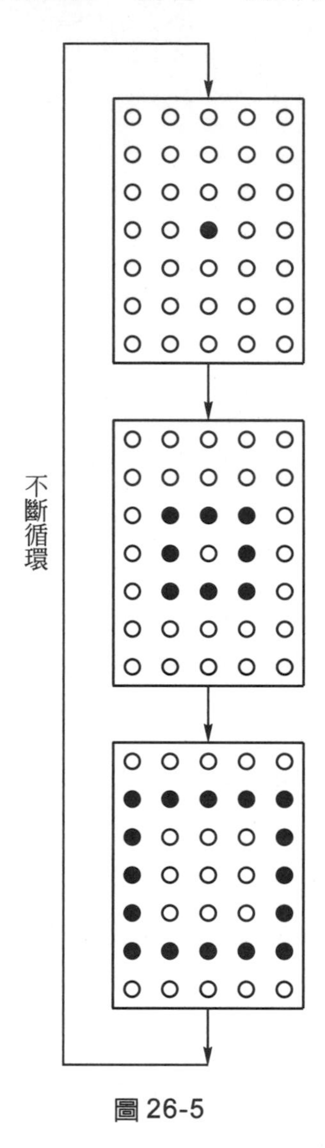

圖 26-5

Chapter

用點矩陣 LED 顯示器做活動字幕

一、實習目的

了解活動字幕令字元或圖形移動顯示的技巧。

二、相關知識

我們已在範例 E2601 設計了一個掃描顯示副程式，名字叫 SCAN，只要事先設定好K的值，SCAN就會把K所指位置起的5個字形碼送到點矩陣顯示器去。假如我們事先在記憶體中安排如表 27-1 所示之字形表，則在呼叫 SCAN 以前令 K 爲不同的值，顯示幕就會有不同的反應，如圖 27-1 所示。

表 27-1

位置	字形碼	說明
0	00000000B	熄滅的字形碼
1	00000000B	
2	00000000B	
3	00000000B	
4	00000000B	
5	00011000B	4 的字形碼
6	00010100B	
7	00010010B	
8	01111111B	
9	00010000B	
10	00000000B	熄滅的字形碼
11	00000000B	
12	00000000B	
13	00000000B	
14	00000000B	

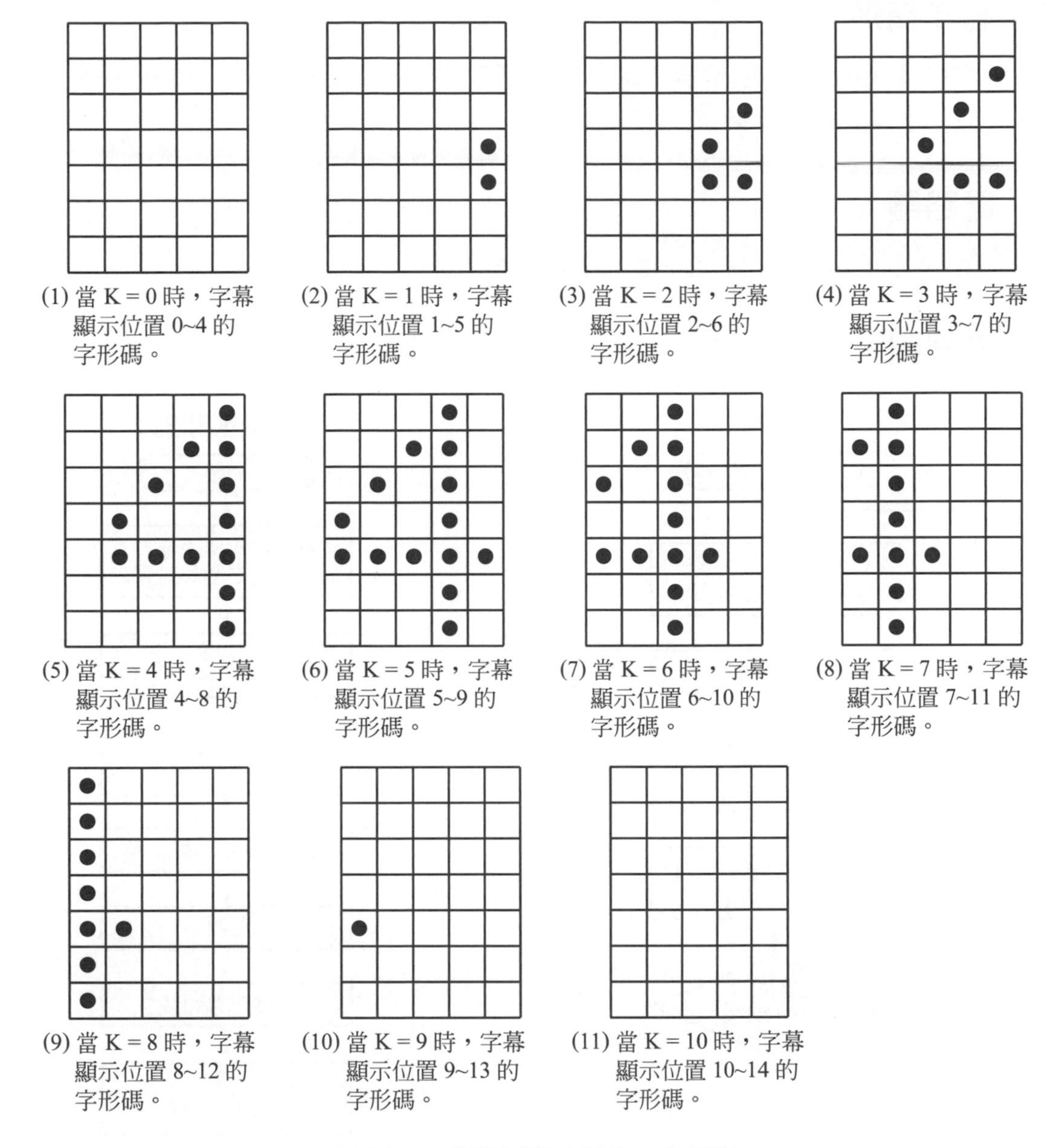

圖 27-1 電腦活動字幕的工作原理

由圖 27-1 可發現把K逐次加 1，則顯示的字形就會逐次由右向左移動。同理，若逐次把K減 1 則顯示的字形就會逐次由左向右移動。換句話說，逐次改變K的值就可造成字幕向左或向右移動的效果。這就是活動字幕的動作原理。

三、動作情形

令 5×7 點矩陣LED顯示器不斷的移動顯示 0→1→2→3→4→5→6→7→8→9→0→1→2→……之數字。

四、電路圖

與第 26 章的圖 26-4 完全一樣。(請見 26-9 頁)

五、流程圖

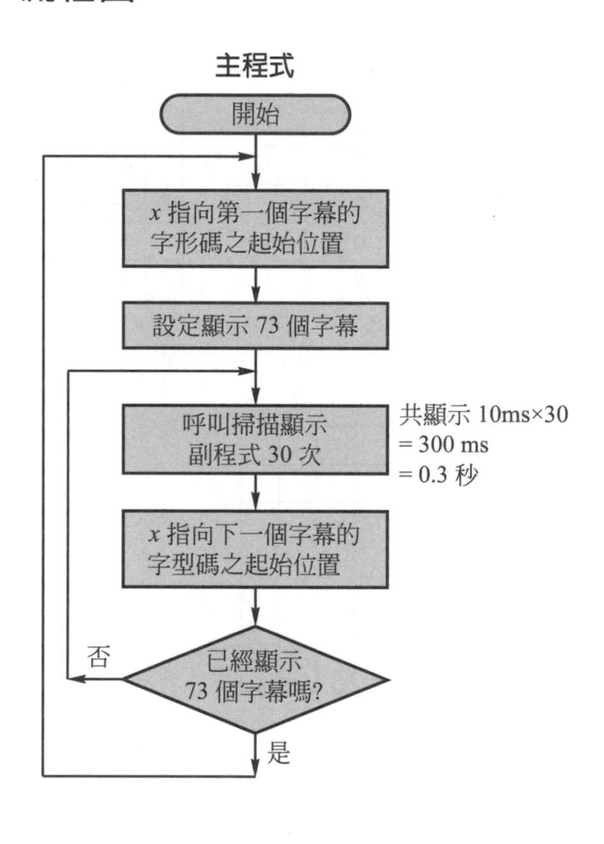

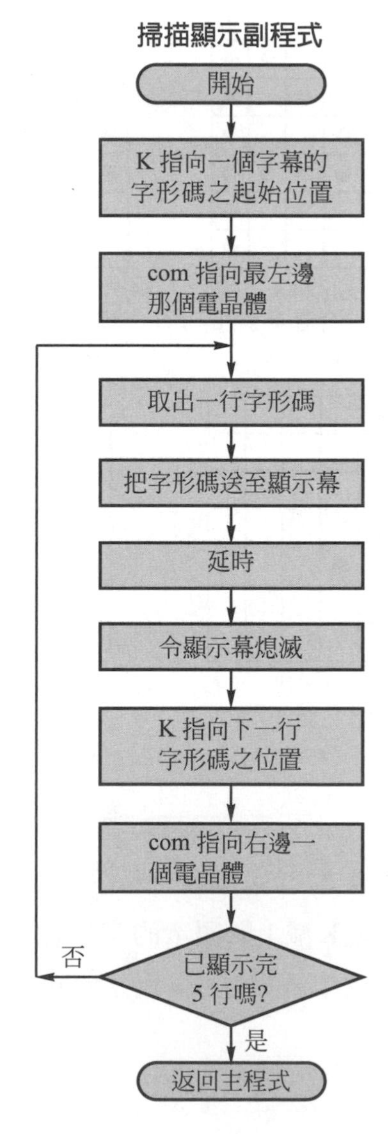

六、程式

【範例 E2701】

```
#include <AT89X51.H>                /* 載入特殊功能暫存器定義檔 */
#include <INTRINS.H>                /* 載入特殊指令定義檔 */
void scan(unsigned char k);         /* 宣告會用到 scan 副程式 */
void delayms(unsigned int time);    /* 宣告會用到 delayms 副程式 */

code char table[] = {0x00,0x00,0x00,0x00,0x00, /* 熄滅之字形碼 */
                     0x3e,0x51,0x49,0x45,0x3e, /* 0 之字形碼 */
                     0x00,0x00,                /* 熄滅之字形碼 */
                     0x00,0x42,0x7f,0x40,0x00, /* 1 之字形碼 */
                     0x00,0x00,                /* 熄滅之字形碼 */
                     0x42,0x61,0x51,0x49,0x46, /* 2 之字形碼 */
                     0x00,0x00,                /* 熄滅之字形碼 */
                     0x21,0x41,0x49,0x4d,0x33, /* 3 之字形碼 */
                     0x00,0x00,                /* 熄滅之字形碼 */
                     0x18,0x14,0x12,0x7f,0x10, /* 4 之字形碼 */
                     0x00,0x00,                /* 熄滅之字形碼 */
                     0x27,0x45,0x45,0x45,0x39, /* 5 之字形碼 */
                     0x00,0x00,                /* 熄滅之字形碼 */
                     0x3c,0x4a,0x49,0x49,0x30, /* 6 之字形碼 */
                     0x00,0x00,                /* 熄滅之字形碼 */
                     0x01,0x01,0x79,0x05,0x03, /* 7 之字形碼 */
                     0x00,0x00,                /* 熄滅之字形碼 */
                     0x36,0x49,0x49,0x49,0x36, /* 8 之字形碼 */
                     0x00,0x00,                /* 熄滅之字形碼 */
                     0x06,0x49,0x49,0x29,0x1e, /* 9 之字形碼 */
                     0x00,0x00,0x00,0x00,0x00};/* 熄滅之字形碼 */

/*  ===========================  */
/*  =======   主 程 式   =======  */
```

```
/*  ============================  */
main( )
{
  while(1)                              /* 重複執行下列敘述 */
   {
     unsigned char t;                   /* 宣告變數 t  */
     unsigned char x = 0;               /* 指向第一字幕的字形碼之起始位置 */
     unsigned char z;                   /* 宣告變數 z */
     for(z=0; z<73; z++)                /* 一共須顯示 73 個字幕 */
       {
         for(t=0; t<30; t++)            /* 每一字幕顯示 30 次，一共約 0.3 秒 */
           {
             scan(x);
           }


         x=x+1;                         /* 指向下一字幕的字形碼之起始位置 */
       }
   }
}

/*  ==========================================  */
/*  =======        掃描顯示副程式        ========  */
/*  =======     自左而右掃描顯示幕一次     ========  */
/*  =======  顯示 table[k]至 table[k+4]一次 ====  */
/*  =======          約耗時 10ms           ======  */
/*  ==========================================  */
/* 本掃描顯示副程式，與【範例 E2601】完全一樣，於此不再詳細說明 */
void  scan(unsigned char k)
{
  unsigned char m;
  unsigned char com;
  com = 0xfe;
  for(m=0; m<5; m++)
```

```
    {
      P3 = table[k];
      P1 = com;
      delayms(2);
      P1 = 0xff;
      com =_crol_(com, 1);
      k++;
    }
}

/*  ================================  */
/*  ===  延時 time × 1 ms 副程式  ===  */
/*  ================================  */
/* 本延時副程式，與【範例 E0901】完全一樣，於此不再詳細說明 */
void delayms(unsigned int time)
{
  unsigned int n;
  while(time>0)
   {
     n = 120;
     while(n>0)  n--;
     time--;
   }
}
```

七、實習步驟

1. 範例 E2701 編譯後，燒錄至 89S51 或 89C51。
2. 請接妥 26-9 頁的圖 26-4。
3. 通上 5V 之直流電源。
4. 能依序移動顯示 0 → 1 → 2 → 3 → 4 → 5 → 6 → 7 → 8 → 9 → 0 → 1 → 2 → ……之數字嗎？　答：________

SINGLE CHIP (C Version)

8051/8951

Chapter 28

文字型 LCD 模組之應用

實習 28-1　用文字型 LCD 模組顯示字串

實習 28-2　用文字型 LCD 模組顯示自創之字元或圖形

實習 28-3　用一個文字型 LCD 模組製作四個計數器

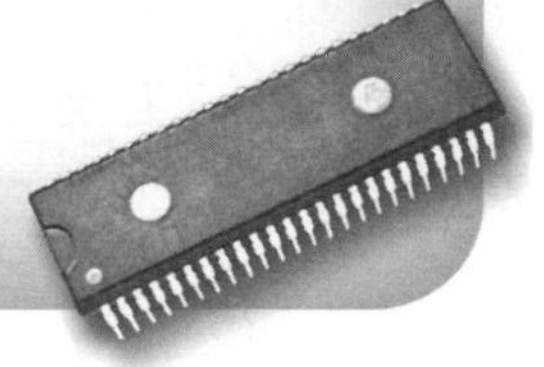

實習 28-1 用文字型 LCD 模組顯示字串

一、實習目的

1. 了解文字型LCD模組的用法。
2. 練習用文字型LCD模組顯示字串。

二、相關知識

1. 文字型 LCD 模組的基本認識

當需要顯示英文字母、數字、特殊符號時，採用文字型LCD模組(Liquid Crystal Display Module, LCD模組簡稱LCM)是一種既簡便又省電的方法。目前LCD模組已被廣泛的應用在事務機器、電子儀表及電器產品上，常見的文字型 LCD 模組有8字×1行、8字×2行、16字×1行、16字×2行、16字×4行、20字×2行、20字×4行、24字×2行、40字×2行、40字×4行等多種規格可供選用。

文字型LCD模組的結構如圖28-1-1所示，是由LCD顯示器、LCD驅動器、LCD控制器所組成。由於目前市售文字型LCD模組所採用的LCD控制器都與 HITACHI 公司的 HD44780 相容，所以應用方法也相同。換句話說，大部份的LCD模組都具有相同的控制方法，是相容產品而且是可以互換的。

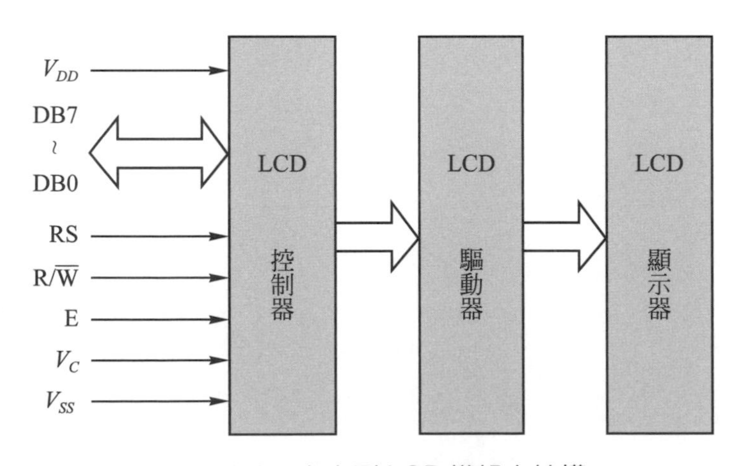

圖 28-1-1 文字型 LCD 模組之結構

表 28-1-1　文字型 LCD 模組所能顯示的字元及相對應的字元碼

高 4 位元 / 低 4 位元	0000	0010	0011	0100	0101	0110	0111	1010	1011	1100	1101	1110	1111
××××0000	CG RAM (1)		0	@	P	`	p		ー	タ	ミ	α	p
××××0001	(2)	!	1	A	Q	a	q	。	ア	チ	ム	ä	q
××××0010	(3)	"	2	B	R	b	r	「	イ	ツ	メ	β	θ
××××0011	(4)	#	3	C	S	c	s	」	ウ	テ	モ	ε	∞
××××0100	(5)	$	4	D	T	d	t	、	エ	ト	ヤ	μ	Ω
××××0101	(6)	%	5	E	U	e	u	・	オ	ナ	ユ	σ	ü
××××0110	(7)	&	6	F	V	f	v	ヲ	カ	ニ	ヨ	ρ	Σ
××××0111	(8)	'	7	G	W	g	w	ァ	キ	ヌ	ラ	g	π
××××1000	同(1)	(	8	H	X	h	x	ィ	ク	ネ	リ	√	x̄
××××1001	同(2)	)	9	I	Y	i	y	ゥ	ケ	ノ	ル	⁻¹	y
××××1010	同(3)	*	:	J	Z	j	z	ェ	コ	ハ	レ	j	千
××××1011	同(4)	+	;	K	[	k	{	ォ	サ	ヒ	ロ	×	万
××××1100	同(5)	,	<	L	¥	l	|	ャ	シ	フ	ワ	¢	円
××××1101	同(6)	-	=	M	]	m	}	ュ	ス	ヘ	ン	£	÷
××××1110	同(7)	.	>	N	^	n	→	ョ	セ	ホ	゛	ñ	
××××1111	同(8)	/	?	O	_	o	←	ッ	ソ	マ	゜	ö	█

使用例：字元 A 的字元碼為 01000001 ＝ 41H，把 41H 送至 LCD 模組即能顯示 A。

由於文字型LCD控制器是日本廠商的天下，所以文字型LCD模組不但能顯示標準的ASCII碼(大寫英文字母、小寫英文字母、阿拉伯數字、特殊符號)，也能顯示大約50個日文字形，詳見表28-1-1。

文字型LCD模組的外部接線很簡單，使用方法也不困難，所以花點時間熟悉它，就可應用自如。我們只要用指令碼設定好所需的功能，然後把想要顯示的字元之字元碼(例如：由表28-1-1可查出字元A的字元碼＝01000001＝41H＝0x41)送至文字型LCD模組，即可將該字元顯示出來。

2. 文字型LCD模組之接腳功能

V_{DD} ‧電路之主電源。
‧必須接至＋5V。

V_{SS} ‧電路之地電位。

V_C ‧顯示字形之明暗對比控制。(Contrast Adjust)
‧請參考圖28-1-2。
‧通常，為了簡化接線，多採用圖28-1-3的接法。

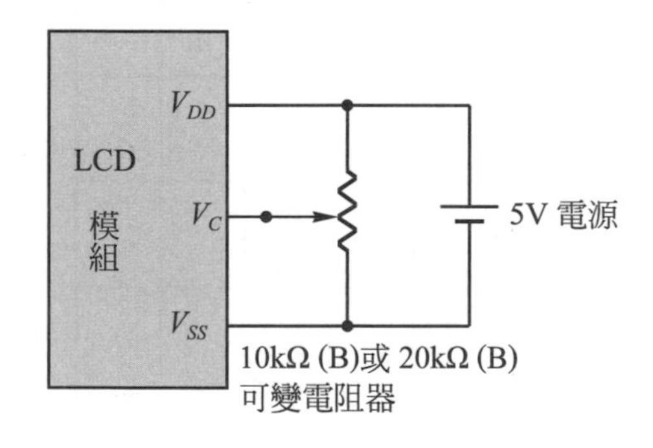

圖28-1-2 明暗對比之控制

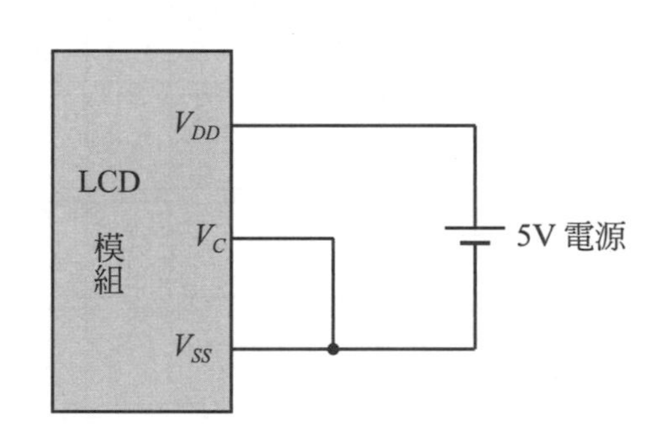

圖28-1-3 V_C 腳的最簡單接法(最大對比)

DB7～DB4 ‧資料匯流排的高4位元。
‧DB7也用來傳送忙碌旗標BF之內容。

DB3～DB0 ‧資料匯流排的低4位元。
‧當與4位元的微電腦連接時，LCD 模組只使用 DB7～DB4，所以DB3～DB0空置不用。

E ‧致能(enable)。

R/$\overline{W}$ ·等於1時，表示微電腦要從LCD模組讀取(read)資料。
·等於0時，表示微電腦要把資料或指令碼寫入(write)LCD模組。

RS ·暫存器選擇(register selection)信號。
·等於1時，選中資料暫存器。
·等於0時，選中指令暫存器。
·請參考表28-1-2。

A ·背光LED之正端。

K ·背光LED之負端。

表 28-1-2 暫存器的選用

接腳		作用
RS	R/$\overline{W}$	
0	0	把指令碼寫入指令暫存器IR，並執行指令。
0	1	讀取BF及AC的內容。 DB7＝忙碌旗標BF的內容。 DB6～DB0＝位址計數器AC的內容。
1	0	把資料寫入資料暫存器DR。 內部會自動執行DR → DD RAM或DR → CG RAM。
1	1	由資料暫存器DR讀取資料。 內部會自動執行DR ← DD RAM或DR ← CG RAM。

3. 文字型LCD模組之內部結構

文字型LCD模組的內部結構如圖28-1-4所示。茲簡要說明如下：

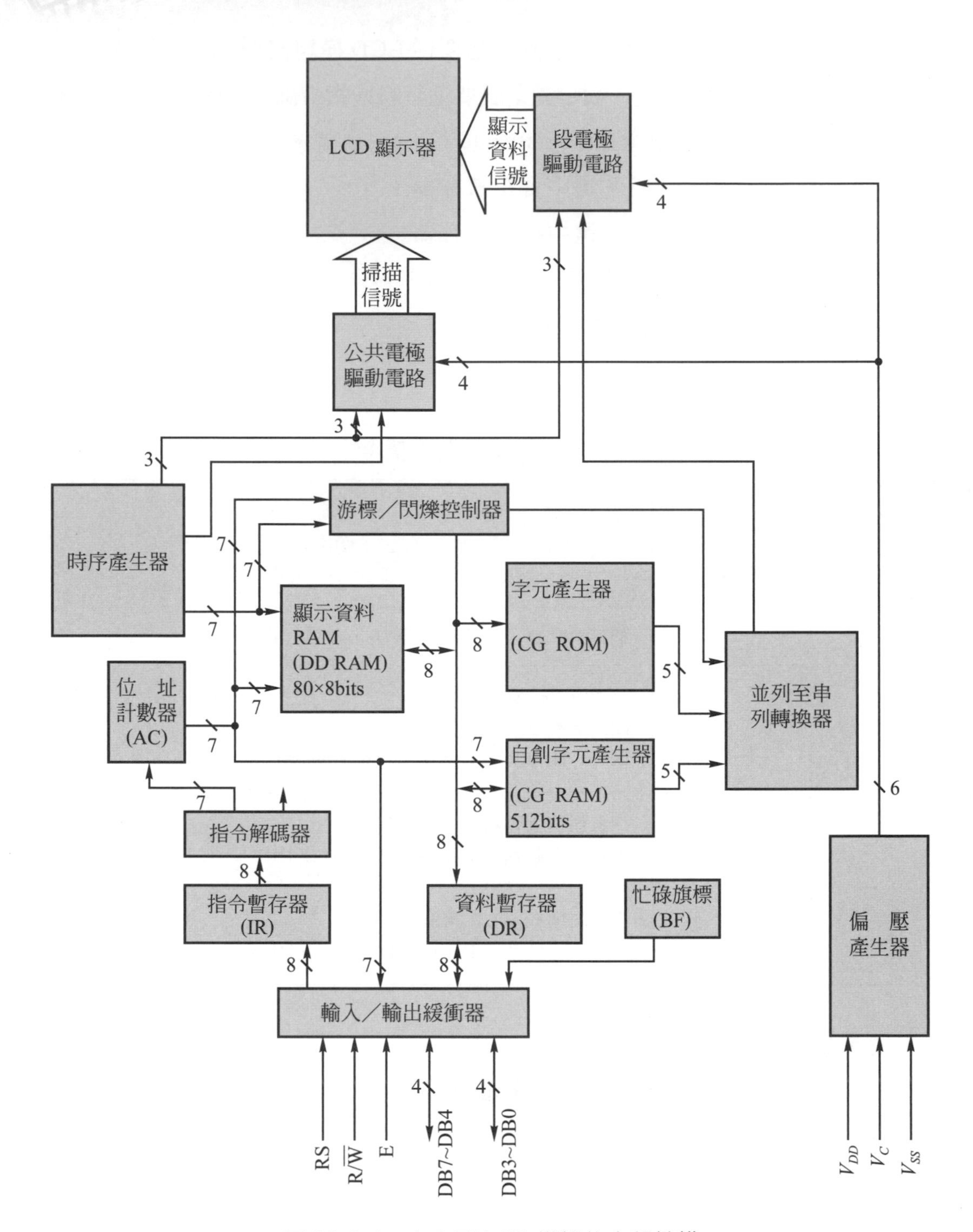

圖 28-1-4 文字型 LCD 模組的內部結構

(1) **暫存器 IR(Instruction Register)**

LCD 模組具有指令暫存器 IR 及資料暫存器 DR(Data Register)。它們都是 8 位元的暫存器，由接腳 RS 來選用，如表 28-1-2 所示。

指令暫存器 IR 用來儲存由微電腦送來的指令碼，資料暫存器 DR 則用來存放欲顯示的資料。只要我們先把欲存放資料的位址寫入指令暫存器，再把欲顯示之資料寫入資料暫存器，資料暫存器就會自動把資料傳送至相對應的 DD RAM 或 CG RAM。

(2) **忙碌旗標 BF(Busy Flag)**

當忙碌旗標 BF = 1 時，表示 LCD 模組正忙於處理內部的工作，無暇接受任何命令及資料。當接腳 RS = 0 且 R/$\overline{W}$ = 1 時，忙碌旗標的內容會由接腳 DB7 輸出。

(3) **位址計數器 AC(Address Counter)**

位址計數器是用來指示欲存取資料的 DD RAM 或 CG RAM 的位址。位址設定指令可把所設定之位址由指令暫存器傳送至位址計數器內。每當存取 1 byte 的資料，位址計數器的內容就會自動加 1 (也可用指令設定爲每次自動減 1)。

(4) **顯示資料之記憶體 DD RAM(Display Data RAM)**

DD RAM 是用來儲存所欲顯示的字元之字元碼(各字元之字元碼請見表 28-1-1)，它的容量爲 80 byte，故可供儲存 80 個字元碼。DD RAM 的位址與 LCD 顯示器的對應情形，請參考圖 28-1-5 至圖 28-1-13。(**請注意**！有少數市售文字型LCD模組之DD RAM位址與圖 28-1-5 至圖 28-1-13 不符，所以**選購LCD模組時一定要向經銷商索取所購LCD模組之資料**。)

顯示之位置	1	2	3	4	5	6	7	8	9	10	11	12	……	37	38	39	40
第 1 行	00H	01H	02H	03H	04H	05H	06H	07H	08H	09H	0AH	0BH	……	24H	25H	26H	27H
第 2 行	40H	41H	42H	43H	44H	45H	46H	47H	48H	49H	4AH	4BH	……	64H	65H	66H	67H

(第 1 行、第 2 行之數值為 DD RAM 之位址)

圖 28-1-5 40 字×2 行之 LCD 模組，顯示位置與 DD RAM 位址之對照表

	1	2	3	4	5	6	7	8	9	10	11	12		21	22	23	24←顯示之位置
第 1 行	00H	01H	02H	03H	04H	05H	06H	07H	08H	09H	0AH	0BH	…………	14H	15H	16H	17H
第 2 行	40H	41H	42H	43H	44H	45H	46H	47H	48H	49H	4AH	4BH	…………	54H	55H	56H	57H

DD RAM 之位址

圖 28-1-6　24 字×2 行之 LCD 模組，顯示位置與 DD RAM 位址之對照表

	1	2	3	4	5	6	7	8	9	10	11	12	13	14	15	16	17	18	19	20←顯示之位置
第 1 行	00H	01H	02H	03H	04H	05H	06H	07H	08H	09H	0AH	0BH	0CH	0DH	0EH	0FH	10H	11H	12H	13H
第 2 行	40H	41H	42H	43H	44H	45H	46H	47H	48H	49H	4AH	4BH	4CH	4DH	4EH	4FH	50H	51H	52H	53H

DD RAM 之位址

圖 28-1-7　20 字×2 行之 LCD 模組，顯示位置與 DD RAM 位址之對照表

	1	2	3	4	5	6	7	8	9	10	11	12	13	14	15	16	17	18	19	20←顯示之位置
第 1 行	00H	01H	02H	03H	04H	05H	06H	07H	08H	09H	0AH	0BH	0CH	0DH	0EH	0FH	10H	11H	12H	13H
第 2 行	40H	41H	42H	43H	44H	45H	46H	47H	48H	49H	4AH	4BH	4CH	4DH	4EH	4FH	50H	51H	52H	53H
第 3 行	14H	15H	16H	17H	18H	19H	1AH	1BH	1CH	1DH	1EH	1FH	20H	21H	22H	23H	24H	25H	26H	27H
第 4 行	54H	55H	56H	57H	58H	59H	5AH	5BH	5CH	5DH	5EH	5FH	60H	61H	62H	63H	64H	65H	66H	67H

DD RAM 之位址

圖 28-1-8　20 字×4 行之 LCD 模組，顯示位置與 DD RAM 位址之對照表

	1	2	3	4	5	6	7	8	9	10	11	12	13	14	15	16←顯示之位置
第 1 行	00H	01H	02H	03H	04H	05H	06H	07H	08H	09H	0AH	0BH	0CH	0DH	0EH	0FH
第 2 行	40H	41H	42H	43H	44H	45H	46H	47H	48H	49H	4AH	4BH	4CH	4DH	4EH	4FH
第 3 行	14H	15H	16H	17H	18H	19H	1AH	1BH	1CH	1DH	1EH	1FH	20H	21H	22H	23H
第 4 行	54H	55H	56H	57H	58H	59H	5AH	5BH	5CH	5DH	5EH	5FH	60H	61H	62H	63H

DD RAM 之位址

圖 28-1-9　16 字×4 行之 LCD 模組，顯示位置與 DD RAM 位址之對照表

	1	2	3	4	5	6	7	8	9	10	11	12	13	14	15	16←顯示之位置
第 1 行	00H	01H	02H	03H	04H	05H	06H	07H	08H	09H	0AH	0BH	0CH	0DH	0EH	0FH
第 2 行	40H	41H	42H	43H	44H	45H	46H	47H	48H	49H	4AH	4BH	4CH	4DH	4EH	4FH

DD RAM 之位址

圖 28-1-10　16 字×2 行之 LCD 模組，顯示位置與 DD RAM 位址之對照表

1	2	3	4	5	6	7	8	9	10	11	12	13	14	15	16←顯示之位置
00H	01H	02H	03H	04H	05H	06H	07H	08H	09H	0AH	0BH	0CH	0DH	0EH	0FH

←DD RAM 之位址

圖 28-1-11　16 字×1 行之 LCD 模組，顯示位置與 DD RAM 位址之對照表

	1	2	3	4	5	6	7	8 ←顯示之位置
第 1 行	00H	01H	02H	03H	04H	05H	06H	07H
第 2 行	40H	41H	42H	43H	44H	45H	46H	47H

} DD RAM 之位址

圖 28-1-12　8 字×2 行之 LCD 模組，顯示位置與 DD RAM 位址之對照表

1	2	3	4	5	6	7	8 ←顯示之位置
00H	01H	02H	03H	04H	05H	06H	07H

←DD RAM 之位址

圖 28-1-13　8 字×1 行之 LCD 模組，顯示位置與 DD RAM 位址之對照表

(5) **字元產生器 CG ROM(Character Generator ROM)**

CG ROM 的內部存放了表 28-1-1 所示字元的對應圖形。當您把字元碼 20H～FFH 寫入 DD RAM 時，CG ROM 會自動把相對應的圖形送至 LCD 顯示器，而把該字元顯示出來。

(6) **自創字元產生器 CG RAM(Character Generator RAM)**

CG RAM 可供儲存 8 個您自己設計的 5×7 點圖形(註：若不需顯示游標，則可採用 5×8 點之圖形)，以便顯示您所需要的特殊字元。字元碼與 CG RAM 位址之對應關係，請參考表 28-1-3 所示。

(7) **LCD 顯示器**

LCD 顯示器負責把字元顯示出來。由於 LCD 顯示器本身並不發光，靠外界光線的反射才能讓我們看到所顯示的字型，所以不適合在黑暗的環境中使用。因為 LCD 顯示器的表面有偏光片，所以在某種角度下看得特別清楚，其他角度則看不清楚。雖然 LCD 顯示器有上述缺點，但因 LCD 顯示器幾乎不耗電，所以被廣泛的應用著。(註：假如您所用之 LCD 模組必須在黑暗中工作，請選購 28-25 頁介紹的**背光式** LCD 模組。)

4. 文字型 LCD 模組之控制指令

文字型 LCD 模組共有 11 個指令，如表 28-1-4 所示，表中的×表示等於 1 或 0 都可以。

表 28-1-3　欲顯示自創之字元，需先把該字元之 5×7 點圖形存入 CG RAM 內

字元碼 (DD RAM 之資料)	CG RAM 之位址		字元的圖形 (CG RAM 之資料)		
7 6 5 4 3 2 1 0	5 4 3	2 1 0	7 6 5	4 3 2 1 0	
←高階位元　低階位元→	←高階位元	低階位元→	←高階位元	低階位元→	
		0 0 0	× × ×	1 1 1 1 0	
		0 0 1	× × ×	1 0 0 0 1	
		0 1 0	× × ×	1 0 0 0 1	第 1 個字元圖形例 (R)
0 0 0 0 × 0 0 0	0 0 0	0 1 1	× × ×	1 1 1 1 0	
		1 0 0	× × ×	1 0 1 0 0	
		1 0 1	× × ×	1 0 0 1 0	
		1 1 0	× × ×	1 0 0 0 1	
		1 1 1	× × ×	0 0 0 0 0	←游標的位置
		0 0 0	× × ×	1 0 0 0 1	
		0 0 1	× × ×	0 1 0 1 0	
		0 1 0	× × ×	1 1 1 1 1	第 2 個字元圖形例 (¥)
0 0 0 0 × 0 0 1	0 0 1	0 1 1	× × ×	0 0 1 0 0	
		1 0 0	× × ×	1 1 1 1 1	
		1 0 1	× × ×	0 0 1 0 0	
		1 1 0	× × ×	0 0 1 0 0	
		1 1 1	× × ×	0 0 0 0 0	←游標的位置
		0 0 0	× × ×		
		0 0 1	× × ×		
0 0 0 0 × 1 1 1	1 1 1				
		1 0 0	× × ×		
		1 0 1	× × ×		
		1 1 0	× × ×		
		1 1 1	× × ×		

註：(1)表中的×表示 0 或 1 都可以。

(2)若不需顯示游標，則可採用 5×8 點之圖形。

表 28-1-4 文字型 LCD 模組之指令

指令	指令碼										功能	執行時間
	RS	$R/\overline{W}$	DB7	DB6	DB5	DB4	DB3	DB2	DB1	DB0		
清除顯示	0	0	0	0	0	0	0	0	0	1	●清除顯示。即將DD RAM的內容全部填入"空白"的ASCII碼20H。 ●令游標歸位。即令游標回到顯示器的左上方。 ●令位址計數器 AC = 00H。	1.64ms
游標歸位	0	0	0	0	0	0	0	0	1	×	●令游標歸位(即令游標回到顯示器的左上方)。 ●令移動顯示返回原位。 ●令位址計數器 AC = 00H。 ●DD RAM的內容不變。	1.64ms
輸入模式設定	0	0	0	0	0	0	0	1	I/D	S	●設定每寫入 1 Byte 資料後，游標的移動方向 S = 0 而且 I/D = 1 時：游標右移 1 格，且AC值加1。 S = 0 而且 I/D = 0 時：游標左移 1 格，且AC值減1。 ●決定每寫入一個字元碼後，所顯示之字元是否移動 S = 1 而且 I/D = 1 時：顯示之字元全部左移，但游標不動。 S = 1 而且 I/D = 0 時：顯示之字元全部右移，但游標不動。 S = 0時：所顯示之字元不移動。	40μs

表 28-1-4 文字型 LCD 模組之指令(續)

指令	指令碼										功能	執行時間
	RS	R/$\overline{W}$	DB7	DB6	DB5	DB4	DB3	DB2	DB1	DB0		
顯示與否之控制	0	0	0	0	0	0	1	D	C	B	●控制顯示器 ON 或 OFF D＝1：顯示 D＝0：不顯示 ●控制游標 ON 或 OFF C＝1：顯示游標 C＝0：不顯示游標 ●決定游標是否閃爍 B＝1：游標閃爍 B＝0：游標不閃爍	40μs
令游標移位或令整個顯示移位	0	0	0	0	0	1	S/C	R/L	×	×	●令游標移位或令整個顯示移位 S/C＝0 且 R/L＝0 時：令游標左移 1 格且 AC 值減 1。 S/C＝0 且 R/L＝1 時：令游標右移 1 格且 AC 值加 1。 S/C＝1 且 R/L＝0 時：所顯示之字元全部左移，AC 值不變。 S/C＝1 且 R/L＝1 時：所顯示之字元全部右移，AC 值不變。	40μs
功能設定	0	0	0	0	1	DL	N	F	×	×	●設定資料的長度 DL＝1：8 位元 (DB7 至 DB0) DL＝0：4 位元 (DB7 至 DB4) ●設定顯示的行數及字型的規格 N＝1：2 行顯示 N＝0：1 行顯示 ●設定字型之規格 F＝1：5×10 點矩陣(有的產品無此功能) F＝0：5×7 點矩	40μs

表 28-1-4 文字型 LCD 模組之指令(續)

指令	指令碼										功能	執行時間
	RS	R/$\overline{W}$	DB7	DB6	DB5	DB4	DB3	DB2	DB1	DB0		
設定CG RAM的位址	0	0	0	1	CG RAM 之位址						●設定下一個要存入資料的CG RAM之位址。	40μs
設定DD RAM的位址	0	0	1	DD RAM 之位址							●設定下一個要存入資料的DD RAM之位址。	40μs
讀取 BF 或 AC 之內容	0	1	BF 的內容	AC 的內容							●讀取忙碌旗標 BF 的內容。 BF＝1：忙碌中，無法接受新的輸入。 BF＝0：可接受新的輸入。 ●讀取位址計數器AC的內容。	0
把資料寫入DD RAM或CG RAM	1	0	欲寫入之資料								●把字元碼寫入 DD RAM 內，以便顯示出相對應之字元。 ●把自創之圖形存入CG RAM內。	40μs
讀取DD RAM或CG RAM之內容	1	1	讀出之資料								●讀取 DD RAM 或 CG RAM之內容。	40μs

5. 文字型 LCD 模組之工作時序圖

(1) 寫入之時序

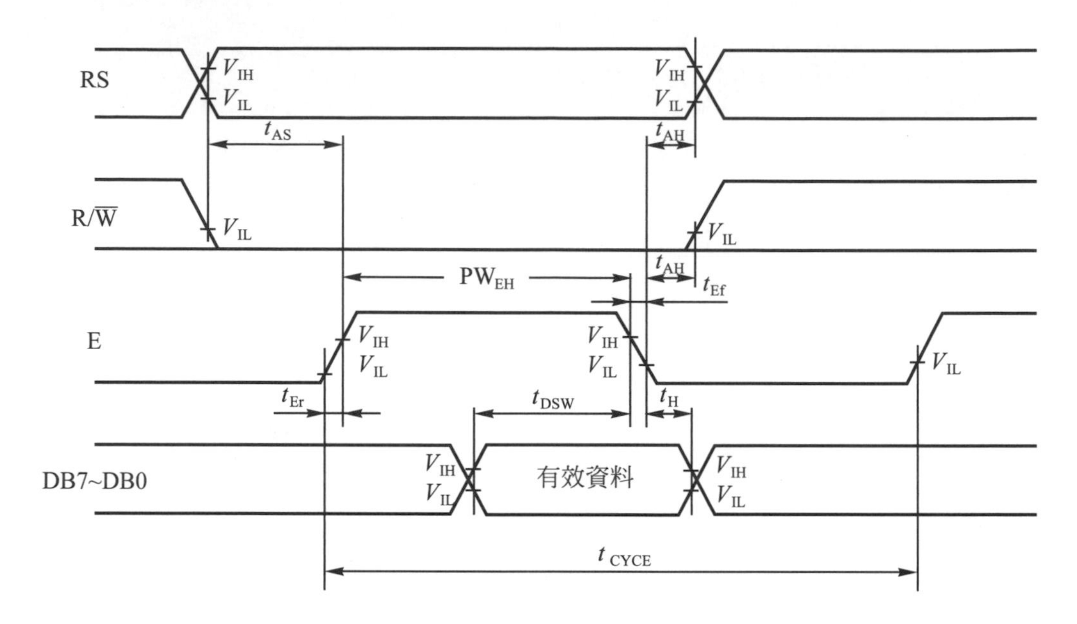

(V_{DD} = 5.0V±5 %，V_{SS} = 0V，周溫 = 0℃至 50℃)

項目		符號	最小	最大	單位
E 的週期時間		t_{CYCE}	1000	—	ns
E 的脈波寬度	高態	PW_{EH}	450	—	ns
E 的上升和下降時間		t_{Er}，t_{Ef}	—	25	ns
設定時間	RS，R/$\overline{W}$ → E	t_{AS}	140	—	ns
位址保持時間		t_{AH}	10	—	ns
資料設定時間		t_{DSW}	195	—	ns
資料保持時間		t_H	10	—	ns

(2) **讀出之時序**

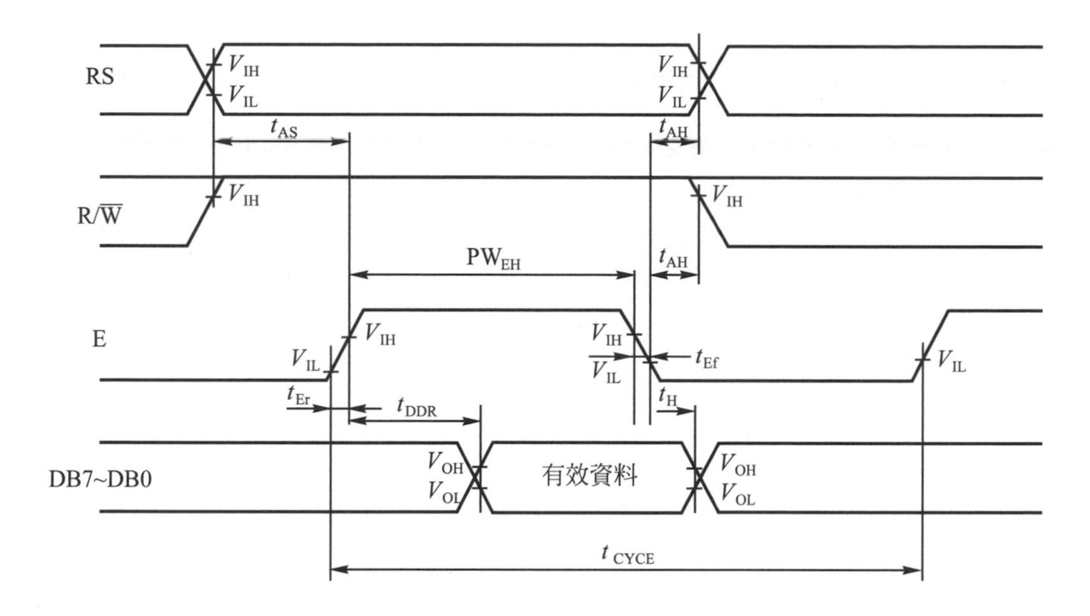

(V_{DD}= 5.0V±5 %，V_{SS}= 0V，周溫 = 0℃至 50℃)

項目		符號	最小	最大	單位
E 的週期時間		t_{CYCE}	1000	—	ns
E 的脈波寬度	高態	PW_{EH}	450	—	ns
E 的上升和下降時間		t_{Er}，t_{Ef}	—	25	ns
設定時間	RS，R/$\overline{W}$ → E	t_{AS}	140	—	ns
位址保持時間		t_{AH}	10	—	ns
資料延遲時間		t_{DDR}	—	320	ns
資料保持時間		t_H	20	—	ns

6. 使用文字型 LCD 模組之注意事項

目前市售文字型LCD模組有表28-1-5至表28-1-7所示三種不同的接腳排列，**選購 LCD 模組時請別忘了向該經銷商索取所購 LCD 模組之資料**。

表 28-1-5 大部份文字型LCD模組之接腳數

接腳名稱	接腳數
V_{SS}	1
V_{DD}	2
V_C	3
RS	4
R/$\overline{W}$	5
E	6
DB0	7
DB1	8
DB2	9
DB3	10
DB4	11
DB5	12
DB6	13
DB7	14

表 28-1-6 有些文字型 LCD 模組之接腳數

接腳名稱	接腳數
V_{SS}	14
V_{DD}	13
V_C	12
RS	11
R/$\overline{W}$	10
E	9
DB0	8
DB1	7
DB2	6
DB3	5
DB4	4
DB5	3
DB6	2
DB7	1

表 28-1-7 少數文字型 LCD 模組之接腳數

接腳名稱	接腳數
V_{SS}	13
V_{DD}	14
V_C	12
RS	11
R/$\overline{W}$	10
E	9
DB0	8
DB1	7
DB2	6
DB3	5
DB4	4
DB5	3
DB6	2
DB7	1

7. 如何顯示字元

要在文字型LCD模組顯示字元，只需先依照圖28-1-14或圖28-1-15所示之步驟設定LCD模組之初始值，然後再**把欲顯示之字元碼寫入DD RAM，即可把相對應的字元顯示出來**。

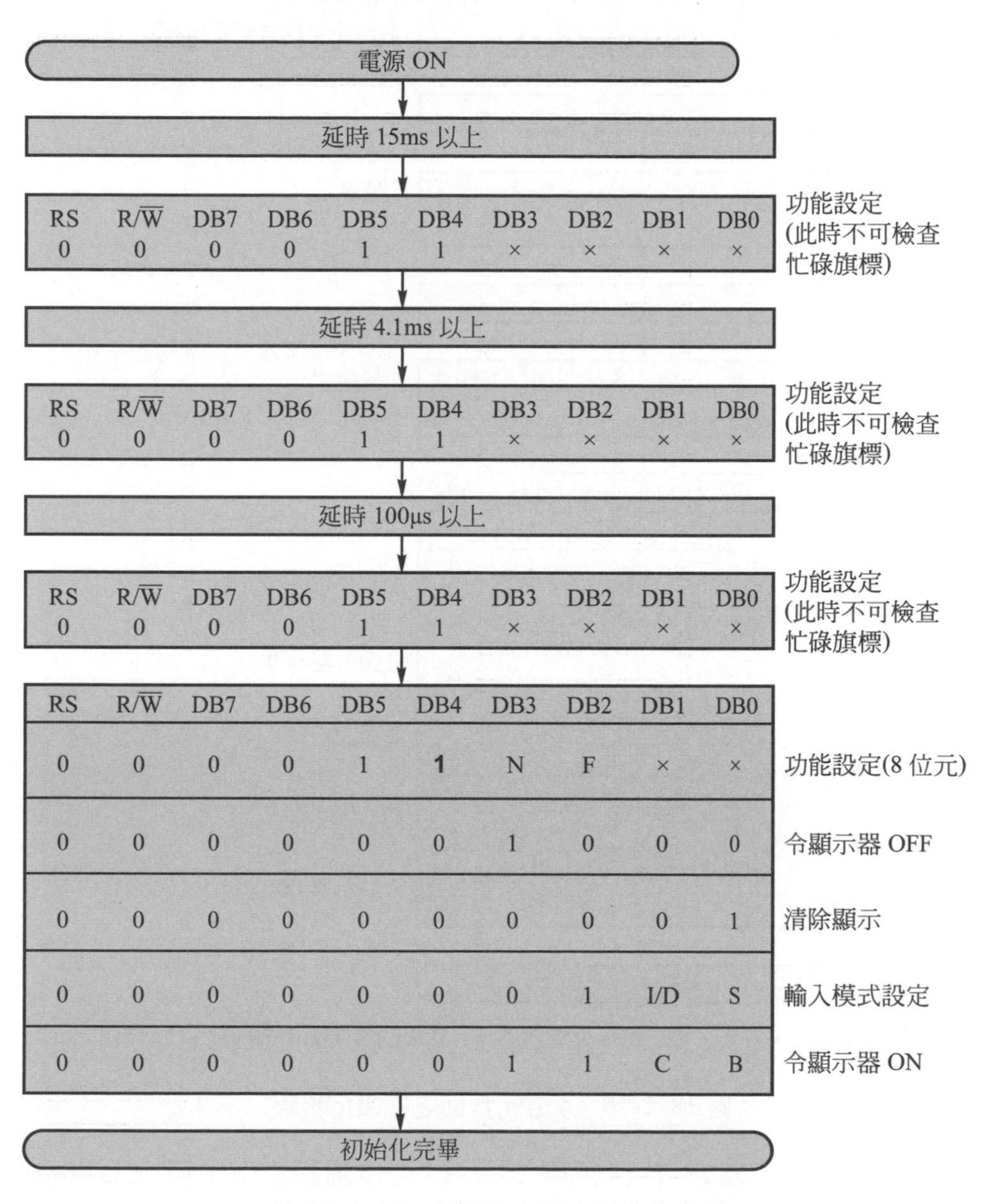

圖 28-1-14 8 位元介面之初始化步驟

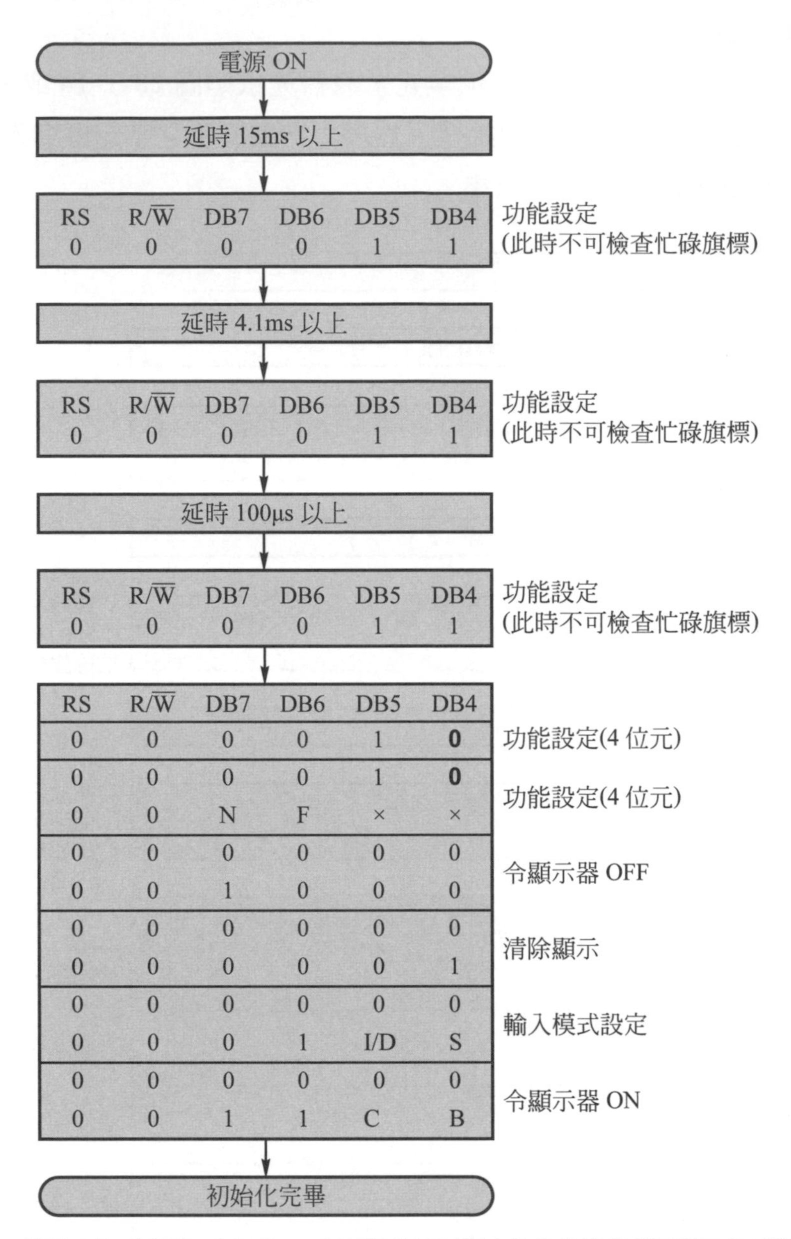

註：採用 4 位元介面，每 1 Byte 之資料必須以兩次的寫入動作傳送到 LCD 模組。

圖 28-1-15　4 位元介面之初始化步驟

假如您不照圖 28-1-14 或圖 28-1-15 之步驟設定文字型LCD模組之初始值，則您將發現文字型 LCD 模組有時會正常工作，有時會當機。

請注意！照圖 28-1-14 或圖 28-1-15 之步驟完成文字型LCD模組的初始化後，**每執行一次寫入動作後都必須等待忙碌旗標BF = 0 或延時表 28-1-4 中之"執行時間"，然後才可再執行下一個寫入動作**。

三、動作情形

在文字型 LCD 模組顯示

Hello !
I am a LCD.

四、電路圖

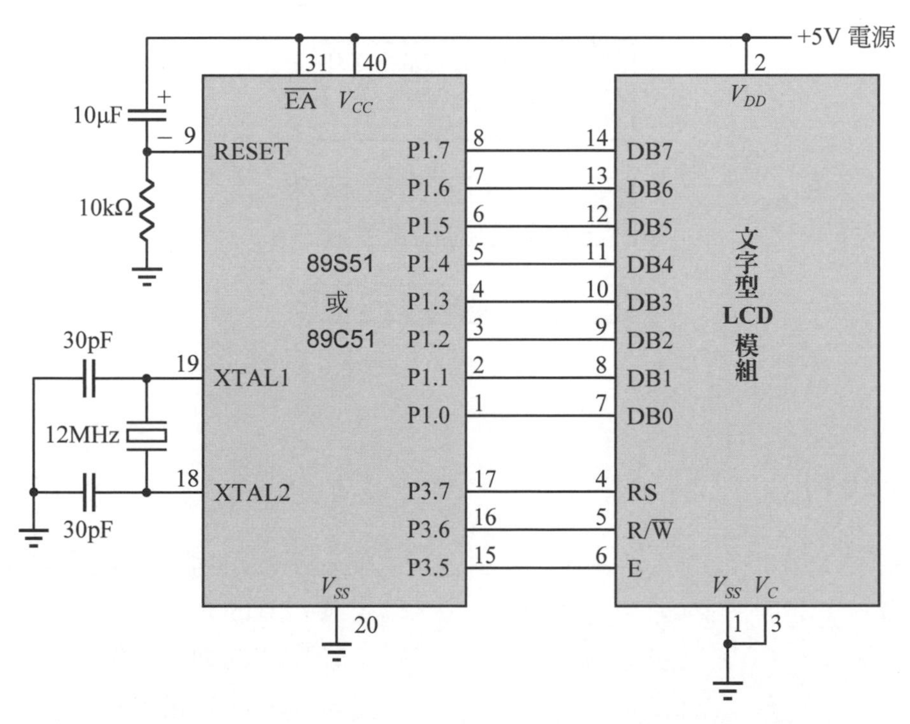

圖 28-1-16　使用文字型 LCD 模組顯示字元之基本接線

請注意！市售文字型LCD模組之接腳數有 28-16 頁的表 28-1-5 至表 28-1-7 三種，**請先確定您所用文字型 LCD 模組之正確接腳數後才接線**。

五、流程圖

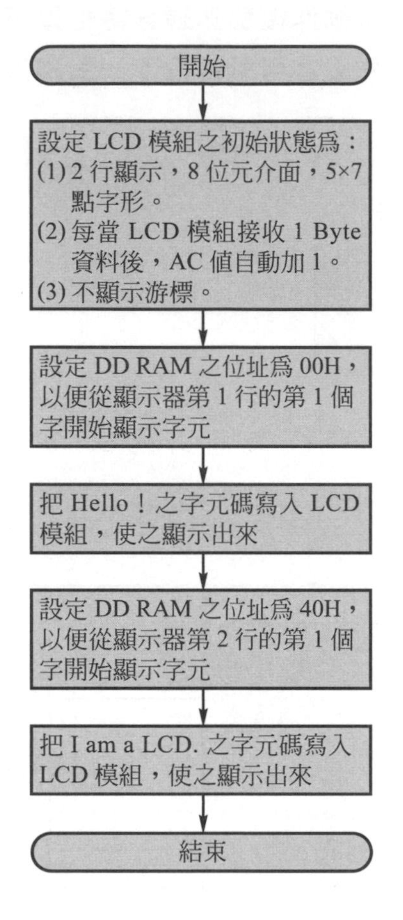

六、程式

【範例 E2801】

```
#include <AT89X51.H>                       /* 載入特殊功能暫存器定義檔 */
#define RS P3_7                            /* 定義 LCD 的 RS 接線 */
#define RW P3_6                            /* 定義 LCD 的 RW 接線 */
#define E  P3_5                            /* 定義 LCD 的 E 接線 */
#define DB P1                              /* 定義 LCD 的 DB 接線 */
void init(void);                           /* 宣告會用到 init 程式 */
void position(char line,column);           /* 宣告會用到 position 副程式 */
void wrins(char instruction);              /* 宣告會用到 wrins 副程式 */
void display(char *string);                /* 宣告會用到 display 副程式 */
```

```
void wrdata(char d);                  /* 宣告會用到 wrdata 副程式 */
void delayms(unsigned int time);      /* 宣告會用到 delayms 副程式 */

code char string1[ ] = {"Hello !"};            /* 宣告字串 1 */
code char string2[ ] = {"I am a LCD."};        /* 宣告字串 2 */

/*  ===========================  */
/*  =======    主 程 式    ======  */
/*  ===========================  */
main( )
{
  init( );                   /* 設定 LCD 模組的初始狀態 */
  position(1,1);             /* 設定欲顯示之起始位置為第 1 行的第 1 字 */
  display(string1);          /* 顯示字串 1 */
  position(2,1);             /* 設定欲顯示之起始位置為第 2 行的第 1 字 */
  display(string2);          /* 顯示字串 2 */
  while(1);                  /* 程式停止於此處 */
}

/*  ==============================  */
/*  ===   設定 LCD 模組的初始狀態   ===  */
/*  ==============================  */
void init(void)
{
  delayms(30);              /* 延時 */

  /* 設定 LCD 模組為 2 行顯示，8 位元介面，5×7 點字形 */
  wrins(0x38);
  wrins(0x38);
  wrins(0x38);
  wrins(0x38);

  /* 令顯示器 OFF */
```

```
  wrins(0x08);

  /* 清除顯示 */
  wrins(0x01);

  /* 令 LCD 模組每收到 1 Byte 資料後，AC 值自動加 1 */
  wrins(0x06);

  /* 令顯示器 ON，但是游標不顯示 */
  wrins(0x0c);
}

/*  ==================================  */
/*  ===    令 LCD 顯示器之游標，移至  ====  */
/*  ===    第 line 行  第 column 個字 ===  */
/*  ==================================  */

void position(char line, column)
{
  unsigned char instruction;
  line--;
  column--;
  instruction = 0x80+(0x40*line+column); /* 計算該位置之指令碼 */

  wrins(instruction);                    /* 把指令碼送入 LCD 模組 */
}

/*  ==============================  */
/*  ===  把指令碼送入 LCD 模組   ===  */
/*  ==============================  */
void wrins(char instruction)
{
  RS=0;                /* 令接腳 RS=0 */
```

```
  RW=0;                    /* 令接腳 RW =0 */
  E=0;                     /* 令接腳 E = 0 */
  delayms(1);              /* 延時 */
  E=1;                     /* 令接腳 E=1 */
  DB = instruction;        /* 把指令碼送至接腳 DB7 至 DB0 */
  delayms(1);              /* 延時 */
  E=0;                     /* 令接腳 E = 0 */
  delayms(8);              /* 延時 */
}

/*  =================================  */
/*  ===  把字串或圖形顯示在 LCD 模組  ===  */
/*  =================================  */
void display(char *string)
{
  char k=0;
  while(string[k] != 0x00)      /* 若不是字串的結束碼，則 */
   {
     wrdata(string[k]);         /* 把字元碼送入 LCD 模組 */
     k++;                       /* 把指標指向下一個字元碼 */
   }
}

/*  ============================  */
/*  ===   把資料送入 LCD 模組   ===  */
/*  ============================  */
void wrdata(char d)
{
  RS = 1;                       /* 令接腳 RS = 1 */
  RW = 0;                       /* 令接腳 RW = 0 */
  E = 0;                        /* 令接腳 E = 0 */
  delayms(1);                   /* 延時 */
  E = 1;                        /* 令接腳 E = 1 */
```

```
  DB = d;                           /* 把資料送至接腳 DB7 至 DB0 */
  delayms(1);                       /* 延時 */
  E = 0;                            /* 令接腳 E = 0 */
  delayms(1);                       /* 延時 */
}

/*  ==============================  */
/*  ===  延時 time × 1 ms 副程式  ===  */
/*  ==============================  */
/* 本延時副程式，與【範例 E0901】完全一樣，於此不再詳細說明 */
void delayms(unsigned int time)
{
  unsigned int n;
  while(time>0)
   {
     n = 120;
     while(n>0)  n--;
     time--;
   }
}
```

七、實習步驟

1. 範例 E2801 編譯後，燒錄至 89S51 或 89C51。
2. 請接妥圖 28-1-16 之電路。文字型 LCD 模組可採用 16 字×2 行或 20 字×2 行者。

   注意！您所用之文字型 LCD 模組，接腳數或許會和圖 28-1-16 不同，請詳閱選購 LCD 模組時所附之資料，查出正確的接腳數後才接線。
3. 通上 5V之直流電源後，LCD模組是否能作正常的顯示？　　答：＿＿＿＿
4. 實習完畢，接線請勿拆掉，下個實習會用到完全相同的電路。

八、相關知識補充——背光式 LCD 模組

由於LCD本身並不會發光，所以在昏暗的場所不容易看清楚LCD所顯示的字串。假如您所用之 LCD 模組必須在黑暗的環境裡工作，請選購**背光式 LCD 模組**(Backlight LCD modules)，通電後 LED 背光板會發亮，使LCD所顯示之字串清晰可見。

請注意！有的背光板必須外接電源，會如圖 28-1-17(b)所示多出A與K接腳，一共有 16 隻接腳，A或K必須串聯大約 51Ω之電阻器，**所以選購 LCD 模組時一定要向經銷商索取所購 LCD 模組之資料**。

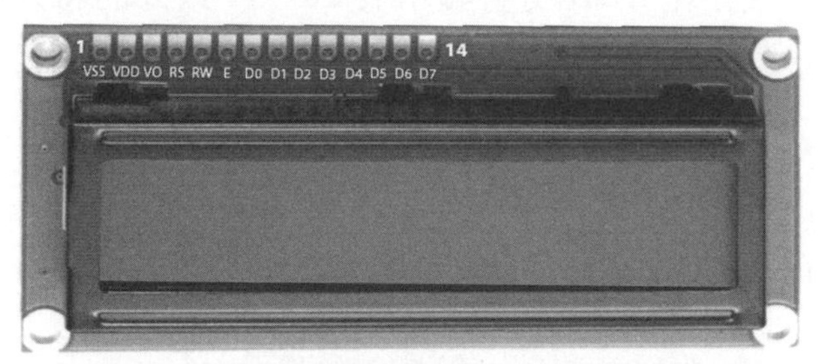

(a) 一般的文字型LCD模組只有14隻接腳

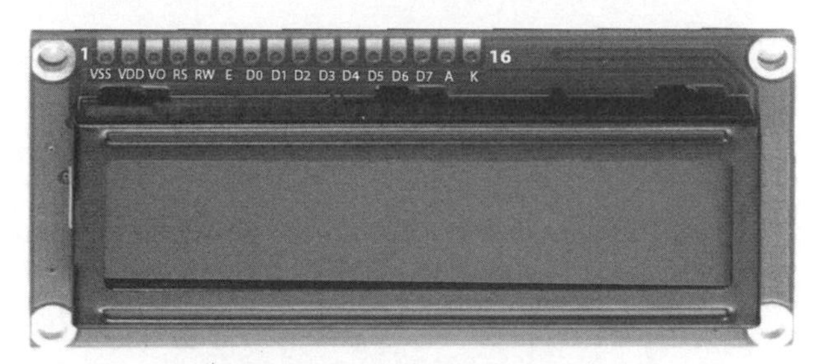

(b) 16隻接腳的文字型LCD模組有背光功能，
接腳A與K就是內部的LED背光板。

圖 28-1-17　文字型 LCD 模組

實習 28-2 用文字型LCD模組顯示自創之字元或圖形

一、實習目的

1. 了解CG RAM的使用方法。
2. 練習在文字型LCD模組顯示一架飛機。

二、相關知識

1. 如何顯示自創字元或圖形

當您想在文字型LCD模組顯示表28-1-1以外的特殊符號或圖形時，您只須照下述步驟進行，即可顯示出來：

(1) 先根據所畫之圖形編出圖形碼。

(2) 設定欲存入圖形碼的CG RAM之起始位址。

(3) 把圖形碼存入CG RAM內。

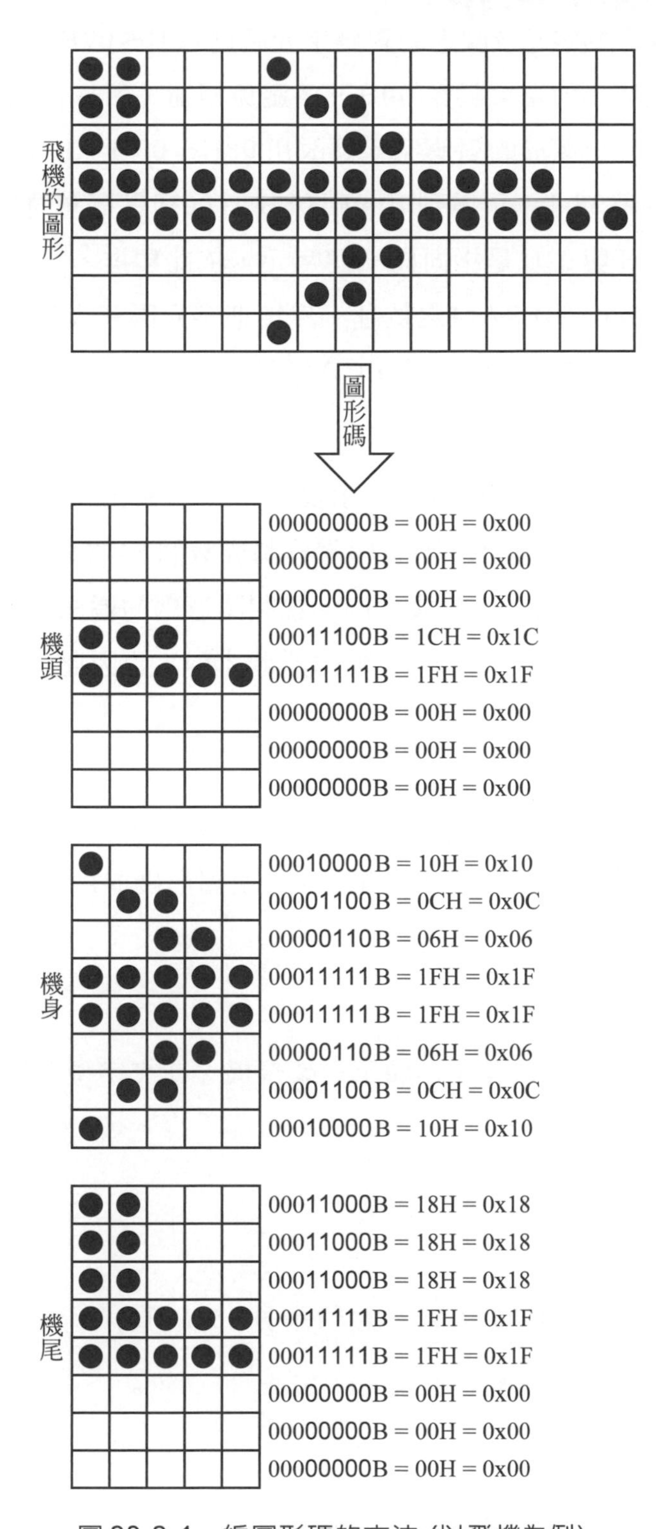

圖 28-2-1 編圖形碼的方法 (以飛機為例)

這些自創字元或圖形的對應字元碼為 00H～07H，如表 28-1-3 所示。但因一般字串的結束碼為 00H，為避免相衝，所以在範例 E2802 中我們把自創字元或圖形的對應字元碼改用 08H～0FH，以避開 00H。

說明：由表 28-1-1 可看到字元碼 08H 與 00H 是指向同一個字元，字元碼 09H 與 02H 是指向同一個字元，依此類推。

(4) 您只須設定好DD RAM之位址，然後把字元碼寫入DD RAM內，即可將相對應之字形或圖形顯示在LCD顯示器上。

2. 如何編出圖形碼

每個字元碼所對應的圖形，由表 28-1-3 可看出共有 5×8 點，假如您自創之字元或圖形超過 5×8 點，則需分割成數個 5×8 點。

圖 28-2-1 是以一架飛機為例，說明圖形碼的編法，由於飛機的圖形太長了，所以必須佔用三個 5×8 點的區域才夠，也因此這架飛機總共佔用了三個字元碼。

編碼的原則為：

(1) 亮的為 1，暗的為 0。

(2) 每一個圖形碼的 bit 7～bit 5 補上 0，使圖形碼成為 8 位元。

三、動作情形

在文字型 LCD 顯示器的第 1 行顯示一架飛機，在文字型 LCD 顯示器的第 2 行顯示 AIRPLANE。

四、電路圖

與實習 28-1 的圖 28-1-16 完全一樣。(請見 28-19 頁)

五、流程圖

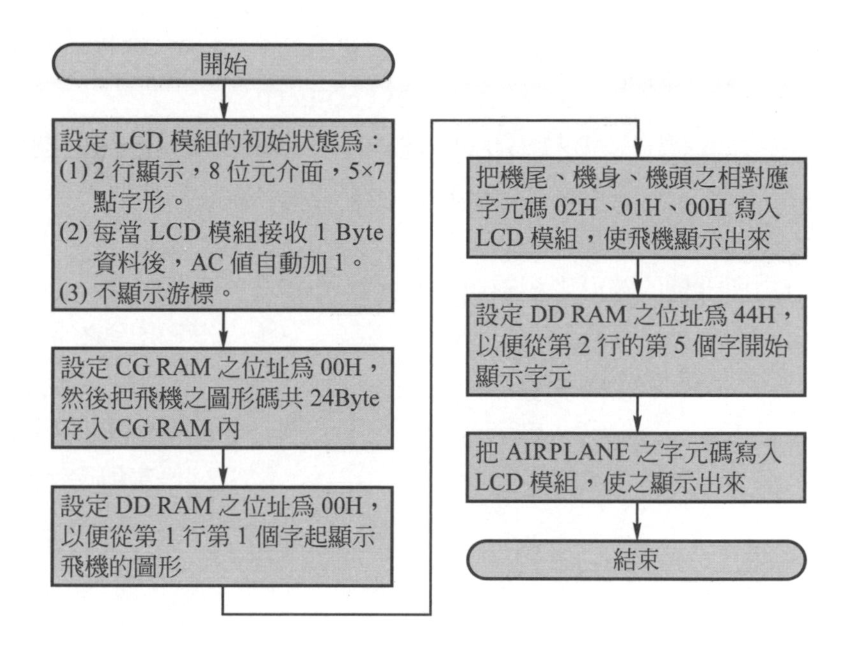

六、程式

【範例 E2802】

```
#include <AT89X51.H>                  /* 載入特殊功能暫存器定義檔 */
#define RS P3_7                       /* 定義 LCD 的 RS 接線 */
#define RW P3_6                       /* 定義 LCD 的 RW 接線 */
#define E  P3_5                       /* 定義 LCD 的 E 接線 */
#define DB P1                         /* 定義 LCD 的 DB 接線 */
void init(void);                      /* 宣告會用到 init 副程式 */
void wrcgram(void);                   /* 宣告會用到 wrcgram 副程式 */
void position(char line, column);     /* 宣告會用到 position 副程式 */
void wrins(char instruction);         /* 宣告會用到 wrins 副程式 */
void display(char *string);           /* 宣告會用到 display 副程式 */
void wrdata(char d);                  /* 宣告會用到 wrdata 副程式 */
void delayms(unsigned int time);      /* 宣告會用到 delayms 副程式 */
```

```
/* 飛機的圖形碼   */
code char pattern[] = {0x00,0x00,0x00,0x1c,  /* 機頭的圖形碼 */
                       0x1f,0x00,0x00,0x00,
                       0x10,0x0c,0x06,0x1f,  /* 機身的圖形碼 */
                       0x1f,0x06,0x0c,0x10,
                       0x18,0x18,0x18,0x1f,  /* 機尾的圖形碼 */
                       0x1f,0x00,0x00,0x00};

/* 宣告字串 1(由與飛機的圖形碼相對應之字元碼所組成之飛機圖形) */
code char string1[] = {0x0a,                /* 機尾之字元碼 */
                       0x09,                /* 機身之字元碼 */
                       0x08,                /* 機頭之字元碼 */
                       0x00};               /* 結束碼 */

/*宣告字串 2  */
code char string2[] = {"AIRPLANE"};

/*  ==========================  */
/*  =======   主 程 式   ======  */
/*  ==========================  */
main( )
{
  init( );                  /* 設定 LCD 模組的初始狀態 */
  wrcgram( );               /* 把飛機的圖形碼送入 CG RAM */
  position(1,1);            /* 設定欲顯示之起始位置爲第 1 行的第 1 字 */
  display(string1);         /* 顯示字串 1 */
  position(2,1);            /* 設定欲顯示之起始位置爲第 2 行的第 1 字 */
  display(string2);         /* 顯示字串 2 */
  while(1);                 /* 程式停止於此處 */
}

/*  ============================  */
/*  ===  設定 LCD 模組的初始狀態  ===  */
```

```
/*  ==============================  */
/* 本副程式與【範例 E2801】完全一樣，於此不再詳細說明 */
void init(void)
{
  delayms(30);
  wrins(0x38);
  wrins(0x38);
  wrins(0x38);
  wrins(0x38);

  wrins(0x08);
  wrins(0x01);

  wrins(0x06);
  wrins(0x0c);
}

/*  ============================  */
/*  ===  把圖形碼送入 LCD 模組   ===  */
/*  ============================  */
void wrcgram(void)
{
  char m;
  wrins(0x40);                /* 設定 CG RAM 的起始位址為 0 */

  for(m=0; m<24; m++)         /* 飛機的圖形碼一共有 24 Byte */
    {
      wrdata(pattern[m]);     /* 把圖形碼送入 CG RAM */
    }
}

/*  ================================  */
/*  ===   令 LCD 顯示器之游標，移至  ====  */
```

```
/*  ===   第 line 行  第 column 個字 ===   */
/*  ==================================   */
/* 本副程式與【範例 E2801】完全一樣，於此不再詳細說明 */
void position(char line, column)
{
  unsigned char instruction;
  line--;
  column--;
  instruction = 0x80 + (0x40 * line + column);
  wrins(instruction);

}

/*  ============================   */
/*  ===  把指令碼送入 LCD 模組    ===   */
/*  ============================   */
/* 本副程式與【範例 E2801】完全一樣，於此不再詳細說明 */
void wrins(char instruction)
{
  RS = 0;
  RW = 0;
  E = 0;
  delayms(1);
  E = 1;
  DB = instruction;
  delayms(1);
  E = 0;
  delayms(8);
}

/*  ===================================   */
/*  ===  把字串或圖形顯示在 LCD 模組    ===   */
/*  ===================================   */
```

```
/* 本副程式與【範例 E2801】完全一樣，於此不再詳細說明 */
void display(char *string)
{
  char k = 0;
  while(string[k] != 0x00)
   {
     wrdata(string[k]);
     k++;
   }
}


/*  ==============================  */
/*  ===    把資料送入 LCD 模組    ===  */
/*  ==============================  */
/* 本副程式與【範例 E2801】完全一樣，於此不再詳細說明 */
void wrdata(char d)
{
  RS = 1;
  RW = 0;
  E = 0;
  delayms(1);
  E = 1;
  DB = d;
  delayms(1);
  E = 0;
  delayms(1);
}

/*  ================================  */
/*  ===  延時 time × 1 ms 副程式 ===  */
/*  ================================  */
/* 本副程式與【範例 E0901】完全一樣，於此不再詳細說明 */
```

```c
void delayms(unsigned int time)
{
  unsigned int n;
  while(time>0)
   {
     n = 120;
     while(n>0) n--;
     time--;
   }
}
```

七、實習步驟

1. 範例E2802編譯後，燒錄至89S51或89C51。
2. 請接妥28-19頁的圖28-1-16之電路。文字型 LCD 模組可採用16字×2行或20字×2行者。

   注意！您所用之文字型 LCD 模組，接腳數或許會和圖28-1-16不同，請詳閱選購LCD模組時所附之資料，查出正確的接腳數後才接線。
3. 通上5V之直流電源後，LCD模組是否能作正常的顯示？　　答：________
4. 實習完畢，接線請勿拆掉，下個實習只需再增添些許零件即可。

實習 28-3 用一個文字型 LCD 模組製作四個計數器

一、實習目的

1. 了解製作多個計數器的技巧。
2. 熟練把數字轉換成字元碼的方法。
3. 了解同時偵測多個計數器的輸入狀態之技巧。

二、動作情形

1. 本製作一共有四個計數器，每當接腳P3.1輸入一個負緣(電位由1變成0)，計數器1的內容就加1。每當接腳P3.2輸入一個負緣，計數器2的內容就加1。同理，接腳P3.3所輸入之負緣會使計數器3的內容加1，接腳P3.4所輸入之負緣會使計數器4的內容加1。
2. 四個計數器均為十進位計數器，都可由0000計數至9999。
3. 四個計數器的內容同時顯示在同一個文字型LCD顯示器上。剛開機時顯示情形為：

1 : 0	2 : 0
3 : 0	4 : 0

此後，所顯示之計數器內容會隨時更新。

三、電路圖

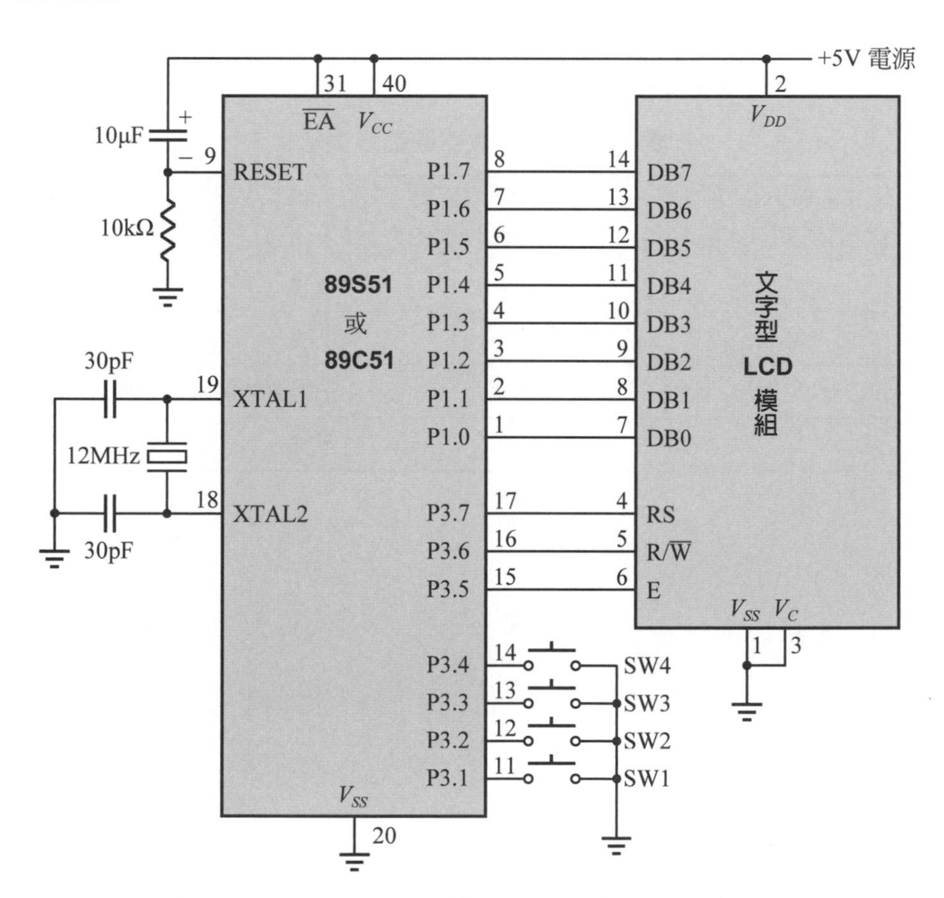

圖 28-3-1　使用文字型 LCD 模組製作四組計數器

四、相關知識

1. 如何做多個計數器

在第 23 章，我們已經學會多位數計數的技巧。但是在工業控制上往往需要有很多個計數器才夠用，本實習擬以 4 個計數器爲例，說明製作多個計數器的方法。

程式剛開始時，必須先把擔任計數器的變數n1、n2、n3、n4 全部清除爲 0，此後每當檢測到接腳 P3.1 有負緣輸入(即電壓由 1 變成 0)就把變數 n1 的內容加 1。同理，當接腳 P3.2 輸入負緣時會令計數器 n2 的內容加 1，接腳 P3.3 輸入負緣時會令計數器 n3 的內容加 1，接腳 P3.4 輸入負緣時會令計數器 n4 的內容加 1。

2. 如何計數

計數器的輸入狀態只有表 28-3-1 所示四種。由表 28-3-1 可看出當輸入由 1 變成 0 時，就必須把相對應的計數器之內容加 1，所以在把新的輸入狀態存入變數new 以前，必須把剛才的狀態存入變數 old 內，以供比較。計數的方法請見圖 28-3-2。

表 28-3-1　計數器的動作情形

剛才的輸入狀態 (存在變數 old 內)	現在的輸入狀態 (存在變數 new 內)	計數器之內容
0	0	不變
0	1	不變
1	0	把對應的計數器之內容加 1
1	1	不變

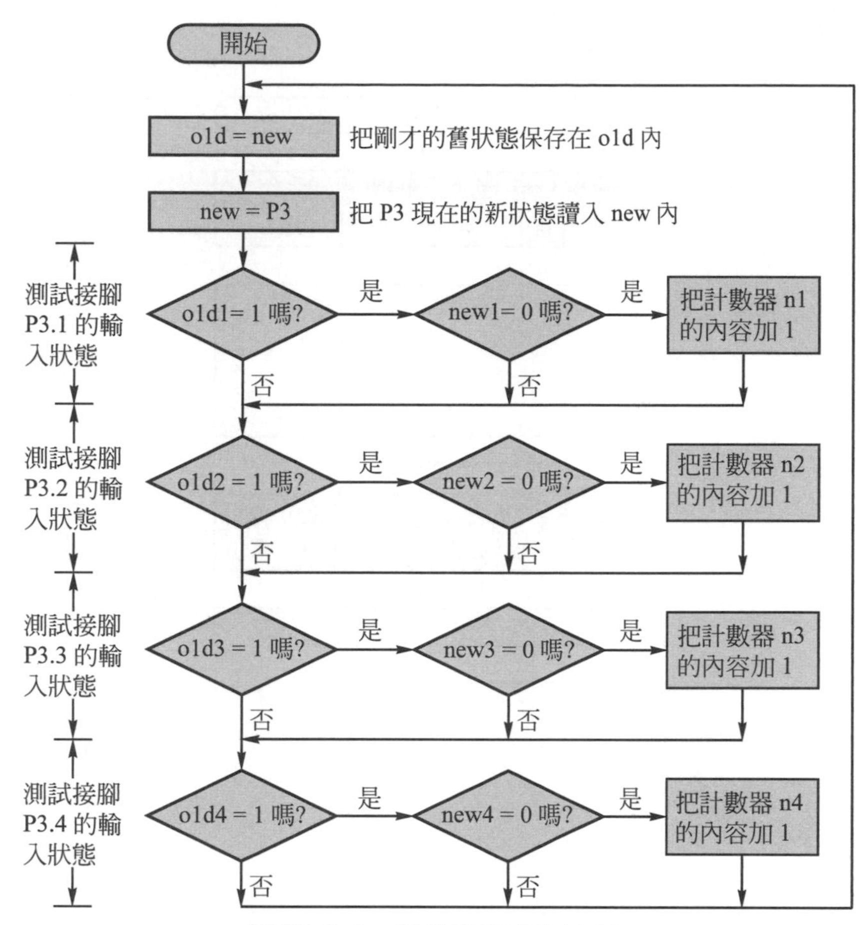

圖 28-3-2 計數器的動作流程

3. 如何顯示計數器的內容

十進制計數器的內容都是阿拉伯數字 0～9，但是送到文字型LCD模組的必須是相對應的字元碼，我們如何將阿拉伯數字轉換成相對應的字元碼呢？仔細觀察表28-1-1，我們可發現0的字元碼是30H，1的字元碼是31H，……9的字元碼是39H，所以只要把每個阿拉伯數字加上30H就可以得到相對應的字元碼了。

各計數器的內容轉換成字元碼後，是存放在table[ ]內，把這些字元碼送至文字型LCD模組就可以把各計數器的內容顯示出來。

五、流程圖

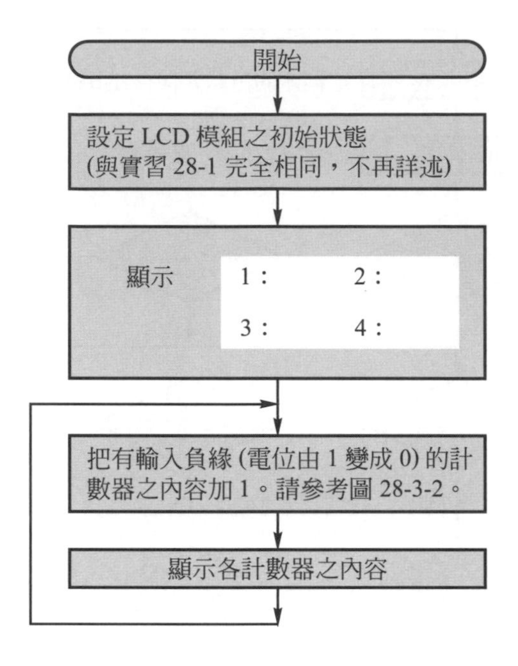

六、程式

【範例 E2803】

```
#include <AT89X51.H>                 /* 載入特殊功能暫存器定義檔 */
#define RS P3_7                      /* 定義 LCD 的 RS 接線 */
#define RW P3_6                      /* 定義 LCD 的 RW 接線 */
#define E  P3_5                      /* 定義 LCD 的 E 接線 */
#define DB P1                        /* 定義 LCD 的 DB 接線 */
void init(void);                     /* 宣告會用到 init 副程式 */
void dsplabel(void);                 /* 宣告會用到 dsplabel 副程式 */
void count(void);                    /* 宣告會用到 count 副程式 */
void conv(unsigned int h);           /* 宣告會用到 conv 副程式 */
void kill0(void);                    /* 宣告會用到 kill0 副程式 */
void display(void);                  /* 宣告會用到 display 副程式 */
void position(char line,column);     /* 宣告會用到 position 副程式 */
void wrins(char instruction);        /* 宣告會用到 wrins 副程式 */
```

```
void wrdata(char d);                 /* 宣告會用到 wrdata 副程式 */
void delayms(unsigned int time);     /* 宣告會用到 delayms 副程式 */
unsigned int n1, n2, n3, n4;         /* 宣告 4 個變數，作計數器用 */
char table[4];                       /* 宣告計數器的顯示緩衝器 */
bdata unsigned char old;             /* 宣告可位元定址的變數 old */
sbit old1 = old ^ 1;                 /* 宣告 old1 是 old 的位元 1 */
sbit old2 = old ^ 2;                 /* 宣告 old2 是 old 的位元 2 */
sbit old3 = old ^ 3;                 /* 宣告 old3 是 old 的位元 3*/
sbit old4 = old ^ 4;                 /* 宣告 old4 是 old 的位元 4 */
bdata unsigned char new = 0xff;      /* 宣告可位元定址的變數 new */
sbit new1 = new ^ 1;                 /* 宣告 new 1 是 new 的位元 1 */
sbit new2 = new ^ 2;                 /* 宣告 new 2 是 new 的位元 2 */
sbit new3 = new ^ 3;                 /* 宣告 new 3 是 new 的位元 3 */
sbit new4 = new ^ 4;                 /* 宣告 new 4 是 new 的位元 4 */

/*  ==========================   */
/*  =======    主 程 式    ======   */
/*  ==========================   */
main( )
{
  init( );                   /* 設定 LCD 模組的初始狀態  */
  dsplabel( );               /* 顯示 1：  2：  3：  4： */

  while(1)                   /* 重複執行下列敘述 */
    {
      count( );              /* 若有按鈕被壓一下，則把相對應的計數器加 1 */

      conv(n1);              /* 把計數器 n1 的內容轉換成相對應的字元碼 */
      kill0( );              /* 消除無效零 */
      position(1, 3);        /* 設定欲顯示之起始位置爲第 1 行的第 3 字 */
      display( );            /* 顯示計數器 n1 的內容 */

      conv(n2);              /* 把計數器 n2 的內容轉換成相對應的字元碼 */
```

```
        kill0( );              /* 消除無效零 */
        position(1, 13);       /* 設定欲顯示之起始位置為第 1 行的第 13 字 */
        display( );            /* 顯示計數器 n2 的內容 */

        conv(n3);              /* 把計數器 n3 的內容轉換成相對應的字元碼 */
        kill0( );              /* 消除無效零 */
        position(2, 3);        /* 設定欲顯示之起始位置為第 2 行的第 3 字 */
        display( );            /* 顯示計數器 n3 的內容 */

        conv( n4 );            /* 把計數器 n4 的內容轉換成相對應的字元碼 */
        kill0( );              /* 消除無效零 */
        position(2, 13);       /* 設定欲顯示之起始位置為第 2 行的第 13 字 */
        display( );            /* 顯示計數器 n4 的內容 */
    }
}

/*   ==============================   */
/*   ===   設定 LCD 模組的初始狀態   ===   */
/*   ==============================   */
/* 本副程式與【範例 E2801】完全一樣，於此不再詳細說明 */
void init(void)
{
  delayms(30);
  wrins(0x38);
  wrins(0x38);
  wrins(0x38);
  wrins(0x38);

  wrins(0x08);
  wrins(0x01);

  wrins(0x06);
  wrins(0x0c);
```

```
}

/*  ===================================  */
/*  ===   令 LCD 顯示器之游標，移至   ===  */
/*  ===   第 line 行  第 column 個字  ==  */
/*  ===================================  */
/* 本副程式與【範例 E2801】完全一樣，於此不再詳細說明 */
void position(char line, column)
{
  unsigned char instruction;
  line--;
  column--;
  instruction = 0x80 + (0x40 * line + column);
  wrins(instruction);
}

/*  ==============================  */
/*  ===  把指令碼送入 LCD 模組   ===  */
/*  ==============================  */
/* 本副程式與【範例 E2801】完全一樣，於此不再詳細說明 */
void wrins(char instruction)
{
  RS = 0;
  RW = 0;
  E = 0;
  delayms(1);
  E = 1;
  DB = instruction;
  delayms(1);
  E = 0;
  delayms(8);
}
```

```
/*  ====================================  */
/*  ===  顯示    1:          2:         ===  */
/*  ===          3:          4:         ===  */
/*  ====================================  */
void dsplabel(void)
{
  position(1,1);          /* 設定欲顯示之起始位置為第 1 行的第 1 字 */
  table[0] = '1';         /* 在 table[0]存入 1 之字元碼 */
  table[1] = ':';         /* 在 table[1]存入：之字元碼 */
  display( );             /* 在 LCD 模組顯示 table[ ]之內容 */

  position(1,11);         /* 設定欲顯示之起始位置為第 1 行的第 11 字 */
  table[0] = '2';         /* 在 table[0]存入 2 之字元碼 */
  table[1] = ':';         /* 在 table[1]存入：之字元碼 */
  display( );             /* 在 LCD 模組顯示 table[ ]之內容 */

  position(2,1);          /* 設定欲顯示之起始位置為第 2 行的第 1 字 */
  table[0] = '3';         /* 在 table[0]存入 3 之字元碼 */
  table[1] = ':';         /* 在 table[1]存入：之字元碼 */
  display( );             /* 在 LCD 模組顯示 table[ ]之內容 */

  position(2,11);         /* 設定欲顯示之起始位置為第 2 行的第 11 字 */
  table[0] = '4';         /* 在 table[0]存入 4 之字元碼 */
  table[1] = ':';         /* 在 table[1] 存入：之字元碼 */
  display( );             /* 在 LCD 模組顯示 table[ ]之內容 */
}

/*  ===============================  */
/*  ===   把 table[0]至 table[3] ===  */
/*  ===   的字元顯示在 LCD 模組    ===  */
/*  ===============================  */
void display(void)
{
```

```
  unsigned char k;
  for(k=0; k<4; k++)
    {
      wrdata(table[k]);
    }
}

/*  =============================  */
/*  ===   把資料送入 LCD 模組    ===  */
/*  =============================  */
/* 本副程式與【範例 E2801】完全一樣，於此不再詳細說明 */
void wrdata(char d)
{
  RS = 1;
  RW = 0;
  E = 0;
  delayms(1);
  E = 1;
  DB = d;
  delayms(1);
  E = 0;
  delayms(1);
}

/*  ============================================  */
/*  ===  若有按鈕被壓一下，則把相對應的計數器加 1    ===  */
/*  ============================================  */
void count(void)
{
  old = new;                       /* 保存按鈕的上一狀態 */
  new = P3;                        /* 取得按鈕的最新狀態 */

  if(old1==1 && new1==0)           /* 若按鈕 SW1 被壓一下，則 */
```

```
      {
       n1++;                          /* 把計數器 n1 加 1 */
       if(n1==10000) n1 = 0;          /* 計數器只需計數至 9999 */
      }

   if(old2==1 && new2==0)             /* 若按鈕 SW2 被壓一下，則 */
      {
       n2++;                          /* 把計數器 n2 加 1 */
       if(n2==10000) n2 = 0;          /* 計數器只需計數至 9999 */
      }

   if(old3==1 && new3==0)             /* 若按鈕 SW3 被壓一下，則 */
      {
       n3++;                          /* 把計數器 n3 加 1 */
       if(n3==10000) n3 = 0;          /* 計數器只需計數至 9999 */
      }

   if(old4==1 && new4==0)             /* 若按鈕 SW4 被壓一下，則 */
      {
       n4++;                          /* 把計數器 n4 加 1 */
       if(n4==10000) n4 = 0;          /* 計數器只需計數至 9999 */
      }
}


/*  =========================================  */
/*  ===  把計數器的內容轉換成相對應的字元碼      ===  */
/*  =========================================  */
void conv(unsigned int h)
{
  table[0] = h/1000+0x30;         /* 把仟位數轉換成相對應的字元碼 */
  table[1] = (h/100)%10+0x30; /* 把佰位數轉換成相對應的字元碼 */
  table[2] = (h/10)%10+0x30;  /* 把拾位數轉換成相對應的字元碼 */
```

```
  table[3] = (h%10)+0x30;      /* 把個位數轉換成相對應的字元碼 */
}

/*  ===========================  */
/*  ===    消 除 無 效 零    ===  */
/*  ===========================  */
void kill0(void)
{
  unsigned char u;
  for(u=0; u<3; u++)
    {
      if(table[u]==0x30)          /* 如果是零的字元碼， */
         table[u] = 0x20;         /* 則改爲空白的字元碼 */
      else break;
    }
}

/*  ================================  */
/*  ===  延時 time × 1 ms 副程式  ===  */
/*  ================================  */
/* 本延時副程式，與【範例 E0901】完全一樣，於此不再詳細說明 */
void delayms(unsigned int time)
{
  unsigned int n;
  while(time>0)
   {
     n = 120;
     while(n>0) n--;
     time--;
   }
}
```

七、實習步驟

1. 把範例 E2803 編譯後，燒錄至 89S51 或 89C51。

   請注意！假如您的電腦中安裝的 Keil C51 是舊版的µVision **2**，請您把本書所有範例程式第一行的

   ```
   #include <AT89X51.H>
   ```

   改成
   ```
   #include <REGX51.H>
   ```

   否則組譯時會產生錯誤訊息，而無法得到燒錄檔。

2. 請接妥圖 28-3-1 之電路。文字型LCD模組可採用 16 字×2 行或 20 字×2 行者。

   注意！您所用之文字型LCD模組，接腳數或許會和圖 28-3-1 不同，請詳閱選購LCD模組時所附之資料，查出正確的接腳數後才接線。

3. 通上 5V 之直流電源。
4. 此時 LCD 顯示器顯示________。
5. 把按鈕 SW1 按 10 下後，LCD 顯示器顯示________。
6. 把按鈕 SW2 按 20 下後，LCD 顯示器顯示________。
7. 把按鈕 SW3 按 30 下後，LCD 顯示器顯示________。
8. 把按鈕 SW4 按 40 下後，LCD 顯示器顯示________。

步進馬達

實習 29-1　步進馬達的基本認識
實習 29-2　2 相步進馬達的 1 相激磁
實習 29-3　2 相步進馬達的 2 相激磁
實習 29-4　2 相步進馬達的 1-2 相激磁

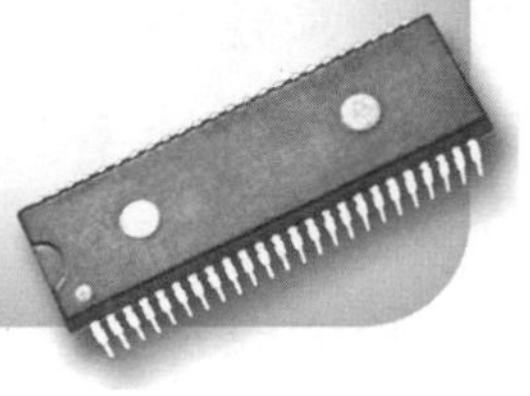

實習 29-1 步進馬達的基本認識

一、實習目的

1. 了解步進馬達的特性。
2. 熟悉步進馬達的激磁方式。

二、相關知識

步進馬達(stepping motor)又稱爲步級馬達(step motor)或脈波馬達(pulse motor)。由於步進馬達的特性和一般的交流馬達、直流馬達完全不同，並不是一加上電源就會運轉，因此自成一族，本章將說明步進馬達的特性、規格、用法等。

1. 步進馬達的特點

(1) 旋轉的角度和輸入的脈波數成正比，因此用開迴路控制即可達成高精確角度及高精度定位的要求。
(2) 啓動、停止、正反轉的應答性良好，控制容易。
(3) 每一步級的角度誤差小，而且沒有累積誤差。
(4) 在可控制的範圍內，轉速和脈波的頻率成正比，所以變速範圍非常廣。
(5) 靜止時，步進馬達有很高的保持轉矩(holding torque)，可保持在停止的位置，不需使用煞車器即不會自由轉動。
(6) 在超低速有很高的轉矩。
(7) 可靠性高，不需保養，整個系統的價格低廉。

2. 步進馬達的用途

(1) 硬碟機 → 磁頭定位。
(2) 軟碟機 → 磁頭定位。
(3) 印表機 → 紙張傳送、印字頭驅動、色帶驅動。
(4) 傳眞機 → 紙張傳送。
(5) 影印機 → 紙張傳送、鏡頭驅動。
(6) 紙帶閱讀機 → 紙張傳送。
(7) 讀卡機 → 卡片傳送。
(8) XY 工作檯 → XY 定位。

(9) 定長切割機 → 定長輸出。

(10) 血液分析儀 → 試紙傳送。

(11) 機械手臂 → 定位控制。

(12) 放電加工機 → XY 定位。

3. **步進馬達的種類**

目前所用的步進馬達，以線圈的相數來分，有2相步進馬達及5相步進馬達：

(1) **2 相步進馬達**

2 相步進馬達是目前使用量最多的步進馬達，基本步級角有 1.8°及 0.9°兩種。內部有兩組線圈，如圖 29-1-1 所示。

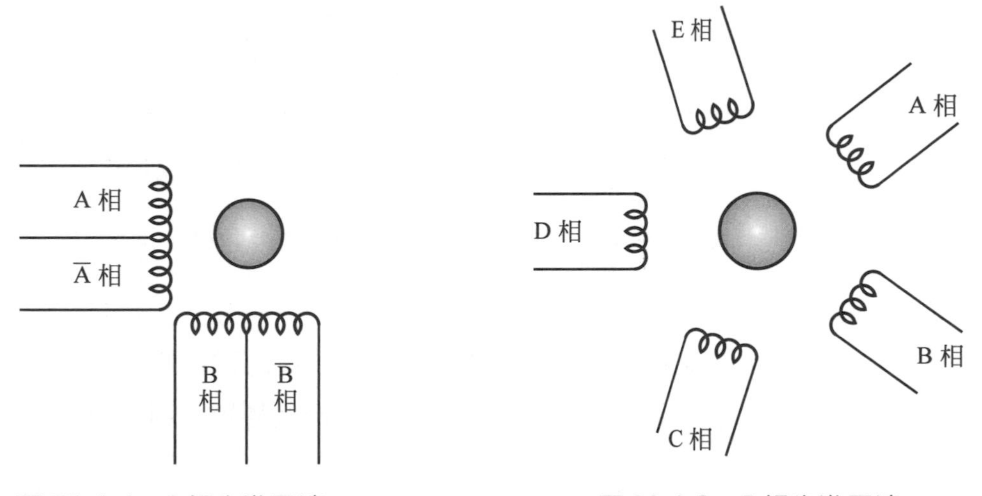

圖 29-1-1　2 相步進馬達　　圖 29-1-2　5 相步進馬達

(2) **5 相步進馬達**

5 相步進馬達具有較高的解析度，基本步級角有 0.72°及 0.36°兩種。內部有五組線圈，如圖 29-1-2 所示。

註：步進馬達的每一個“線圈組”稱爲一“相”。

4. **步進馬達的特性**

步進馬達的特性可用一些專用的術語加以描述，茲一一說明於下：

(1) **速度-轉矩特性曲線**(speed-torque curve)

圖 29-1-3 所示爲步進馬達的速度與轉矩的關係，是選用步進馬達時

最常用的圖表。

註：圖中的脫出轉矩、引入轉矩、最大應答週波數……等會因所用激磁方式或驅動電路的不同而有所差異。

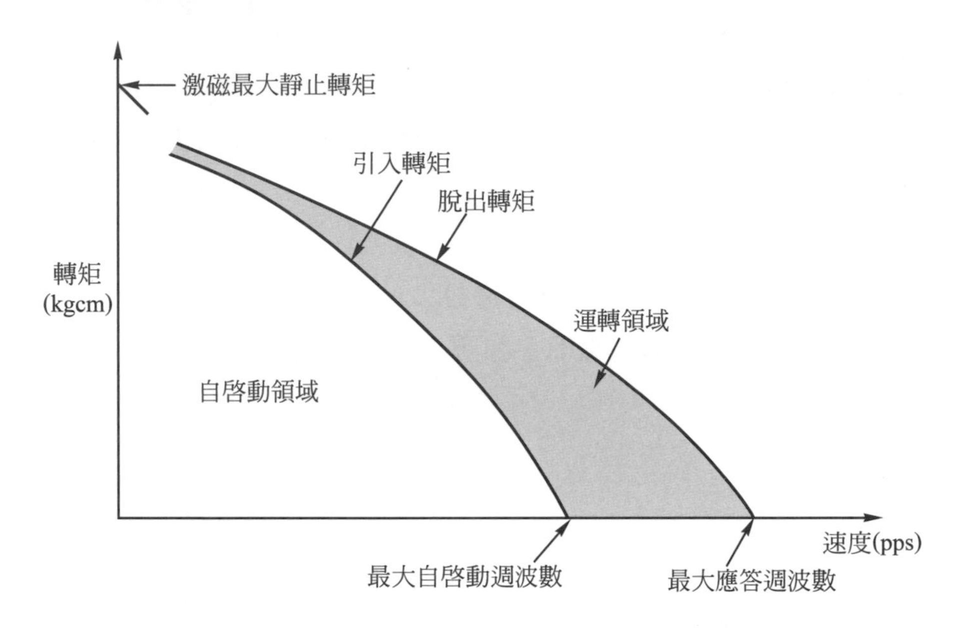

圖 29-1-3 步進馬達的速度－轉矩特性曲線

(2) **激磁最大靜止轉矩**(holding torque)

2 相步進馬達採用 2 相激磁，或 5 相步進馬達採用 5 相激磁，各相都通過額定電流而令轉子靜止不動所產生的最大轉矩，稱爲激磁最大靜止轉矩。

(3) **無激磁保持轉矩**(detent torque)

目前步進馬達的轉子都是使用永久磁鐵製成，所以在各相線圈都沒有通過電流時，還能產生將轉子保持在現有位置的轉矩，稱爲無激磁保持轉矩。

(4) **引入轉矩**(pull-in torque)

這是步進馬達能夠與輸入的脈波信號同步啓動、停止的最大轉矩。負荷大於引入轉矩時，步進馬達無法瞬時啓動，必須先做低速啓動，然後才逐漸提高轉速。

⑸ **脫出轉矩**(pull-out torque)

步進馬達以某固定的脈波頻率運轉，把輸出軸的負荷逐漸加重，直到失步前的轉矩。當超過脫出轉矩的負荷加於步進馬達時，步進馬達將產生失步的現象而停止轉動。

⑹ **自啓動領域**(start stop region)

指步進馬達在“無負荷”時，能夠與輸入的脈波信號同步而瞬時啓動、停止、正反轉的可能領域。

當加上負荷時，自啓動領域會向左側縮小。

⑺ **運轉領域**(slew range)

這是步進馬達的高速領域。步進馬達欲在此領域運轉，則輸入的脈波信號頻率必須做緩慢上升、緩慢下降之操作，如圖 29-1-4 所示。

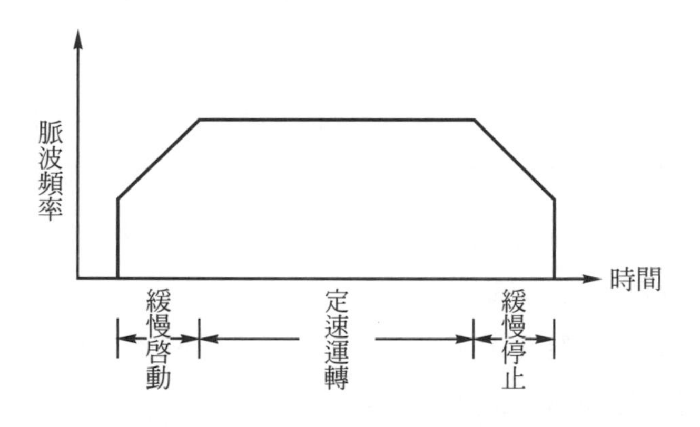

圖 29-1-4　高速運轉的操作方法

在運轉領域步進馬達無法做瞬時啓動、停止、正反轉的操作。如欲在運轉領域驅動馬達，首先須由自啓動領域啓動，再逐漸把脈波的速度加快，此稱為“緩慢啓動”，而欲停止(或反轉)時必須先將脈波的速度逐漸下降到自啓動領域內再停止，此稱為“緩慢停止”。

⑻ **最大自啓動週波數**(max starting pulse rate)

步進馬達在無負荷時能夠隨輸入的脈波信號同步而瞬時啓動的最大週波數(最高頻率)。在負荷的慣性大時，最大自啓動週波數會變低。

⑼ **最大應答週波數**(max slewing pulse rate)

這是步進馬達能夠與輸入脈波信號同步運轉的最高週波數(最高頻率)。但是此最大應答週波數會因所用驅動電路的不同而產生差異。

⑽ **步級角**(step angle)

在輸入一個脈波信號時，步進馬達所旋轉的角度，稱爲步級角。步級角會因激磁方式而有所不同，例如基本步級角 1.8°的 2 相步進馬達，採用 1 相激磁或 2 相激磁時步級角爲 1.8°，採用 1-2 相激磁時步級角變成 0.9°。

⑾ **脈波率 PPS**(pulse per second)

PPS是步進馬達速度的表示單位。PPS就是在 1 秒所輸入的脈波數。由於不同步進馬達控制系統的每一個脈波所產生的步級角不同，所以在同樣的PPS時步進馬達的轉速(每分鐘轉速 rpm)也會有所不同。

⑿ **共振**(resonance)

步進馬達在某特定的速度領域運轉時振動會變大而運轉不順暢，產生此種現象的速度領域稱爲共振領域。每一型步進馬達的共振領域不盡相同，一般的 2 相步進馬達共振領域大約在 100PPS～200PPS 之間。

5. **2 相步進馬達的激磁方式**

激磁就是令線圈通過電流。2 相步進馬達的基本驅動電路如圖 29-1-5 所示，有下列三種激磁方式：

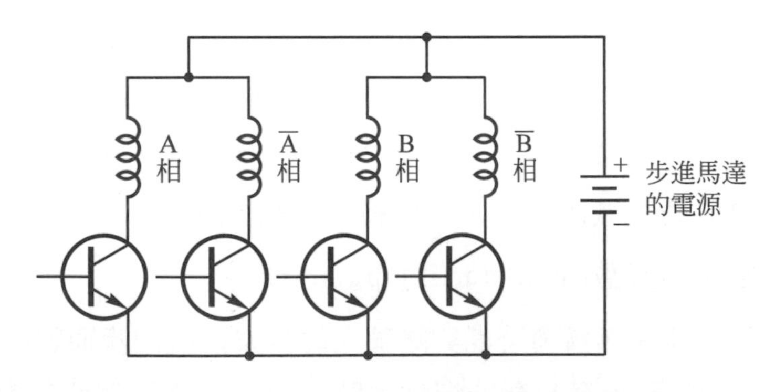

圖 29-1-5 2 相步進馬達的基本驅動電路

(1) **1 相激磁**

每次令一個線圈通過電流。步級角等於基本步級角，消耗電力小，角精確度良好，但轉矩小、振動較大。激磁的順序如圖 29-1-6 所示。

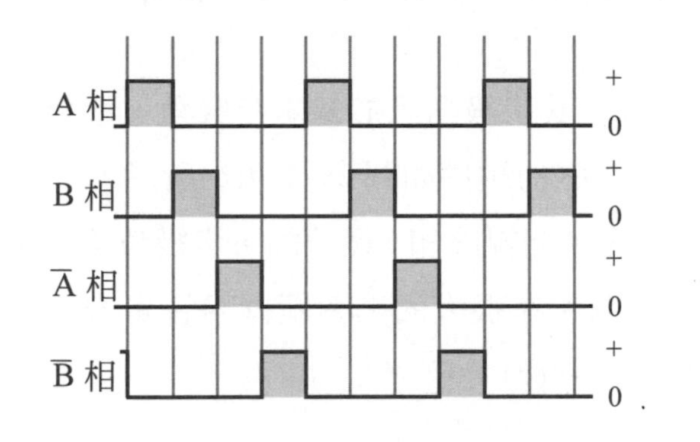

圖 29-1-6 1 相激磁的時序圖

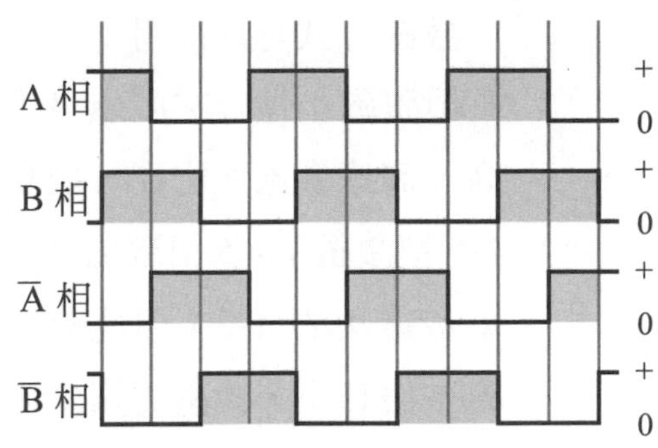

圖 29-1-7 2 相激磁的時序圖

(2) **2 相激磁**

每次令兩個線圈通過電流。步級角等於基本步級角，轉矩大、振動小，是目前使用最多的激磁方式。激磁的順序如圖 29-1-7 所示。

(3) **1-2 相激磁**

1-2 相激磁又稱爲**半步激磁**(half stepping)，採用 1 相和 2 相輪流激磁，每一步級角等於基本步級角的 1/2，因此解析度提高一倍，且運轉平滑，和 2 相激磁的方式同樣受到廣泛的使用。激磁的順序如圖 29-1-8 所示。

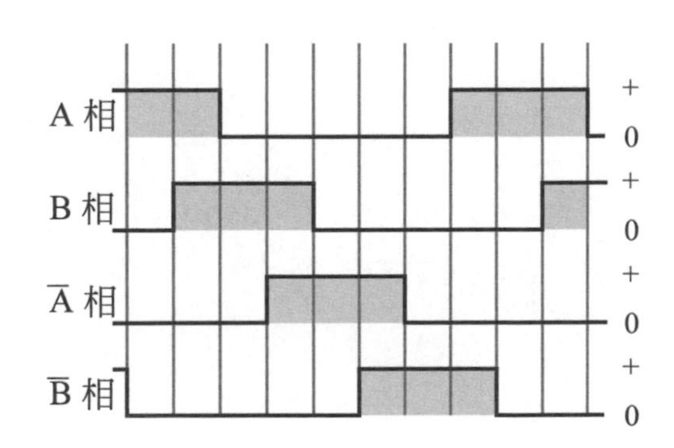

圖 29-1-8 1-2 相激磁(半步激磁)的時序圖

6. 5 相步進馬達的激磁方式

⑴ 雙極性標準驅動

5 相步進馬達的基本驅動電路如圖 29-1-9(a)所示，由於通過線圈的電流在某些時候為正向，在某些時候為反向，故稱為雙極性驅動。

激磁方式可以採用：

① 4 相激磁：每一次激磁 4 個線圈，其步級角等於基本步級角，解析度高，高速響應性能好，振動小，激磁的順序如圖 29-1-9(b)所示。

② 4-5 相激磁：4-5 相激磁是輪流激磁 4 個線圈和 5 個線圈，步級角等於基本步級角的 1/2，因此解析度很高。在很大的頻率範圍內皆可安定運轉，振動小，激磁的順序如圖 29-1-9(c)所示。

⑵ 雙極性五角形驅動

五角形驅動的基本電路如圖 29-1-10(a)所示。採用 4 相激磁，步級角等於基本步級角的 1/2。和圖 29-1-9(a)比較，可看出功率電晶體的數量只要一半就夠，因此成本較低。激磁的順序如圖 29-1-10(b)所示。

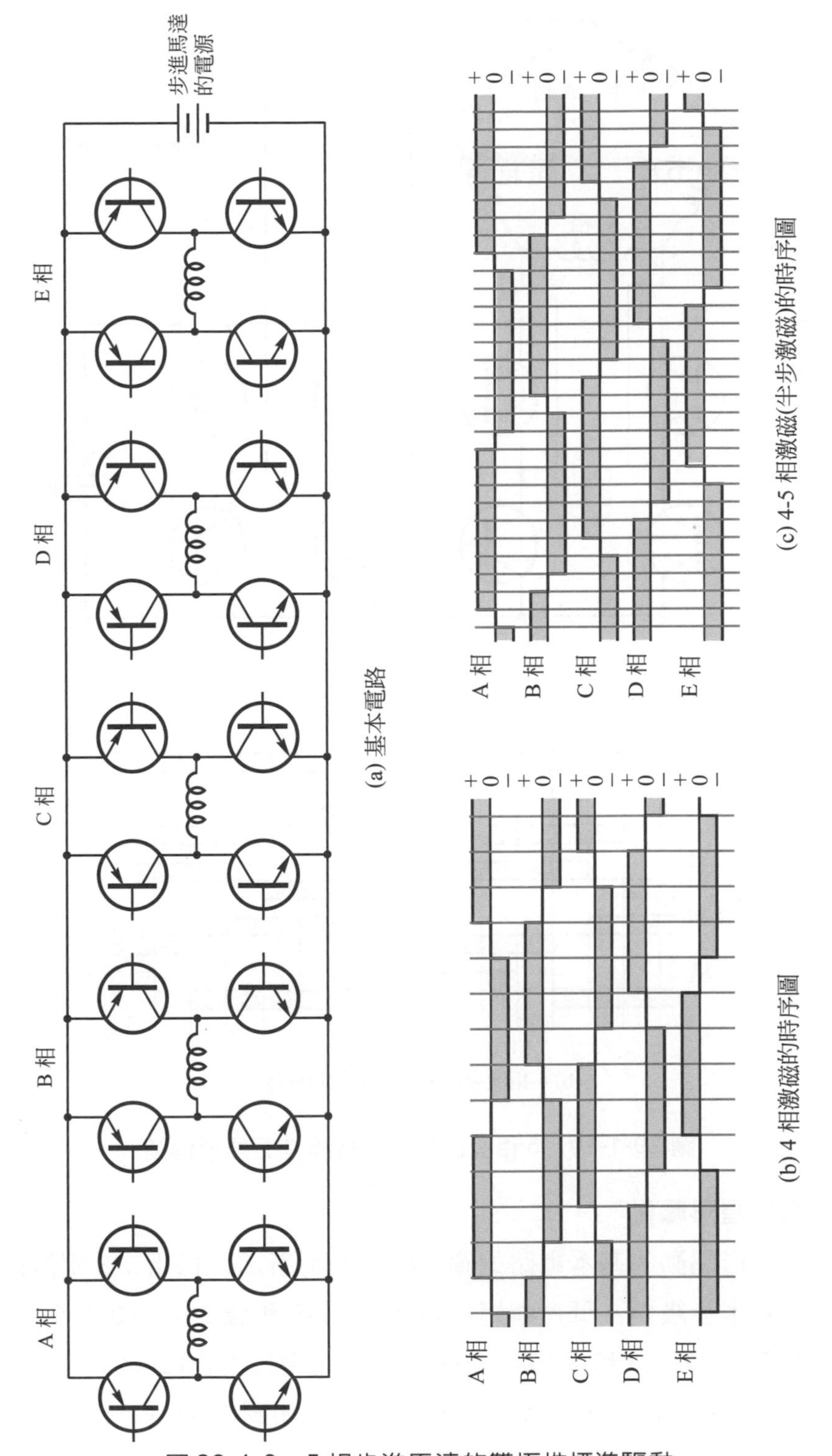

圖 29-1-9 5相步進馬達的雙極性標準驅動

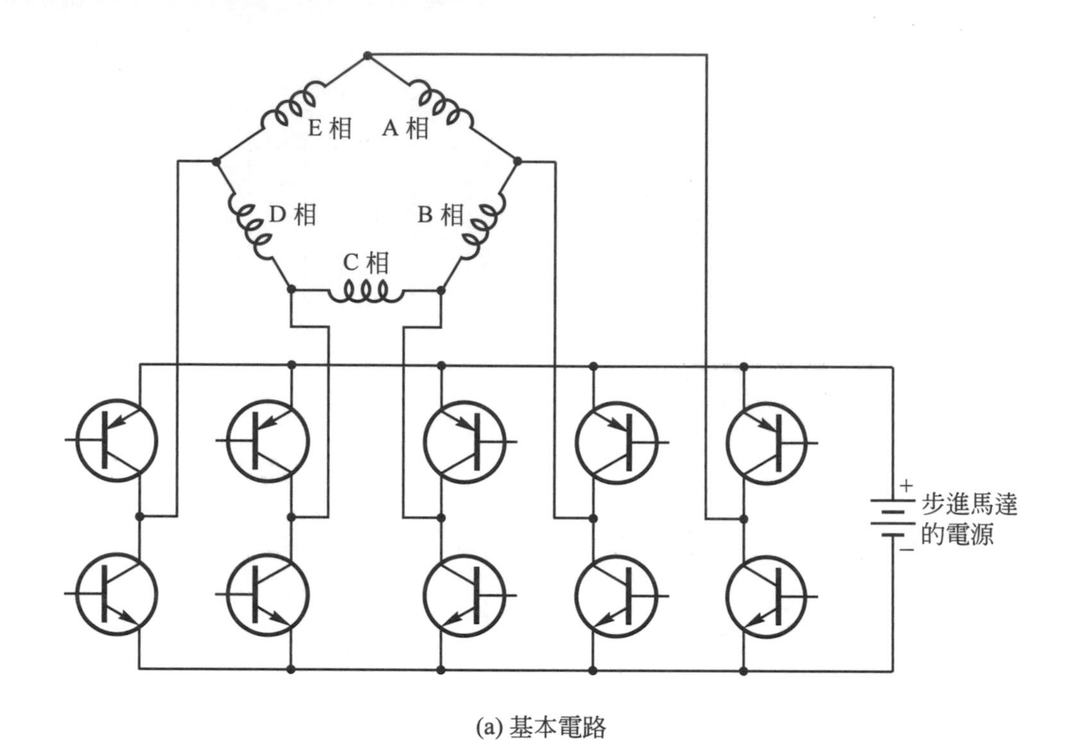

(a) 基本電路

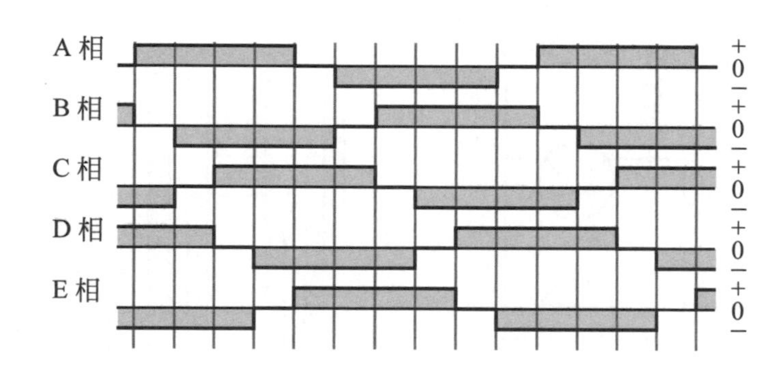

(b) 4 相激磁(半步激磁)的時序圖

圖 29-1-10 5 相步進馬達的雙極性五角形驅動

(3) **單極性星形驅動**

星形驅動的基本電路如圖 29-1-11(a)所示。採用 2-3 相激磁，步級角等於基本步級角，低速轉矩約爲圖 29-1-9 和圖 29-1-10 的 60 %，高速特性則與圖 29-1-9 和圖 29-1-10 很接近。由圖 29-1-11(a)可看出驅動電路和 2 相步進馬達相似，成本低。激磁的順序如圖 29-1-11(b)所示。

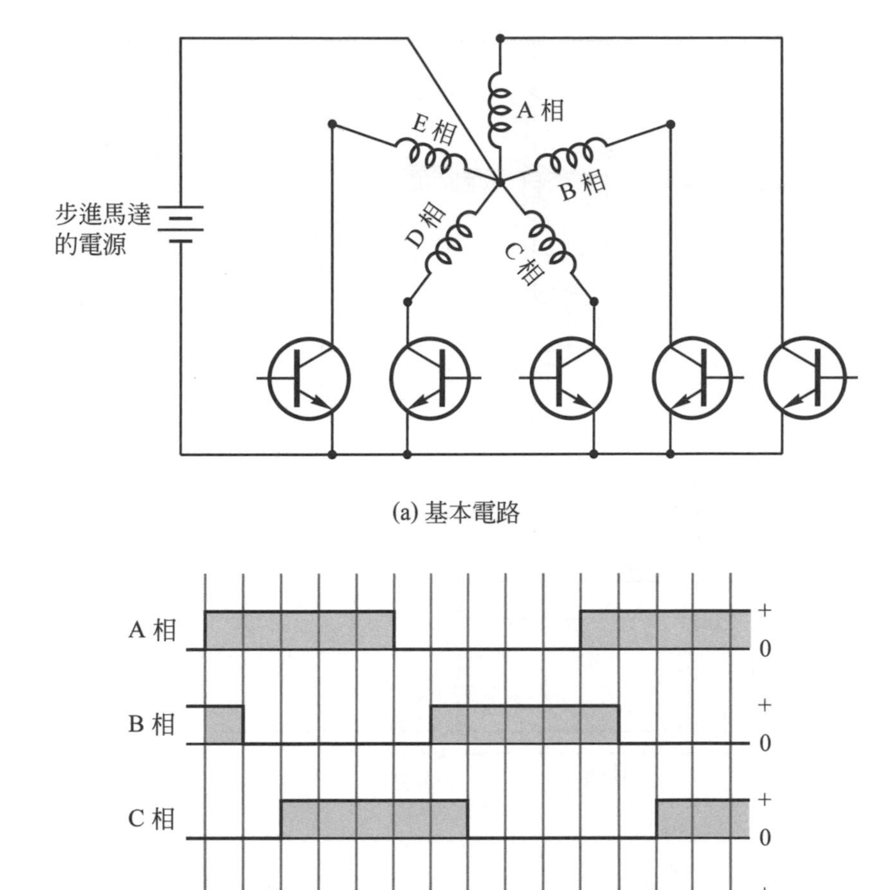

圖 29-1-11　5 相步進馬達的單極性星形驅動

7. 增加高速轉矩的技巧

當步進馬達採用圖 29-1-5 所示之基本電路驅動時，由於步進馬達的線圈具有電感性，所以電晶體截止的瞬間會產生很高的感應電勢。爲了避免此感應電勢破壞電晶體，所以人們就在每個線圈並聯一個二極體，成爲圖 29-1-12(a)的基本驅動電路。

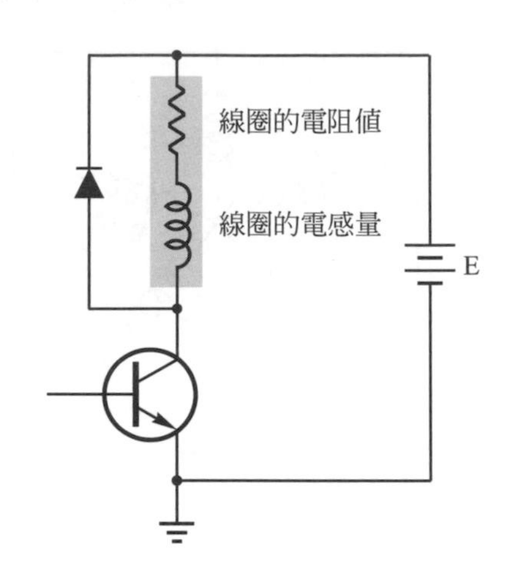

(a) 基本驅動電路

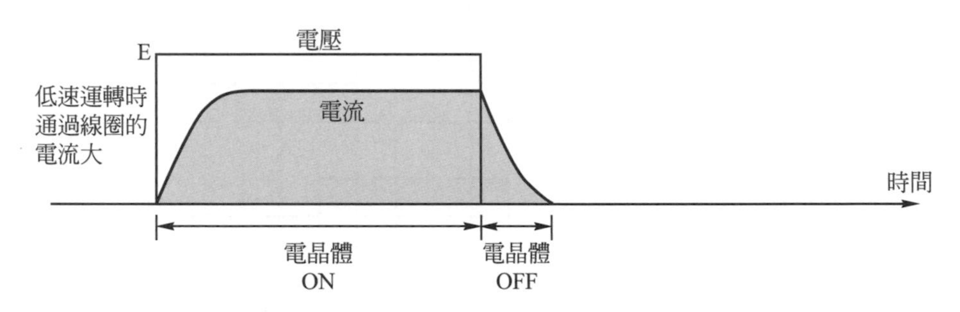

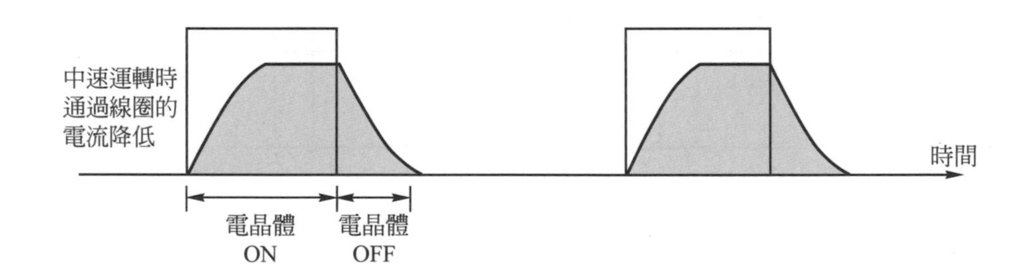

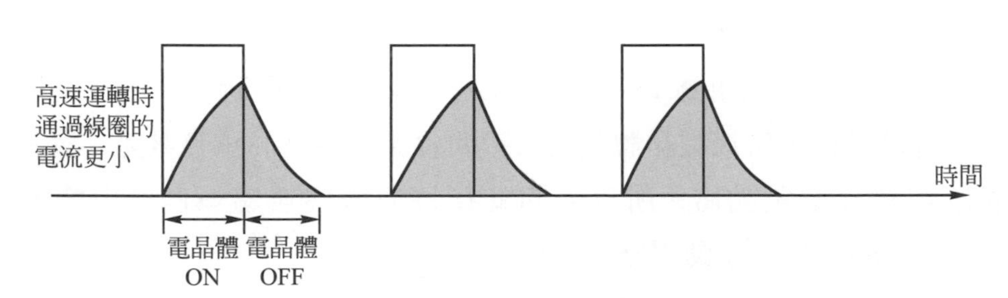

(b) 不同運轉速度時電流的變化情形

圖 29-1-12　步進馬達的特性

因爲線圈的電感量L和線圈的電阻值R會形成一個時間常數$T=\frac{L}{R}$而延緩電流的爬升作用，令步進馬達在高速時通過線圈的電流大量減少，如圖29-1-12(b)所示，所以步進馬達在高速運轉時轉矩會大量降低。

提高電流的爬升速度，增加步進馬達的高速轉矩，最簡單而常用的方法就是如圖29-1-13(a)所示在線圈上串聯一個外加電阻器R_S，此時的時間常數降低爲$T=\frac{L}{R+R_S}$，如圖29-1-13(b)所示。

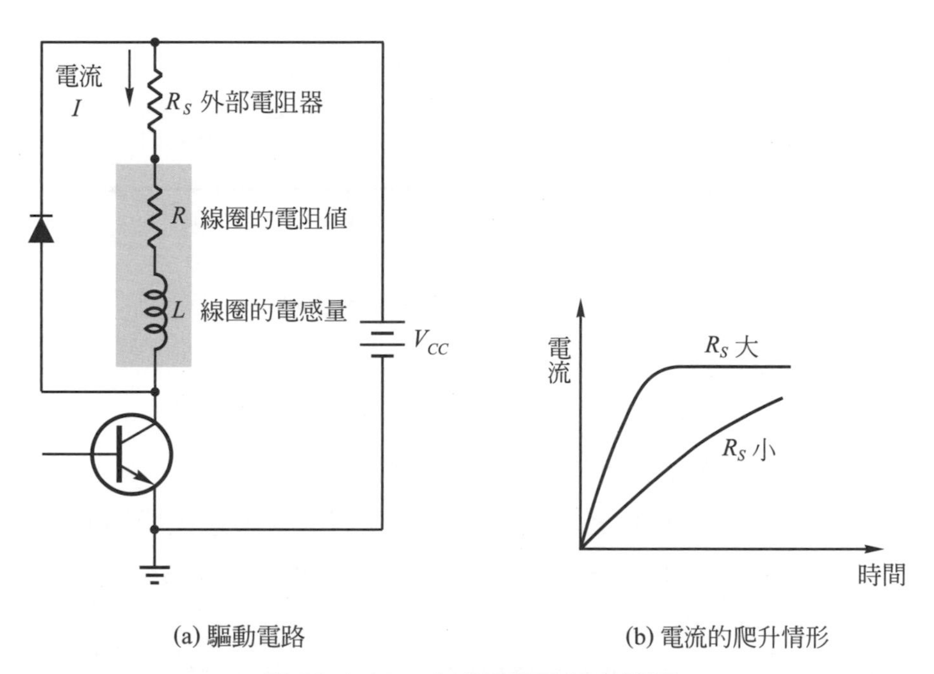

圖 29-1-13　串聯電阻器提高轉矩

圖29-1-13(a)中，R_S及V_{CC}可用下列公式求得：

外加電阻器　$R_S= nR$　歐姆　(29-1)

電　　源　$V_{CC}=I\times R\times(n+1)$　伏特　(29-2)

R_S的瓦特數　$P_S\geq I^2R_S$　瓦特　(29-3)

式中：n = 1～5

I = 步進馬達的每相電流(安培)

R = 步進馬達的每相線圈電阻(歐姆)

圖 29-1-14 是令 n = 3 使總電阻值成爲$R + R_S = R + 3R = 4R$時之改善實例。

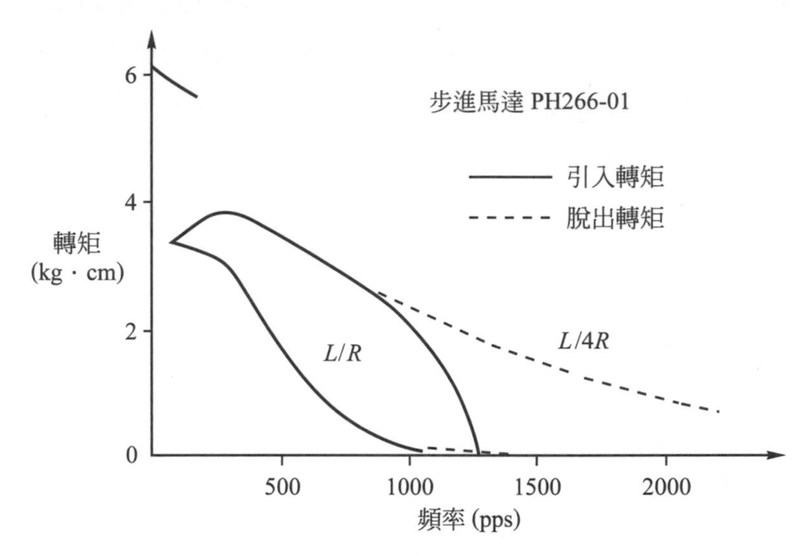

圖 29-1-14　頻率-轉矩特性實例

三、實習步驟

1. 請用 2 相步進馬達接妥圖 29-1-15 之電路。
2. 通上電源。(電源需幾伏特？請看您所用那個步進馬達上所貼銘牌的標示)
3. 請先按一下 S1，再按一下 S2，再按一下 S3，再按一下 S4。
4. 請重複第 3 步驟四次。
5. 步進馬達是否能一步一步的旋轉呢？　　答：________
   是順時針方向旋轉還是逆時針方向旋轉？　　答：________
6. 請先按一下 S4，再按一下 S3，再按一下 S2，再按一下 S1。
7. 請重複第 6 步驟四次。
8. 步進馬達是否能一步一步的旋轉呢？　　答：________
   是順時針方向旋轉還是逆時針方向旋轉？　　答：________

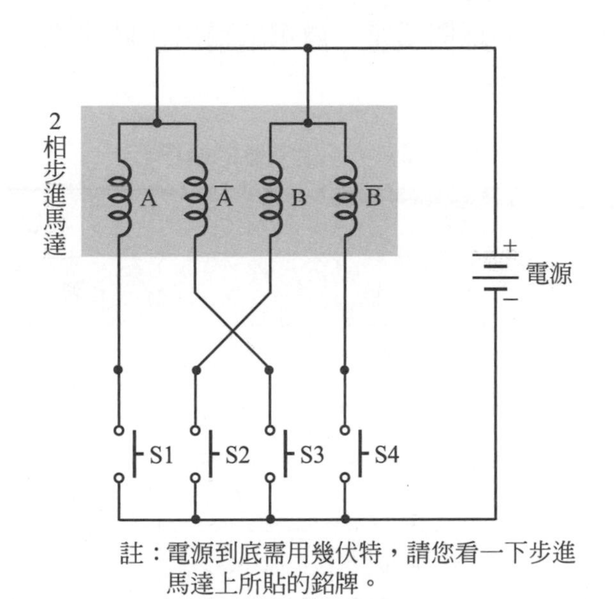

圖 29-1-15　2 相步進馬達的基本實驗

9. 以上實驗是採用 1 相激磁的方式，若第 5 步驟與第 8 步驟的旋轉方向相反，表示您所用之步進馬達是良好的，可供實習 29-2 至實習 29-4 使用。

實習 29-2　2 相步進馬達的 1 相激磁

一、實習目的

熟悉 2 相步進馬達的 1 相激磁方法。

二、相關知識

根據圖 29-1-6，我們可以列出表 29-2-1。表中的 **1** 表示步進馬達的線圈通電，表中的 **0** 表示步進馬達的線圈斷電。

由於微電腦的輸出埠是以 8 位元爲單位，所以表 29-2-1 必須改爲表 29-2-2。我們可依需要而決定使用輸出埠的高 4 位元或低 4 位元做步進馬達的激磁信號。

仔細觀察表 29-2-2 可發現輸出埠內容的變化極有規則，我們只需先在輸出埠存入 00010001，然後用向左旋轉指令或向右旋轉指令即可控制步進馬達正轉或反轉。上述 00010001 稱爲**激磁碼**，由於**本實習要採用低態動作**(active LOW，就是微電腦輸出 0 時步進馬達的線圈通電，微電腦輸出 1 時步進馬達的線圈斷電)**所以程式中的激磁碼為 11101110**。

表 29-2-1 1 相激磁的順序表

線圈				激磁的順序	
$\overline{B}$	$\overline{A}$	B	A	正轉	反轉
0	0	0	1	↓	↑
0	0	1	0		
0	1	0	0		
1	0	0	0		

表 29-2-2 1 相激磁時輸出埠的內容

正轉 ↓ 反轉 ↑

				線圈 $\overline{B}$	線圈 $\overline{A}$	線圈 B	線圈 A
0	0	0	1	0	0	0	1
0	0	1	0	0	0	1	0
0	1	0	0	0	1	0	0
1	0	0	0	1	0	0	0

或

線圈 $\overline{B}$	線圈 $\overline{A}$	線圈 B	線圈 A				
0	0	0	1	0	0	0	1
0	0	1	0	0	0	1	0
0	1	0	0	0	1	0	0
1	0	0	0	1	0	0	0

三、動作情形

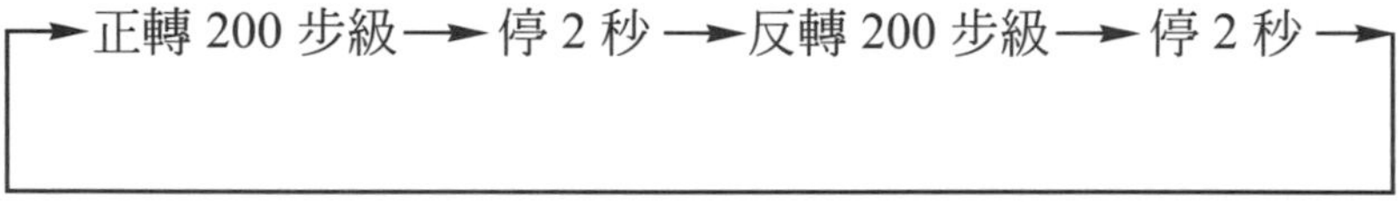

→ 正轉 200 步級 → 停 2 秒 → 反轉 200 步級 → 停 2 秒 →（循環）

四、電路圖

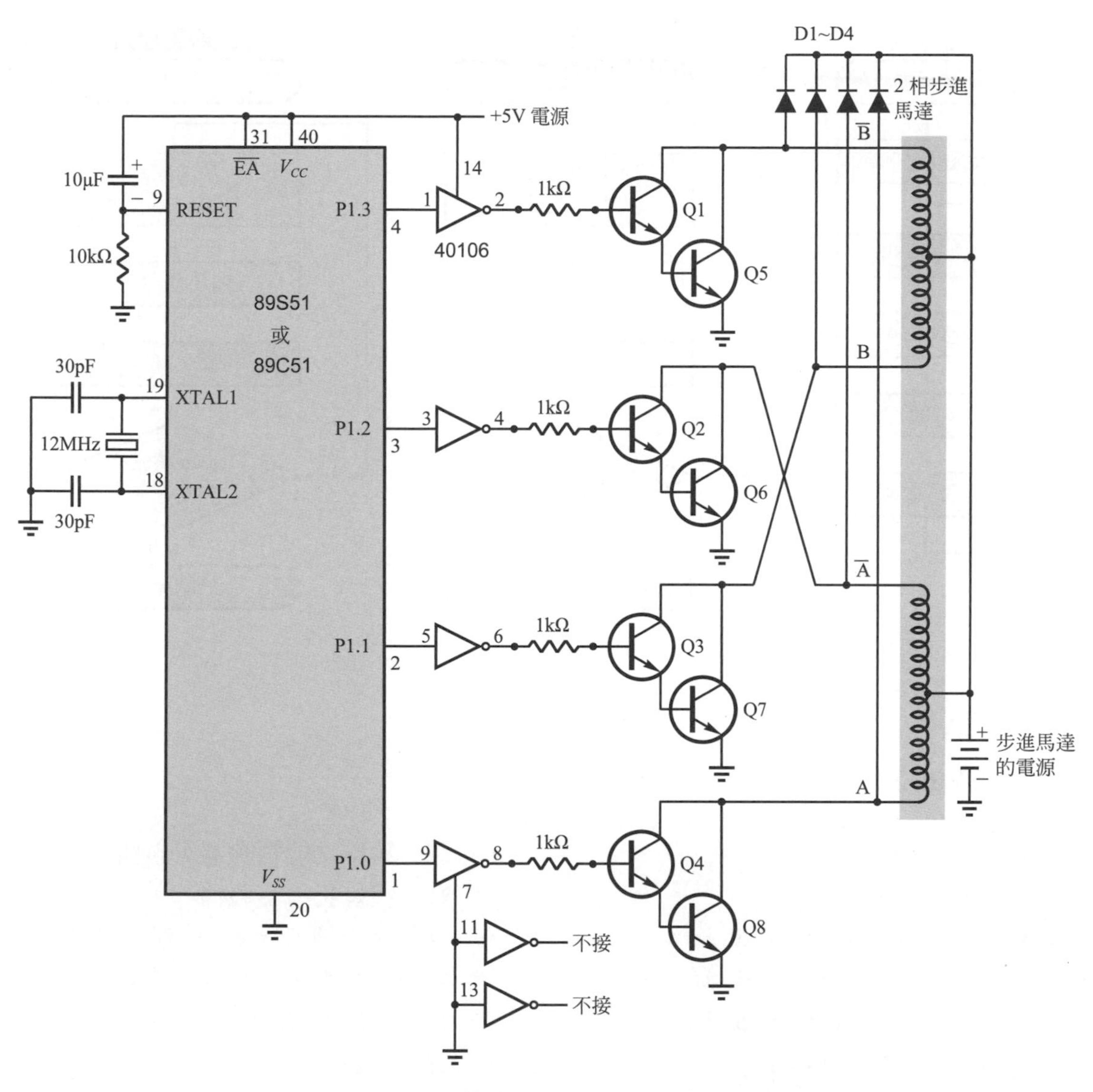

圖 29-2-1 用微電腦控制步進馬達運轉之電路圖

註：⑴圖中的 Q1~Q8 及 D1~D4 也可以使用圖 29-4-3 所示之 FT5754 取代。

⑵假如您所用之步進馬達線圈電流小於 200mA，則可採用圖 29-2-2 之電路。

五、流程圖

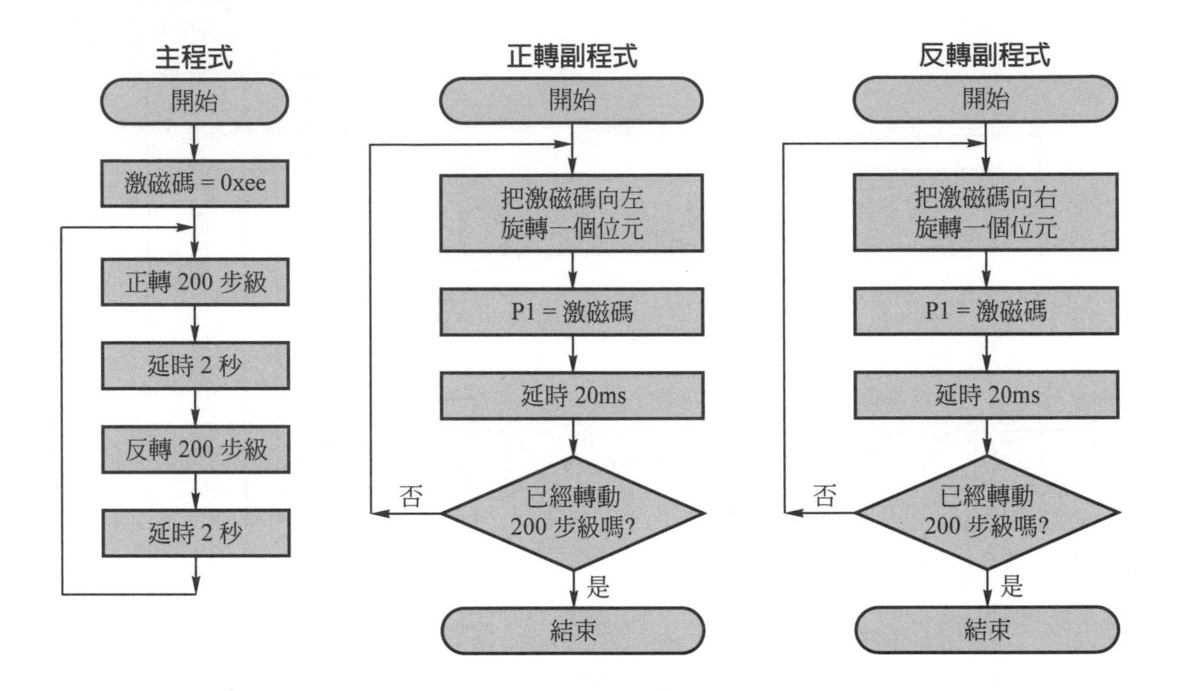

六、程式

【範例 E2902】

```
#include <AT89X51.H>                    /* 載入特殊功能暫存器定義檔 */
#include <INTRINS.H>                    /* 載入特殊指令定義檔 */
void forward(unsigned int k);           /* 宣告會用到 forward 副程式 */
void reverse(unsigned int k);           /* 宣告會用到 reverse 副程式 */
void delayms(unsigned int time);        /* 宣告會用到 delayms 副程式 */
unsigned char drive;                    /* 宣告變數 drive */

/*  ===========================  */
/*  =======    主 程 式   ======  */
/*  ===========================  */
main( )
{
  drive = 0xee;                    /* 1 相激磁，低態動作，激磁碼為 0xee */
```

```
  while(1)
    {
      forward(200);              /* 正轉 200 步級 */
      delayms(2000);             /* 靜止 2000ms = 2 秒 */
      reverse(200);              /* 反轉 200 步級 */
      delayms(2000);             /* 靜止 2000ms = 2 秒 */
    }
}

/*  ============================  */
/*  ===    正轉 k 步級  副程式    ==  */
/*  ============================  */
void forward(unsigned int k)
{
  unsigned char m;

  for(m=0; m<k; m++)                     /* 欲正轉 k 步級 */
    {
      drive = _crol_(drive,1);           /* 把激磁碼向左旋轉一個位元 */
      P1 = drive;                        /* 把激磁碼送至 P1 */
      delayms(20);                       /* 延時 */

    }
}

/*  ============================  */
/*  ===    反轉 k 步級  副程式    ===  */
/*  ============================  */
void reverse(unsigned int k)
{
  unsigned char m;

  for(m=0; m<k; m++)                     /* 欲反轉 k 步級 */
    {
```

```
      drive = _cror_(drive,1);        /* 把激磁碼向右旋轉一個位元 */
      P1 = drive;                     /* 把激磁碼送至 P1 */
      delayms(20);                    /* 延時 */
    }
}

/*  ==============================  */
/*  ===  延時 time × 1 ms 副程式 ===  */
/*  ==============================  */
/* 本延時副程式，與【範例 E0901】完全一樣，於此不再詳細說明 */
void delayms(unsigned int time)
{
  unsigned int n;
  while(time>0)
   {
     n = 120;
     while(n>0)  n--;
     time--;
   }
}
```

七、實習步驟

1. 範例 E2902 編譯後，燒錄至 89S51 或 89C51。
2. 請接妥圖 29-2-1 之電路。說明如下：
   (1) 反相器 40106 的第 14 腳爲 $+V_{CC}$，需接 +5V。第 7 腳爲 GND，需接地。
   (2) 40106 的內部有 6 個反相器(請參考圖 12-1-4)，如今只用了其中的 4 個反相器，未用的輸入端若接地可降低 40106 的耗電，所以請把第 11 腳及第 13 腳接地。
   (3) 圖中的電晶體，Q1～Q4 可採用 2SC1384，Q5～Q8 可採用 2SD313 或 TIP31。
   (4) 二極體 D1～D4 採用 1N4001～1N4007 任一編號皆可。
   (5) 您也可以採用 29-33 頁的圖 29-4-3 所介紹的 FT5754 取代上述 Q1～Q8 及 D1～D4。
   (6) 假如您做實習時是採用微型步進馬達(線圈電流小於 200mA)則您可將

圖 29-2-1 之電晶體 Q5～Q8 省略，而採用圖 29-2-2 之電路。

3. 步進馬達的電源需用幾伏特？請看看您所用步進馬達上面所貼銘牌的標示。
4. 請通電執行之。
5. 步進馬達是否能平穩的運轉呢？ 答：________
   正轉 200 步級是幾圈？ 答：________
   反轉 200 步級是幾圈？ 答：________
6. 實習完畢，接線請勿拆掉，下個實習會用到完全相同的電路。

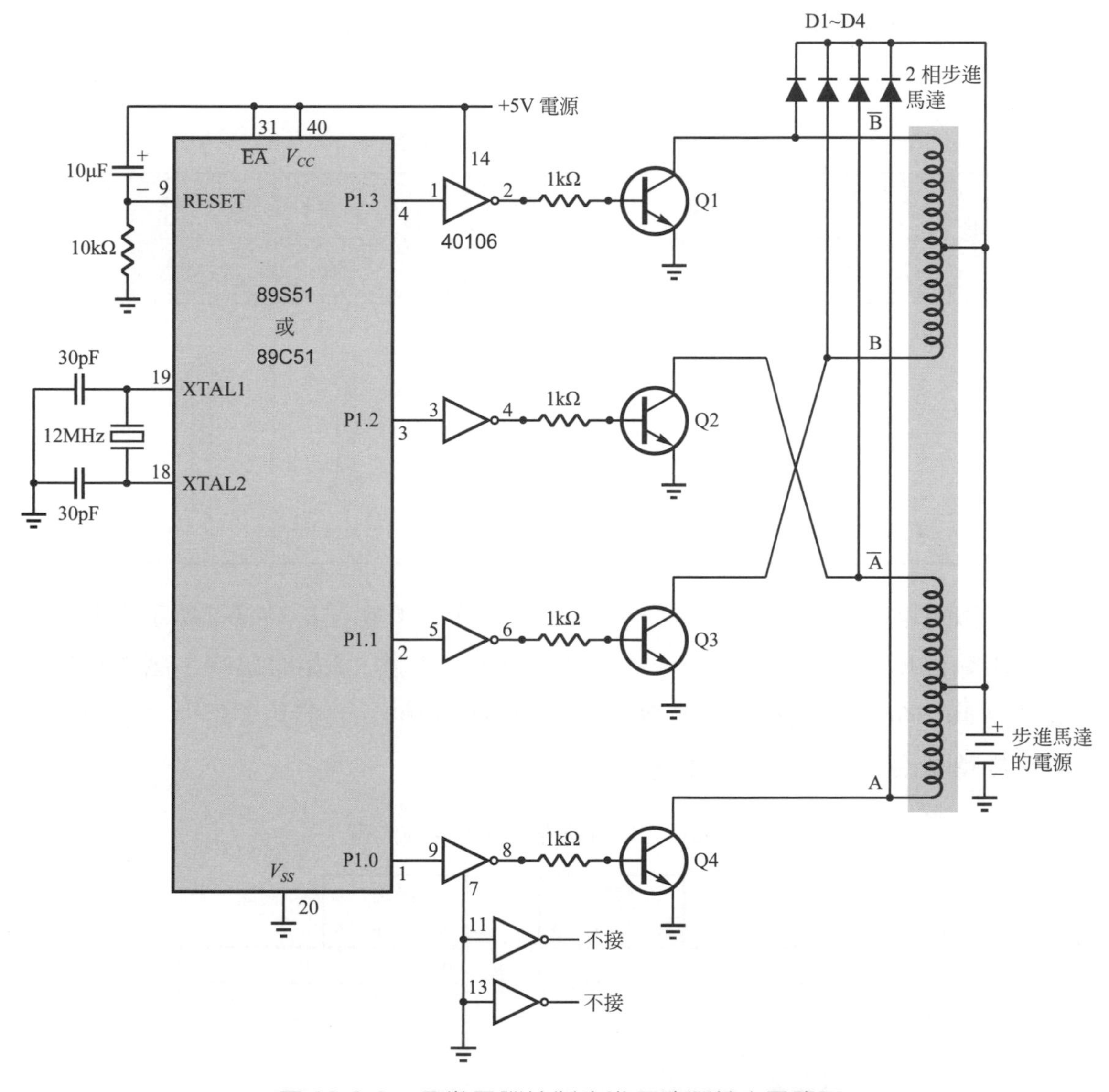

圖 29-2-2 用微電腦控制步進馬達運轉之電路圖

註：圖中的 Q1～Q4 及 D1～D4 也可以使用 5-11 頁所介紹的 ULN2003A 或 ULN2803A 取代。

實習 29-3 2 相步進馬達的 2 相激磁

一、實習目的

熟悉 2 相步進馬達最常用的 2 相激磁方法。

二、相關知識

根據圖 29-1-7 可以列出表 29-3-1。表中的 1 表示步進馬達的線圈通電，0 表示步進馬達斷電。

表 29-3-1　2 相激磁的順序表

線圈				激磁的順序	
$\overline{B}$	$\overline{A}$	B	A	正轉	反轉
0	0	1	1	↓	↑
0	1	1	0		
1	1	0	0		
1	0	0	1		

由於微電腦的輸出埠為 8 位元，所以輸出埠內必須放入表 29-3-2 所示之資料，而只使用輸出埠的高 4 位元或低 4 位元去驅動步進馬達。2 相激磁時，**高態動作的激磁碼為 00110011，低態動作的激磁碼則為 11001100**。我們只要用向左旋轉指令或向右旋轉指令即可控制步進馬達正轉或反轉。

表 29-3-2　2 相激磁時輸出埠的內容

正轉 ↓　反轉 ↑

				線圈 $\overline{B}$	線圈 $\overline{A}$	線圈 B	線圈 A
0	0	1	1	0	0	1	1
0	1	1	0	0	1	1	0
1	1	0	0	1	1	0	0
1	0	0	1	1	0	0	1

或

線圈 $\overline{B}$	線圈 $\overline{A}$	線圈 B	線圈 A				
0	0	1	1	0	0	1	1
0	1	1	0	0	1	1	0
1	1	0	0	1	1	0	0
1	0	0	1	1	0	0	1

三、動作情形

→正轉 200 步級→停 2 秒→反轉 200 步級→停 2 秒→

四、電路圖

與實習 29-2 的圖 29-2-1 完全相同。(請見 29-17 頁)

五、流程圖

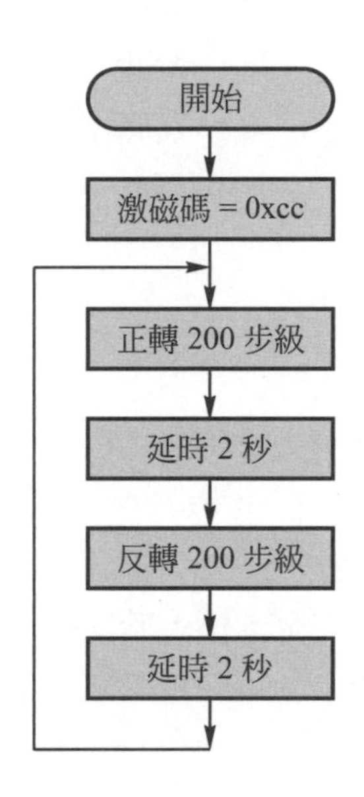

六、程式

【範例 E2903】

```
#include <AT89X51.H>                 /* 載入特殊功能暫存器定義檔 */
#include <INTRINS.H>                 /* 載入特殊指令定義檔 */
void forward(unsigned int k);        /* 宣告會用到 forward 副程式 */
void reverse(unsigned int k);        /* 宣告會用到 reverse 副程式 */
void delayms(unsigned int time);     /* 宣告會用到 delayms 副程式 */
unsigned char drive;                 /* 宣告變數 drive */
```

```
/*  ============================  */
/*  =======  主 程 式  ======  */
/*  ============================  */
main( )
{
  drive = 0xcc;                  /* 2 相激磁，低態動作，激磁碼爲 0xcc */

  while(1)
    {
      forward(200);              /* 正轉 200 步級 */
      delayms(2000);             /* 靜止 2000ms = 2 秒 */
      reverse(200);              /* 反轉 200 步級 */
      delayms(2000);             /* 靜止 2000ms = 2 秒 */
    }
}

/*  ==============================  */
/*  ===  正轉 k 步級  副程式  ===  */
/*  ==============================  */
/* 本副程式，與【範例 E2902】完全一樣，於此不再詳細說明 */
void forward(unsigned int k)
{
  unsigned char m;

  for(m=0; m<k; m++)

    {
      drive = _crol_(drive,1);
      P1 = drive;
      delayms(20);

    }
```

```
}

/*  ==============================  */
/*  ===   反轉 k 步級  副程式    ===  */
/*  ==============================  */
/* 本副程式，與【範例 E2902】完全一樣，於此不再詳細說明 */
void reverse(unsigned int k)
{
  unsigned char m;

  for(m=0; m<k; m++)
    {
      drive = _cror_(drive,1);
      P1 = drive;
      delayms(20);
    }
}

/*  ================================  */
/*  ===  延時 time × 1 ms 副程式 ===  */
/*  ================================  */
/* 本延時副程式，與【範例 E0901】完全一樣，於此不再詳細說明 */
void delayms(unsigned int time)
{
  unsigned int n;
  while(time>0)
   {
     n = 120;
     while(n>0)  n--;
     time--;
   }
}
```

七、實習步驟

1. 把範例 E2903 編譯後，燒錄至 89S51 或 89C51。
2. 請接妥 29-17 頁的圖 29-2-1 之電路。
3. 請通電執行之。
4. 步進馬達是否能平穩的運轉呢？ 答：________
   正轉 200 步級是幾圈？ 答：________
   反轉 200 步級是幾圈？ 答：________
5. 實習完畢，接線可予保留，因為下個實習，接線只需做少許更動即可。

實習 29-4 2 相步進馬達的 1-2 相激磁

一、實習目的

熟悉 2 相步進馬達常用的 1-2 相激磁方法。

二、相關知識

根據圖 29-1-8 可以列出表 29-4-1。表中的 1 表示步進馬達的線圈通電，0 表示步進馬達斷電。

表 29-4-1　1-2 相激磁的順序表

線圈				激磁的順序	
$\overline{B}$	$\overline{A}$	B	A	正轉	反轉
0	0	0	1	↓	↑
0	0	1	1		
0	0	1	0		
0	1	1	0		
0	1	0	0		
1	1	0	0		
1	0	0	0		
1	0	0	1		

若要使用向左旋轉指令或向右旋轉指令控制步進馬達的正反轉，必須先在輸出埠存入一個激磁碼才行，但是表 29-4-1 的激磁是 1 相與 2 相交替出現，所以要定出激磁碼就非動動腦筋不可了。茲將輸出埠的內容安排如表 29-4-2 所示，激磁信號可從奇數位元或偶數位元取出，如此則**採用高態動作時激磁碼為 00000111，採用低態動作時激磁碼為 11111000**。

表 29-4-2 1-2 相激磁時輸出埠的內容

正轉 ↓ 反轉 ↑

線圈							
$\overline{B}$		$\overline{A}$		B		A	
0	0	0	0	0	1	1	1
0	0	0	0	1	1	1	0
0	0	0	1	1	1	0	0
0	0	1	1	1	0	0	0
0	1	1	1	0	0	0	0
1	1	1	0	0	0	0	0
1	1	0	0	0	0	0	1
1	0	0	0	0	0	1	1

或

線圈							
	$\overline{B}$		$\overline{A}$		B		A
0	0	0	0	0	1	1	1
0	0	0	0	1	1	1	0
0	0	0	1	1	1	0	0
0	0	1	1	1	0	0	0
0	1	1	1	0	0	0	0
1	1	1	0	0	0	0	0
1	1	0	0	0	0	0	1
1	0	0	0	0	0	1	1

三、動作情形

→ 正轉 200 步級 → 停 2 秒 → 反轉 200 步級 → 停 2 秒 →（循環）

四、電路圖

如圖 29-4-1 所示。

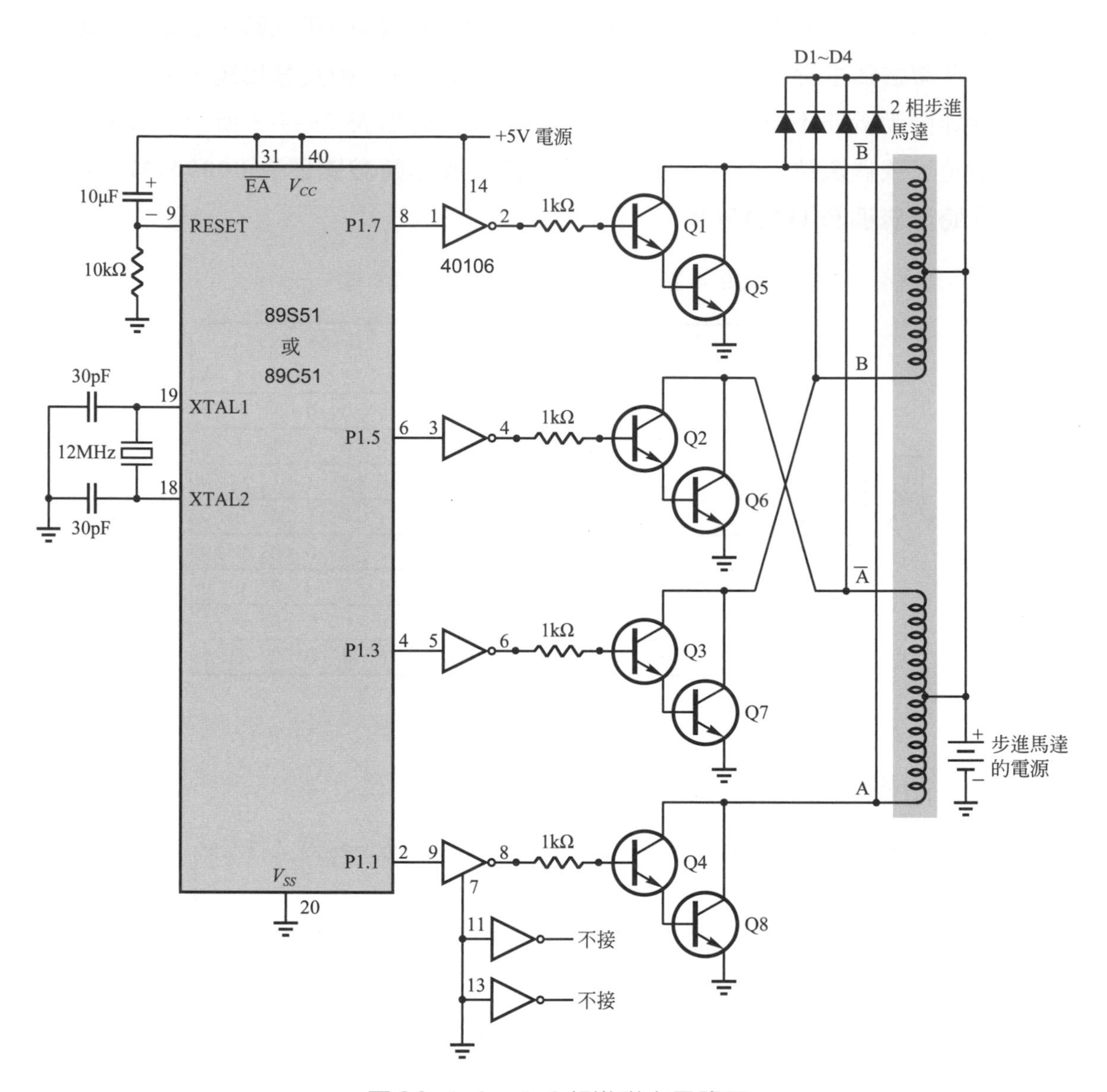

圖 29-4-1　1-2 相激磁之電路圖

五、流程圖

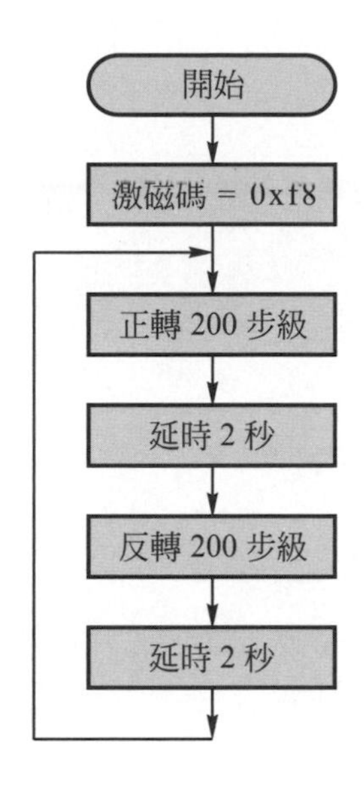

六、程式

【範例 E2904】

```
#include <AT89X51.H>                        /* 載入特殊功能暫存器定義檔 */
#include <INTRINS.H>                        /* 載入特殊指令定義檔 */
void forward(unsigned int k);               /* 宣告會用到 forward 副程式 */
void reverse(unsigned int k);               /* 宣告會用到 reverse 副程式 */
void delayms(unsigned int time);            /* 宣告會用到 delayms 副程式 */
unsigned char drive;                        /* 宣告變數 drive */

/*  ==========================  */
/*  =======   主 程 式   ======  */
/*  ==========================  */
main( )
{
  drive = 0xf8;                   /* 1-2 相激磁，低態動作，激磁碼為 0xf8 */

  while(1)
```

```
    {
      forward(200);                            /* 正轉 200 步級 */
      delayms(2000);                           /* 靜止 2000ms = 2 秒 */
      reverse(200);                            /* 反轉 200 步級 */
      delayms(2000);                           /* 靜止 2000ms = 2 秒 */
    }
}

/*  ============================  */
/*  ===   正轉 k 步級  副程式   ===  */
/*  ============================  */
/* 本副程式，與【範例 E2902】完全一樣，於此不再詳細說明 */
void forward(unsigned int k)
{
  unsigned char m;

  for(m=0; m<k; m++)
    {
      drive = _crol_(drive,1);
      P1 = drive;
      delayms(20);
    }
}

/*  ============================  */
/*  ===   反轉 k 步級  副程式   ===  */
/*  ============================  */
/* 本副程式，與【範例 E2902】完全一樣，於此不再詳細說明 */
void reverse(unsigned int k)
{
  unsigned char m;

  for(m=0; m<k; m++)
```

```
    {
      drive = _cror_(drive,1);
      P1 = drive;
      delayms(20);
    }
}

/*  ================================  */
/*  ===  延時 time × 1 ms 副程式 ===  */
/*  ================================  */
/* 本延時副程式，與【範例 E0901】完全一樣，於此不再詳細說明 */
void delayms(unsigned int time)
{
  unsigned int n;
  while(time>0)
   {
     n = 120;
     while(n>0) n--;
     time--;
   }
}
```

七、實習步驟

1. 把範例 E2904 編譯後，燒錄至 89S51 或 89C51。
2. 請接妥圖 29-4-1 之電路。

   註：(1)電晶體 Q1～Q4 用 2SC1384。

   (2)電晶體 Q5～Q8 用 2SD313 或 TIP31。

   (3)二極體 D1～D4 用 1N4001～1N4007 任一編號均可。

   (4)您也可以採用 29-33 頁的圖 29-4-3 所介紹的 FT5754 取代上述 Q1～Q8 及 D1～D4。

   (5)假如您做實習時是採用微型步進馬達(線圈電流小於 200mA)，則您可將圖 29-4-1 之電晶體 Q5～Q8 省略，而採用圖 29-4-2 之電路。

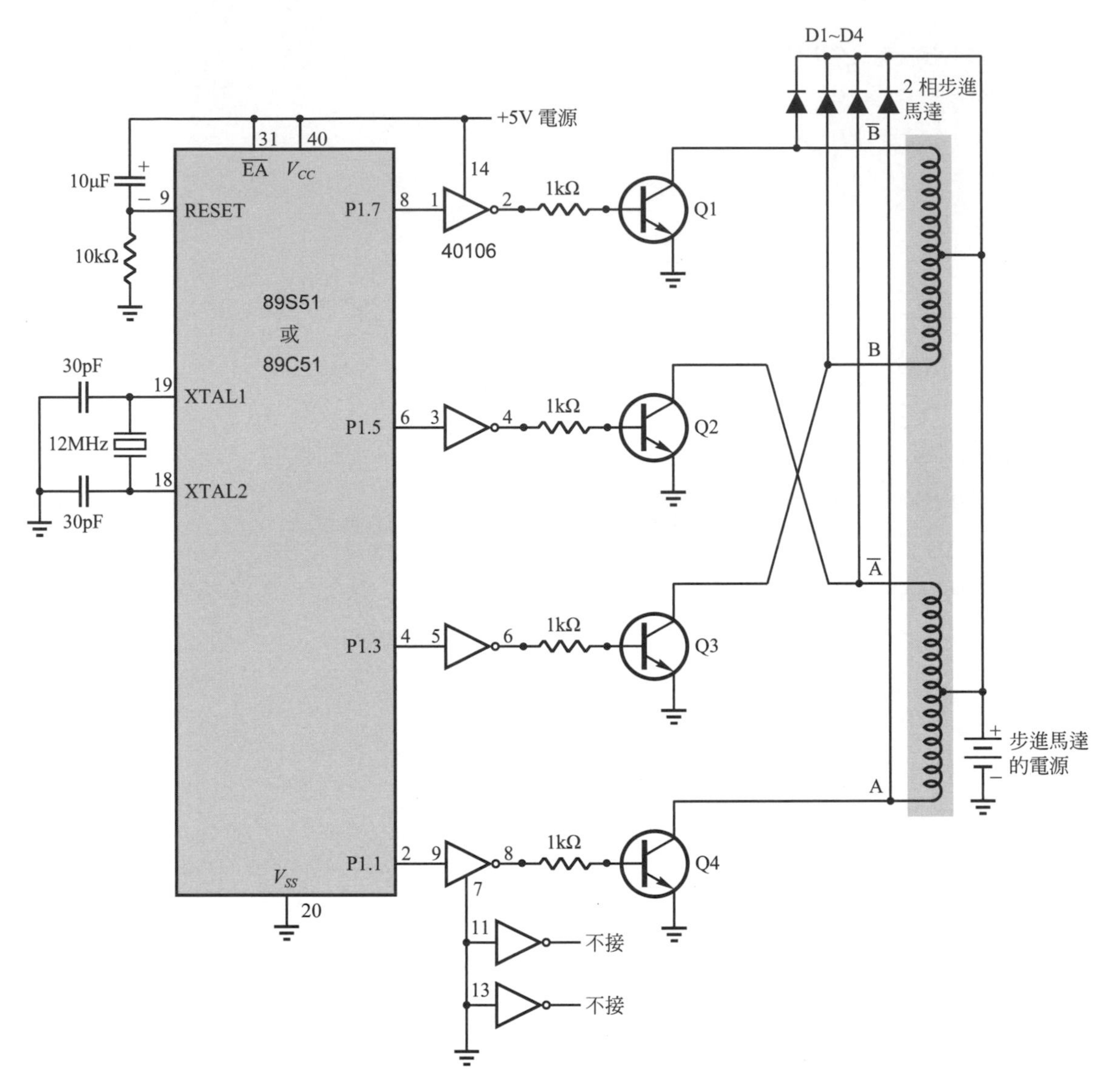

圖 29-4-2 1-2 相激磁之電路圖

註：圖中的 Q1～Q4 及 D1～D4 也可以使用 5-11 頁所介紹的 ULN2003A 或 ULN2803A 取代。

3. 請通電執行之。
4. 步進馬達是否能平穩的運轉呢？ 答：________

   正轉 200 步級是幾圈？ 答：________

   反轉 200 步級是幾圈？ 答：________

5. 步進馬達同樣是轉了200步級，旋轉的圈數與實習29-2及實習29-3一樣嗎？

答：________

6. 請練習修改程式，使步進馬達在採用1-2相激磁的方式下，能夠

→ 正轉1圈 → 停2秒 → 反轉1圈 → 停2秒 →（循環）

八、相關資料補充——FT5754

編號FT5754之IC型包裝電晶體陣列，實體如圖29-4-3，內部等效電路如圖29-4-4所示。FT5754的內部有4組3A 5W 100V之NPN達靈頓電路($\beta>500$)及4個二極體，因此可以使用FT5754取代圖29-2-1及圖29-4-1中的電晶體Q1～Q8及二極體D1～D4，以簡化接線。請參考圖29-4-5。

圖29-4-3 FT5754之實體圖

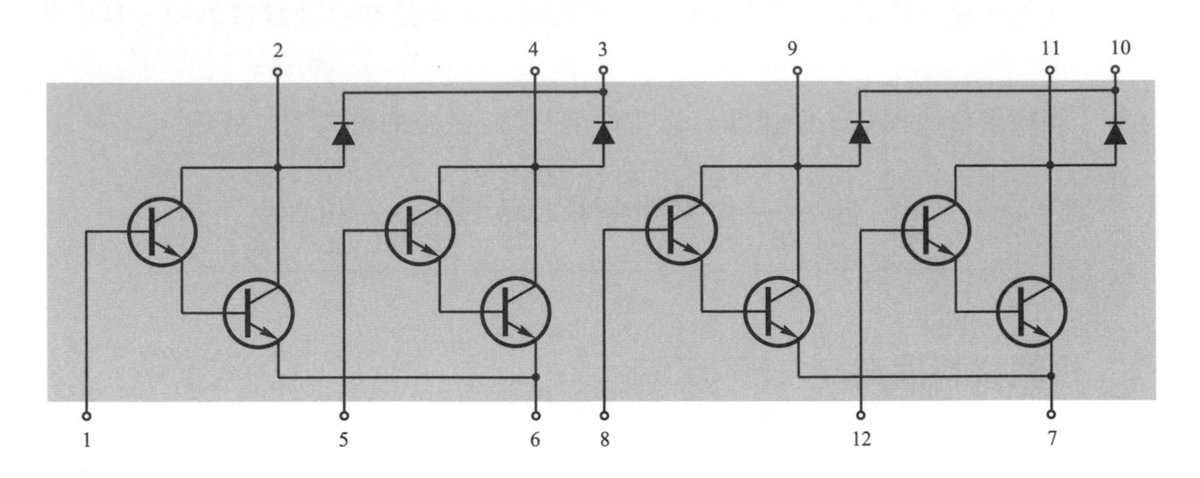

圖 29-4-4 FT5754 之內部等效電路

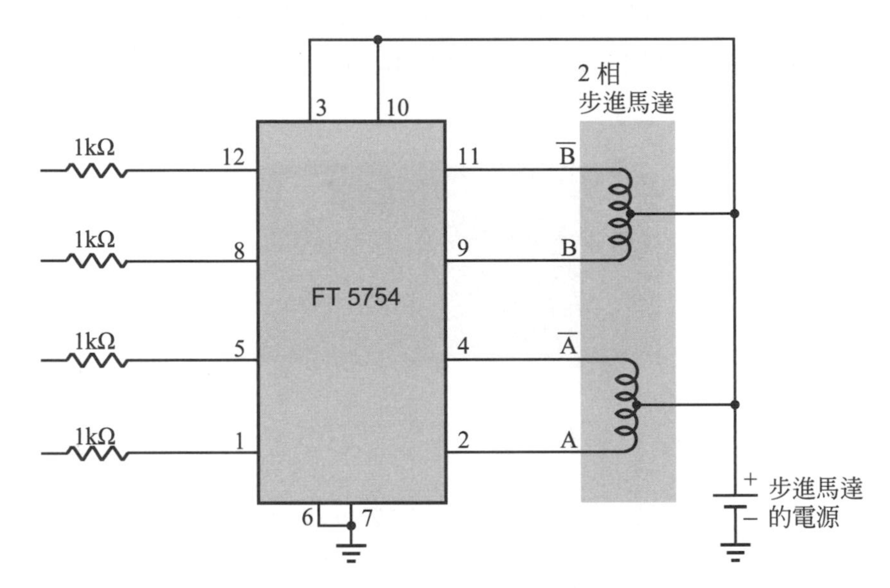

圖 29-4-5 使用 FT5754 之步進馬達驅動電路

Chapter 30

數位式直流電壓表

一、目的

1. 認識類比／數位轉換器的功能。
2. 了解 ADC0831 系列的基本用法。
3. 製作數位式直流電壓表。

二、相關知識

1. 類比／數位轉換器的認識

雖然微電腦可以將各種數位資料做快速而精確的處理，但是人類在日常生活中所遇到的各種物理量(例如溫度、亮度、重量)都是類比的，因此欲令微電腦處理類比信號，必須先將類比信號轉換成數位信號才送入微電腦。

類比／數位轉換器(analog to digital converter)簡稱為 A/D 轉換器(A/D converter)或ADC。A/D轉換器的功能是將輸入之類比信號轉換成數位信號輸出。ADC0831 系列(ADC0831 為單通道輸入，ADC0832 為 2 通道輸入，ADC0834 為 4 通道輸入，ADC0838 為 8 通道類比／數位轉換器)由於接線方便而廣受歡迎。

2. ADC0831 的特性

(1) 允許 0V～5V 之類比輸入電壓。
(2) 可由 V_{REF} 腳決定滿刻度(full scale)之輸入電壓。
(3) 解析度為 8 位元。數位輸出值為 0～255。
(4) 電源電壓 V_{CC} = 4.5V～6.3V 皆可。
(5) 與單晶片微電腦之間只用三條線相接，接腳少、體積小、耗電少。

3. ADC0831 的接腳

ADC0831 的接腳排列，如圖 30-1 所示。

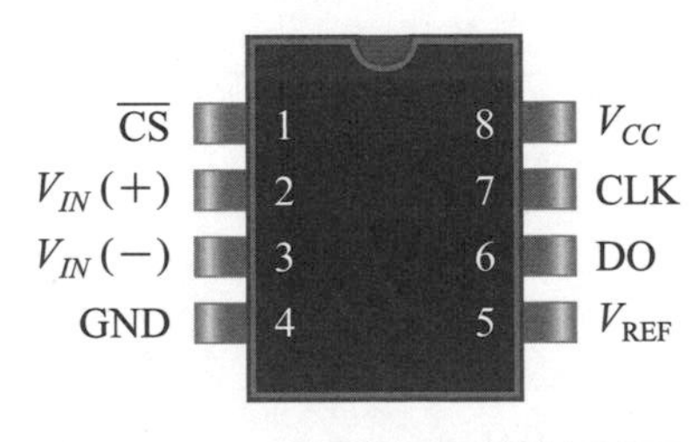

圖 30-1 ADC0831 之接腳圖

$\overline{CS}$ ：晶片選擇腳。$\overline{CS}=0$，會令ADC0831做A/D轉換。

$V_{IN}(+)$：接至類比輸入電壓的正極。

$V_{IN}(-)$：接至類比輸入電壓的負極。

V_{REF} ：接參考電壓。可用來決定輸入類比電壓的滿刻度值。

DO ：轉換後的數位值輸出腳。請參考圖30-2。

CLK ：時序脈波輸入腳。請參考圖30-2。

V_{CC} ：接直流電源的正極。

GND ：接直流電源的負極。

4. ADC0831的操作程序

ADC0831的時序圖很重要，請見圖30-2。茲將操作程序說明於下：

(1) 令$\overline{CS}$由1變成0，啓動轉換程序。

(2) 延時＞0.25μs以後，令CLK＝1。(送出第1個時序脈波)

(3) 令CLK＝0。

(4) 再令CLK＝1。(送出第2個時序脈波)

(5) 再令CLK＝0。

(6) 延時＞1.5μs。

(7) 由DO腳讀取bit 7。

(8) 重複第(4)至第(6)步驟，依序由DO腳讀取bit 6至bit 0。

(9) 資料讀完後，令$\overline{CS}=1$，結束本次的工作程序。

(10) 把所讀得之bit 7～bit 0組合成8位元之資料，就是轉換後的數位值。

5. 如何算出電壓值

(1) 在類比輸入電壓爲0V時，ADC0831的DO腳輸出之值爲0。

(2) 當接腳$V_{REF}=V_{CC}=5V$時，在類比輸入電壓爲5V時，ADC0831的DO腳輸出之值爲255。

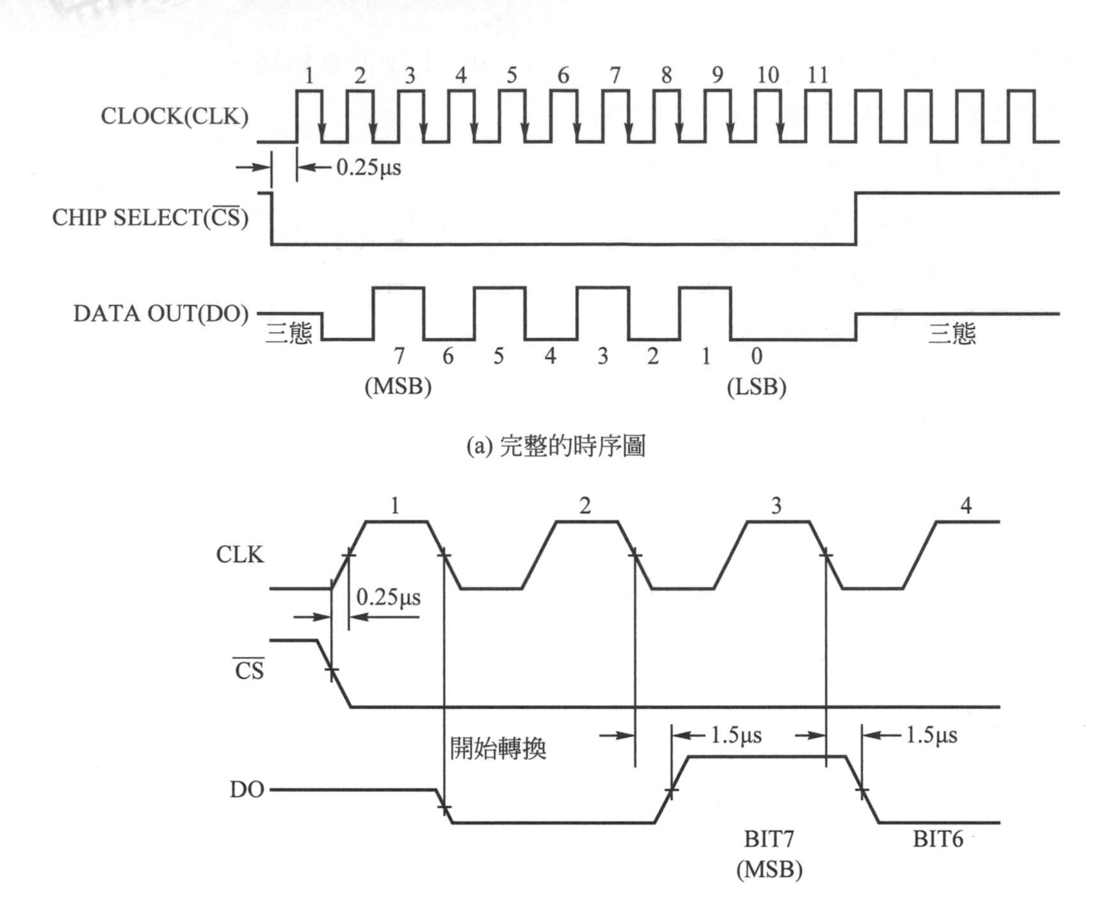

圖 30-2 ADC0831 之時序圖

(3) 綜上所述，我們只要把ADC0831輸出的數位值**除以51**，就可得到相對應的電壓值。

(4) 例如：數值255，表示$V_{IN}=\dfrac{255}{51}=5$伏特。

數值120，表示$V_{IN}=\dfrac{120}{51}=2.35$伏特。

三、動作情形

1. 製作一個5V之直流電壓表。
2. 用七段LED顯示。小數取兩位。即顯示0.00至5.00。

四、字型碼

本專題所用之七段LED顯示器是**共陰極**的型式，所以要某一段LED發亮，相對應的輸出就必須是“1”，要某一段LED熄滅，相對應的輸出就必須是“0”。例如我們要顯示9時，P2就必須輸出：

P2.7	P2.6	P2.5	P2.4	P2.3	P2.2	P2.1	P2.0
Dp	g	f	e	d	c	b	a
0	1	1	0	1	1	1	1

像01101111這種控制顯示器的某些LED發亮某些LED熄滅之資料，就稱爲**字形碼**。常用的字形碼請參考表30-1。

表 30-1　常用的字形碼(以1點亮)

欲顯示之字形	D_P	g	f	e	d	c	b	a	字形碼
0	0	0	1	1	1	1	1	1	0x3f
1	0	0	0	0	0	1	1	0	0x06
2	0	1	0	1	1	0	1	1	0x5b
3	0	1	0	0	1	1	1	1	0x4f
4	0	1	1	0	0	1	1	0	0x66
5	0	1	1	0	1	1	0	1	0x6d
6	0	1	1	1	1	1	0	1	0x7d
7	0	0	0	0	0	1	1	1	0x07
8	0	1	1	1	1	1	1	1	0x7f
9	0	1	1	0	1	1	1	1	0x6f
A	0	1	1	1	0	1	1	1	0x77
B	0	1	1	1	1	1	0	0	0x7c
C	0	0	1	1	1	0	0	1	0x39
D	0	1	0	1	1	1	1	0	0x5e
E	0	1	1	1	1	0	0	1	0x79
F	0	1	1	1	0	0	0	1	0x71
熄滅	0	0	0	0	0	0	0	0	0x00

五、電路圖

電路圖請見圖 30-3。

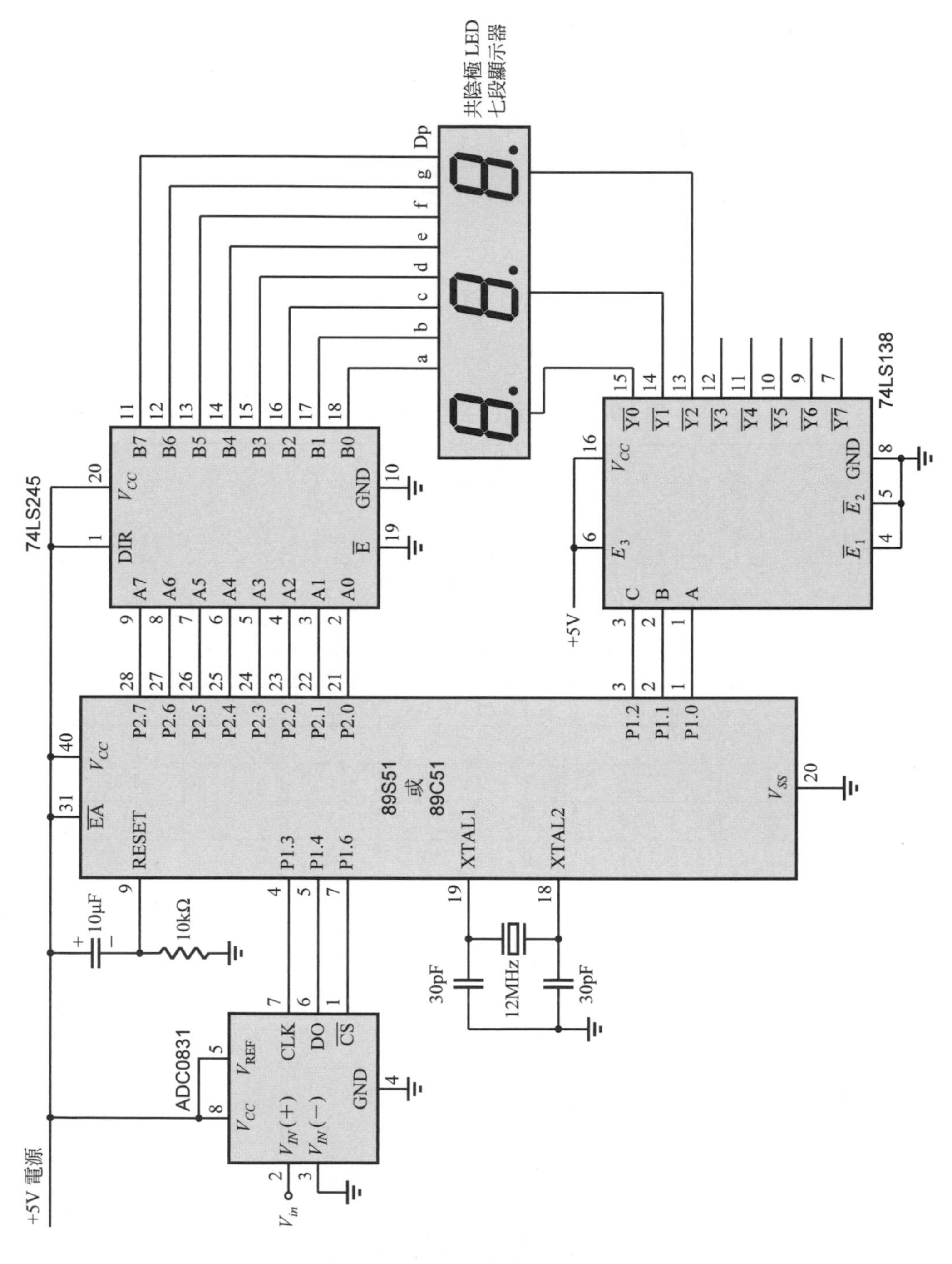

圖 30-3 數位式直流電壓表

六、流程圖

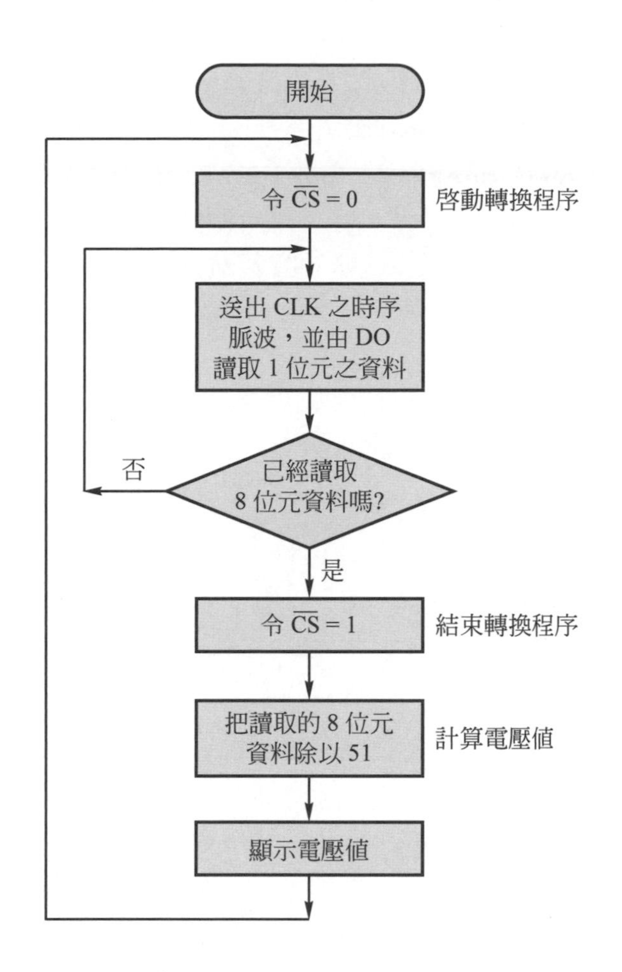

七、程式

【範例 E3001】

```
#include <AT89X51.H>                // 載入特殊功能暫存器定義檔
#include <INTRINS.H>                // 載入特殊指令定義檔
#define  CLK     P1_3               // 定義 ADC0831 的 CLK 腳
#define  DOUT    P1_4               // 定義 ADC0831 的 DO 腳
#define  CS      P1_6               // 定義 ADC0831 的 CS 腳

code unsigned char table[ ] =
        {0x3f,0x06,0x5b,0x4f,0x66,0x6d,0x7d,0x07,0x7f,0x6f,
         0x8f,0x86,0xdb,0xcf,0xe6,0xed,0xfd,0x87,0xff,0xef};
```

```
            // 七段顯示器 0-9 字形碼 與 帶有小數點的 0-9 字形碼

unsigned char dspdata[3] = { 0,0,0 };       // 用來存放欲顯示之資料
unsigned char readADC0831(void);            // 讀取 ADC0831 的資料
void display(unsigned char *p, unsigned char n); // 掃描顯示副程式
void delay(void);                           // 延時副程式
void delay1ms(void);                        // 延時副程式


/* ======================== */
/* ===      主 程 式     === */
/* ======================== */
void main(void)
{
  unsigned char n;
  unsigned int voltage;
  while(1)
   {
     voltage = readADC0831( );        // 讀取 ADC0831
     voltage = voltage * 100 / 51; // 轉換為電壓值,並保留二位小數
     dspdata[0] = voltage / 100;      // 取得個位數
     dspdata[0] = dspdata[0]+10;      // 取得帶有小數點的 0-9 字形碼
     voltage = voltage % 100;
     dspdata[1] = voltage / 10;       // 取得第一位小數
     dspdata[2] = voltage % 10;       // 取得第二位小數
     for ( n=0; n<100; n++ )          // 顯示電壓值 100 次,以提升亮度
      {
       display( dspdata,3 );          // 顯示 3 個字
      }
   }
}
```

```
/* ===================================== */
/* ==      從 ADC0831 讀取 8 位元的資料      == */
/* ===================================== */
// 請參考圖 30-2 之時序圖

unsigned char readADC0831(void)
{
   unsigned char n, voltage;
   DOUT = 1;
   CLK = 0;
   CS = 0;
   delay( );                          // 延時
   CLK = 1;                           // 第 1 個時序脈波的正緣
   delay( );
   CLK = 0;                           // 第 1 個時序脈波的負緣
   delay( );
   CLK = 1;                           // 第 2 個時序脈波的正緣
   delay( );
   CLK = 0;                           // 第 2 個時序脈波的負緣
   delay( );

   for( n=0; n<8; n++ )               // 讀入 8 位元的資料
     {
      voltage <<= 1;
      if(DOUT==1 )voltage++;
      CLK = 1;
      delay( );
      CLK = 0;
      delay( );
     }
   CS = 1;
   return ( voltage );                // 傳回一個位元組資料
```

```
}


/* ============================== */
/* ==       掃描顯示副程式       == */
/* ============================== */
// 自左而右掃描顯示幕一次
// P 爲指標型變數，n 爲顯示的字數

void display( unsigned char *p, unsigned char n )
{
  unsigned char i;
  P2 = 0;                         // 令顯示器熄滅
  P1 = 0;                         // 令 P1 輸出 0，指向第一位七段顯示器
  for ( i=0; i<n; i++ )           // 一共顯示 n 個字
      {
       P2 = table[p[i]];          // 用查表法得到要顯示數字的字形碼
       delay1ms( );               // 延時
       P2 = 0;                    // 令顯示器熄滅，準備顯示下一位
       P1++;                      // 指向下一位七段顯示器
      }
}

/* ============================== */
/* ==       延時 1ms 副程式       == */
/* ============================== */
void delay1ms(void)
{
  unsigned char n;
  n = 120;
  while (n>0)
  n--;
}
```

```
/* ============================ */
/* ==        延時 2μs 副程式        == */
/* ============================ */

void delay(void)
{
  _nop_( );
  _nop_( );
}
```

七、實習步驟

1. 把範例 E3001 編譯後，燒錄至 89S51 或 89C51。
2. 請接妥圖 30-3 之電路。
3. 通上 5V 之直流電源。
4. 在 V_{in} 加上直流 0V 至 5V，七段 LED 是否能顯示電壓值？　答：__________

註：你可以如圖 30-4 所示在 V_{in} 前加裝一個可變電阻器，轉動可變電阻器即可改變 V_{in} 的大小。

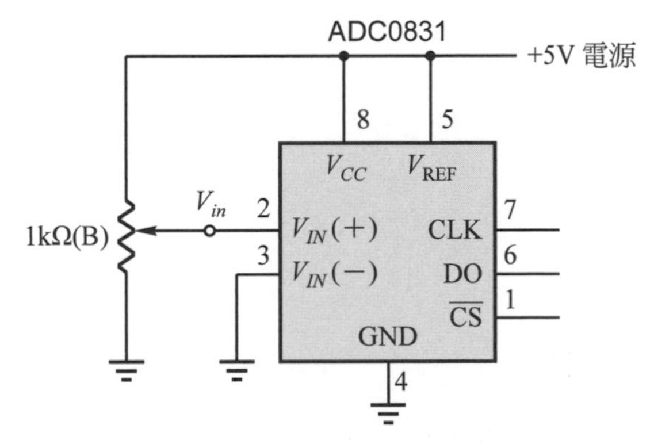

圖 30-4　加裝一個可變電阻器，可方便得到 0V～5V 的 V_{in}

Chapter 31

數位溫度控制器

一、目的

1. 熟悉單線(1-Wire)元件的用法。
2. 了解數位溫度感測器 DS18B20。
3. 製作數位溫度控制器。

二、相關知識

溫度控制器的用途非常廣泛，溫度太高時冷氣機會通電運轉，魚缸的水太冷時電熱器會通電加熱……等都是日常生活中常見的例子。

DALLAS 公司推出的數位式溫度感測器 DS18B20，把溫度感測元件、放大器、類比／數位轉換器等全部包含在內部，而直接把溫度用二進位值輸出，體積小巧(外形和三隻腳的電晶體一樣)、接線方便、耗電小、抗干擾能力強，是個精巧好用的溫度感測器，非常適合在惡劣的環境做溫度量測，因此本製作要採用DS18B20來製作溫度控制器。

1. 單線(1-Wire)元件的認識

如果一個元件和單晶片微電腦之間只使用一條線(稱爲 1-Wire BUS)做資料的傳輸，如圖 31-1 所示，就稱爲單線元件。

因爲單線元件是開汲極輸出，所以資料線 1-Wire BUS必須如圖 31-1 所示接一個 4.7kΩ的上拉電阻器。

單線元件的最大優點是接線簡單。因爲每一個單線元件出廠時都有一個序號，所以可以把許多個單線元件共用同一條資料線傳輸資料。(被單晶片微電腦叫到序號的單線元件才會做回應，其他元件不會佔用資料線。單晶片微電腦每次只可以和其中一個單線元件做資料傳輸。)

單線元件的操作步驟爲：

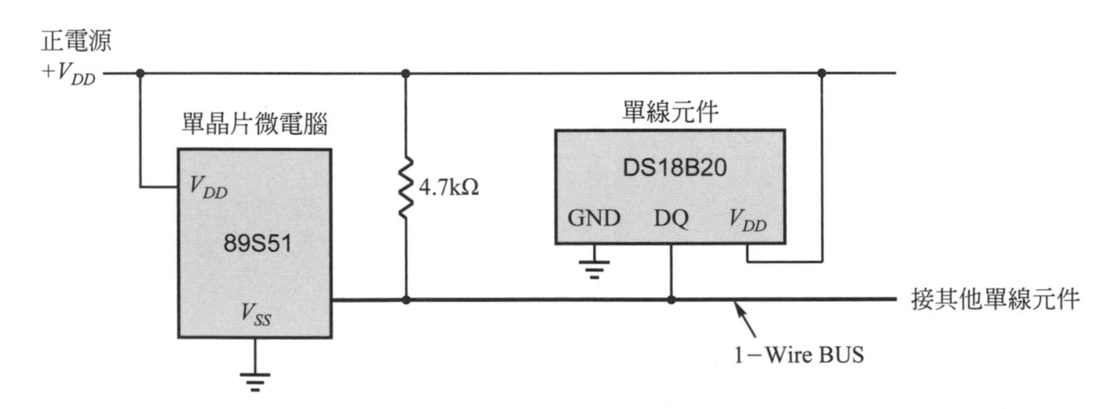

圖 31-1 單線元件與單晶片微電腦之接線圖

(1) 初始化：單晶片微電腦對資料線 1-Wire BUS 送出 Reset 信號。

(2) 核對序號：單晶片送出序號。只有序號相同的單線元件會被選中。(註：如果總共只有一個單線元件，可以省略核對序號的步驟。)

(3) 進行資料交換：單晶片微電腦把資料寫入單線元件或讀取從單線元件送出來的資料。

2. DS18B20 的特性

(1) 只需用一隻接腳和單晶片微電腦相接。

(2) 可測量－55℃至＋125℃的溫度。

(3) 解析度高達 12 位元(可用命令降低解析度)，所以解析度為 0.0625℃。

(4) 每個 18B20 都有一個序號，而且是開汲極輸出，所以可以多個 18B20 共用同一條資料線而不會互相干擾。

3. DS18B20 的接腳

DS18B20 的常見外形如圖 31-2 所示。

V_{DD} ：接電源的正極。＋3V～＋5.5V。

GND：接電源的負極。

DQ ：輸出／輸入腳。

開汲極輸出，需外接一個 4.7kΩ 的上拉電阻器。

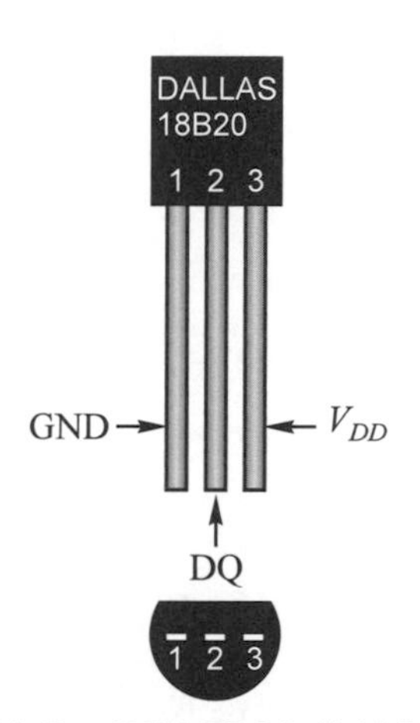

圖 31-2 DS18B20 的接腳圖

4. DS18B20 的簡易用法

DS18B20 的功能很多，詳細的廠商資料附於本書的光碟內，由於本製作只要使用單一個 DS18B20 來測量溫度，所以只需如下操作即可：

步驟 1： 單晶片微電腦對 DS18B20 送出**初始化**信號。

說明：單晶片微電腦把 DS18B20 的 DQ 腳拉至低電位＞480μs，然後釋放 DQ 腳＞480μs。波形如圖 31-3 所示。

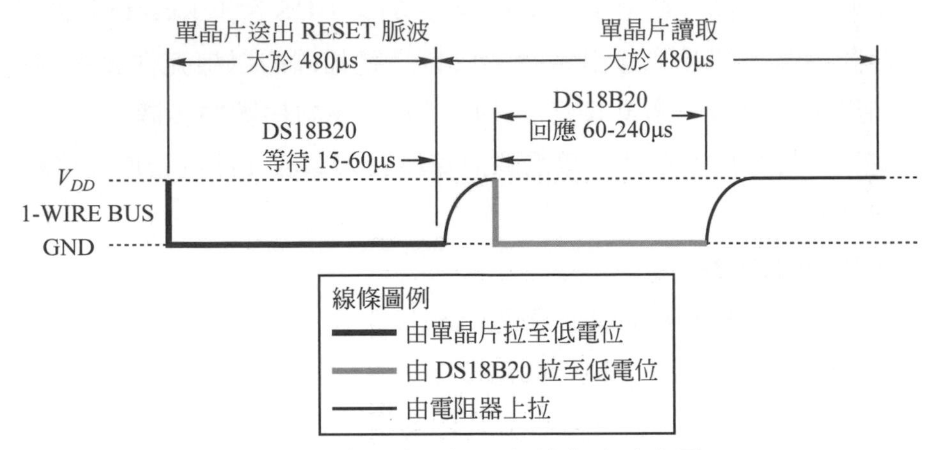

圖 31-3 把 DS18B20 初始化之時序圖

步驟 2： 單晶片微電腦對 DS18B20 送出命令碼 **0xcc**。

說明：⑴本製作只用一個DS18B20，所以用命令 0xcc跳過核對序號的程序。

⑵位元的定義如圖 31-4。

單晶片微電腦送出＞60μs 的低電位和＞1μs 的高電位，代表邏輯“0”。

單晶片微電腦送出＜15μs的低電位和＞60μs的高電位，代表邏輯“1”。

步驟 3： 單晶片微電腦對 DS18B20 送出命令碼 **0x44**。

說明：命令碼 0x44 是叫 DS18B20 把目前的溫度轉換成數值。

步驟 4： 同步驟 1。單晶片微電腦對 DS18B20 送出**初始化**信號。

步驟 5： 單晶片微電腦對 DS18B20 送出命令碼 **0xbe**。

說明：⑴命令碼 0xbe 是叫 DS18B20 把溫度依照圖 31-5 之格式由 bit 0 至 bit 15 依序送出。

⑵圖 31-5 中，負數會以 2 的補數表示。

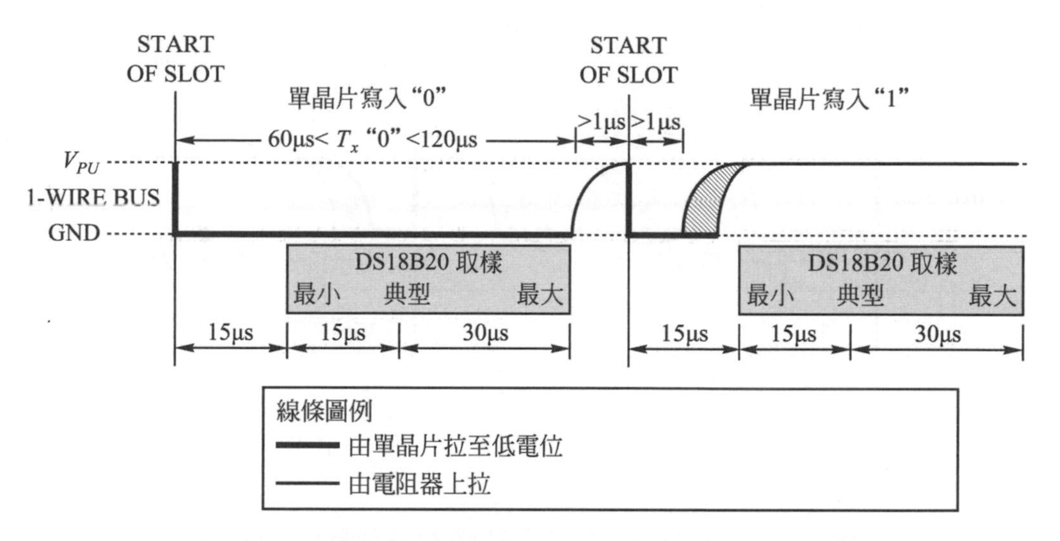

圖 31-4 單晶片微電腦把資料寫入 DS18B20 之時序圖

	BIT 7	BIT 6	BIT 5	BIT 4	BIT 3	BIT 2	BIT 1	BIT 0
LS BYTE	2^3	2^2	2^1	2^0	2^{-1}	2^{-2}	2^{-3}	2^{-4}

	BIT 15	BIT 14	BIT 13	BIT 12	BIT 11	BIT 10	BIT 9	BIT 8
MS BYTE	S	S	S	S	S	2^6	2^5	2^4

S = SIGN
註：S 是符號，S = 0 表示正數，S = 1 表示負數

圖 31-5 DS18B20 之溫度格式

步驟 6： 單晶片微電腦從資料線讀取 DS18B20 送來的溫度值。

說明：(1)讀入的資料格式如圖 31-5。由 **bit 0 至 bit 15** 依序讀取。

(2)若讀入之 bit 15 = 1，表示溫度爲負數。

(3)開機時 DS18B20 的解析度爲 0.0625℃，所以把讀入的數值**乘以 0.0625**℃就可得到攝氏溫度。

(4)DS18B20 送出來的資料，位元的定義如圖 31-6 所示。每當單晶片微電腦送出＞ 1μs 的低電位後釋放 DQ 腳，DS18B20 就會送出 1 個位元，低電位代表邏輯"0"，高電位代表邏輯"1"。延時＞ 60μs 後單晶片微電腦可再重複用上述方法讀取下一個位元。

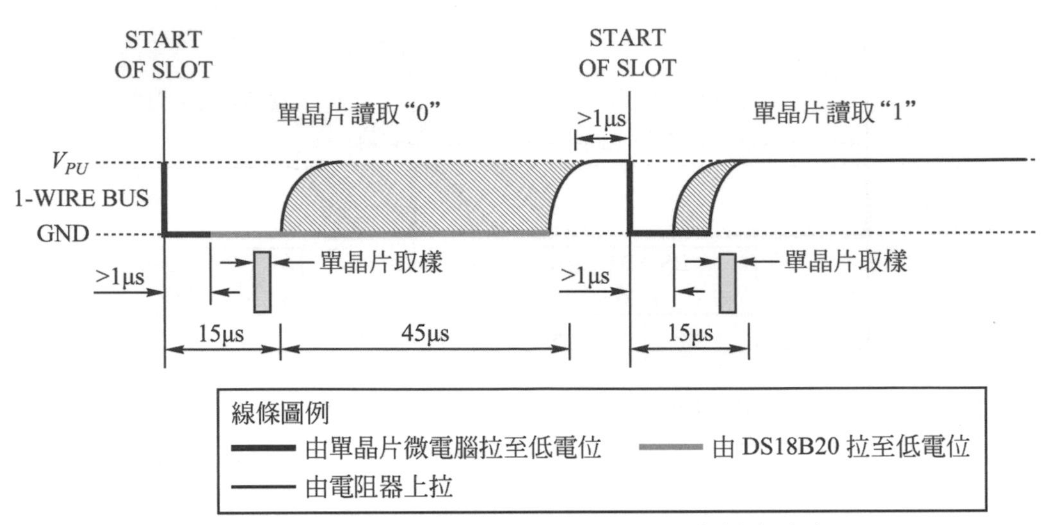

圖 31-6 單晶片微電腦從 DS18B20 讀取資料之時序圖

三、動作情形

1. 以七段LED顯示目前的溫度。
2. 當目前的溫度大於設定溫度時，繼電器通電。
3. 當目前的溫度小於設定溫度時，繼電器斷電。
4. 開機時設定溫度之初始值爲26℃。
   每當按鈕SW1被壓一下，設定溫度會上升0.5℃。
   每當按鈕SW2被壓一下，設定溫度會下降0.5℃。

四、電路圖

1. **電路圖**請見圖31-7。
2. 因爲89S51或89C51在輸出爲1(高態)時，輸出電流很小，爲了使七段LED顯示器有高亮度，所以加上緩衝器74LS245(請見本書附贈光碟的附錄4之說明)。
3. 三線對八線解碼器74LS138，請見本書附贈光碟的附錄4之說明。

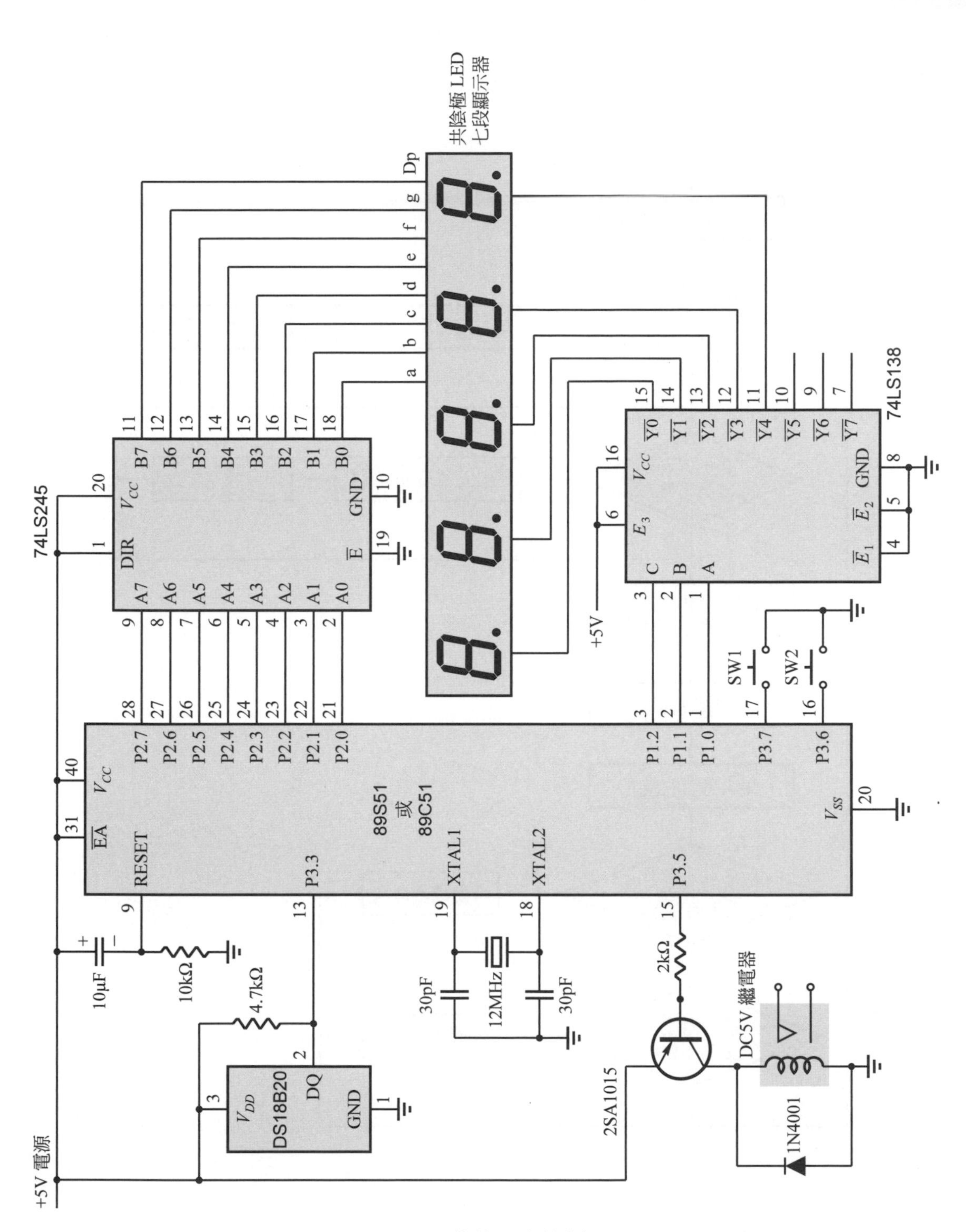

圖 31-7 數位溫度控制器

五、流程圖

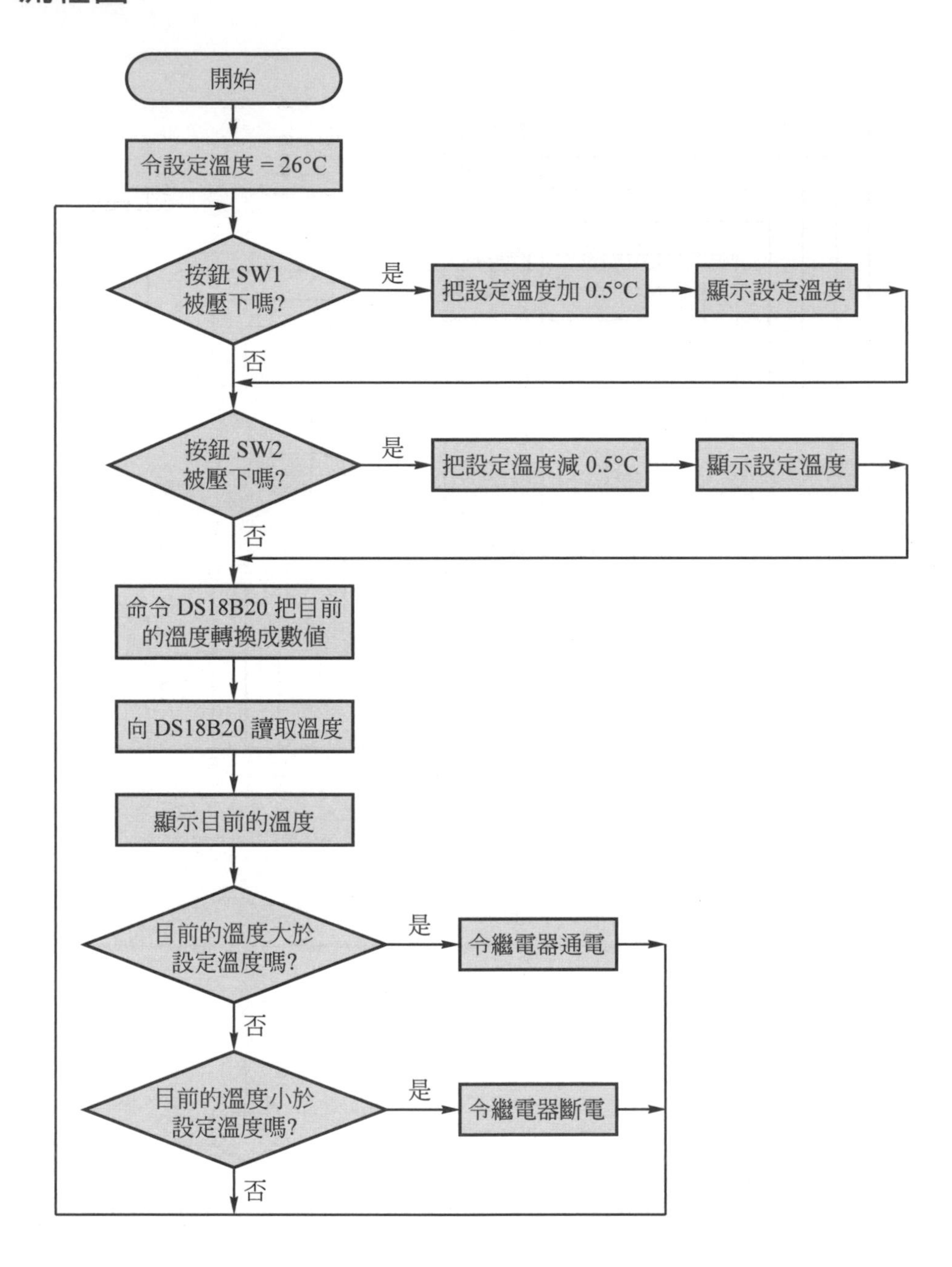
開始
令設定溫度 = 26°C
按鈕 SW1
被壓下嗎?
是
把設定溫度加 0.5°C
顯示設定溫度
否
按鈕 SW2
被壓下嗎?
是
把設定溫度減 0.5°C
顯示設定溫度
否
命令 DS18B20 把目前
的溫度轉換成數值
向 DS18B20 讀取溫度
顯示目前的溫度
目前的溫度大於
設定溫度嗎?
是
令繼電器通電
否
目前的溫度小於
設定溫度嗎?
是
令繼電器斷電
否

六、程式

【範例 E3101】

```
#include <AT89X51.H>                          // 載入特殊功能暫存器定義檔
#include <INTRINS.H>                          // 載入特殊指令定義檔
#define  DQ      P3_3                         // 定義 DS18B20 的 DQ 接腳
#define  RELAY   P3_5                         // 定義繼電器的接腳
#define  SW1     P3_7                         // 定義按鈕 SW1 的接腳
#define  SW2     P3_6                         // 定義按鈕 SW2 的接腳

int  settemp;                                 // 用來存放設定之溫度
code unsigned char table[ ] =
{0x3f,0x06,0x5b,0x4f,0x66,0x6d,0x7d,0x07,0x7f,0x6f,0x40,0x08,0x00};
                                    // 七段顯示器 0-9 - _ 空白   之字形表

unsigned char dspdata[5] = {0,0,10,0,0};  // 用來存放欲顯示之資料
void dsptemp(int temp);                       // 顯示溫度之副程式
void display(unsigned char *p, unsigned char n); // 掃描顯示副程式
void keyin(void);                             // 用按鈕改變設定之溫度
void tempconv(void);                          // 發送溫度轉換命令
int readtemp(void);                           // 讀取溫度
void writebyte(unsigned char dat);           // 寫一個位元組到 DS18B20
unsigned char readbyte(void);                 // 從 DS18B20 讀一個位元組
bit readbit(void);                            // 從 DS18B20 讀一個位元
void reset(void);                             // 把 DS18B20 初始化
void delay2us(void);                          // 延時副程式
void delay70us(void);                         // 延時副程式
void delay1ms(void);                          // 延時副程式

/* ======================== */
/* ===      主 程 式     === */
/* ======================== */
main( )
{
 int  temp;
```

```
 settemp = 260;                          // 令設定溫度之初始值為 26.0℃
 while(1)
  {
   keyin( );                             // 用按鈕改變並顯示設定溫度
   tempconv( );                          // 發送溫度轉換命令
   temp = readtemp( );                   // 讀取目前的溫度
   dsptemp(temp);                        // 顯示目前的溫度
   if (temp > settemp)  RELAY = 0;       // 溫度過高則繼電器通電
   if (temp < settemp)  RELAY = 1;       // 溫度過低則繼電器斷電
  }
}

/* ============================== */
/* ==     發送溫度轉換命令的副程式    == */
/* ============================== */
void tempconv(void)
{
  reset( );                              // 初始化 DS18B20
  writebyte( 0xcc );                     // 跳過核對序號的程序
  writebyte( 0x44 );                     // 發送溫度轉換命令
}

/* ======================================== */
/* ==     把 DS18B20 初始化 (RESET) 的副程式    == */
/* ======================================== */
void reset(void)
{
  DQ = 0;
  delay1ms( );
  DQ = 1;                                // 釋放 DQ 腳
  delay1ms( );
}

/* ===================================== */
/* ==     寫一個位元組到 DS18B20 的副程式     == */
/* ===================================== */
```

```
void writebyte(unsigned char dat)
{
 unsigned char  n;
 bit  bit0;

 for ( n=0; n<8; n++ )
   {
     bit0 = dat & 0x01;                    // 取出bit0

     if ( bit0 == 1 )                      // 把1寫入DS18B20
       {
        DQ = 0;
        delay2us( );
        DQ = 1;
        delay70us( );
       }

     else                                  // 把0寫入DS18B20
       {
        DQ = 0;
        delay70us( );
        DQ = 1;
        delay2us( );
       }

     dat = dat >>1;                    // 把資料右移一個位元
  }
}

/* ==================================== */
/* ==      從DS18B20讀取溫度的副程式     == */
/* ==================================== */
// 溫度取至小數第一位
int readtemp(void)
{
  int  temp;
```

```
  float  t;
  unsigned char  a, b;

  reset( );                          // 初始化 DS18B20
  writebyte( 0xcc );                 // 跳過核對序號的程序
  writebyte( 0xbe );                 // 發送讀取資料的命令

  a = readbyte( );                   // 連續讀取兩個位元組資料
  b = readbyte( );

  temp = b;
  temp = temp << 8;                  // 把資料左移 8 個位元
  temp = temp | a;                   // 把兩個 8 位元，組合成一個整數型變數

  t = temp * 0.0625;                 // 計算十進位的眞實溫度值。
                                     // DS18B20 的解析度爲 0.0625℃

  temp = t * 10 + 0.5;               // 放大十倍，同時進行四捨五入。
                                     // 這樣做可以將溫度取至小數第一位

  return ( temp );                   // 傳回溫度值

}

/* ========================================= */
/* ==     從 DS18B20 讀取一個位元組的副程式     == */
/* ========================================= */
unsigned char readbyte(void)
{
 unsigned char  m, n, dat;

 dat = 0;
 for ( n=0; n<8; n++ )               // 把 8 個位元，組合成 1 個位元組
   {
    m = readbit( );                  // 讀取一個位元
    dat = (m << 7) | (dat >> 1);// 把位元 m 加入位元組 dat 裡
```

```
    }
  return( dat );                        // 傳回一個位元組資料
}

/* ======================================= */
/* ==     從 DS18B20 讀取一個位元的副程式    == */
/* ======================================= */
bit readbit(void)
{
   bit  dat;

   DQ = 0;
   delay2us( );
   DQ = 1;                              // 釋放 DQ 腳
   delay2us( );
   dat = DQ;                            // 讀入一個位元
   delay70us( );
   return ( dat );                      // 傳回一個位元資料
}

/* =========================== */
/* ==        顯示溫度副程式      == */
/* =========================== */
void dsptemp(int temp)
{
  unsigned char  n;
  int  t;

  if ( temp<0 )                         // 如果溫度為負溫度，則
    {
      dspdata[0] = 10;                  // 令顯示的第一個字為負號

      temp = - (temp);                  // 取得正數
    }
  else
    {
```

```
    dspdata[0] = temp / 1000;   // 截取佰位數，這裡用 1000，是因為
                                // 我們之前在 readtemp( )內把溫度值
                                // 放大了 10 倍

 if( dspdata[0] == 0 )          // 判斷溫度為正溫度而且< 100，則
        dspdata[0] = 12;        // 令第一個字顯示空白
    }

t = temp % 1000;
   dspdata[1] = t / 100;        // 截取拾位數

   t = t % 100;
   dspdata[2] = t / 10;         // 截取個位數

   dspdata[3] = 11;             // 令第四個字顯示底線
   dspdata[4] = t % 10;         // 截取小數第一位

   for ( n=0; n<100; n++ )      // 顯示溫度 100 次，以提升亮度
     {
      display( dspdata,5 );     // 顯示 5 個字
     }
}

/* ============================ */
/* ==       掃描顯示副程式       == */
/* ============================ */
// 與【範例 E3001】完全一樣，於此不再詳述

void display(unsigned char *p,  unsigned char n)
{
  unsigned char  i;
  P2 = 0;
  P1 = 0;
  for ( i=0; i<n; i++)
    {
     P2 = table[ p[i] ];
```

```
        delay1ms( );
        P2 = 0;
        P1++;
      }
}
/* ================================= */
/* ===    用按鈕改變並顯示設定溫度    === */
/* ================================= */

void keyin(void)
{
   if ( SW1==0 )                    // 如果按鈕 SW1 被壓下，則
      {

        settemp = settemp + 5;      // 把設定溫度加 0.5℃
        do
          {
            dsptemp(settemp);       // 顯示設定溫度
          }
        while ( SW1==0 );           // 等待按鈕 SW1 被放開
       }

   if ( SW2==0 )                    // 如果按鈕 SW2 被壓下，則
      {

      settemp = settemp - 5;        // 把設定溫度減 0.5℃

        do
          {
            dsptemp(settemp);       // 顯示設定溫度
          }
        while ( SW2==0 );           // 等待按鈕 SW2 被放開

     }
}
```

```
/* ================================ */
/* ==       延時  2μs 副程式        == */
/* ================================ */
void delay2us(void)
{
  _nop_( );
  _nop_( );
}
/* ================================= */
/* ==       延時 > 60μs 副程式      == */
/* ================================= */
void delay70us(void)
{
  unsigned char n;
  n = 12;
  while( n>0 )  n--;
}

/* ============================== */
/* ==       延時 1ms 副程式       == */
/* ============================== */
void delay1ms(void)
{
  unsigned char  n;
  n = 120;
  while( n>0 )  n--;
}
```

七、實習步驟

1. 把範例 E3101 編譯後，燒錄至 89S51 或 89C51。
2. 請接妥圖 31-7 之電路。
3. 通上 5V 之直流電源。
4. 七段 LED 顯示目前的溫度為幾度？ 答：__________℃
5. 用按鈕 SW1 或 SW2 把設定溫度調整至比目前的溫度略高。
6. 對DS18B20 加熱(例如用手摸著DS18B20 或把DS18B20 移至電燈泡旁邊或把 DS18B20 移至筆記型電腦的出風口)，使溫度上升，繼電器會通電嗎？
   答：__________
7. 把第 6 步驟的熱源移走，DS18B20 的溫度降至設定溫度以下時，繼電器會斷電嗎？ 答：__________

Chapter 

紅外線遙控開關

一、目的

1. 了解常用紅外線遙控器的編碼格式。
2. 能以單晶片自製紅外線接收解碼器。

二、相關知識

由於紅外線遙控裝置具有動作穩定可靠、耗電小、成本低等特點，價廉物美，因此是目前使用最廣泛的遙控方法。無論是電視機、DVD 錄放影機、音響設備、冷氣機或其他小型電器裝置，都紛紛採用紅外線遙控。工業設備中，採用紅外線遙控，不僅可靠而且能有效地隔離電氣干擾。

1. **紅外線遙控系統**

   紅外線遙控系統是由發射和接收兩大部分組成，如圖 32-1 所示。以專用的編碼器IC和專用的解碼器IC來進行控制操作。發射部分包括鍵盤、編碼器、調變器、紅外線 LED；接收部分包括光二極體、放大器、帶通濾波器、解調器、解碼器。圖 32-1(a)中之虛線部份，是紅外線遙控的專用編碼器IC，最常見之編號爲μPD6121。圖 32-1(b)中之虛線部份是紅外線遙控的專用接收器(俗稱紅外線接收頭)，一體成形，最常見之四種編號爲HS0038B、6038-5A、6380LM-5A、HX1838B。圖 32-1(b)中之解碼器在本專題製作中要使用單晶片 89S51 來擔任。

2. **紅外線遙控器之常見編碼格式**

   一般家庭用之彩色電視機、音響設備之紅外線遙控器，其編碼格式大多與NEC公司的μPD6121相容，因此我們以其爲例說明於下：

   (1) NEC 的編碼格式如圖 32-2 所示。首先發射**引導碼**，接著發射 8 位元的**識別碼**與 8 位元**識別碼的核對碼**，接著發射 8 位元的**指令碼**(或稱爲鍵碼)與 8 位元**指令碼的反碼**。

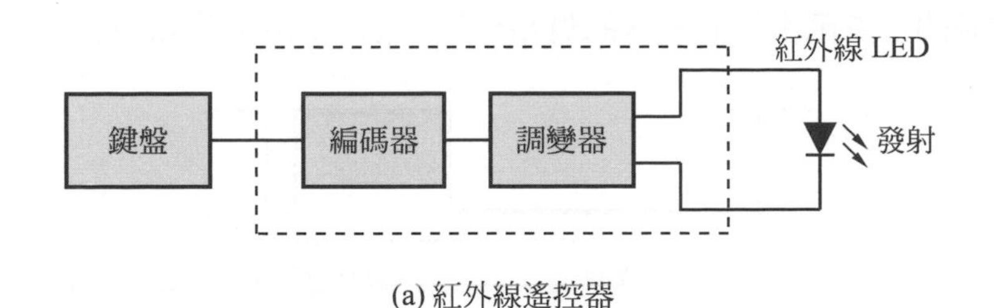

(a) 紅外線遙控器

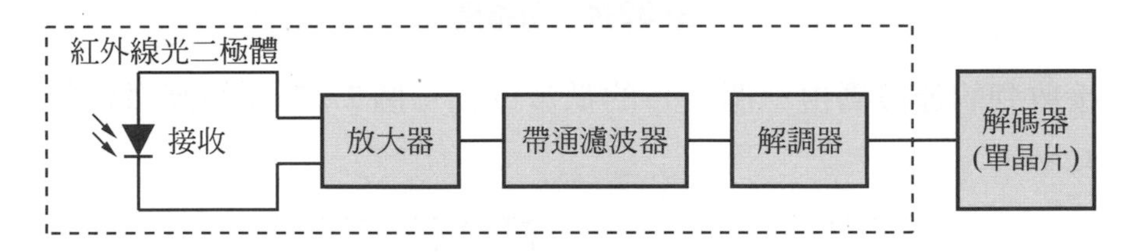

(b) 紅外線接收器

圖 32-1　紅外線遙控系統之概念圖

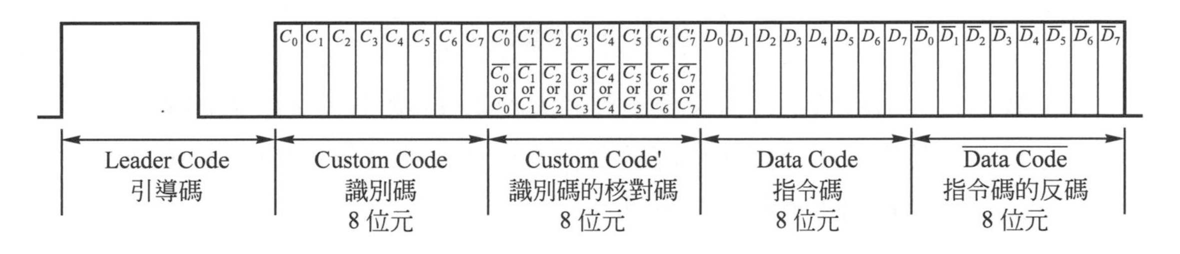

圖 32-2　μPD6121 的編碼格式

⑵　假如你的手一直壓著按鍵不放，則在發射完圖 32-2 所示之資料碼後，會如圖 32-3 所示不斷的發射**連發碼**，直到你放手爲止。

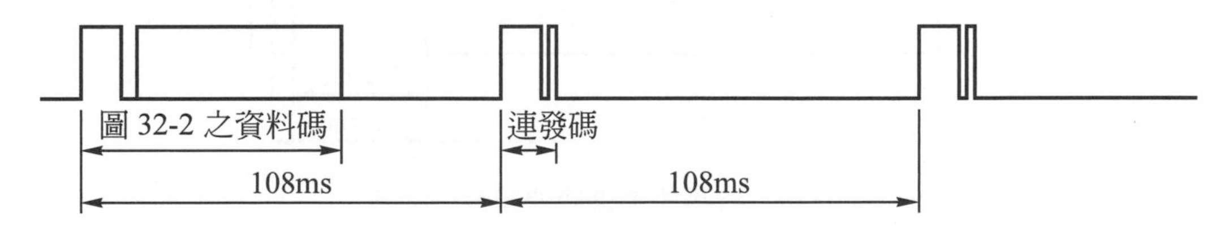

圖 32-3　紅外線遙控器發射之波形

⑶　**識別碼**是用來區別不同的電器設備，避免不同機種的遙控器互相干擾。**核對碼**是方便接收端校驗所接收之資料是否正確。

3.　接收到的資料如何解碼

⑴　由紅外線接收頭輸出之信號，恰與發射器發射之信號反相。

⑵ 接收到的引導碼由一個9ms的低電位和一個4.5ms的高電位組成。如圖32-4。

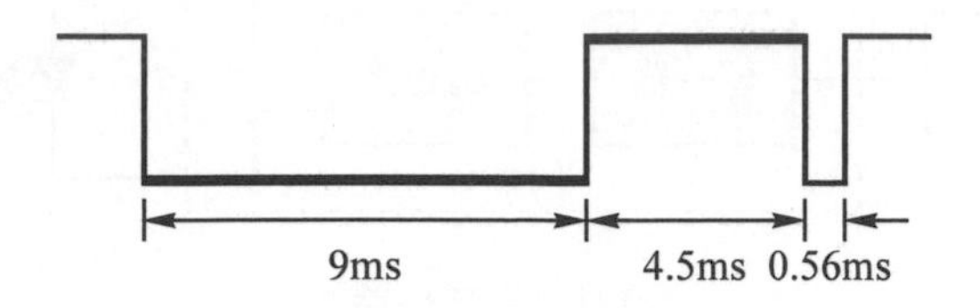

圖 32-4 引導碼

⑶ 接收到的連發碼由一個9ms的低電位和一個2.25ms的高電位組成。如圖32-5。

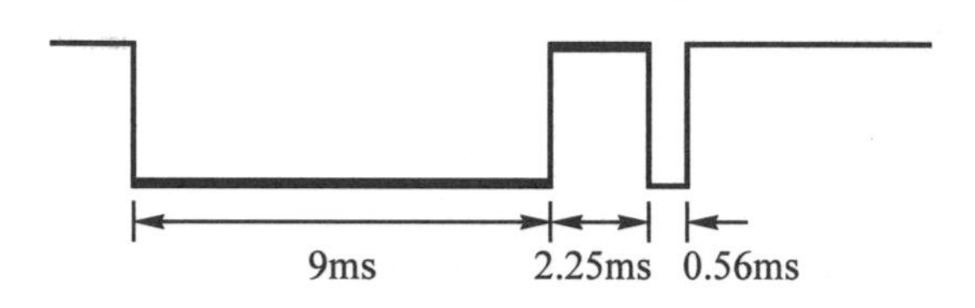

圖 32-5 連發碼

⑷ 我們在9ms的低電位結束後，經過大約2.4ms的延時才去做檢測，此時若為高電位則為引導碼，此時若為低電位就是連發碼，如圖 32-6 所示，如此即可分辨出引導碼與連發碼。

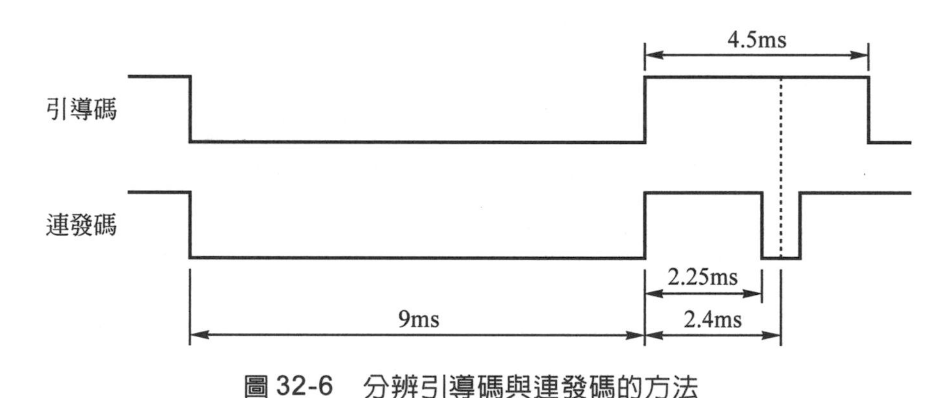

圖 32-6 分辨引導碼與連發碼的方法

⑸ 遙控器發射資料是採用脈波寬度調製的方式，請參考圖32-7。

當接收到的波形由0.56ms的低電位與0.56ms的高電位組成時，表示是二進位的“0”。

當接收到的波形由0.56ms的低電位與1.69ms的高電位組成時，表示是二進位的“1”。

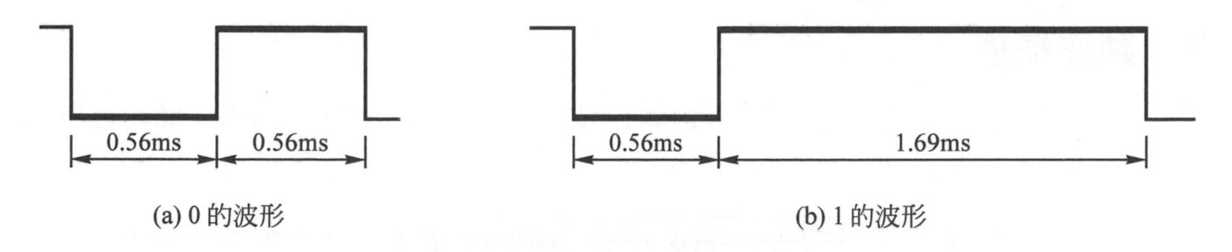

(a) 0 的波形　　(b) 1 的波形

圖 32-7　接收信號 0 和 1 的定義

(6) 要如何分辨接收信號的 0 和 1 呢？由圖 32-7 可明顯看出，只要測量高電位的時間即可。

我們採用的方法是每隔 0.03ms 測試一次，只要高電位超過 30 次即認定是 1。如圖 32-8 所示。

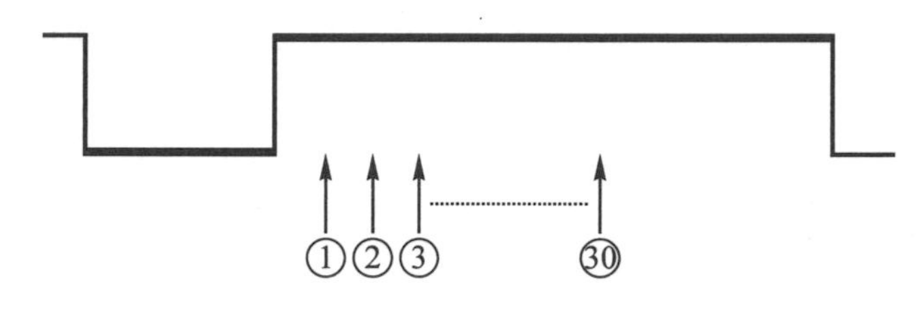

圖 32-8　每隔 0.03ms 測一次

4. 如何取得紅外線發射遙控器

因爲市售紅外線遙控器很便宜，所以本專題只要自己製作接收器。在露天拍賣、奇摩拍賣、蝦皮購物都可以買到如圖 32-9 所示之紅外線遙控模組，都適用於本製作。

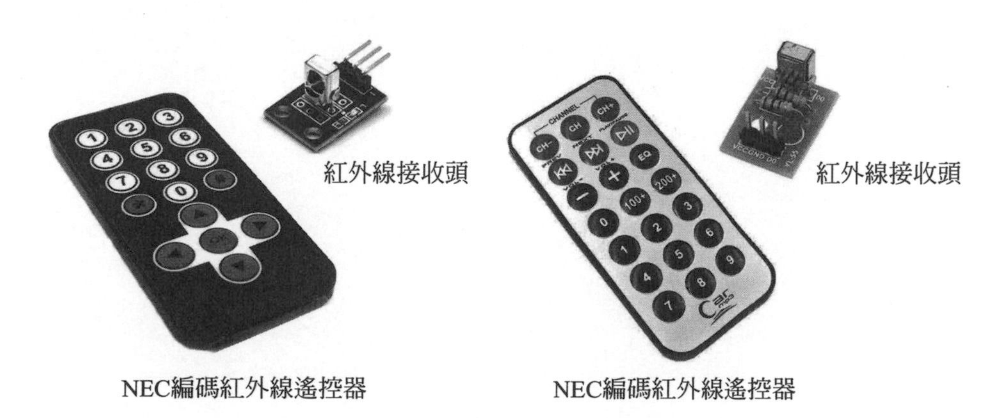

圖 32-9　紅外線遙控模組

三、動作情形

1. 把接收到的識別碼及指令碼(鍵碼)，以16進位顯示在七段LED顯示器。格式如下所示：

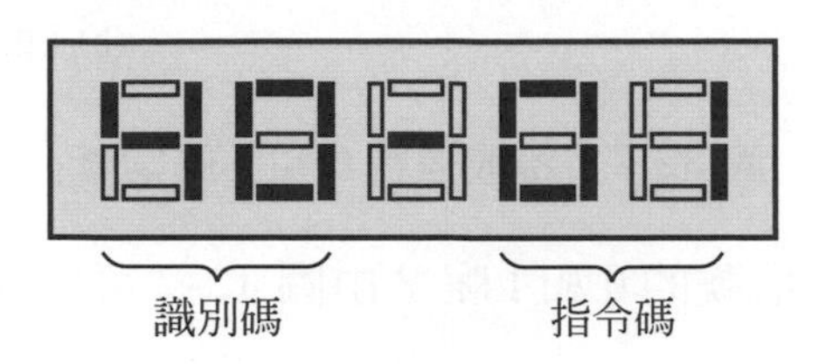

2. 當接收到的指令碼為00時，令負載斷電。
   當接收到的指令碼為01時，令負載通電。

四、電路圖

1. 電路圖請見圖 32-10。

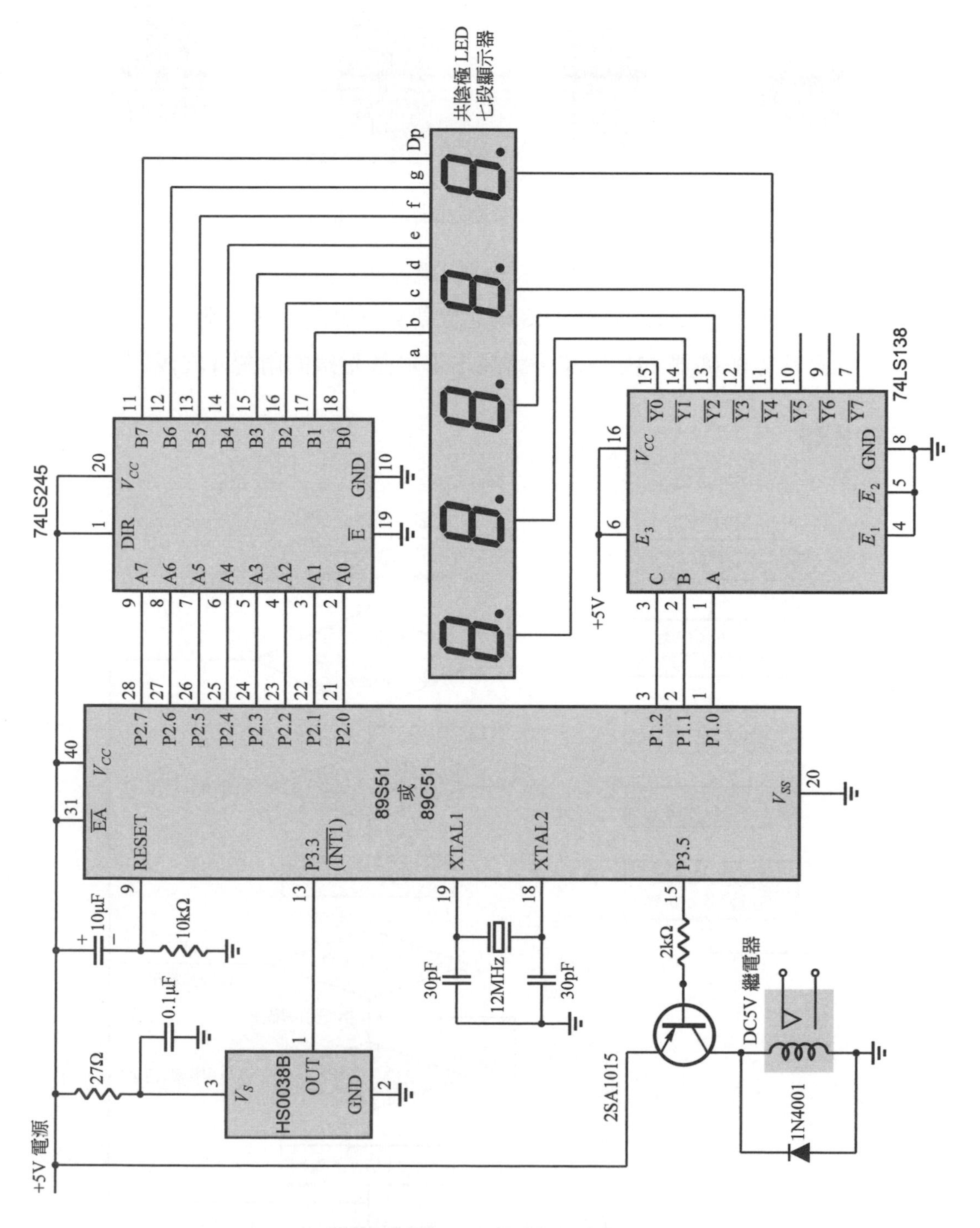

圖 32-10 紅外線遙控開關

2. 紅外線接收頭之常見外形如圖 32-11。雖然只有三隻接腳，但**接腳的排列位置隨廠商而異，所以在選購時別忘了向該經銷商索取接腳圖**。

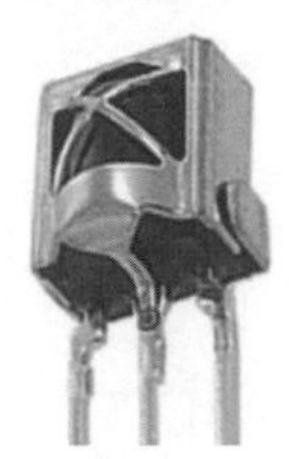

圖 32-11　紅外線接收頭之實體圖

3. 因爲 89S51 在輸出爲 1(高態)時，輸出電流很小，爲了使七段LED顯示器有高亮度，所以加上緩衝器 74LS245(請見本書附贈光碟的附錄 4 之說明)。
4. 三線對八線解碼器 74LS138，請見本書附贈光碟的附錄 4 之說明。

五、流程圖

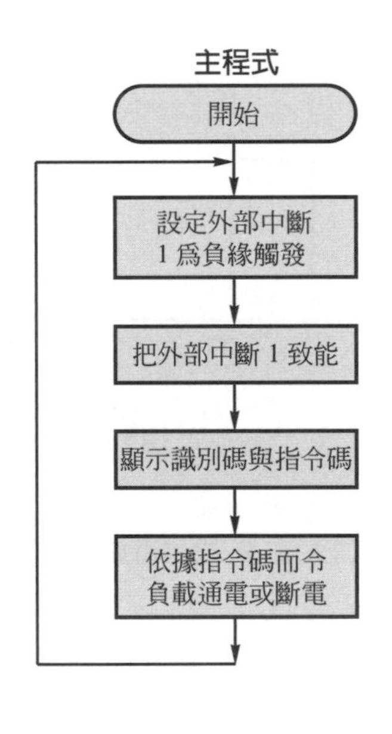

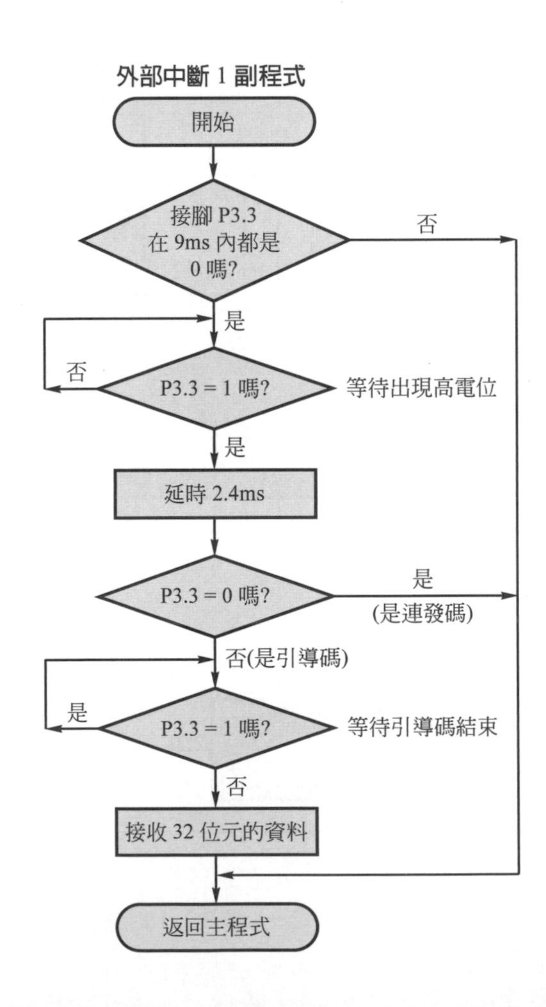

六、程式

【範例 E3201】

```
#include <AT89X51.H>           // 載入特殊功能暫存器定義檔
#define IR      P3_3           // 定義紅外線接收頭之接腳
#define RELAY   P3_5           // 定義繼電器之接腳

code char table[ ]=
           {0x3f,0x06,0x5b,0x4f,0x66,0x6d,0x7d,0x07,0x7f,0x6f,
           0x77,0x7c,0x39,0x5e,0x79,0x71,0x40 };
           // 七段顯示器 0-9 a-f 及負號之字形表
unsigned char id;              // 用來存放識別碼
unsigned char keycode;         // 用來存放指令碼
unsigned char flage;           // 用來記錄指令碼是否已經執行完畢
unsigned char dspdata[5]={0,0,0x10,0,0};  //用來存放欲顯示之資料
unsigned char count[32];       // 用來存放接收到的 32 位元高電位之時間參數

void delay1(unsigned int time); // 延時副程式
void delay2( );                 // 延時副程式
void display(unsigned char *p, unsigned char n); // 掃描顯示副程式
void excute(void);              // 執行指令碼的副程式

/* ======================== */
/* ===      主 程 式    === */
/* ======================== */
main( )
{
  IT1 = 1;                     // 設定「外部中斷 1」爲負緣觸發模式
  EX1 = 1;                     // 把「外部中斷 1」致能
  EA = 1;                      // 把「中斷的總開關」致能

  while(1)                     // 重複執行以下的敘述
  {
```

```
    display( dspdata,5 );          // 顯示識別碼與指令碼
    if ( flage==1)  excute( );     // 執行指令碼
   }
}

/* ============================ */
/* ==        掃描顯示副程式        = */
/* ============================ */
// 自左而右掃描顯示幕一次
// p 為指標型變數，n 為顯示的字數
// 在七段顯示器顯示相對應的識別碼－指令碼

void display (unsigned char *p, unsigned char n)
{
   unsigned char i;
   P2 = 0;                         // 令顯示器熄滅
   P1 = 0;                         // 令 P1 輸出 0，指向第一位七段顯示器
   for (i=0;  i<n;  i++ )          // 一共顯示 n 個字
    {
     P2 = table[ p[ i ] ];         // 用查表法得到要顯示數字的字形碼
     delay1(10);                   // 延時
     P2 = 0;                       // 令顯示器熄滅，準備顯示下一位
     P1++;                         // 指向下一位七段顯示器
    }
}
/* ================================ */
/* ==        執行指令碼的副程式        == */
/* ================================ */
void excute (void)
{
  switch (keycode)
   {
    case 0x00:                     // 如果指令碼是 0x00，則
```

```
            RELAY = 1;            // 令繼電器斷電
            break;

      case 0x01:                  // 如果指令碼是 0x01，則
            RELAY = 0;            // 令繼電器通電
            break;
   }

   flage = 0;                     // 表示指令碼已經執行完畢
}

/* ============================ */
/* ==      紅外線接收副程式    == */
/* ============================ */
// 接收遙控器送來的資料
void receiver(void) interrupt 2 // 接腳 INT1 (P3.3)連接紅外線接收頭，
                                // 所以用外部中斷 1
{
  unsigned char i, j, k;
  EX1 = 0;                      // 把外部中斷 1 除能

/* ===  等待引導碼   === */
  while ( IR==1 );              // 等待低電位
  for ( k=0;  k<9;  k++ )       // 確定低電位長達 9ms
    {
      delay1(8);                // 延時 0.8ms
      if ( IR==1 )              // 若是高電位，則
        {
          EX1=1;                // 外部中斷 1 致能
          return;               // 結束中斷副程式
        }
    }
```

```
  while ( IR==0 );               // 等待高電位
  delay1(24);                    // 延時 2.4ms
  if( IR==0 )                    // 此時若是低電位，則不是引導碼
    {
     EX1 = 1;                    // 外部中斷 1 致能
     return;                     // 結束中斷副程式
    }
  while ( IR==1 );               // 等引導碼結束

/* 接收包括識別碼 8 位元與核對碼 8 位元，指令碼 8 位元與反碼 8 位元，
   總共 32 位元的資料 */
   j = 32;                       // 總共接收 32 位元
   i = 0;                        // 要從 count[0]開始存放時間參數
   while(j)                      // 循環接收 32 位元資料
   {
     while ( IR==0 )            // 等待低電位結束
       {
        delay2( );               // 延時
       }

     count[ i ] = 0;             // 時間量從 0 開始
     while ( IR==1 )             // 計算高電位的時間參數
         {
           count[ i ]++;         // 高電位沒變，時間參數繼續加 1
           delay2( );            // 延時 0.03ms
         }
     i++;
     j--;
   }
// 把接收到的位元資料組合成位元組
  id = 0;
  for( i=0; i<8; i++ )           // 處理識別碼，對高電位時間資料的處理
    {
```

```
      id >> =1;                    // 右移一位元
      if ( count[ i ] > 30 )       // 若時間參數超過 30，該位元就認定為 1
      id = id + 0x80;
     }
  dspdata[0]= id / 16              // 識別碼以 16 進位，用 2 位數顯示
  dspdata[1]= id % 16;


  keycode = 0;
  for ( i=16; i<24; i++ )          // 處理指令碼，對高電位時間資料的處理
      {
       keycode >>=1;               // 右移一位元
       if ( count[ i ] > 30 )      // 若時間參數超過 30，該位元就認定為 1
          keycode = keycode + 0x80;
      }
  dspdata[3] = keycode / 16;       // 指令碼以 16 進位，用 2 位數顯示
  dspdata[4] = keycode % 16;
  EX1 = 1;                         // 外部中斷 1 致能
  flage = 1;                       // 表示指令碼尚未執行
}
/* ======================= */
/* ==       延時副程式       == */
/* ======================= */
// 延時 0.1ms x time
void delay1 (unsigned int time)
{
  unsigned int n;
  while ( time>0 )
   {
     n = 12;
     while (n > 0)  n--;
     time--;
   }
```

```
}


/* ========================= */
/* ==        延時副程式        == */
/* ========================= */
 // 延時 0.03ms
void delay2 (void)
{
  unsigned char n = 13;
  while (n > 0) n--;
}
```

七、實習步驟

1. 範例 E3201 編譯後，燒錄至 89S51 或 89C51。
2. 接妥圖 32-10 之電路。
3. 通上 5V 之直流電源。
4. 壓按紅外線遙控器的按鍵，LED 顯示器是否能正常顯示識別碼及指令碼？　答：________
5. 壓下指令碼爲 01 之按鍵，繼電器通電嗎？　答：________
6. 壓下指令碼爲 00 之按鍵，繼電器斷電嗎？　答：________

附錄　常用資料

為了響應環保愛地球，節省紙張用量，本書把非常豐富的參考資料存放至本書附贈的光碟裡，下列附錄也請讀者參考光碟。

附錄 1　本書附贈之光碟內容
附錄 2　AT89X51.H 的內容
附錄 3　本書所需之器材
附錄 4　常用零件的接腳圖
附錄 5　各廠牌 MCS-51 相容產品互換指引
附錄 6　固態電驛 SSR
附錄 7　如何提高抗干擾的能力
附錄 8　加強功能型 51 系列產品
附錄 9　認識 HEX 檔

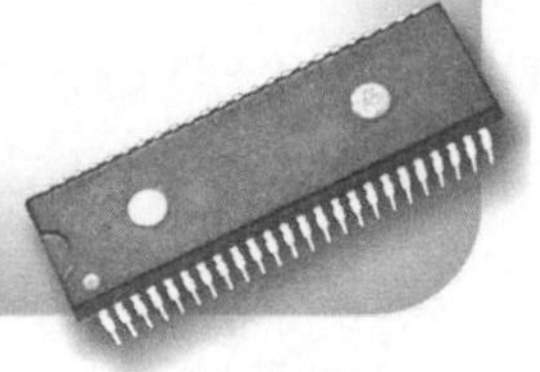

本書附贈之光碟內容

為了響應環保愛地球，節省紙張用量，本書把豐富的參考資料存放在光碟裡，敬請參考。其內容有：

1. **附錄**

   本書的附錄 1 至附錄 9。

2. **KEIL C51 試用版**

   C51V805 就是 KEIL C51。安裝方法及操作實例請見第六章之說明。

3. **Cx51 User's Guide**

   這是KEIL公司對庫存函數和特殊指令的詳細說明。尤其是裡面的Library Reference 一定要看看。

4. **轉換軟體**

   ⑴ HEX2BIN：可把.HEX 檔轉換成.BIN 檔。

   ⑵ BIN2HEX：可把.BIN 檔轉換成.HEX 檔。

5. **範例程式**

   全書的範例程式。例如 E0901.C 就是範例 E0901 的原始程式。

6. **各廠牌 51 系列資料手冊**

   各廠牌與MCS-51 相容產品的資料手冊收集於此資料夾內，敬請參考。

7. **常用零件照片**

   ⑴ 單晶片微電腦(AT89C51、AT89C2051)

   ⑵ 積體電路(74244、2803A、2003A 等)

   ⑶ 二極體

   ⑷ 橋式整流器

   ⑸ 發光二極體(LED)

   ⑹ 條狀發光二極體(LED BAR)

   ⑺ 七段 LED 顯示器

   ⑻ 點矩陣 LED 顯示器

   ⑼ 文字型點矩陣 LCD 模組

   ⑽ 石英晶體

(11) 陶瓷電容器

(12) 塑膠薄膜電容器

(13) 電解質電容器

(14) 端子台

(15) 電阻器

(16) 排阻

(17) 可變電阻器

(18) 可調電阻器

(19) 蜂鳴器

(20) IC 座

(21) 電晶體

(22) TO-220 元件(7805、2SD313 等)

(23) 小型按鈕

(24) 指撥開關(DIP 開關)

(25) 矩陣鍵盤(掃描式鍵盤)

(26) 排針

(27) 步進馬達

(28) SSR

(29) 三相 SSR

(30) 電源變壓器

(31) 火花消除器

(32) 繼電器

(33) 萬用電路板

(34) 感光電路板

(35) 免銲萬用電路板

(36) 電腦連接線(RS232 連接線)

(37) D 型轉換接頭。

8. 常用零件資料手冊

(1) LCD 模組資料手冊

(2) 光耦合器資料手冊

(3) 串列埠IC資料手冊
(4) ADC資料手冊
(5) DAC資料手冊
(6) 穩壓IC資料手冊
(7) 驅動IC資料手冊
(8) 電話複頻IC資料手冊
(9) 溫度感測器資料手冊
(10) EEPROM資料手冊
(11) EPROM資料手冊
(12) Flash-Memory
(13) RAM資料手冊
(14) NV-SRAM
(15) 七段LED驅動IC
(16) 矩陣LED驅動IC
(17) I2C元件資料手冊
(18) 數位可變電阻器
(19) 遙控編解碼器
(20) 常用TTL元件
(21) 常用CMOS元件
(22) 鍵盤與顯示IC
(23) 運算放大器
(24) 聲頻放大器
(25) PIO資料手冊
(26) 看門狗
(27) 電晶體資料手冊
(28) 二極體資料
(29) 電阻器
(30) 電容器
(31) HALL元件
(32) 溼度感測器

(33) 光感測器

(34) 光遮斷器

(35) Tone Decoder

(36) 計時IC

(37) PLL鎖相IC

(38) 音樂IC

(39) 波形產生器

(40) 馬達控制IC

(41) 中文文字轉語音IC

(42) 點矩陣LED顯示器

(43) 紅外線接收頭

9. 常用工具設備照片

(1) 三用電表

(2) 電烙鐵

(3) 邏輯測試棒

(4) IC拔取夾

(5) 尖嘴鉗

(6) 斜口鉗

(7) 起子

(8) 手電鑽

(9) 鑽頭

(10) 免銲萬用電路板

10. MCS-51應用文件

(1) I2C應用

(2) 布林能力應用

(3) 直流馬達控制

(4) 軟體串列埠

(5) 串列埠應用

11. 取消唯讀屬性的方法

從光碟上複製的檔案(例如範例程式)會被電腦自動設爲唯讀檔，無法修改內容。假如您想修改檔案的內容，請參考這裡告訴您的方法。

12. **注意事項**

很多廠商的技術文件都用PDF(Portable Document Format)來製作，本光碟內有許多廠商提供的技術文件也都是PDF檔，可是想要閱讀PDF文件的話，非得使用特殊的閱讀工具不可。Adobe公司的Acrobat Reader是目前最穩定的選擇，所以請您在個人電腦上安裝Acrobat Reader。

雖然Adobe Acrobat Reader是免費軟體(Free)，但是Adobe公司卻不允許別人複製到光碟散播，所以本光碟未收錄。Adobe Acrobat Reader可以解決閱讀與列印 PDF 文件的困擾，請您趕快到 www.adobe.com 下載Acrobat Reader來安裝吧。

13. **本書的第6章**

(1) 6-3 下載KEIL C51

(2) 6-4 安裝KEIL C51

讀者回函卡

掃 QRcode 線上填寫 ▶▶▶

姓名：＿＿＿＿＿＿ 生日：西元＿＿年＿＿月＿＿日 性別：□男 □女

電話：（ ）＿＿＿＿＿＿ 手機：＿＿＿＿＿＿

e-mail：（必填）＿＿＿＿＿＿

註：數字零，請用 Φ 表示，數字 1 與英文 L 請另註明並書寫端正，謝謝。

通訊處：□□□□□＿＿＿＿＿＿

學歷：□高中・職 □專科 □大學 □碩士 □博士

職業：□工程師 □教師 □學生 □軍・公 □其他

學校／公司：＿＿＿＿＿＿ 科系／部門：＿＿＿＿＿＿

・需求書類：

□ A. 電子 □ B. 電機 □ C. 資訊 □ D. 機械 □ E. 汽車 □ F. 工管 □ G. 土木 □ H. 化工 □ I. 設計

□ J. 商管 □ K. 日文 □ L. 美容 □ M. 休閒 □ N. 餐飲 □ O. 其他

・本次購買圖書為：＿＿＿＿＿＿ 書號：＿＿＿＿＿＿

・您對本書的評價：

封面設計：□非常滿意 □滿意 □尚可 □需改善，請說明＿＿＿＿＿＿

內容表達：□非常滿意 □滿意 □尚可 □需改善，請說明＿＿＿＿＿＿

版面編排：□非常滿意 □滿意 □尚可 □需改善，請說明＿＿＿＿＿＿

印刷品質：□非常滿意 □滿意 □尚可 □需改善，請說明＿＿＿＿＿＿

書籍定價：□非常滿意 □滿意 □尚可 □需改善，請說明＿＿＿＿＿＿

整體評價：請說明＿＿＿＿＿＿

・您在何處購買本書？

□書局 □網路書店 □書展 □團購 □其他＿＿＿＿＿＿

・您購買本書的原因？（可複選）

□個人需要 □公司採購 □親友推薦 □老師指定用書 □其他＿＿＿＿＿＿

・您希望全華以何種方式提供出版訊息及特惠活動？

□電子報 □ DM □廣告（媒體名稱＿＿＿＿＿＿）

・您是否上過全華網路書店？（www.opentech.com.tw）

□是 □否 您的建議＿＿＿＿＿＿

・您希望全華出版哪方面書籍？＿＿＿＿＿＿

・您希望全華加強哪些服務？＿＿＿＿＿＿

感謝您提供寶貴意見，全華將秉持服務的熱忱，出版更多好書，以饗讀者。

填寫日期： / /

2020.09 修訂

親愛的讀者：

感謝您對全華圖書的支持與愛護，雖然我們很慎重的處理每一本書，但恐仍有疏漏之處，若您發現本書有任何錯誤，請填寫於勘誤表內寄回，我們將於再版時修正，您的批評與指教是我們進步的原動力，謝謝！

全華圖書 敬上

勘 誤 表

書 號		書 名		作 者	
頁 數	行 數	錯誤或不當之詞句		建議修改之詞句	

我有話要說：（其它之批評與建議，如封面、編排、內容、印刷品質等・・・）